“高等法律职业教育系列教材”审定委员会

高等法律职业教育系列教材
GAODENG FALU ZHIYE JIAOYU XILIE JIAOCAI

安全防范技术教程

ANQUAN FANGFAN JISHU JIAOCHENG

主 编◎齐 霞

暨南大學出版社
JINAN UNIVERSITY PRESS
中国·广州

图书在版编目（CIP）数据

安全防范技术教程/齐霞主编. —广州：暨南大学出版社，2011.1（2021.7重印）
（高等法律职业教育系列教材）
ISBN 978-7-81135-666-3

Ⅰ.①安… Ⅱ.①齐… Ⅲ.①安全装置—电子设备—系统工程—高等学校—教材
Ⅳ.①TM925.91

中国版本图书馆CIP数据核字(2010)第194197号

安全防范技术教程
ANQUAN FANGFAN JISHU JIAOCHENG
主　编：齐　霞

出 版 人：张晋升
责任编辑：张仲玲　武艳飞
责任校对：何　力
责任印制：周一丹　郑玉婷

出版发行：暨南大学出版社（510630）
电　　话：总编室（8620）85221601
营销部（8620）85225284　85228291　85228292　85226712
传　　真：（8620）85221583（办公室）　85223774（营销部）
网　　址：http://www.jnupress.com
排　　版：广州市天河星辰文化发展部照排中心
印　　刷：湛江日报社印刷厂
开　　本：787mm×1092mm　1/16
印　　张：22.625
字　　数：570千
版　　次：2011年1月第1版
印　　次：2021年7月第6次
印　　数：8101—8700册
定　　价：45.00元

目　录
CONTENTS

总 序

高等法律教育职业化已成为社会的广泛共识。2008 年，由中央政法委等 15 部委联合启动的全国政法干警招录体制改革试点工作，更成为中国法律职业化教育发展的里程碑。这也必将带来高等法律职业教育人才培养机制的深层次变革。顺应时代法治发展需要，培养高素质、技能型的法律职业人才，是高等法律职业教育亟待破解的重大实践课题。

目前，受高等职业教育大趋势的牵引、拉动，我国高等法律职业教育开始了教育观念和人才培养模式的重塑。改革传统的理论灌输型学科教学模式，吸收、内化“校企合作、工学结合”的高等职业教育办学理念，从办学“基因”——专业建设、课程设置上“颠覆”教学模式：“校警合作”办专业，以“工作过程导向”为基点，设计开发课程，探索出了富有成效的法律职业化教学之路。为积累教学经验、深化教学改革、凝塑教育成果，我们着手推出“基于工作过程导向系统化”的法律职业系列教材。

《国家（2010—2020 年）中长期教育改革和发展规划纲要》明确指出，高等教育要注重知行统一，坚持教育教学与生产劳动、社会实践相结合。该系列教材的一个重要出发点就是尝试为高等法律职业教育在“知”与“行”之间搭建平台，努力对法律教育如何职业化这一教育课题进行研究、破解。在编排形式上，打破了传统篇、章、节的体例，以司法行政工作的法律应用过程为学习单元设计体例，以职业岗位的真实任务为基础，突出职业核心技能的培养；在内容设计上，改变传统历史、原则、概念的理论型解读，采取“教、学、练、训”一体化的编写模式。以案例等导出问题，根据内容设计相应的情境训练，将相关原理与实操训练有机地结合，围绕关键知识点引入相关实例，归纳总结理论、分析判断解决问题的途径，充分展现法律职业活动的演进过程和应用法律的流程。

法律的生命不在于逻辑，而在于实践。法律职业化教育之舟只有融入法律实践的海洋当中，才能激发出勃勃生机。在以高等职业教育实践性教学改革为平台进行法律职业化教育改革的路径探索过程中，有一个不容忽视的现实问题，高等职业教育人才培养模式主要适用于机械工程制造等以“物”作为工作对象的职业领域，而法律职业教育主要针对的是司法机关、行政机关等以“人”作为工作对象的职业领域，这就要求在法律职业教育中要对高等职业教育人才培养模式进行“辩证”地吸纳与深化，而不是简单、盲目地照搬照抄。我们所培养的人才不应是“无生命”的执法机器，而是有法律智慧、正义良知、训练有素的有生命的法律职业人员。但愿这套系列教材能为我国高等法律职业化教育改革作出有益的探索，为法律职业人才的培养提供宝贵的经验、借鉴。

2010 年 11 月 15 日

前 言

随着社会经济的发展，人们更加关注生存环境的安全，安防系统建设已由初期的国家要害部门扩展到了当今的公共场所、大型建筑、金融、交通以及社区等各个领域，安全防范行业业已成为我国的朝阳行业。

根据我国社会经济发展和职业结构的变化，劳动和社会保障部于2006年4月29日和2007年4月25日分别发布了安全防范设计评估师和安全防范系统安装维护员两个新职业的人才需求信息。在这样的良性环境下，安全防范设计评估师和安全防范系统安装维护员有着极其广泛的发展空间，安全防范技术由此成为以上两个新职业学习过程中的主干课程。但是，安全防范技术课程在高等职业教学中却始终缺乏一本适合高职教育的教材。因此，为了给高职院校的学生提供一本合适的教材，我们组织各兄弟高职院校的教师以及实践部门的专家成立了编写组，进而编写了这本《安全技术防范教程》，以供高职院校安全防范技术教学和培训使用。

在编写过程中，我们遵照《国家职业标准——安全防范设计评估师》的“以职业活动为导向，以职业能力为核心”的指导思想，以及广东司法警官职业学院的“突出职业培训特色”的有关要求，教材在内容上力求体现“淡化理论，够用为度，培养技能，重在应用”；在能力本位要求上围绕培养学生的职业技能这条主线来设计结构、内容和形式，合理安排基础知识和实践知识的比例，基础知识以“必需、够用”为度，强调应用能力的训练，对理论的论述力求清晰简洁，多用图表来表达信息；在取材方面，既考虑了安全防范技术日新月异的发展趋势，又考虑到目前高职、高专学生的学习基础和特点，使得教材既有深度又有广度。

本教材由齐霞担任主编，方鸣、曾郁担任副主编，编写任务分配：齐霞（学习单元一、学习单元二、学习单元三），方鸣（学习单元四、学习单元六、学习单元七），曾郁（学习单元五），于立新（学习单元八、学习单元九），胡江涛（学习单元八），王继业（学习单元十）。

本教材的编写过程参考了大量安全防范技术方面的资料，在此我们衷心感谢张维成教授和李晓明教授等，他们的研究成果和许多观点，为本教材的问世提供了丰富的素材。

本教材于2009年12月完成，之后由北京市公安局技防办公室的李辉副处长、山东济宁市公安局科技处的姬光虎副处长对其进行了审读，并提出了宝贵的修改意见。本教材还引用和参考了一些专家和学者的论著，并得到了许多领导、专家和同行的指导和帮助，在此深表衷心的感谢。但鉴于时间仓促，加之水平有限，难免有遗漏或不足之处，敬请广大读者批评指正。

编　者

2010年8月

学习单元一
安全防范技术概述

【原理部分】

【知识目标】

了解安全、安全防范、安全技术防范和安全防范技术的含义

了解安全防范的相关标准

【能力目标】

具备系统简单故障判断和排除的能力

【知识内容】

项目一　安全防范技术的含义

一、安全

（一）安全的概念

随着社会的发展和人民生活水平的提高，安全在当今社会已成为人们日常生活中最为关注的话题之一。安全的“安”指不受威胁，没有危险、太平、安全、安适、稳定，可谓“无危为安”；安全的“全”指完满、完整或没有伤害、无残缺，可谓“无损则全”。依据《现代汉语词典》的释义，“安全”即“没有危险、不受威胁、不出事故”。显而易见，“安全”所表示的是一种状态，一种没有危险、不受威胁、不出事故的客观状态，这种客观状态是个人和团体在实现目标的过程中不受损失和损害的基本保证。

安全是人类的一种基本的社会需求。美国著名心理学家和行为学家马斯洛根据人们需求的迫切程度提出了需求层次理论。他认为，人的需求是分层次的，是不断增长和向更高层次发展的（如图1－1所示）。人类在解决了自己的衣、食、住、行的需要之后，首先产生的就是对安全的需求。安全是人类生产、生活得以正常进行的基本保障，包括工作收入稳定、身体健康、生命财产不受侵害等。如果没有安全保障，人的社交、尊重、自我实现等其他需求就无从谈起，安全在生命繁衍和人类生存发展中是极其重要的。

图1－1　马斯洛需求层次论图

1. 中西方“安全”概念之比较

中文所说的“安全”在英文中有 safety 和 security 两种解释。牛津大学出版的《现代高级英汉双解词典》对 safety 一词的主体解释是安全、平安、稳妥，保险（锁）、保险（箱）等；而对 security 一词的主体解释是安全、无危险、无忧虑，提供安全之物，使免除危险或忧虑之物，抵押品、担保品，安全（警察）、安全（部队）等。这两个英语单词在词义上虽有交叉，但还是有很大区别。safety 所表示的安全的危险源具有明显的自然或准自然属性，源自无意识的失误或突发事件，如自然灾害、技术缺陷、环境恶化、生产安全事故等；而 security 所表示的安全的危险源具有明显的社会人文特征，含有人为蓄意因素，如非法入侵、盗、抢、破坏、爆炸等违法犯罪活动和治安灾害事故等。我国所开展的安全防范活动中，“安全防范”所防范的是各种刑事案件、治安案件和治安灾害事故，针对的安全威胁具有明显的人为蓄意特征。因此，中文所讲的“安全”是一种广义的安全，包括两层含义：一是指自然属性或准自然属性的安全，它对应英文中的 safety；二是指社会人文性的安全，与 security 相对应。自然属性或准自然属性的破坏主要不是由于人的有目的参与而造成的；社会人文性破坏，主要是由于人的有目的参与而造成的。因此，我们常说的“安全防范”主要是指狭义的安全，即 security，国外通常叫做“保安”。

2. 安全防范的本质内涵

在西方，人们不用“安全防范”这个词，而是用“损失预防”和“犯罪预防”(loss prevention & crime prevention)。这个概念就像中文的“安全”与“防范”连在一起使用一样，构成一个新的复合词。在西方，loss prevention 和 crime prevention 也是连在一起使用的。损失预防与犯罪预防构成了 safety/security 一个问题的两个方面。loss prevention 通常是指社会保安业的工作重点，而 crime prevention 则是指警察执法部门的工作重点，只有两者有机结合，才能保证社会的安定与安全。从这个意义上说，损失预防和犯罪预防就是安全防范的本质内容。

3. 大公共安全理念

所谓大公共安全理念，就是综合安全理念，就是为社会公共安全提供时时安全、处处安全的综合性安全服务。社会公共安全服务保障体系就是由政府发动和组织、由社会各界（绝不仅指公安机关一家，更不是公安执法部门内部的某一机构）联合实施的综合安全系统工程（硬件、软件）和管理服务体系。公众所需要的综合安全不仅包括以防盗、防劫、防入侵、防破坏为主要内容的狭义“安全防范”，而且包括防火安全、交通安全、通信安全、信息安全以及人体防护、医疗救助等诸多内容。

（二）安全主体

安全主体又称为安全的指涉对象，是安全存在的基础和载体，安全概念因与不同类型的安全主体联系而被赋予不同的含义。按照主体的社会形态，安全可以分为个体安全、公共（集体、社群）安全、社会总体安全（如国家安全）和人类安全等。人类安全关注的是全人类的生存与发展，涵盖了包括粮食、经济、健康、环境、人身、政治、就业、人权和教育安全等内容广泛的议题；国家安全以国家为主体，关注的是国家的生存与发展，其议题主要包括领土、经济、文化、人口安全等；公共安全以社会群体为主体，关注的是社会群体的生存与发展，涉及自然灾害、事故灾难、公共卫生和社会安全四大方面。安全防范所针对的安全问题属于公共安全。

二、安全防范、安全技术防范和安全防范技术之比较

（一）安全防范的含义

安全防范就是指以维护社会公共安全为目的，采取各种防入侵、防被盗、防破坏、防火、防爆和运用安全检查等措施与手段，使被保护对象处于没有危险、不受侵害和不出现事故的安全状态，安全是目的，防范是手段。

就防范手段而言，安全防范包括人力防范、实体（物）防范和技术防范三个范畴。人力防范和实体防范是古已有之的传统防范手段，是安全防范的基础，随着科学技术的不断进步，这些传统的防范手段也不断融入新科技的内容。技术防范是在近代科学技术（最初是电子报警技术）用于安全防范领域并逐渐成为一种独立防范手段的过程中所产生的一种新的防范手段。

基本的人力防范手段（人防）是利用人们自身的传感器（眼、耳等）进行探测，发现妨害或破坏安全的目标时，作出反应，用声音警告、恐吓、设障、武器还击等手段来延迟或阻止危险的发生，在自身力量不足时还要发出求援信号，以期待作出进一步的反应，制止危险的发生或处理已发生的危险。

实体防范（物防）的主要作用在于推迟危险的发生，为“反应”提供足够的时间。现代的实体防范已不再是单纯物质屏障的被动防范，而是越来越多地采用高科技手段，一方面使实体屏障被破坏的可能性变小，增加延迟时间；另一方面也使实体屏障本身增加探测和反应的功能。

技术防范（技防）手段可以说是人力防范手段和实体防范手段的功能延伸，是对人力防范和实体防范在技术手段上的补充。要将人力防范、实体防范和技术防范有机结合，形成以技术防范为核心的高效防范体系，不断提高探测能力、延迟能力和反应能力，从而达到预期的防范目的。

（二）安全技术防范的含义

在科学技术迅猛发展的今天，随着现代科学技术的不断发展和普及应用，技术防范的概念越来越普及，为警察执法部门和社会公众所认可和接受，从而成为使用频率很高的一个词汇。技术防范的内容随着科学技术的进步而不断更新，也带来了安全防范的一次革命。

安全技术防范是指充分运用安全防范产品及安全技术防范系统，使之与人防、物防有机结合，建立起可靠和严密的安全防范体系。安全技术防范系统是安全防范技术综合运用的平台，是以维护社会安全为目的，运用安全防范产品及其他相关产品所构成的入侵报警系统、视频监控系统、出入口控制系统和防爆安全检查系统等，或以这些系统为子系统组合或集成的电子系统或网络。常用的安全技术防范系统有：

入侵报警系统，指利用传感技术和电子信息技术探测并指示非法进入或试图非法进入设防区域的行为、发出报警信息和处理报警信息的电子系统或网络。

视频监控系统，指利用视频技术探测、监视设防区域并实时显示、记录现场图像的电子系统或网络。

出入口控制系统，指利用自定义符识别或模式识别技术对出入口目标进行识别并控制出入口执行机构启闭的电子系统或网络。

防爆安全检查系统，指检查有关人员、行李和货物是否携带爆炸物、武器或其他

违禁品的电子系统或网络。

其他安全技术防范系统有：

电子巡查系统，指对保安巡查人员的巡查路线、方式及过程进行管理和控制的电子系统。

停车库（场）管理系统，指对进出停车库（场）的车辆进行自动登录、监控和管理的电子系统或网络。

安全管理系统，指对入侵报警、视频监控、出入口控制等子系统进行组合或集成，实现对各子系统的有效联动、管理或监控的电子系统。

各种安全技术防范系统具有能对风险事件信息进行自动采集、传输、处理和控制的共性和各自的专长。在不同的条件和应用中，安全技术防范系统和保安人员在探测功能方面有各自的优势。在进行系统集成时，要对集成系统的成本和性能进行权衡分析，找到平衡点。由于安全防范技术是发展中的新兴技术领域，因此，上述专业技术的划分只具有相对意义。实际上，上述各项专业技术本身都涉及诸多不同的自然科学和技术的门类，它们之间又因互相交叉和相互渗透，专业的界限会变得越来越不明显，同一技术同时应用于不同专业的情况也会越来越多。

（三）安全防范技术的含义

安全防范技术是用于安全防范的专门技术。在国外，安全防范技术通常分为三类：物理防范技术（physical protection）、电子防范技术（electronic protection）和生物统计学防范技术（biometric protection）。这里的物理防范技术主要是指实体防范技术，如建筑物和实体屏障以及与其相匹配的各种实物设施、设备和产品（如门、窗、柜、锁等）；电子防范技术主要是指应用于安全防范的电子、通信、计算机与信息处理及其相关技术，如电子报警技术、视频监控技术、出入口控制技术、计算机网络技术以及与其相关的各种软件、系统工程等；生物统计学防范技术是法庭科学的物证鉴定技术与安全防范技术中的模式识别相结合的产物，主要是指利用人体的生物学特征进行安全技术防范的一种特殊技术门类，现在应用较广的有指纹、掌纹、眼纹、声纹等识别控制技术。

综上所述，安全防范技术就是将电子、传感、精密仪器制造、光学、信息通信和计算机等密切结合并综合应用的技术。随着经济和科学技术的发展，防范工作也日趋现代化，由此应运而生的安全技术防范正在逐步发展成为一项专门的技术学科，在安全防范工作中发挥着越来越大的积极作用。

项目二　我国安全防范技术的发展

一、我国安全防范技术发展历史回顾

（一）建国初期

公安科技人员参考国外资料开始研制一些简易的安全防范技术器材，如门锁、保险箱柜、门铃以及磁控开关报警器、接触式报警器、感应式报警器、声控式报警器等产品，而最早使用报警器的单位当属北京故宫博物院。

（二）初步发展

1979 年，公安部在石家庄召开“全国刑事技术预防专业工作会议”，作出《关于使用现代化科学技术预防刑事犯罪的试行规定》，对公安机关内部的任务和分工，技术安全设施包含的内容，安装使用范围等作出规定，并且对会议上所展示的各地研制使用的百余种报警器材进行推广。同年，公安部颁发了 77 号文件，明确了技术预防工作是同刑事犯罪分子作斗争的重要手段，是整个预防犯罪工作中的重要组成部分。

（三）成熟发展

1986 年，公安机关内部对技术预防工作的分工进行了协调，确定由科技部门主管安全防范技术器材的研制、生产、鉴定和检验，制印技术标准，实施质量监督等，即技术管理工作。治安部门在辖区对技术预防工作进行业务指导，即业务管理工作。

二、安防行业开展职业培训与技能鉴定工作的发展

（一）安防行业的发展奠定了职业培训与技能鉴定的基础

随着我国社会经济转型进程的加快，经济发展呈现出严重的不平衡，诱发和滋生犯罪的消极因素大量存在，犯罪分子的犯罪手段日益呈现出多样化、专业化和智能化趋势，加之受到国际恐怖势力的影响，我国社会安全形势日益严峻；党和国家明确提出了建立“和谐社会”的社会发展目标，各级政府、企事业单位也对安全防范的建设给予了高度重视，全社会的安全防范意识日益提高。

我国社会安全防范建设和管理已由政府主导模式转向社会多元化模式。安全防范系统建设已由国家初期的要害部门扩展到当今社会的公共场所、大型建筑、金融、会展、交通、社区乃至企业等各个领域。广泛的社会安全需求使得安防行业近年来一直以 15% 以上的年增长率快速发展，每年新建和改建的各类风险等级的安防系统超过 20 万个。

我国的安全防范行业经过二十多年的发展，形成了涵盖开发、生产、集成、报警运营、咨询等完整的产业链。现阶段，我国获得许可的安防工程企业就有一万多家，从业人员有 100 多万人。安防行业作为高科技应用行业，在从业人员结构中，专业技术人员所占比例约为 60% ，从事安防专业设计、安装、运营、评估、咨询等专业技术人员有 60 多万人；另外，还有几百万安防系统建设用户的安保管理人员，他们为建立和谐社会，建设平安城市，保护国家、人民的生命财产安全不受到侵害，以及预防犯罪、打击犯罪作出了突出贡献。

（二）安防行业的基本学科理论和教育培训体系的基本形成

安全防范行业正逐步走向成熟，安全防范专业已列入教育部普通高校本科、硕士研究生专业目录。一些公安大专院校也纷纷开设安全防范专业及学科，形成了一个完整的学科体系和课程体系，包括安全防范理论、安全技术防范管理、城市建设与社区安全防范、安全检测、犯罪预防、要害保卫、事故对策、安全防范常用法律法规及应用、安防专业技术、工程设计等专业课程设置，并建立了社会公共安全研究基地和安全防范综合性专业实验室。中国人民公安大学及地方公安院校每年会培养 1 000 多名安全防范专业的硕士生和本科生。

各地技防管理部门和协会也组织了各种短期安防技术培训。行业的长期发展培育和造就了一批社会和行业的专家人才，为行业人才的培育奠定了基础。

由于行业的迅速发展，专业院校的毕业生远远不能满足市场发展的需要，大批通信、信息、生物识别、智能建筑等安防相关专业的技术人员也加入到本行业，成为行业职业群体的主体。一些地方机构和安防企业通过开展技术讲座或非系统的短期培训，在一定程度上满足了行业发展对从业人员的最基本需求；但70% 左右的安防系统集成企业规模较小，无能力对其进行系统的安防专业职业培训，大部分从业人员单凭自学和经验的积累，缺乏社会安全管理和专业技术的规范化、系统化职业培训，当从事高风险的安防系统设计，面对国家主管部门日趋严格的监管和专业技术的发展时，技能水平显现出严重的不适应性。

（三）安防行业市场发展迫切需要专业化职业技能人才

随着社会经济的发展，安全防范行业成为我国的朝阳行业，当今社会人们尤为关注生存和发展的环境安全建设。我国目前在安全建设方面投入的费用仅占 GDP 的 0.7% ，而发达国家占 GDP 的 3% 以上，相差三倍。目前，我国 GDP 人均 1 000 美元，与发达国家 GDP 人均 4 000 美元也相差三倍，我国未来的安全防范行业市场发展空间会非常大，预计到 2020 年全行业总产值将达到 3 000 亿元人民币以上。

社会经济建设与发展对社会安全提出了强烈的需求，行业的发展迫切需要大批训练有素的专业人才以每年 5% ~10% 的增长率加入到本行业中来；同时对目前的从业人员也需要进行规范和淘汰，从而改变当前的职业现状，提高专业队伍的业务素质，提高我国安全防范系统的建设和运行质量，满足社会与人们的安全需求。

建立一套完整的安全防范行业职业培训和技能鉴定体系，可大幅提高从业人员安全防范系统的基本理论和工作技能；实行安全防范行业的职业资格制度，稳定安全防范行业的职业队伍，直接关系到安全防范系统在我国经济建设中能否有效地发挥其安全保障作用，直接关系到我国的社会公共安全。

（四）安防行业的发展需要进行职业的规范化管理

我国的安全防范行业是以现代科学技术为基础的多行业、多技术相互交叉应用，并具有安全防范典型技术特征的新兴行业，经过二十多年的发展，行业产业规模得到了快速扩大。

为规范管理并促进行业的发展，公安部及各地公安机关相继建立了专门的管理部门和安防行业的标准、检测、产品认证等机构；中央和地方政府先后颁布实施了三十多个相关法规和七十多项国家或行业标准，形成了完整的行业管理体系和标准体系；形成了产品生产许可制度、产品的3C 认证制度、安防工程企业的资质管理制度、工程设计方案的审查、工程竣工后的验收以及招、投标制度等比较完善的管理制度。

2003 年，我国颁布实施了《行政许可法》，政府由包揽行业微观市场管理转变为宏观的市场监督管理，政府依靠社会化服务市场的规范与自律发展，逐步形成了规范的产品生产、工程服务、职业资格等认证制度；依照市场经济发展规律，形成了调节市场发展的良性社会经济环境。

三、我国职业教育与安防行业职业技能鉴定工作

我国职业教育紧紧围绕经济结构调整和技术进步对一线劳动者素质的需求，根据产业结构优化升级对劳动者的知识、技能和态度提出的新要求，及时调整了专业和人才培养结构，并不断改善我国企业中技术工人比例偏低的状况。劳动力市场和职业资

格证书制度是职业教育机制创新的关键，建立系统完善的职业资格证书制度是保证职业教育发展的重要手段，这也符合世界职业教育的发展趋势。职业资格证书制度一直是我国职业教育制度完善的重要组成部分，自20世纪90年代起，我国就开展了一系列职业资格证书制度方面的建设和推进工作。1999年，中共中央、国务院的《关于深化教育改革全面推进素质教育的决定》要求在全社会实行学历证书、职业资格证书并重的制度。2000年3月，劳动和社会保障部颁布了《招用技术工种从业人员规定》，其中确定了90个工种职业须持有职业资格证书才能就业。

我国职业教育在过去二十多年的发展中，在从传统计划经济向现代市场经济转轨的过程中，教育战线的亮点之一就是职业教育和职业培训。正是职业教育和职业培训培养的千百万劳动者支撑了我国过去二十年的经济起飞，为国家发展和民族振兴作出了不可估量的贡献。职业培训为国家经济发展培养紧缺人才作出了重大贡献。改革开放以来，我国职业教育取得了显著成绩，基本形成了普通教育与职业教育双轨并行的格局。

我国的职业分类由来已久，由近十几年说起，1992年，我国颁布了《中华人民共和国工种分类目录》；1999年，颁布了《中华人民共和国职业分类大典》。我国劳动和社会保障部批准的职业已达1 989个，颁布的职业标准已达650多个，更多的职业及其标准还在拟定之中。我国已初步建立起五级国家职业资格等级，由低到高（由初级、中级到高级）依次是：国家职业资格五级、四级、三级、二级、一级。

四、安全防范设计评估师职业介绍

根据我国社会经济发展和职业结构的变化，2006年4月29日，劳动保障部向社会发布包括安全防范设计评估师在内的第六批14个新职业信息。

（一）职业定义

安全防范设计评估师是指从事安全防范系统（工程）规划、设计、实施及其效能评估与安全风险评估等工作的人员。

（二）工作内容

（1）对防护对象的不安全因素和防护要求进行全面分析、现场勘查并作出评估。

（2）依据国家相关法规、标准和防护级别，运用生物、电子、实体等防护手段，采取人防、物防和技防结合的综合协调措施，制订出系统设计方案。

（3）组织工程管理，编制处置预案。

（4）训练和督导安装维护人员正确安装和维护系统。

（三）职业等级

安全防范设计评估师共设三个等级，分别为三级安全防范设计评估师（国家职业资格三级）、二级安全防范设计评估师（国家职业资格二级）、一级安全防范设计评估师（国家职业资格一级）。

五、安全防范系统安装维护员职业介绍

2007年4月25日，劳动和社会保障部召开新闻发布会，通报包括安全防范系统安装维护员在内的第九批10个新职业情况。

（一）职业定义

安全防范系统安装维护员是从事安全防范系统（工程）基础施工、设备安装调试、系统调试、维修维护等的工作人员。

（二）工作内容

（1）根据安全防范系统的设计方案，安装和调试各种设备和器材。

（2）安全防范系统的日常检测和维护。

（3）安全防范系统基本故障的排查和维修。

（三）职业等级

安全防范系统安装维护员共设三个等级，分别为初级（国家职业资格五级）、中级（国家职业资格四级）、高级（国家职业资格三级）。

项目三　安全防范系统知识介绍

一、安全防范系统的要素

安全防范的三个基本要素是探测、延迟和反应。

探测是指及时发现违法犯罪和治安灾害事故的苗头，探测危险的发生并发出相关的报警信号，使防范工作赢得时间上的第一，赢得斗争的主动权。

延迟是指延长犯罪的实施时间和控制治安灾害事故的蔓延，为出警人员赢得宝贵的反应时间，以便在最短的时间内到达现场。

反应是指依靠人力防范的实施，制止危险的发生和中止犯罪活动。

作为一个有机整体，上述三个要素之间具有相互联系、相互依存的关系，及时准确的探测使反应力量得以掌握快速行动的主动权；充足合理的延迟使反应力量得以把握主动出击的最佳时机；而迅速有效的反应则最终使风险事件的发生得以有效地预防和制止。这三个要素以时间参数为结合点，任何一个要素出差错，都可能会使防范达不到预期的效果甚至失效。

若将探测时间、延迟时间、反应时间分别用 $T_{探测}$、$T_{延迟}$、$T_{反应}$ 来表示，则三者之间应满足以下关系：

$$T_{探测}+T_{反应}\leqslant T_{延迟}$$

即反应的总时间应小于（至多等于）延迟时间与探测时间之差。

在安全防范的三种基本手段中，要实现防范的目的，都要围绕探测、延迟和反应这三个基本防范要素来开展工作和采取措施，以预防和阻止风险事件的发生。

每个要素又都包含有若干组成部分。通过安全技术防范系统和值班、守卫、巡逻人员的感官（如眼、耳等）等共同作用实现探测要素的功能；通过具有一定强度的各类实体屏障共同作用实现延迟要素的功能；通过人、必要的交通、通信工具和武器装备共同作用实现反应要素的功能。防入侵报警是图 1－2 所示系统的特定功能，它把探测、延迟、反应功能这三个要素作为一个有机整体，并依其时间关系相互作用、相互联系，当三个要素间的关系相互协调、均衡时，系统整体功能最优。

在构成安全防范系统的要素中适情适度地综合运用人力防范措施、安全技术防范系统和实体防范设施，是安全防范中人防、物防和技防三个基本手段有机结合的具体体现。安全防范系统通过安全防范技术的应用，以及人防、物防与技防的有机结合，使人防功能大大延伸，物防阻滞力大大增强，进而提升了整体的防范能力。

二、安全防范系统的架构

安全防范系统的架构是由其组成要素及诸要素间的相互联系形成的，其基本架构模式可以参考应用较早且在实际中仍较为普遍应用的防入侵报警系统（如图 1 - 2 所示）。其他安全防范系统的架构模式均可采用防入侵报警系统的构架，并根据实际需要取舍变化。

（一）安全防范系统的管理

一个有效的安全防范系统除了系统的科学设计外，还需要科学的管理。安全防范系统由于落后的管理方式而失效、瘫痪或造成巨大浪费的现象已屡见不鲜。因此，建立和健全各项规章制度并严格实施，对于调控制约各子系统，保证整个系统有条不紊、长期有效地工作非常必要。不同系统架构的设计会因其特定功能、被保护对象、风险等级、资金投入和环境条件等因素的制约而不同。

（二）安全防范系统的预警能力

预警是危害发生以前的主动行为，加强预警可以在难以完全预知未来的情况下，最大限度地延伸触觉。在实际应用中，人们越来越关注安全防范系统的预警能力。目前，提升安全防范系统的预警能力的基本途径就是通过可以实现预警功能的安全防范技术手段（如智能视频安全防范报警技术等），将安全防范系统的防线前移，为反应留下更大的余地。

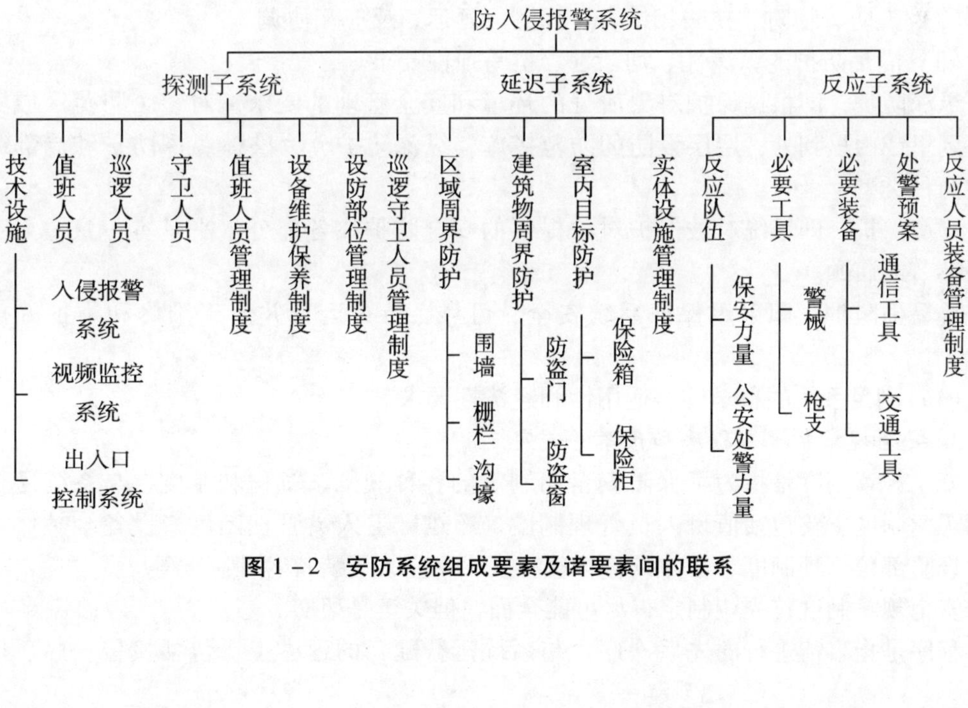

图 1 - 2　安防系统组成要素及诸要素间的联系

三、安全防范系统的目标

（一）实现安全防范系统目标的过程

首先，通过对被保护对象的风险评估确定系统目标；其次，设计一个系统以满足系统目标的要求；最后，评估系统满足系统目标的程度，即对系统的效能进行评估。如果达不到要求，将重新设计或改进该系统。上述程序在保证所设计的安全防范系统能够有效防范风险事件发生的同时，还应能保证其具有合理的性价比。

（二）确定安全防范系统目标

确定安全防范系统目标，必须重点弄清两个问题：一是要保护什么；二是保护到何种程度。现阶段，我国有些安全防范系统的设计还存在一定的盲目性，这与系统目标不明确有直接关系。

对被保护对象进行风险评估是明确系统目标的有效途径。要知道哪些被保护对象最敏感，被保护对象的哪些弱点易受到何种威胁的侵害，设计者必须全面收集相关信息并进行综合分析。通过风险评估过程，可以使设计者详细掌握以下三方面的重要信息：被保护对象的价值、可能的威胁和存在的弱点。在此基础上，综合评估被保护对象的风险程度，明确需要保护的对象、需要防范的威胁和需要对弱点提供的防护水平，最终确定系统目标。

当系统要达到的目标不止一个时，就要从整体出发，优先考虑主要目标，全面协调地实现所有目标。

（三）设计安全防范系统，满足目标要求

系统设计过程实质上就是决定如何将人、物、技资源最优化整合，以实现系统目标的过程。

1. 设计良好的安全防范系统的基本特征

（1）系统的防护级别与被保护对象的风险等级相适应。

（2）人防、物防、技防相结合，探测、延迟、反应相协调。

（3）满足防护的纵深性、均衡性、抗易损性要求。

纵深防护，即根据保护对象所处的环境和安全管理的要求，对整个防范区域实施由外到里或由里到外，层层设防的防范措施，纵深防护分为整体纵深防护和局部纵深防护两种类型。

均衡保护，即系统对被保护对象提供的安全防护在各部分水平基本一致，无明显薄弱环节或瓶颈。

抗易损防护，即采用保证系统安全、可靠、持久运行并便于维修和维护的技术措施。

（4）满足系统的科学性、适用性和经济性要求。

2. 安全规章制度、程序和预案的制定

安全规章制度是指为了保障安全而制定的各种规则、章程和制度，与系统运行配套的规章制度主要包括值班人员管理制度、巡逻守卫人员管理制度、设备维护保养制度、设防部位管理制度、实体设施管理制度、反应人员装备管理制度等。

安全规章制度首先应制定得尽可能全面，但关键是落实。

程序是指事情进行的先后次序，与系统运行配套的程序主要包括接警程序、报警

复核程序、处警程序等。通过程序的制定与实施，可以规范操作，提高效率，减少失误，明确责任。

预案是指为应付某种情况的发生而预先制订的处置方案，是以危害来临为前提的挽救性安排，主要有处警预案及突发事件的应急预案等。预案通过对安全防范活动中各种复杂的情况（如违法犯罪、重大治安事件的历史、现状、未来发展趋势）的研究分析，总结处置上述事件过程中的具体措施、处置的经验和教训，不断地修订、充实、完善而成。预案的制订过程是对各种风险因素进行预测的过程，制订预案是争取防范主动权的重要一环，可以使人们从容地应付各种复杂的情况和局面，使防范工作有的放矢，并且做到处变不惊、临危不乱。

（四）评估安全防范系统效能，保障系统目标实现

评估系统效能就是运用定性的、定量的或定性与定量相结合的方法，借助一定的指标体系，对照一定的标准和程序，对系统满足目标要求的程度作出综合评判。经过效能评估，仅当所设计的系统能满足系统目标要求时，才可以将其作为系统最终设计进行施工，否则，就需找出系统设计中的缺陷或不足进行整改，直到满意为止。

事实上，安全防范系统效能评估对于促进安全防范系统目标至少应实现以下三个方面的功能。

1. 系统描述功能

安全防范系统效能评估指标体系从系统观点出发，能对系统规律性的、关键的和具有重要意义的特征作出描述，综合地反映出有效、可靠的安全防范系统的概况，充分考虑安全防范系统效能评估指标体系所包含的内容，建立一个在防范工作中能切实发挥作用的安全防范系统。

2. 监测反馈功能

对已建立的安全防范系统，运用效能评估指标体系适时作出自我评估，发现已建安全防范系统的优势以及缺陷或弱点，分析问题之所在，明确改进方向。通过对所建安全防范系统的不断完善，使其更好地发挥作用并长期有效地运行。

3. 评价比较功能

安全防范系统效能评估指标体系就好似检测安全防范系统建设水准的尺子和标杆。评估结果能为安全防范管理工作提供客观的、量值化的依据，有利于管理部门的宏观管理。在实际中，系统效能评估应定期进行，以确保系统目标的正确性，保证系统始终满足目标要求。

项目四　安全防范相关标准

一、标准的地位与作用

标准是公认的、合法的、能够反复使用的一系列规则、原则、方法和要求的总和。

标准以科学、技术和经验的综合成果为基础，通常是在所有关联方的合作与一致同意下制定的，代表发展的方向和新的水平，具有公开、成熟、可行、共享等应用属性。因此，标准和标准化对生产、研发、服务、管理、市场准入与监管等各个领域的支持、支撑与协调作用都是非常显著和不可或缺的。

标准作为技术法规，在推广先进、成熟的技术应用，限制落后技术应用，提高效率，防止资源过度使用或浪费，保护环境，保护人身健康与安全等方面，具有不可替代的重大作用。

在我国，标准和标准化工作由政府负责和推动，由国家标准化管理委员会统一管理。安全防范标准经过近二十年的发展，从无到有，逐渐形成体系。

二、标准化机构

（一）国际标准化机构

国际标准化机构中和安全防范行业标准关联较为紧密的有：

国际标准化组织（ISO – International Organization for Standardization）。

国际电工委员会（IEC – International Electro Technical Commission），国际电工委员会或报警系统技术委员会（IEC/TC 79 Alarm Systems）和我国的安全防范标准化机构是对口的。

国际电信联盟（ITU – International Telecommunication Union）（如表 1 – 1 所示）。

国际无线电干扰特别委员会（CISPR – Commission Internationale Specialedes Perturbations Radio），为国际电工委 IEC 的成员。

表 1 – 1　国际标准化机构代号

代号	含义	负责机构
ISO	国际标准化组织标准	国际标准化组织（ISO）
IEC	国际电工委员会标准	国际电工委员会（IEC）
ITU	国际电信联盟标准	国际电信联盟（ITU）
CISPR	国际无线电干扰特别委员会标准	国际无线电干扰特别委员会（CISPR）

注：国际标准代号通常采用英语字头大写缩写。

（二）我国安全防范标准化机构

我国在国家质量监督检验检疫总局管理下，由国家标准化管理委员会统一管理全国标准化工作，设立相关专业（行业）标准化技术委员会。受国家标准化管理委员会委托，国务院有关行政主管部门负责领导和管理本部门的标准化工作，省、自治区、直辖市标准化行政主管部门管理本行政区域的标准化工作。

全国安全防范报警系统标准化技术委员会（简称安防标委会，英文全称为 National Technical Committee 100 on Security & Protection Alarm Systems of Standardization Administration of China，缩写为 SAC/TC 100），经原国家质量技术监督局批准于 1987 年成立，由公安部负责领导和管理，其常设机构为 SAC/TC 100 秘书处，设在公安部第一研究所（北京）。

安防标委会其下可设分技术委员会，目前设有实体防护分技术委员会（缩写为 SAC/TC 100/SC 1），于 2000 年成立，其常设机构为 SAC/TC 100/SC 1 秘书处，设在公安部第三研究所（上海）；人体生物特征识别应用分技术委员会（缩写为 SAC/TC 100/SC 2 ）正在筹备成立。

我国安全防范标准化技术机构层次如图 1－3 所示。

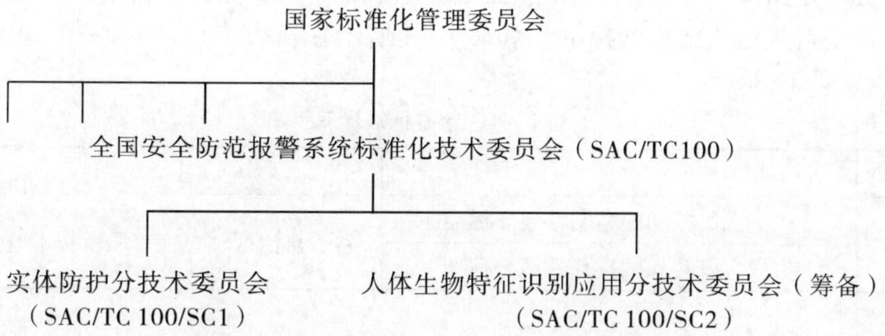

图 1－3　我国安全防范标准化技术机构层次

三、安全防范标准类别和体系

（一）根据适用范围分类

根据《中华人民共和国标准化法》的规定，我国标准分为国家标准、行业标准、地方标准和企业标准四类。

1. 国家标准

国家标准是指需要在全国范围内统一作出通行规定与要求的标准（如表 1－2 所示）。国家标准通常包括：环境适应性、可靠性、统计方法和质量管理方法标准；术语、符号、代号、代码、制图方法标准；互换、互联标准；安全、电磁兼容和环境保护标准；通用检验方法标准等。特别要指出的是，随着我国加入世界贸易组织和更加紧密地融入世界经济体系，我国标准越来越多地等同或等效于国际标准。

表 1－2　国家标准代号

代号	含义	管理部门
GB	中华人民共和国国家标准	国家标准化管理委员会
GB/T	中华人民共和国推荐性国家标准	国家标准化管理委员会
GB 或 Z	中华人民共和国国家标准化指导性技术文件	国家标准化管理委员会

2. 行业标准

行业标准是指没有相应的国家标准，需要在某个行业范围内统一作出通行规定与要求的标准（如表 1－3 所示）。

表 1－3　行业标准代号（部分行业）

代号	含义	主管部门
GA	中华人民共和国公共安全行业标准	公安部信息化局
GA/T	中华人民共和国推荐性公共安全行业标准	
JG 或 JG/T	中华人民共和国建筑工业行业标准	建设部

3. 地方标准

地方标准是指没有相应的国家标准和行业标准，需要在省、自治区、直辖市范围内统一作出通行规定与要求的标准（如表1－4所示）

表1－4　地方标准代号

代号	含义	主管部门
DB	中华人民共和国强制性地方标准	省、自治区、直辖市质量技术监督部门
DB/T	中华人民共和国推荐性地方标准	

4. 企业标准

企业标准是指企业自行制定的标准。通常在以下情况需要制定企业标准：

国家标准、行业标准和地方标准不可能作出的具体规定和要求，因而由企业制定适合自己需要的标准。

在国家标准、行业标准和地方标准的基础上，企业制定高于国家标准、行业标准和地方标准水平的标准，或是对国家标准、行业标准和地方标准的规定和要求进行补充和完善。没有相应的国家标准、行业标准和地方标准，因而由企业自主制定标准，特别是创新的标准。

此外，随着企业、产业团体或联盟（技术团体或联盟）的出现，还产生了团体标准或联盟标准。

我国国家标准化管理委员会提出，积极推进以国家标准、企业标准为主体，以行业标准、团体标准、地方标准为补充，建立重点突出、结构合理和适应社会主义市场经济发展要求的新型国家标准体系（如表1－5所示）。

表1－5　企业标准代号

代号	含义	管理部门
Q※	中华人民共和国企业产品标准	企业

（二）按照标准属性（法律约束性）分类

1. 强制性标准

强制性标准是国家技术法规的重要组成。依照《中华人民共和国标准化法》的规定，同时也为了与WTO/TBT规定相衔接，我国标准强制性范围要严格限制在国家安全、防止欺诈行为、保护人身健康与安全、保护动植物的生命和健康以及资源合理利用与保护环境五个方面。

强制性标准符合世界贸易组织贸易技术壁垒协定关于“技术法规”定义，即“强制执行的规定产品特性或相应加工方法的，包括可适用的行政管理规定在内的文件。技术法规也可包括或专门规定用于产品、加工或生产方法的术语、符号、包装标志或标签要求”。

我国安全防范的标准中涉及人身健康与安全的颇多，有些还涉及国家安全，因此，其中有相当一部分是强制性标准。如前所述，强制性标准具有法规属性。

在强制性标准中，又分为全文强制和部分条文强制两类。

2. 推荐性标准

推荐性标准是指导性标准，基本上与WTO/TBT对标准的定义接轨，即“由公认机构批准的，非强制性的，为了通用或反复使用的目的，为产品或相关生产方法提供规则、指南或特性的文件。标准也可以包括或专门规定用于产品、加工或生产方法的术语、符号、包装标志或标签要求”。

推荐性标准是自愿性文件，推荐性标准由于是协调一致的文件，不受政府和社会团体的利益干预，能更科学地规定特性或指导生产，《中华人民共和国标准化法》鼓励企业积极予以采用。但是，为了防止企业利用标准欺诈消费者，若企业采用低于推荐性标准要求的企业标准组织生产的，要向消费者明示其产品标准水平。

3. 标准化指导性技术文件

标准化指导性技术文件是为尚处于技术发展过程中的、变化较快的技术领域的标准化工作提供指南或信息，供科研、设计、生产、使用和管理等有关人员参考使用而制定的标准文件。

符合下列情况的即可判定为指导性技术文件：

技术尚在发展中，需要有相应的标准文件引导其发展或具有标准价值但尚不能制定为标准的。

国际标准化组织（ISO）、国际电工委员会（IEC）及其他国际组织的技术报告。

指导性技术文件编号由指导性技术文件代号、顺序号和年号构成。

标准化指导性技术文件的管理工作也是由国务院标准化行政主管部门统一负责的，包括编制计划、组织草拟、统一审批、编号和发布。

（三）按照标准化性质分类

1. 技术标准

技术标准是指对标准化领域中需要协调统一的技术事项所制定的标准。技术标准通常包括基础技术标准、产品标准、工艺标准、检测试验方法标准，以及安全、卫生、环境保护标准等。

2. 管理标准

管理标准是指对标准化领域中需要协调统一的管理事项所制定的标准。管理标准通常包括管理基础标准、技术管理标准、经济管理标准、行政管理标准和生产经营管理标准等。管理标准主要规定人们在生产活动和社会生活中的组织结构、职责权限、过程方法、程序文件以及资源分配等事宜，是合理组织国民经济，正确处理各种生产关系，正确实现合理分配，提高生产效率和效益的依据。

3. 工作标准

工作标准是指对标准化领域中需要协调统一的工作事项所制定的标准。工作标准往往针对具体岗位和活动，通常规定人员和组织在生产经营管理活动中的职责、权限、范围、质量要求、程序、效果、检查检验方法和考核评价办法等。工作标准一般包括组织机构或部门工作标准以及岗位（个人）工作标准。

但是，上述各类别的标准区分并不是绝对的，往往可以互相综合和交融。例如，安全防范行业经常使用的风险等级或防护等级标准就兼有技术和管理的双重内涵。

（四）根据标准化的对象和作用分类

1. 总体（体系或系统）标准

总体的、共性的、涵盖某一领域或某一类别的通行标准。如安全防范工程技术规范、入侵探测器通用要求、防盗报警控制器通用技术条件等。

2. 基础标准

在一定范围内作为其他标准的基础并普遍通用、具有广泛指导意义的标准。基础标准又可分为通用基础标准和专业基础标准。通用基础标准，如名词、术语、符号、代号、标志、方法等标准；计量单位制、公差与配合、形状与位置公差、表面粗糙度、螺纹及齿轮模数标准；优先数系、基本参数系列、系列型谱等标准；图形符号和工程制图；环境条件及可靠性要求等。专业基础标准，如安全技术防范产品分类与代码、安全防范系统通用图形符号标准、报警系统环境试验标准、报警传输系统的要求、接口标准等。

3. 产品标准

为保证产品的适用性，对产品必须达到的某些或全部特性要求所制定的标准，包括品种、规格、技术要求、试验方法、检验规则、包装、标志、运输和储存要求等。如主动红外入侵探测器标准、防盗保险柜标准、车辆防盗报警系统标准和防弹玻璃标准等。

4. 方法标准

以试验、检查、分析、抽样、统计、计算、测定、作业等各种方法为对象而制定的标准。如安全防范工程费用概预算编制方法标准、安全防范系统验收规则和车辆防盗报警器材安装规范等。

5. 安全标准

以保护人和物的安全为目的而制定的标准。如安全防范报警设备安全要求和试验方法标准、外壳防护级别标准等。

6. 卫生标准

为保护人的健康，针对食品、医药及其他方面的卫生要求而制定的标准。

7. 环境保护标准

为保护环境和有利于生态平衡而对大气、水体、土壤、噪声、振动、电磁波等环境质量、污染管理和监测方法及其他事项所制定的标准。

（五）我国安全防范标准体系对标准的分类

1. 个性标准与共性标准

直接表达一种标准化对象（产品或系列产品、过程、服务或管理）的个性特征的标准称为个性标准；同时表达存在于若干种标准化对象间的共性特征的标准称为共性标准。

2. 相关标准

属于其他体系（行业、专业）而受本体系直接采用的非关系密切的标准为本体系的相关标准。

3. 基础标准

在安全技术防范行业内，作为其他标准的基础并普遍使用，具有广泛指导意义的标准（其中，又可分为技术基础标准和管理基础标准）。

4. 专业、专业通用标准

在安全防范行业内，按产品、工程、服务或管理的技术要素的不同而划分的技术领域，称为专业；在本专业内作为其他标准的基础被普遍使用，具有指导意义的标准，称为专业通用标准。

5. 门类、门类通用标准

在安全防范行业的某专业领域内，按产品、工程、服务或管理的具体情况的不同而划分的相关类别，称为门类；在本门类中普遍使用的标准，称为门类通用标准。

四、安全防范系统（工程）主要标准概要

（一）《安全防范工程技术规范》（GB 50348）概要及其配套标准

该标准是我国安全防范行业第一部内容完整、格式规范并被纳入国家工程建设标准体系的工程建设标准。该标准属于安全防范工程的基础性通用标准，是安全防范工程建设的总规范（其下层还有《入侵报警系统工程设计规范》、《视频监控系统工程设计规范》、《出入口控制系统工程设计规范》、《防爆安全检查系统工程设计规范》等系列专项规范）。

该标准的属性和级别为强制性国家标准，全文总计八章，在第三、四、五、六、七、八章中共有91条（款）为强制性条文。主要包括总则（安全防范工程总的、原则性的要求）、安全防范工程设计通用要求、高风险对象的安全防范工程设计、普通风险对象的安全防范工程设计、安全防范工程施工、安全防范工程检验、安全防范工程验收等内容。该标准总结了我国安全防范工程建设二十多年来的实践经验，吸收了国内外相关领域的最新技术成果，填补了国内空白，是一部具有前瞻性和创新性的工程建设技术规范。在该标准中提出的安全防范工程设计应遵循的七项基本原则、安全防范三种基本手段（人防、物防、技防）有机结合和三个基本要素（探测、反应、延迟）相互协调，以及安全性设计、可靠性设计、电磁兼容性设计、环境适应性设计、系统集成设计等观点较好地适应了科学技术发展的趋势，体现了标准化与时俱进的精神。

（二）《安全防范系统验收规则》（GA 308）概要

该标准从设计、施工、效果及技术服务等方面对安全防范系统的质量验收提出了必须遵循的基本要求，是对安全防范系统（工程）进行验收的依据。该标准适用于一、二级安全防范系统（工程）的验收，三级安全防范系统（工程）的验收可适当简化。

该标准分章节规定了系统（工程）的验收条件、验收组织与职责、验收内容、验收结论与整改。该标准是与《安全防范工程技术规范》（GB 50348）关联密切的标准。

（三）《安全防范工程程序与要求》（GA/T 75）概要

该标准规定了安全防范工程立项、招标、委托、设计、审批、安装、调试和验收的通用程序和管理要求。该标准适用于所有的安全防范工程。

该标准按照工程规模（风险等级或工程投资额）将安全防范工程分为一、二、三级；分章节规定了工程立项、资格审查与工程招标和委托、工程设计、工程实施、竣工和初验、工程验收条件。该标准也是与《安全防范工程技术规范》（GB 50348）关联密切的标准。

（四）风险等级和安全防护级别的相关标准概要

1.《军工产品储存库风险等级和安全防护级别的规定》（GA 26）

该标准规定了军工产品储存库的风险等级和安全防护级别，是建设和监督检查军工产品储存库安全防范系统工程的依据。适用于军工产品的科研、试制、生产及使用单位。规定了军工产品储存库划分为一、二、三级风险，并规定了相应的防护级别以及报警系统要求、安全防范组织措施要求与认定、审批与验收要求，其中涉及防火方面的要求，应按照《中华人民共和国消防条例》执行。

2.《文物系统博物馆风险等级和安全防护级别的规定》（GA 27）

该标准规定了文物系统博物馆及其藏品、藏品部位风险等级的划分、防护级别的确定、安全防范系统技术要求和管理要求。该标准适用于文物系统博物馆，也适用于考古所（队）、文物管理所、文物商店以及各级文物保护单位。非文物系统博物馆也可参照使用。根据《中华人民共和国文物保护法》、《文物藏品定级标准》、《博物馆藏品管理办法》的有关规定进行风险分类，对风险单位、风险部位划分为一、二、三级风险并规定了对应的防护级别以及安全防范系统的技术和管理要求。

3.《货币印制企业风险等级和安全防护级别的规定》（GA 28）

该标准规定了货币印制企业有关部门的风险等级和防护级别要求，是货币印制企业设计安全防范系统工程、采取相应防护措施和检查监督的依据，适用于印制行业的印钞厂、造币厂、金银提炼加工厂、钞票纸厂及印制研究所。

4.《银行营业场所风险等级和防护级别的规定》（GA 38）

该标准对银行系统营业场所风险等级划分和防护级别要求作出了规定，是设计银行系统营业场所安全防范工程、采取相应防护措施和检查监督的依据，适用于银行系统营业场所，也适用于其他金融机构的营业场所。

5.《电影电视系统重点单位重要部位的风险等级和安全防护级别》（GA 586）

该标准对电影电视系统重点单位、重要部位的风险等级和安全防护级别要求作出了规定，是设计电影电视系统重点单位、重要部位安全防范工程，采取相应防护措施，检验验收的依据。

（五）安全防范工程（系统）常用标准

1.《文物系统博物馆安全防范工程设计规范》（GB/T 16571）

该标准规定了文物系统博物馆安全防范工程的设计要求，是设计文物系统博物馆安全防范工程的技术依据，该标准适用于文物系统博物馆及重点文物保护单位、文物商店、考古研究所和其他收集文物标本的场所，工艺美术、档案馆等也可参照使用。

2.《防盗报警中心控制台》（GB/T 16572）

该标准规定了防盗报警中心控制台的通用技术要求和试验方法，是设计、制造和验收控制台的基本依据，适用于各种防盗报警系统中有线传输的报警中心控制设备。

3.《银行营业场所安全防范工程设计规范》（GB/T 16676）

该标准规定了银行营业场所安全防范工程设计规范，是设计和审查银行营业场所安全防范工程的技术依据，适用于银行营业场所和其他金融机构营业场所的安全防范工程，与《银行营业场所风险等级和防护级别的规定》（GA 38）配套使用。

4.《报警图像信号有线传输装置》（GB/T 16677）

该标准规定了报警图像信号有线传输装置的性能要求和试验方法，是设计、制造和验收报警图像信号有线传输装置的基本依据，适用于安全防范报警系统中的视频信号同轴电缆、光缆、双绞线传输装置，其他与报警信号关联的视频信号有线介质传输装置亦可参照使用。

5.《安全防范工程费用概预算编制办法》（GA/T 70）

该标准规定了安全防范工程费用的构成和计算方法，是编制安全防范工程概算、预算和决算的依据。对实行招标和投标的工程可以作为设计标底的基础，适用于所有安全防范工程。

6.《安全防范系统通用图形符号》（GA/T 74）

该标准规定了安全防范系统技术文件中使用的图形符号，适用于安全防范工程设计、施工文件中的图形符号的绘制和标注。

7.《安全防范工程程序与要求》（GA/T 75）

该标准规定了安全防范工程立项、招标、委托、设计、审批、安装、调试、验收的通用程序和管理要求，与《安全防范系统验收规则》（GA 308）配套使用。

8.《安全防范系统验收规则》（GA 308）

该标准对安全防范系统的质量验收，从设计、施工、效果及技术服务等方面提出了必须遵循的基本要求，是对安全防范系统（工程）进行验收的依据，适用于一、二级安全防范系统（工程）的验收，三级安全防范系统（工程）的验收可适当简化，与《安全防范工程程序与要求》（GA/T 75）配套使用。

9.《视频监控系统技术要求》（GA/T 367）

该标准规定了建筑物内部及周边地区安全防范用视频监控系统（以下简称视频监控系统）的技术要求，是设计和验收视频监控系统的基本依据，适用于以安防监控为目的的新建、扩建和改建工程中的视频监控系统的设计，其他领域的视频监控系统亦可参照使用。

10.《入侵报警系统技术要求》（GA/T 368）

该标准规定了用于保护人、财产和环境的入侵报警系统（手动式和被动式）的通用技术要求，是设计、安装和验收入侵报警系统的基本依据，适用于建筑物内、外部入侵报警系统，不涉及远程中心，也不包括入侵报警系统与远程中心之间通信数据的加载和卸载。

11.《出入口控制系统技术要求》（GA/T 394）

该标准规定了出入口控制系统的技术要求，是设计和验收出入口控制系统的基本依据，适用于以安全防范为目的，对规定目标信息进行登录、识别和控制的出入口控制或设备，不包括其他出入口控制系统或设备，如楼宇对讲（可视）系统、防盗安全门等。

12.《民用闭路监控电视系统工程技术规范》（GB 50198）

制定该标准是为了在民用闭路电视系统的工程设计与施工中，贯彻执行国家的技术经济政策，做到技术先进、经济合理、安全实用、确保质量，适用于以监视为主要目的的民用闭路电视系统的新建、扩建和改建工程的设计、施工及验收。

项目五　安全防范系统基本故障判断与维修

一、安全防范系统维修基本步骤

安全防范系统的维护与维修是保证系统长期、稳定、可靠运行的重要环节，是一项科学性很强、长期复杂的系统工程。它要求维修人员掌握安全防范系统的技术知识，熟悉安全防范系统所有设备的性能及各种参数，熟悉安全防范系统线缆的布局，能使用常用的检测仪器，还要求掌握正确的维修步骤与方法；同时，还要求维修人员能够根据故障现象判断故障发生的部位，通过分析原因，找出系统故障部件或元器件，及时进行更换或维修，迅速地排除故障，使系统安全可靠地运行。

维修人员到达现场开始维修之前，首先要向系统值班人员和用户方的维护人员仔细询问、了解系统发生故障的时间、部位以及故障现象；查阅维修记录，查看设备使用说明书和维修图样，看设备是否维修过；了解设备购置时间、设备平时的工作情况、设备是否有过撞击、设备是否有机械损伤以及发生故障时是否有雷击现象等，并做好记录。这些细节问题对维修工作十分重要。如果设备曾经维修过，设备中的可调电位器就有可能被调整，在维修时应该对设备的可调元器件加以注意和恢复，使维修工作少走弯路；如果曾经遭过雷击，可从系统供电及信号的输入和输出端着手考虑；如果设备工作的环境较潮湿或灰尘较大，在维修时应首先对设备加以清洁，并用电吹风对电路板适当加温去潮；如果用户反映故障发生时设备有异味或冒过烟，则不能随便开机通电。因此，通过与用户沟通获得的第一手维修资料，能给分析判断故障提供依据。根据故障的现象，可以分析判断出是系统监控中心设备还是系统前端设备发生了故障，或是传输线路发生了故障；然后再进一步查明是哪个子系统发生了故障。

分析确认故障部位后，观察外部的电缆接头是否松脱，然后再打开故障设备外壳进行检查。首先进行外观检查，检查设备内有无异物、排线有无松脱和断裂、元器件有无虚焊和断线、机械部分有无损伤等。检查无误后方可进行通电观察，并对故障现象做好记录。

实际上，对安全防范系统进行维修维护、查找和排除故障的工作在安装和施工过程中就已经开始了，贯穿于安全防范系统“生命”的全过程，是一项既繁琐又复杂，且技术性很强的工作，是一门将所学的理论知识运用到实际工作中的学科。

安全防范系统设备现场维修的原则是尽量减少系统暂停运行的时间。

故障摄像机、报警器等在现场应采用替代法更换；如果是矩阵主机、硬盘录像机等发生故障，则用替代法更换输入板、输出板等插板组件，然后再进行现场级别维修。将替换下来的一般故障设备取回公司进行中间级别维修，此类设备如电源、监视器等。中间级别维修的范围视安装维修公司的人力资源和技术装备而定，比较复杂的设备（如摄像机、矩阵主机等）发生故障时，如果本公司没有专业维修人员和专业维修设备，千万不要自行盲目拆卸而损坏设备，以免造成不必要的损失，此时应送到专业维修部门或送回生产厂家进行专业级别维修。

（一）确定故障范围

根据本学习单元将要学习的方法，判断出大致的故障范围。

（二）对关键点进行测试

判断出大致的故障范围之后，可以通过测试关键点的电压和波形，结合工作原理进行进一步的分析，缩小故障范围。这一步至关重要，也是维修的难点，要求维修人员平时多积累资料和经验，多记录一些关键点的正常电压和波形，为分析判断故障提供可靠的依据。

（三）排除故障

找出故障原因后，就可以针对不同的故障部件或元器件加以更换和调整。更换部件、元器件时，应注意所更换的部件或元器件应与原来的型号和规格保持一致，若无相应的代用品，应查找相关资料，找出可以替换的代用品，切不可对故障元器件随便加以替换。另外，在更换出现故障的元器件时，维修人员还应注意相关元器件的拆卸和焊接。由于安全防范系统的设备中较多地采用了表面贴技术，拆卸和焊接难度很大，操作时需要十分小心。为此，维修人员还应掌握相关元器件拆卸和焊接的正确方法和工艺。

（四）系统检测

排除故障后，应对设备的各项功能进行测试，使其完全符合系统的性能指标要求。

（五）加电考验

系统设备经维修后需进行较长时间的加电考验，确认排除的故障不再出现。

（六）记录存档

必须对系统维修过程做详细的记录，检修部位需作标记。例如，电缆折断部位需在管线图上作出精确的标记，每根电缆都需作永久性的标志。维修完毕，必须将相关图样资料存档，妥善保管。

二、查找故障的方法

（一）查找设备故障的基本方法

1. 直观检查法

直观检查法是通过维修人员的眼、鼻、耳、手等直观感觉，用看、闻、听、摸等简便的手段，对安全防范系统中各种设备的故障现象进行检查，以此来发现和排除故障。直观检查法是最简单实用的方法，是维修经常采用的方法。

（1）看——观察故障现象。观察故障现象时需注意观察以下方面：打开设备外壳，观察设备内是否有金属多余物，特别是螺钉、螺母、焊锡等；熔断器是否烧断；电路中阻容元件、晶体管、集成电路等元器件有无烧焦、漏液、鼓胀、开裂等现象；机械部件有无断裂、磨损，传动齿轮有无脱落掉牙、错位，传动带是否脱落或太松、太紧等；印制电路板有无断裂痕迹，铜箔有无翘起、断裂等；各插头、插座插接是否良好，插针是否有折断或弯曲，有无较多灰尘，排线有无松脱或断裂等；通电观察设备的初始工作状态是否正常；通电后，电路板中的元器件有无打火现象，有无冒烟和烧焦元器件；观察显示器屏幕显示是否正常，图像质量是否良好等。

（2）闻——用嗅觉来分辨异常气味。打开设备外壳，若有异常气味，寻找异常气味是由哪部分的元器件发出来的，如电源变压器、电动机、阻容元件等。当闻到设备内有异常气味时，应及时切断电源以免使故障扩大。

（3）听——在设备工作时用耳朵听。究其内部有无异常声音，如云台电动机转动不均匀的噪声；光盘转动时有无摩擦声音；电源变压器有无低频异常声音；声光报警器输出的音量有无变小或有无其他明显的杂音。

（4）摸——用手触摸设备机壳和内部元器件。检查设备内元器件有无松动；面板、控制器上的开关、按键是否灵活；用手触摸设备机壳外部温度是否正常；打开设备内部触摸检查是否有过热的元器件，发现有发烫的元器件时，应测量其工作点是否正常。

特别注意，一般不要带电进行触摸操作，必须带电触摸时需遵循单手操作的规则，以免构成人体电流回路。触摸时，应用手指的背面接触发热物体而不能用手心，动作要快，小心烫伤。

2. 电阻测量法

电阻测量法是通过万用表欧姆挡检测元器件质量、线路的通断以及阻值的大小，以此来判断具体的故障原因。一个工作正常的电路在未通电时，有一些线路应呈通路，有一些应呈开路，有的则有一个确切的电阻值。电路工作失常时，这些电路的阻值状态将会发生变化，如阻值变大或变小，线路由开路变成通路或由通路变成开路等，通过查出这些变化可以判断出发生故障的部位。

电阻测量法可用作开关件、接插件、线路的通路与断路检查，以及元器件质量的检测等。

电阻测量法的特点：检查线路通断效果好，判断结果十分明确；对插口、接插件的检查方便、可靠；电阻检查法可以在线路板上直接进行检测，使用方便，如果使用测量时能发出响声的数字式万用表将更为方便。

电阻检查法严禁在通电情况下使用，以免损坏万用表。如怀疑某元器件质量有问题时，可从线路板上拆下该元器件再进行测量确认。

3. 电压测量法

电压测量法是使用电压表来检测电路各关键点的电压，并根据电压的异常情况和电路工作原理作出推断，找出具体的故障原因。检测电路中某一些测试点工作电压的有无、偏大或偏小等，并结合相关电路工作原理推断产生电压异常变化的原因，进而找出具体的故障原因。电路在正常工作时，各部分的工作电压是一定的，有时也有可能在很小范围内波动，当电路出现开路、短路或元器件性能参数变化时，电压会相应地改变，通过对电压变化情况加以分析，可以判断出发生故障的部位。电压测量法主要是测量电路中各测试点的交、直流电源电压和信号电压等。

安全防范系统设备常用的电源电压有以下几种类型：交流高电压，为220伏，50赫兹；交流低电压，为24伏，50赫兹；直流12伏稳压或其他电源电压以及监视器内部的高压。检测上述几种电压时，除监视器中的显像管高压需用高压静电电压表来测量外，其他部位均可用万用表或根据需要分别使用相应的交、直流电压表和真空管毫伏表。

普通万用表交流档是针对50赫兹交流电设计的，无法用来准确测量频率较高的视、音频信号电压，必要时可使用示波器来测量，也可用真空管毫伏表（目前已不常用）。

电压测量法的特点：测量电压时，电压表与被测元器件或线路是并联连接，不需要断开元器件或线路。但测量时应根据电路中的特性阻抗和电压来选择电表量程，否则将会测量不准，影响正确判断。使用真空管毫伏表之前要先预热，使用一段时间后要校零，以保证真空管毫伏表对低电平信号测量的精度。在有标称工作电压数据时，可将测得的电压值与标称值进行对比来判断故障具体部位。

4. 电流测量法

电流测量法通过测量电路中流过某一测试点的交、直流电流的有无或大小来判断电路的工作情况，从而找出故障原因。

电流测量法主要用于检测集成电路的静态直流工作电流、晶体管集电极的静态直流工作电流和电动机的直流或交流工作电流等。在检修过程中，有时需要通过测量设备整机或局部的直流工作电流的大小来判断故障性质，当直流工作电流很大时，说明该电路中存在短路故障；而直流工作电流很小时，说明该电路中存在开路故障。

电流测量法的特点：电流表必须串联在回路中，所以需要断开测试点线路，操作比较麻烦；如果有相应的准确的电流数据，那么运用电流测量法就能够迅速地判断出发生故障的具体部位，而当没有相应的电流资料时，用这一方法则效果不佳。

电流测量法注意事项：因为测量中要断开线路，有时是断开铜箔线路，所以必须记住测量完毕后要及时焊好断口，否则会影响下一步的检查；在测量大电流时，要注意选准电表量程和极性，以免损坏电表或打弯表针；用于发热、短路等故障测量电流时，通电时间越短越好，以免烧坏相应的元器件；由于电流测量法比电压测量法麻烦，所以一般先用电压测量法检查，必要时再用电流测量法。

5. 波形测试法

波形测试法是用示波器，通过逐级测量信号波形来分析和判断发生故障部位的一种方法，具有迅速、准确、安全等优点。在测量信号波形时，应测量其波形的振幅和周期，参考维修手册上的正确波形，就可以准确地判断出故障范围。在检修监视器时，可用示波器测量同步信号波形，以及亮度信号、色度信号、全电视信号、视频信号、音频信号等波形，并且在维修设备时，可以将示波器作为除万用表以外的首选仪器。

6. 干扰检查法

干扰检查法是利用人体感应信号作为信号源，通过扬声器检查有无响声或屏幕上有无杂波，以及响声的大小、杂波的多少，以此来判断故障的部位。人体能感应许多信号，用手握住旋具去接触放大器输入端时，人体感应信号便被送入放大器电路中。当放大器在正常状态工作时，被放大的人体感应信号便会传输到扬声器，进而发出响声或在屏幕上出现杂波干扰；放大电路出现故障后，扬声器上无感应响声或感应响声小，屏幕上没有杂波或杂波少，根据这种现象可判断出电路中的故障部位。

干扰检查法可以在通电的情况下只用一把旋具进行判断，操作十分简便，可判断监视器的视频通道和音频通道工作是否正常。干扰检查法一般从后级逐渐向前级检查，有时也可以从中间开始检查，这样可加快判断故障的速度，在手头没有仪器时十分有效。

7. 对比法

对比法是在查找故障过程中，用相同的一台无故障设备进行对比测试，对关键测试点通过逐一对比、相互比较来确定故障的方法。例如，在检查一台有故障的监视器时，要逐步检查内部各关键部位的波形，如果有详细的维修手册来对照各关键点的波形就比较方便，但维修时该条件并不一定具备，此时就可用一台相同型号的监视器对关键点的波形进行逐一对比，通过比较确定故障部位。用此方法往往能很快找出故障。

8. 替换检查法

替换检查法是将怀疑有故障的设备用同型号、同规格的设备、部件、插板进行替换，看故障是否已被排除，以此来证实、判断该设备或部件是否有故障。在对新更换的设备、部件、插板进行通电检查之前，一定要仔细检查各种连线是否正确，电源电压是否合适。在对电源设备、部件、插板进行替换时，要特别注意检查所替换的设备、部件、插板的额定工作电压是否与原系统设计的原始记录状态和参数相符。替换工作应在切断电源的情况下进行。替换检查法最适于安全防范系统故障的应急检修。

9. 排除法

所谓排除法，就是在查找故障过程中，找到故障嫌疑部位，拔去部分接插件和电路板，或在电路板上断线，缩小故障范围，最后将故障孤立出来的方法。例如，发现电源部分有短路故障，则可以通过拔除负载的办法来帮助判断故障是由负载引起的，还是由变压器内部短路引起的。注意在一些场合断开负载时，会使电压升高而损坏元器件，在这种情况下应先接上等效负载，否则就不能断开负载。通过此方法故障就能很快被排除。

10. 最小系统法

最小系统法，即先拔掉组成系统的不关键插板，最后剩下使系统维持在最小可能运行状态的部分。如在修理硬盘录像机时，可先逐步拔掉压缩卡、解码卡、声卡等插板，最后只剩主板、CPU、内存、电源（PC 机再加块显卡），如果系统仍不正常，则拔掉内存，再看系统工作是否正常。待最小系统工作正常后再将拔下的插板一一恢复，当有故障的插板插入时，系统将会出现不正常的现象，由此可判断出故障部位。

（二）查找传输线路故障的常用方法

安全防范系统的传输线路比较复杂，且故障率较高，维修人员排除故障时应遵循“先问再看后测试”的原则。“问”是向用户了解故障发生的情况；“看”是观察故障现象和发生的区域；在“看”和“问”的基础上再用仪器进行测试。传输线路故障查找常采用以下几种方法：

1. 顺向检查法和逆向检查法

顺向检查法是沿着信号传输方向，顺着电缆或光缆及其彼此相连接的设备依次进行检查。首先检查有无机械损伤或其他异常现象（如有无电缆外伤或断裂，设备、设施、元器件损坏，接线断开等异常情况），若发现有，应及时处理。然后利用仪器测量，测量传输信号在什么地方中断、减弱或发生了明显的变化，这样便不难查出故障发生的具体部位和原因。顺向检查法适用于维修整个系统故障的情况。

逆向检查法是从发生故障端开始，沿着信号传输的反方向，顺着电缆及其彼此相连接的设备依次进行检查，方法与顺向检查法相似。按逆向检查法，使用测量仪器检查传输信号在什么地方恢复正常，则故障就可能发生在离此最近的设备中。逆向检查法常用于检修前端设备的故障。

通过顺向检查法和逆向检查法确定了发生故障的设备或传输电缆后，往往需要作进一步的测量，以彻底弄清故障原因，并采取相应措施排除故障。

2. 测量检查法

测量检查法是利用仪器、仪表，通过测量信号波形和电平值、交直流工作电压与电流值、电阻值、光信号输入功率等，并与以往的记录或生产厂家提供的参数相比较，看是否存在较大的差异，如存在较大差异，即可断定故障所在的部位和造成故障的具体原因。测量检查法最适用于检查光接收机、解码器、云台、报警探测器和监视器等设备的具体故障。

三、维修记录的基本要求

（一）维修记录的内容与要求

1. 时间

时间主要包括维修人员接到用户维修通知单的时间（或接到用户电话通知的时间）、维修人员到达现场开始进行维修的时间和完成维修任务的时间。分别记录这三个时间，并长期积累，可以反映出维修队伍的快速响应时间和排除故障的能力。

2. 维修地点

维修地点通常包括故障现场、维修单位和专业维修单位。维修可分为三种情况，一是系统故障现场的维修；二是将设备带回维修单位的维修；三是送到专业维修单位的维修。在三种不同的维修地点进行维修可看出设备的损坏情况和维修的难易程度。

3. 故障发生时的气候环境因素

故障发生时的气候环境因素是指向用户询问故障发生时是否有下大雨、刮大风的情况；是否有雷击现象；线缆路在现场是否有施工或有重型机械的碾压；前端设备安装的部位是否有重型机械撞击等客观因素。

4. 故障现象

故障现象是指向用户询问故障发生时的现象，如看见某部位冒烟或发出特殊的响声等，这有助于维修人员进行判断和分析。

5. 故障产生的部位和原因

维修记录中还应阐明故障产生的具体位置和原因。

6. 排除故障的具体措施

找出故障点，写出排除故障的具体方法和解决措施。

7. 排除故障所需要的费用

计算排除故障所需费用是指工程维修实际发生的费用，如维修人员的人工费、仪器仪表的使用费、机械使用费、更换设备或零件的购置成本费、交通费及与维修直接相关的费用。

8. 责任签署和验收签署

包括维修责任人的签署、用户有关负责人的验收签署，且需用户单位盖章。

9. 维修记录

维修记录应一式两份，一份交用户方存档；另一份由维修人员带回交工程维修单位存档。

10. 更新维修手册

系统每一次检修后都应有完整的记录，包括检查和维修过程的所有记录，并对维修手册进行补充更新。

（二）维修记录的保存

保存维修记录是完成维修工作的具体体现。不论是从安全防范技术的要求出发还是从系统本身的质量要求出发，都应该建立一套完整有效的维修记录保存方法，完整的维修记录可以反映出安全防范系统的技术状态和系统目前所具备的实际价值。

要妥善地保存维修手册，对保存的记录进行明确分类，规定各种维修记录的保存期限和保存要求。对于重要安全防范系统的维修手册应备有副本，并要求具有预防火灾、洪水、偷盗或涂改等的保护措施，签署的记录只提供给经审核的人员和其他经授权的人员查阅。

（三）建立维修管理系统

保存全面、准确的记录对良好的维修管理十分重要。负责管理工程资料的部门可考虑建立维修管理系统，将维修手册和相关维修检查工程的记录电子化，建立完整的维修工程电子档案，将基本设备资料录入管理系统，方便日后的系统维护管理。管理系统应包括设备领用管理、设备故障管理、设备维修费用申请管理、设备维修管理、设备报废管理等功能。建立维修管理系统能够让系统管理人员清晰地知道设备的当前状态，提高设备管理人员的工作效率。

四、常用维修工具、仪器和仪表

（一）常用维修工具

安全防范系统的常用工具和仪器仪表在此暂不详述，只介绍维修中常用的一些工具和仪器仪表。

1. 光纤剥纤钳

光纤剥纤钳用以剥除光纤的涂覆层。厂家在生产光纤时为了保护裸纤和区分不同的纤芯，要在裸纤上涂上一层涂料，在熔接前要把这一涂层剥离。

2. 光纤切割刀

光纤切割刀用以切割光纤，以保证光纤的端面平整。如果光纤的端面不平整，则不能熔接或熔接后损耗大。切割是光纤端面熔接中最为关键的环节，合格的光纤端面是熔接的必要条件，端面质量直接影响到熔接质量。

3. 熔接机

熔接机用以将两段光缆中需要连接的光纤用高温熔接起来，熔接时采用电弧将两根光纤端面烧熔，使之连成一体。这种连接方法，其接头体积小、机械强度好，光纤熔接后性能稳定。

（二）常用仪器

1. 光功率计

光功率计是测量光纤输入、输出光功率的重要仪器，某些厂家的光功率计还能测试光纤的衰耗和反射损耗。

光功率计由光功率计主机和光接收部分的传感器组成，测量不同波长的光信号要选择与光接收元器件波长特性相适应的传感器。光接收元器件的波长特性虽然比较宽，但由于在波长范围内的灵敏度也有变化，所以应对测量的波长进行校正。当光功率存在时间上的波动时，所用的光功率计还应具有对多次测量进行平均化处理的功能。

2. 光时域反射仪

光时域反射仪是光缆线路工程施工和维护工作中常用的光纤测试仪表，用来测量光纤的插入损耗、反射损耗、光纤链路损耗、光纤的长度和光纤的后向散射曲线。光时域反射仪具有功能多、体积小、操作简便、可重复测量且不需要其他仪表配合等特点，可自动存储测试数据并打印测试结果。

在大型系统中，传输光缆通常采用钢索配线架设或地埋敷设，在长距离传输时可能会遭到损坏而折断，在维修中使用一般仪器无法判断。使用光时域反射仪可以精确地测量断点的位置，大大节省维修时间。

3. 电缆故障测试仪

在大型系统中，电缆传输线通常采用钢索配线架设或地埋敷设，传输线可能会被大风刮断或被载重车辆压断，利用一般的仪表来查找断点是非常困难的，有时为了判断故障部位只能切断部分电缆，造成浪费。使用电缆故障测试仪可测量电缆全长及电缆故障点距测试端的距离，精确地测量断点的位置，能在不用开挖土层的情况下查出地下电缆的走向、深度、断路、短路及电缆绝缘层破损造成的损伤、故障点的精确位置，使整个线路地表面不用屡遭“开膛破肚”之苦，是安全防范工程、通信工程、电力工程等部门为保证地下电缆的施工质量和故障点维修的一种精确、可靠的探测仪器。使用这种仪器可大大节省维修费用和时间。电缆故障测试仪的配套设备有“电缆故障定点仪”和“路径仪”。电缆故障测试仪主机用于测量电缆的故障和故障性质。“电缆故障定点仪”是在电缆故障测试仪主机确定电缆故障点的大致位置的基础上来确定电缆故障点的精确位置。对于未知走向的埋地电缆，需使用“路径仪”来确定电缆的地下走向。若已知电缆的具体走向，可不使用“路径仪”。电缆故障测试仪主机可与笔记本电脑直接相连，便于管理与操作。整套仪器配合使用可以快速准确地找到各种电缆的故障点。

4. 示波器

观察监视器的视频通道（包括伴音、图像、色度和扫描通道）的波形必须采用8兆赫兹以上带宽的示波器。在彩色监视器维修中最好采用带有直流耦合的示波器，因为它们既能观察各种波形，又能测量直流电平，而测量直流电平可更方便地寻找故障。例如，在监视器黑色电平的钳位电压丢失时，用交流示波器是检查不出来的，这时需采用带有直流耦合的示波器。

5. 信号源

安防工程中多数采用摄像机来代替信号源，因此，信号源单独使用得比较少。有时会用彩色信号发生器、测试卡等进行显示器的校准和调试。

6. 三用表

三用表俗称万用表，有指针式和数字式两种，前者为早期产品，使用较方便；后者精度较高。

（三）特别注意

（1）在维修安全防范系统设备过程中，当确实需要通电检修时，应当注意一定要边插电源插头边观察机内及显示屏上的显示是否正常，此时手不要离开电源插头，若有异常打火、冒烟等现象，应立即断开电源或拔下电源插头。若无异常现象再将电源开关打开，作进一步观察。否则，很容易造成电路严重损坏，以致无法修复。

（2）在维修系统设备过程中，经常要将某个电路板拿起来进行观察检测，此时电路板与电路板之间、电路板与金属支架之间，若不采取绝缘措施，就很可能会发生短路而烧坏电路元器件，造成更大的损失。

（3）在系统维修过程中，要经常测量各引脚测试点的工作电压，由于集成电路引脚多而密集，稍有不慎就会烧坏电路，所以操作时一定要极其小心，要尽可能地避免因测量不慎而引起短路。

（4）在对故障现象进行分析而电压不够时，不要对故障设备进行盲目加电，以免造成更大损失。

（5）不要在带电情况下拆卸设备，在对设备内部进行测试时，避免触电。

思考练习

1. 我国安全防范系统的主要标准分为哪几级？相互的关系如何？
2. 安全防范设计评估师的发展前景如何？
3. 安全技术防范管理机构及其职责是什么？为什么要进行安全技术防范管理？
4. 查找故障的步骤程序是什么？排除设备故障有哪些基本方法？

学习单元二

入侵报警系统/设备

【原理部分】

【知识目标】

了解各种入侵报警探测器的工作原理

了解报警系统/设备的发展方向

降低入侵报警系统/设备误报率的思路

【能力目标】

具备熟练使用各种入侵探测器的能力

具备对入侵探测系统的设置和调试能力

具备使用万用表等测量仪表，对入侵报警系统/设备常见故障进行排除的能力

具备正确的日常维护系统能力

【知识内容】

项目一　入侵报警系统/设备概述

一、探测

探测就是发现被探测对象的特征，或者用适当的方法把探测对象与环境及其他对象的差别表现出来，并以安全的状态作为基准（表示为一个阈值），判断探测结果是否超出了这个基准状态，进而发现和识别这种差异。实现探测的原理和方法有很多，归纳起来可分为以下两种基本方式。

（一）主动探测

通过在防范空间（区域）内建立一个可监测的环境（电磁、气候、状态等），然后探测其特征参数或状态的变化，以此来实现探测。既可以通过设定阈值作开关量的探测，也可以通过对参数变化（能量幅度、频率、方向等的变化或变化率）的分析来进行判断。

（二）被动探测

监测防范空间（区域）内自然环境的参数变化，探测对象本身发出的带有特征信息的辐射来实现探测。同主动探测一样，被动探测也可以采用不同的分析方法。

二、探测器的分类

探测器种类很多，合理的分类方法有助于对其的理解和掌握，下面介绍几种常用

的分类方法。

（一）按传感器种类分类

安全防范技术所用的各种探测器中主要使用的是物理传感器，将被测量的物理量（力、位移、速度、加速度、振动、温度、光强等）转换成相应的、易于精确处理的电量输出的一种转换装置，按照此定义可将探测器分为磁控开关探测器、振动探测器、声探测器、被动红外探测器、主动红外探测器、微波探测器、超声波探测器及电场探测器等。

（二）按探测器的工作方式分类

按探测器的工作方式可分为主动探测器和被动探测器。

1. 主动探测器

主动探测器工作时，探测器中的传感器向防范现场发射某种形式的能量，在接收传感器上形成稳定变化的信号分布，一旦危险情况出现，稳定变化的信号被破坏，就会形成携有报警信息的探测信号，经处理后产生报警信号。

这种探测器中的传感器有发射和接收置于同一机壳内的，如微波多普勒探测器，警戒时形成稳定变化的微波场，一旦有人入侵，稳定变化的信号被破坏，传感器接收这一变化后即输出报警信号；也有发射和接收分置于两个不同机壳内的，如主动红外探测器，警戒时在发射机和接收机之间形成人眼看不见的红外脉冲束，一旦脉冲束被遮挡（稳定变化的信号被破坏），即输出报警信号。

2. 被动探测器

被动探测器工作时，探测器本身不向防范现场发射能量（不包括电路的辐射能量），而是依靠接收自然界的能量在传感器上形成稳定变化的信号，当危险情况出现时，稳定变化的信号被破坏，形成携有报警信息的探测信号，经处理产生报警信号。

例如，被动红外探测器警戒时，固定目标（墙体、桌椅板凳等）发出的红外线在被动红外探测器的接收传感器上形成稳定变化的热信号，一旦有人入侵，稳定变化的信号被破坏，传感器提取这一突变信号经处理后，即输出报警信号。

（三）按警戒范围分类

按警戒范围可将探测器分为点控型探测器、线控型探测器、面控型探测器和空间控型探测器。

1. 点控型探测器

点控型探测器是通过开关的闭合或断开来触发报警的，多用于门窗、重要物体、重要部位或区域的警戒。开关方式有磁控开关、紧急报警装置、微动开关、压力垫开关、水银开关等。目前，安防实践中以紧急报警装置（如紧急按钮、脚挑开关等）、磁控开关探测器应用最为广泛。

2. 线控型探测器

线控型探测器警戒范围是一条线，只要这条线的警戒状态被破坏，就会发出报警信号。

例如，当发射机和接收机之间形成的红外脉冲束被遮挡时，主动红外探测器即输出报警信号。线控型探测器中常用的还有激光探测器。

3. 面控型探测器

面控型探测器警戒范围是一个面，当这个警戒面上任一点的振动信号传至探测器时，就会发出报警信号。

例如，电动式振动探测器可以用来警戒地面以探测是否有人走动；也可以用于警戒一堵墙，以防凿墙。总之，只要在探测范围内的振动信号均可通过固体介质传至振动探测器，发出报警信号。

4. 空间控型探测器

空间控型探测器警戒范围是一个空间，当这个空间中任意一处的警戒状态被破坏时，就会发出报警信号。

目前，安全防范系统中所用的空间控型探测器有两类，一类的探测范围为整个防范空间，如声控玻璃破碎探测器、次声波探测器等；另一类的探测范围未充满整个防范空间，如微波—被动红外双技术探测器，其探测范围可用最远工作距离、水平角和垂直角三个参数来描述。

（四）按信号传输方式分类

按信号传输方式可将探测器分为有线探测器和无线探测器。探测器和报警控制器之间采用有线方式连接的为有线探测器，而采用电磁波传输报警信号的则为无线探测器。

（五）按应用场合分类

按应用场合可将探测器分为室内探测器和室外探测器。常用的室内探测器有微波—被动红外双技术探测器、被动红外探测器、微波多普勒探测器、玻璃破碎探测器等；常用的室外探测器有振动电缆探测器、泄漏电缆探测器等；有些探测器既可用在室内，又可用在室外，如主动红外探测器等。但是，用于室外的要比用于室内的技术指标高一些，这是因为室外的环境条件较室内要恶劣得多。

项目二 入侵报警系统

利用传感技术和电子信息技术探测并指示非法入侵或试图非法入侵设防区域的行为，处理报警信息并发出报警信号的电子系统或网络，即为入侵报警系统。

一、入侵报警系统的组成

入侵报警系统由前端的入侵探测器（简称探测器）、传输部分和报警控制器三部分组成，以下是最简单的入侵报警系统（如图2－1所示）。

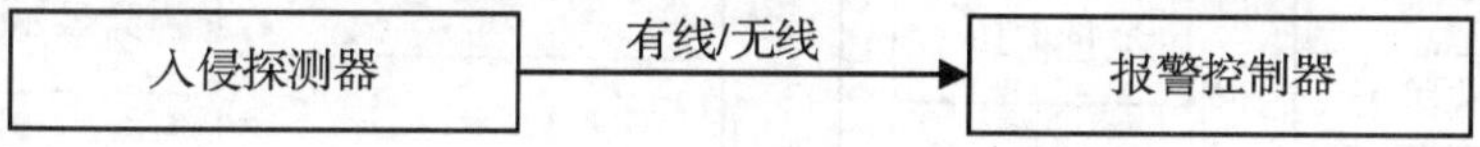

图2－1 入侵报警系统组成框架图

（一）探测部分

探测部分的主要设备是入侵探测器，是安装在防范现场用以探测入侵者的入侵和破坏信号，并将其转换成电信号的装置。探测器的核心部件是传感器。其作用是将危险情况引发的物理量变化转换成电信号。目前，安全防范技术所用的探测器多数是物理传感器。能感知物理量的连续变化，并将其转换成按比例输出电信号的传感器叫模拟传感器。所谓数字式传感器，其实就是在模拟传感器的输出端增加一块模块——数转换模块，模块的作用是平衡放大、零点跟踪、A/D 变换、线性变换等，并根据控制要求进行运算，得到一个十分准确的数字量，采用数字处理技术可大大提高传感器的可靠性。

（二）传输部分

1. 多线制传输模式

多线制传输模式又叫分线制传输模式，各报警防区通过多芯电缆与报警控制主机之间采用一对一连接方式（如图 2－2 所示）。

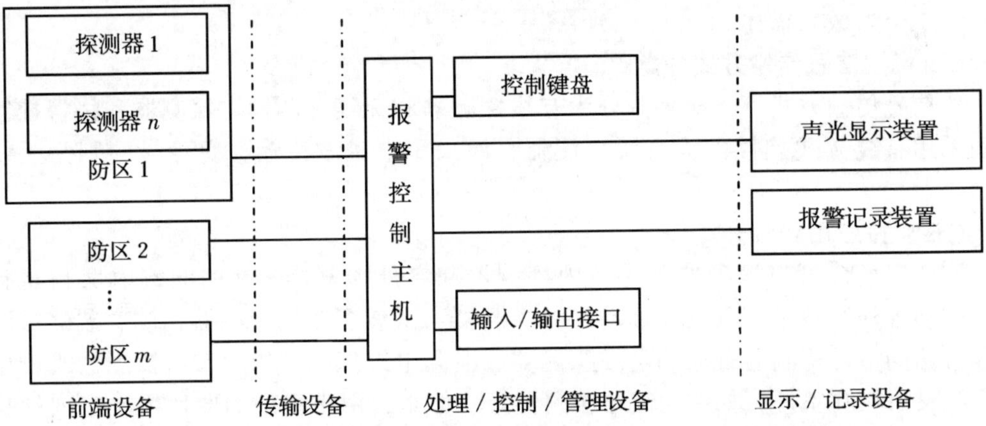

图 2－2　多线制传输模式示意图

多线制的优点是可根据控制器的输入端口辨别防区地址，当部分遭到破坏时，其他部分仍能正常工作；缺点是工程布线和维修麻烦，不利于扩容。

2. 总线制传输模式

各报警防区通过其相应的地址模块及报警总线传输设备与报警控制主机相连（如图 2－3 所示）。

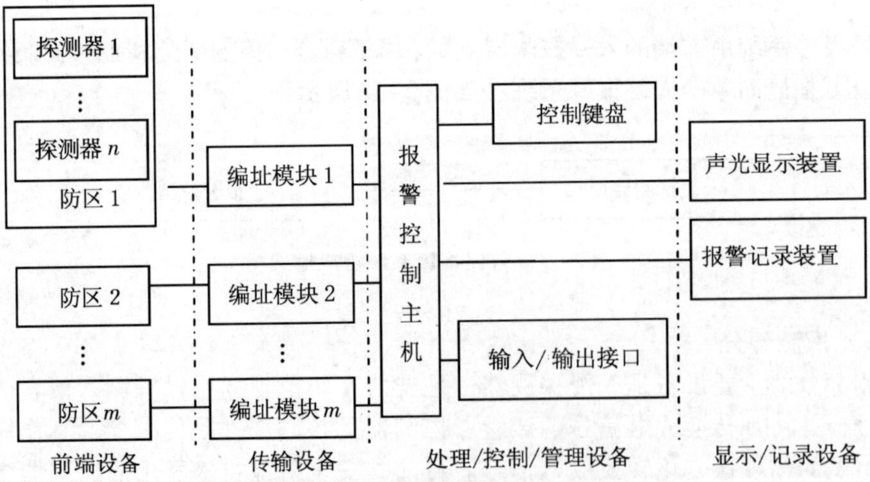

图 2－3　总线制传输模式示意图

总线制的特点是探测器与报警控制器之间的所有信号均沿公共线（总线）传输，探测器实行统一编码器，在输出探测信号的同时，地址码信号也同时输出。在报警控制器中，根据地址码区分各报警信号，并分别进行处理、判断和报警显示。

3. 无线制传输模式

各报警防区通过其相应的前端无线发射设备、无线中继设备（视传输距离选用）和后端无线接收设备与报警控制主机相连，其中前端无线发射设备和探测器后端无线接收设备和报警控制主机可为分立的设备，也可为一体化设备（如图 2－4 所示）。无线制传输模式采用无线传输方式，探测器布设灵活、方便，施工简单，特别适用于不宜现场布线或现场布线困难的场所。无线传输的方式一种是利用全国无线电管理委员会分配给报警系统的专用频率；另一种是借助现有的无线通信网络。

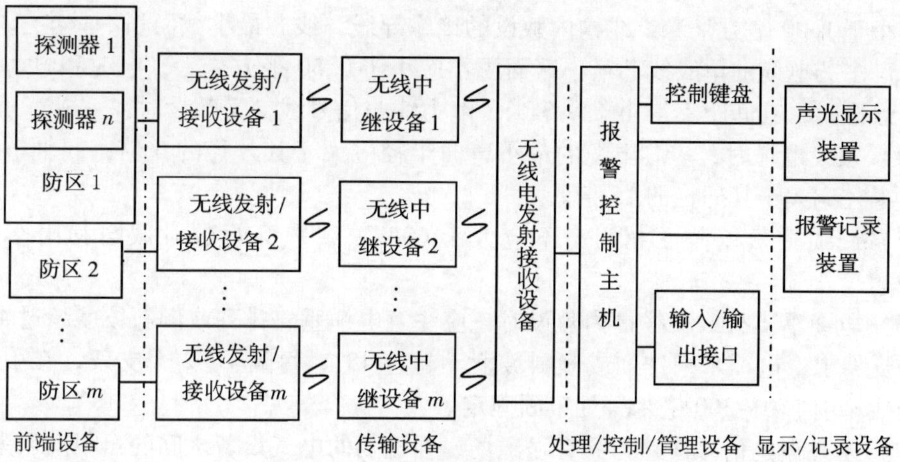

图 2－4　无线制传输模式示意图

4. 公共网络传输模式

各报警防区通过网络传输设备与报警控制主机采用公共网络相连。公共网络可以是有线网络、无线网络，也可以是它们的组合网络（如图 2－5 所示）。

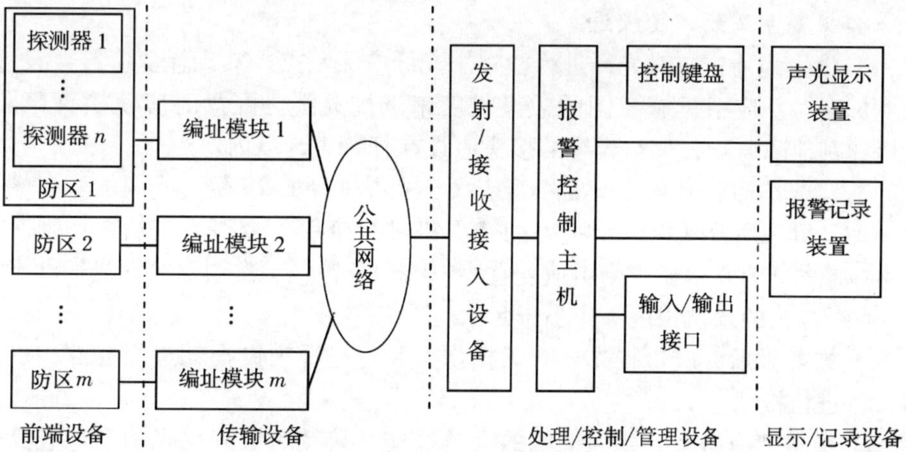

图 2－5　公共网络传输模式示意图

利用建筑物内已建好的各种网络（如电话网、电力网等）传输报警信号十分方便，是一种颇具发展潜力的传输方式。

5. 混合传输模式

在实际应用的报警系统中，更多的是几种网络模式的组合使用，以上模式的任意组合，即混合模式。

6. 入侵报警系统的线缆敷设

在满足基本要求的前提下，宜选用线径较细、容易施工的线缆，并注意以下事项：

（1）电力系统与信号传输系统的线路应分开敷设。

（2）信号电缆的屏蔽性能、敷设方式、接头工艺及接地要求等应符合相关标准。

（3）报警信号传输线的耐压应不低于AC250伏，应有足够的机械强度；铜芯绝缘导线、电缆芯线的最小截面积应满足以下要求：穿管敷设的绝缘导线，线芯最小截面积不应小于1.00平方毫米，线槽内敷设的绝缘导线，线芯最小截面积不应小于0.75平方毫米，多芯电缆的单股线芯最小截面积不应小于0.50平方毫米，电缆和电力线平行或交叉敷设时，其间距不得小于0.3米，电力线与信号线交叉敷设时，宜成直角。

（4）敷设电缆时，多芯电缆的最小弯曲半径应大于其外径的6倍；同轴电缆的最小弯曲半径应大于其外径的15倍。

（5）线缆槽敷设截面利用率不应大于60%；线缆穿管敷设截面利用率不应大于40%。

（6）电缆沿支架或在线槽内敷设时，应注意电缆垂直排列或倾斜坡度超过45°时的每一个支架上，电缆水平排列或倾斜坡度不超过45°，每隔1~2个支架，在引入接线盒及分线箱前150~300毫米等处牢固固定。

（7）明敷设的信号线路与具有强磁场、强电场的电气设备之间的净距离须大于1.5米，当采用屏蔽线缆或穿金属保护管或在金属封闭线槽内敷设时，须大于0.8米。

（8）线缆在沟道内敷设时，应敷设在支架上或线槽内。当线缆进入建筑物后，线缆沟道与建筑物间应隔离密封。

（9）线缆穿管前，应检查保护管是否畅通，管口应加护圈，防止穿管时损伤导线。

（10）导线在管内或线槽内不应有接头和扭结，导线的接头应在接线盒内焊接或用端子连接。

7. 入侵报警系统的光缆敷设

（1）敷设光缆前，应对光纤进行检查。光纤应无断点，其衰耗值应符合设计要求，核对光缆长度，并应根据施工图的敷设长度来选配光缆。配盘时应使接头避开河沟、交通要道和其他障碍物，架空光缆的接头应设在杆旁1米以内。

（2）敷设光缆时，其最小弯曲半径应大于光缆外径的20倍。光缆的牵引端头应做好技术处理，可采用自动控制牵引力的牵引机进行牵引。牵引力应加在加强芯上，其牵引力不应超过1 500牛顿，牵引速度宜为10米/分钟，一次牵引的直线长度不宜超过1千米，光纤接头的预留长度不应小于8米。

（3）光缆敷设后，应检查光纤有无损伤，并对光缆敷设损耗进行抽测；确认没有损伤后，再进行接续。

（4）光缆接续应由受过专门训练的人员操作，接续时应采用光功率计或其他仪器进行监视，使接续损耗达到最小。接续后应做好保护，并安装好光缆接头护套。

(5) 在光缆的接续点和终端应作永久性标志。

(6) 无接头的光缆在直管道上敷设时，应由人工逐个入孔同步牵引；预先做好接头的光缆，其接头部分不得在管道内穿行。光缆端头应用塑料胶带包扎好，并盘圈放置在托架高处。

(7) 光缆敷设完毕后，宜测量通道的总损耗，并用光时域反射计观察光纤通道全程波导衰减特性曲线。

(三) 控制部分

报警控制部分，即报警控制器，用于接收探测器送出的报警信号，并对此信号进行进一步处理，判断有无危险情况出现。当有危险情况出现时，即可启动报警控制器的报警装置发出声音、光亮等报警信号，并显示报警部位。一个报警系统要分成多个防区，每个防区通过地址码模块将报警信号送至报警控制器。如果是联网系统，该报警控制器又称为区域报警控制器，可以向上一级接警中心的集中报警控制器传送警情，集中报警控制器接收各区域报警控制器的报警信号后，就可切换任何一个区域报警控制器送来的声音和图像信号，并做必要的记录。入侵报警系统应用非常广泛，在任何需要防范的部位均可利用各种不同类型的探测器构成点、线、面、空间等警戒形式，又可交织在一起形成多层次、全方位的交叉防范体系。一旦有不法分子入侵或是发生其他异常情况，即可发出声光报警信号，并显示报警的部位，如果这种报警只传到本单位的值班室就称为本地报警或一级报警；若将报警信号传至上一级接警中心，则称为二级报警；还可以有三级或四级报警，这样就形成了报警网的概念（如图 2-6 所示）。

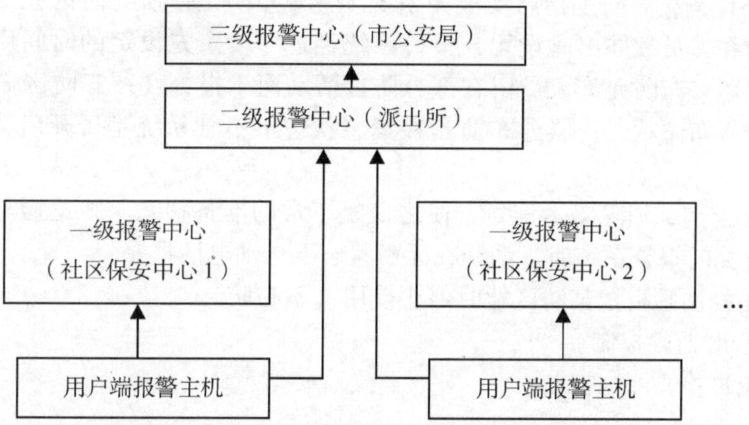

图 2-6　三级报警网示意图

1. 入侵报警控制器的类别

(1) 电话报警控制器。它肩负着报警控制与报警信息外送两项任务，是一种常用的小型报警控制器。此类控制器由微处理器和相应的外围电路组成，一般能接收 4~8 路探测信号。发生警情时，能按存入的号码自动依次拨打报警电话，向报警中心发出报警信号和相应的地址码。报警发送装置具有电话线抢断功能和电话线防剪断功能，可通过面板键盘或遥控器设置布防、撤防时间，需要时，也可通过报警中心控制器对用户的布防、撤防实施遥控。

（2）区域报警控制器。输入输出端口较多，防范的区域也较大，适于在博物馆、高级住宅小区、大型仓库及高层写字楼等场所组成相对较大的系统。区域报警控制器具有联网接口，可以上与集中控制器、下与探测器相连，也可与电话报警控制器相连，实现多级警情传送，形成大型报警网络。

（3）集中报警控制器。用于报警网的控制主机，通常由它将多个区域控制器通过联网接口连接起来，组成大型社区或中小城市的报警网络。集中控制器接收的是各个区域控制器送来的报警信号，有的还能直接切换任何一个区域控制器送来的声音和图像复核信号，并在必要时进行记录。

2. 入侵报警控制器的基本功能

（1）入侵报警功能。

（2）紧急报警和防拆报警功能。

（3）防破坏与故障（线路故障）报警功能。

（4）向入侵探测器供电功能。

（5）布防与撤防功能。

（6）报警复核功能。

（7）记录功能。

（8）自检功能。

（9）联网功能。

（10）电源转换功能。

3. 入侵报警控制器的控制

（1）布防控制，布防是指启动报警系统。常规布防是使所有防区立即处于布防状态；外出布防在人员欲外出时设置，报警系统经过一段事先设定的时间后所有防区进入布防状态；留守布防允许人员留在部分防区活动而不报警（留守防区需事先设定），而其余防区进入布防状态；紧急布防是在紧急状态下不管系统是否开启，系统直接进入布防状态。

（2）撤防控制，消除警示信号，使之恢复正常的准备状态。胁迫撤防主要用于被人挟持，强迫关闭报警系统时，系统在无声状态下自动电话报警。

（3）旁路控制是指把某防区暂时停止使用（不布防）。

（4）24 小时监控控制。

（5）系统自检、测试控制。

二、入侵报警系统/设备的主要功能指标

（一）基本功能

1. 探测

入侵报警系统应对探测区内的入侵行为进行准确、实时的探测，并发出报警信号。

2. 显示

入侵报警系统应能对下列状态和发生的时间给出指示：正常、测试、报警、被拆卸、故障、掉电、欠压、设置警戒（布防）、解除警戒（撤防）状态和传输系统失效。

3. 控制

入侵报警系统应能对下列功能进行设置：

(1) 即时防区和延时防区。

(2) 全部或部分探测回路设置警戒（布防）或解除警戒（撤防）。

(3) 向远程中心传输信息或接收信息。

(4) 向辅助装置发出激励信号。

(5) 系统试验应在系统的正常运转受影响程度最小的情况下进行。

4. 记录和查询

入侵报警系统应能对下列事件记录和事后查询：

(1) 显示功能列的所有事件。

(2) 控制功能列的所有编程设置。

(3) 操作人员姓名及开关机时间。

(4) 警情的处理。

(5) 维修。

5. 自检和巡检

报警传输系统应具有自检和巡检功能。

6. 远程中心接口和故障监控

入侵报警系统具有与远程中心进行有线或无线通信的接口，并能对通信状态的故障进行监控。

7. 电源适用范围与功耗

当电源电压在额定值的 ±10% 范围内变化时，入侵探测器及报警控制器不需调整仍能正常工作，且性能指标符合要求。入侵探测器及报警控制器在警戒状态和报警状态的功耗应符合产品标准规定。

8. 稳定性要求

入侵报警系统在正常气候环境下，连续工作 7 天不应出现误报警和漏报警，其灵敏度和探测范围不应超过 10%。

（二）技术指标

1. 探测范围

探测范围，即探测器所防范的区域，又称工作范围。大部分开关探测器（如压力垫）的工作范围可视为一个点；线探测器的工作范围是一条线，如主动红外探测器，工作范围有 50 米、100 米、150 米等；面探测器的工作范围是一个面，例如，某型号的振动探测器工作范围是半径为 10 米的圆；空间探测器的工作范围是一个立体空间。目前，主要有两种形式的空间探测器，一是工作范围充满整个防范空间，如声探测器，次声波探测器等；而另一种是不能充满整个防范空间的探测器，这种探测器的工作范围常用最远工作距离、水平角和垂直角表示，例如，某型号的被动红外探测器的工作范围是最远工作距离 15 米、水平角 102°、垂直角 42.5°。

探测器的工作范围与系统的工作范围有时会不一样，因为电压的波动、系统的使用环境以及使用年限都可能对探测器的探测范围产生影响。有些探测器的探测范围是可以适当调节的，例如，微波多普勒探测器，使用中应适当调节工作范围，既不能超过防护范围（超出时易误报警），也不能小于防护范围（小于时可能造成漏报警）。

2. 探测灵敏度

探测灵敏度指探测器对防范现场物理量变化的响应能力。在实际工程中，探测灵敏度的调整非常重要，空间控型探测器的灵敏度（主要指被动红外探测器、微波—被动红外探测器、微波多普勒探测器）一般按下列方法测试和调整：以正常着装人体为参考目标，双臂交叉在胸前，以0.3~3米/秒的速度在探测区内横向（此时灵敏度最高）行走，连续运动3米，探测器应报警。线控型探测器（主要指主动红外探测器、激光探测器）的灵敏度可转化成最短遮光时间的测试和调整，例如，主动红外探测器，其设计的最短遮光时间多是40~700毫秒，在墙上端使用时，一般是将最短遮光时间调至700毫秒附近；而当作为电子篱笆警戒时，就应将最短遮光时间调至40毫秒，即灵敏度最高状态。需进一步说明的是，由于系统中灵敏度会受设备使用时间、环境变化等因素的影响，灵敏度会发生变化，应定期测试并调整，使系统保持最佳工作状态。

3. 可靠性

可靠性指在规定的条件下和规定的时间内产品完成规定功能的能力。可靠性涉及的内容很多，在此仅就产品的平均无故障工作时间（MTBF）和系统的首次故障前工作时间作简要介绍。

（1）平均无故障工作时间（MTBF）。

某类产品出现两次故障时间间隔的平均值称为平均无故障工作时间。按国家标准《入侵探测器第1部分：通用要求》（GB 10408）规定：在正常工作条件下探测器设计的平均无故障工作时间至少为60 000小时；《防盗报警控制器通用技术条件》（GB 12663）规定：在正常条件下防盗报警控制器平均无故障工作时间分为Ⅰ、Ⅱ、Ⅲ三级，产品指标不应低于Ⅰ级要求。

Ⅰ级：5 000小时；Ⅱ级：20 000小时；Ⅲ级：60 000小时。

质量合格的产品在平均无故障工作时间内其功能和指标一般都是比较稳定的，如果工作年限超过了平均无故障工作时间，其故障率以及各项功能指标将无法保证。

（2）系统的首次故障前工作时间。

安防系统用首次故障时间来表征其可靠性，在《视频监控系统技术要求》（GA/T 367）、《入侵报警系统技术要求》（GA/T 368）等标准中均对安防系统的首次故障时间作出了要求，即"系统验收后的首次故障时间应大于3个月"，系统的首次故障前工作时间取决于产品的可靠性、施工工艺、合理使用等因素。

4. 探测率和漏报率

探测率是指探测区域内因出现危险情况（引起系统报警的因素）报警的次数与出现危险情况总数的比值，可用下式表示：

$$探测率=出现危险情况报警的次数/出现危险情况总数\times 100\%$$

漏报率是指探测区域内出现危险情况而未报警的次数与出现危险情况总数的比值，可用下式表示：

$$漏报率=出现危险情况未报警的次数/出现危险情况总数\times 100\%$$

探测率与漏报率的和为1，说明探测率越高，漏报率就越低，反之亦然。

5. 系统响应时间

入侵报警系统的响应时间应符合下列要求：分线制、总线制和无线制传输的入侵报警系统不大于2秒，基于市话网电话线传输的入侵报警系统不大于20秒。

6. 记录

入侵报警系统（防盗报警控制器）应能存储最近250条独立事件，并且用正常或非正常手段均不能改变记录的内容；在交、直流电源全部失电时，设置参数和事件记录应能最少30天内不丢失；事件记录应能打印。

7. 供电与备用电源

防盗报警控制器应能提供直流12～15伏的工作电压，入侵报警系统应有备用电源，其容量至少应保证系统正常工作8小时。

三、入侵报警系统的误报警问题分析

（一）误报警的含义

系统的误报率是误报警次数与报警总数的比值，即由于意外触动手动报警装置、自动报警装置对未设计的报警状态作出响应、部件的错误动作或损坏、操作人员失误等而发出的报警次数占报警总数的比例，可用下式表示：

误报率＝误报警次数/总报警次数×100%

可从以下四个方面理解：

1. 由于意外触动手动报警装置

此处的手动报警装置不仅指防范现场的紧急按钮，也应包括系统中的所有紧急报警装置。

2. 自动报警装置对未设计的报警状态作出响应

未设计的报警状态，即不应产生报警的状态。例如，现在的主动红外入侵探测器的最短遮光时间一般是40～700毫秒，如果使用中将遮光时间调至100毫秒（遮光时间小于100毫秒为未设计的报警状态），此时若有一飞鸟遮挡红外线的时间不足100毫秒，系统不应产生报警，否则为误报警。也就是说，在设定的报警阈值以内，一旦入侵发生即可报警；在设定报警阈值以外的一切报警均属于误报警。

3. 部件的错误动作或损坏

部件既可以是具体零部件，也可以是系统中的一个设备或分系统。

（1）导致部件错误动作的原因通常有温度过高或过低、电压不稳、强电磁场干扰等。例如，温度过高或过低都会使电阻的阻值改变，影响设备的正常工作，致使系统误报警。一旦温度恢复，电阻也恢复正常值，误报警消除，这种现象在电子学中称为设备的“漂移性故障”。

（2）导致部件损坏的原因通常有电流过大、人为损坏、自然损坏等。例如，电流过大会烧毁元器件甚至系统，导致系统误报警，这种损坏只有人为修复后系统才能正常工作，这在电子学中称为“损坏性故障”。

4. 操作人员失误

如果值班人员未能按时解除警戒，现场工作人员的进入势必会导致系统的误报警；

又如，值班人员未注意程序的改变而输入错误的指令，也会造成系统的误报警。

（二）减少误报警的措施

1. 减少设备故障引起的误报警

首先是提高产品的设计水平，在进行产品系统设计的同时进行可靠性设计，如可靠性热设计、电磁兼容设计等。在此基础上提高产品制造的可靠性，如对生产过程的严格质量监督管理等。为了解决漂移性故障，在进行系统设计的同时，必须进行漂移可靠性设计，即在元器件参数和电源电压漂移的情况下，设计出可靠的设备。提高报警设备设计和生产制造水平，从而减少设备损坏性故障和漂移性故障的发生，这对减少系统的误报警至关重要。随着设计水平的不断提高，大规模集成电路的推广应用和电子工艺的进步，由报警设备引起的误报警已越来越少。

在安防工程中，必须选择经国家授权机构检验或认证合格的产品，这是减少设备故障引起误报警的前提，同时应对设备进行定期检测和维修，建立维修服务制度。

2. 减少设计、施工不当引起的误报警

减少由于设计不当引起的误报警，加强技术培训，提高设计人员素质，使其熟悉各种探测器的原理、特点、适用范围和局限性；认真勘察现场，了解各种可能影响设备正常工作的因素，有针对性地选择器材、设计工程。

3. 减少用户使用不当引起的误报警

提高系统操作人员的素质，熟练使用系统设备，掌握日常维护知识。

（三）系统中心设备使用时的注意要点

（1）监控中心的温度宜控制在 16 ℃ ~30 ℃；所有设备应散热良好；严禁在系统设备旁存放易燃、易爆物品及杂物。

（2）在开机状态下不要移动机柜、操作台等，否则会损坏设备并丢失资料。

（3）注意观察设备异常发热、气味、噪声等，发现问题及时处理。

（4）时常检查系统地线，如有松动、生锈等应及时处理。

（5）不允许将磁性物体靠近系统设备，以防设备被磁化。

（6）定期对 UPS 电源进行维护，一般是一个月进行一次充放电。

具体方法：在系统工作状态下断掉 220 伏电源，由 UPS 向系统供电 40 分钟，然后恢复 220 伏电源供电。如发电机作为备用电源，应定期启动发电机，以保证在紧急状态下能工作。

（四）检查系统的灵敏度

灵敏度直接关系到系统误报警的多少，当灵敏度过高时系统易误报警；灵敏度过低时系统易产生漏报警，所以定期检查系统的灵敏度十分必要。

项目三　入侵报警设备

一、开关探测器

开关探测器是一种结构比较简单，使用比较方便、经济的探测器，它通过各种类型开关的闭合或断开来控制电路的通断，从而触发报警。

（一）开关探测器的基本工作原理

开关探测器是使前置电路产生短路或断路，从而向报警控制器送去启动报警开关信号的元器件。常用的开关探测器有磁控开关、微动开关、紧急报警开关、压力垫开关、金属丝、金属条、金属箔等代用的多种类型开关。开关探测器启动报警控制器发出报警信号的方式有两种：开路报警方式和短路报警方式。开关探测器通常属于点控制型探测器（如图2－7所示）。

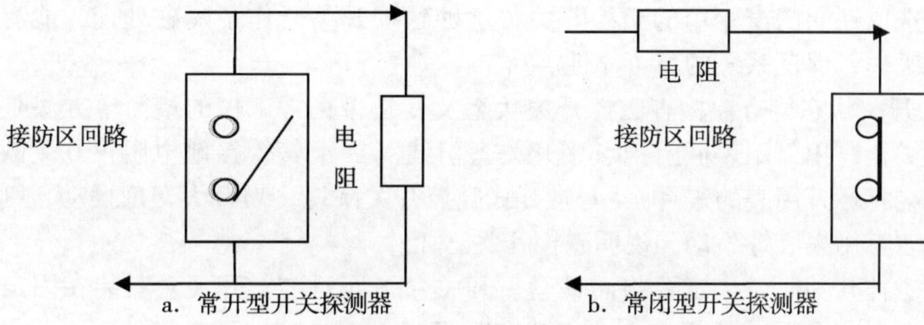

图2－7　常开型开关探测器和常闭型开关探测器电路图

（二）磁控开关（又称磁控管开关或磁簧开关）

1. *磁控开关的组成及基本工作原理*

磁控开关由永久磁块及干簧管（又称磁控管或磁簧开关）两部分组成（如图2－8所示）。

图2－8　磁控开关结构示意图

2. *磁控开关的主要性能指标*

（1）永久磁块与干簧管之间的缝距（毫米）。

（2）开关形式。

（3）安装方式。

3. *磁控开关的主要特点及安装使用要点*

（1）一个好的磁控开关其磁控管的金属簧片要有较好的弹性且易于吸合，同时，磁铁的磁性必须有足够的强度和寿命，以及易于安装且减少误报。

（2）要经常检查永久磁铁的磁性是否减弱，否则会导致误报。

（3）一般普通的磁控开关不宜在钢、铁物体上直接安装，这样会使磁性削弱，缩短磁铁的使用寿命。

（4）磁控开关有明装式和暗装式两种，可根据防范部位的特点和防范要求加以选择。

（5）磁控开关触点有较高的可靠性和较长的寿命，一般可靠通断的次数可达一千万次以上。

（6）由于磁控开关的体积小、耗电少、使用方便、价格便宜，而且其动作灵敏，抗腐蚀性强，比其他机械触点的开关寿命长，因而得到广泛的应用。

4. *磁控开关探测器的应用*

（1）设备选择。根据人员流动性大小选择不同安装方式的磁控开关。在人员流动大的场合，如商店、展览馆等，宜选择暗装式磁控开关，并将其嵌入门、窗框内，将引线适当伪装，可有效地防止不法分子盗窃前的破坏；在人员流动性较小的场合，如家庭，则可选择明装式磁控开关，以减少施工麻烦。

磁控开关分隔间隙是指磁铁盒与开关盒相对移开至开关状态发生变化时的距离，磁控开关按分隔间隙可分为三类：A类（大于20毫米）、B类（大于40毫米）、C类（大于60毫米）。

选用磁控开关时还应考虑所安装门窗的质地和颜色，木制门窗应选与其颜色协调、尺寸适宜的磁控开关；铁、钢、塑钢（塑钢内有铁骨架）门窗除颜色协调、尺寸适宜外，还应选取铁制门窗专用的磁控开关，这种磁控开关已作了隔磁处理，能有效地防止磁能的丢失，保证系统的高可靠性。

（2）开关状态检查。检查磁控开关状态及其是否正常工作的最简单方法是将磁铁盒紧靠开关盒，用万用表低阻挡点接开关盒引线（因干簧管接触电阻仅0.2欧姆，长时间接触会打坏万用表的表针），对常开式磁控开关来说，表针大幅度摆动，则工作状态正常；若万用表表针不动，说明磁控开关已坏。

安装磁控开关时，一定要将磁铁盒、开关盒平面对准。开关盒安装在固定的门窗上，磁铁盒安装在活动的门窗上。安装在距门窗拉手边150毫米处，木制门窗两者间距在5毫米左右，金属门窗在3毫米左右（如图2－9所示）。磁控开关的引线接头要用锡焊牢，并用专用密封件或胶布封好。根据具体情况将导线穿入线管或线槽中，走线应远离交流线路，受条件限制不能远离时，应穿金属管，以防电磁波的干扰。在室外，若有架空线，应用钢丝作为吊线，再用钢质扣环将报警线固定，必要时须加避雷装置。室外金属管应做好接地工作，防止感应雷烧毁整个系统。

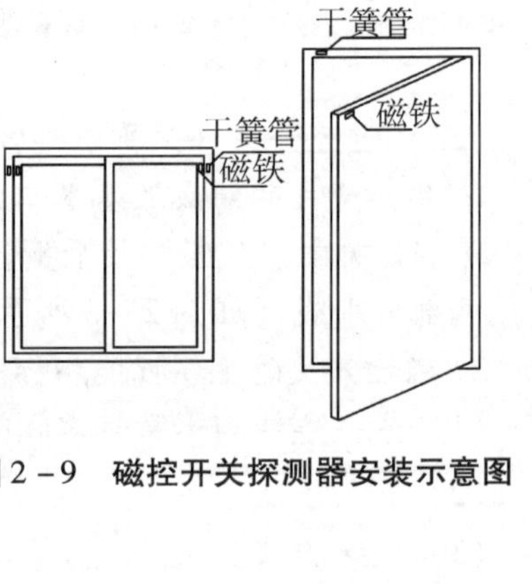

图2－9　磁控开关探测器安装示意图

（3）使用须知。定期（一般不超过三个月）检查磁控开关探测器的工作状况。重点检查的内容是木制门窗是否形变致使磁铁盒与开关盒间的距离发生变化；固定磁控开关的螺丝是否松动或脱落或是黏胶失效。还应检查系统的灵敏度，谨防漏报警现象发生。导致系统漏报警、误报警发生的原因除距离改变、螺丝松动、黏胶失效等表面现象外，还可能是触点的“冷焊”现象，“冷焊”会导致常开式磁控开关的漏报警。

（三）微动开关

这种开关做成一个整体部件，需要靠外部的作用力通过传动部件带动，将内部簧片的接点接通或断开（如图2－10所示）。

我们可以将微动开关装在门框或窗框的合页处，当门窗被打开时，开关接点断开，通过电路启动报警装置发出报警信号，也可以将微动开关放在需要被保护的物体下面，平时靠物体本身的重量使开关触点闭合，当有人拿走该物体时，开关触点断开，从而发出报警信号。

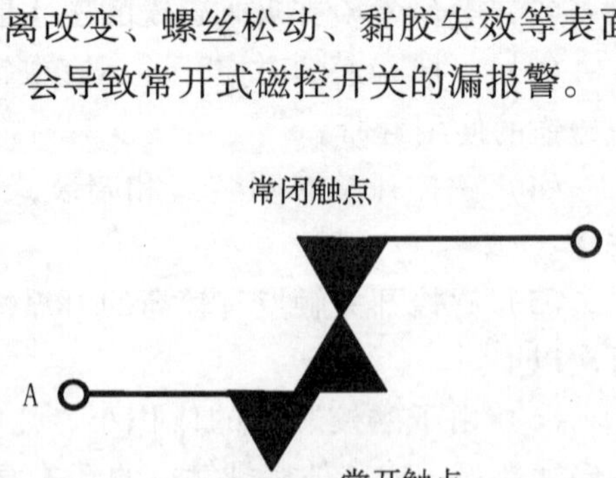

图2－10　微动开关结构示意图

微动开关的优点是结构简单、安装方便、价格便宜、防震性能好、触点可承受较大的电流，而且可以安装在金属物体上；缺点是抗腐蚀性及动作灵敏度不如前述的磁控开关。

（四）用金属丝、金属条等导电体的断裂来代替开关

如将0.1毫米的漆包线用在要保护的物体上，如拴在木材的外围和窗户的铁栅栏管内等处，当有人盗取木材或撬开铁栅栏时，漆包线被拉断，发出报警信号；也可以将漆包线贴在玻璃上，玻璃破碎时，即可发出报警信号（如图2－11所示）。这种开关具有布设方便、简单易行、成本低、可靠性高等特点，但隐蔽性较差、只能一次性，且使用时应作周密的考虑和设计。

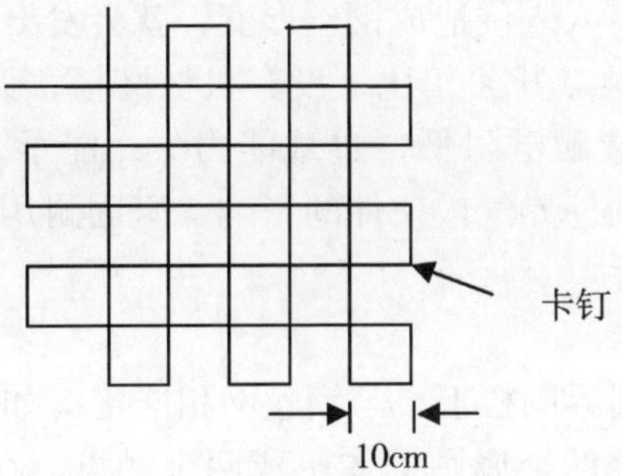

图2－11　用金属丝、金属条等导电体的断裂代替开关示意图

（五）压力垫开关

这种开关由两个平行的金属带和中间夹有特定空缺形状的绝缘体薄层组成（如图2－12所示）。两个金属带相当于一个开关的两个接点，在没有压力时两个金属由特定空缺的绝缘层压断开。这种压力垫通常放在门窗、楼梯和保险柜周围的地毯下面，当入侵者踏上地毯时，两条金属带导通，即发出报警信息。因结构简单、稳定可靠、抗干扰性强、易于安装维修且价格低廉，该类开关得到了广泛应用。

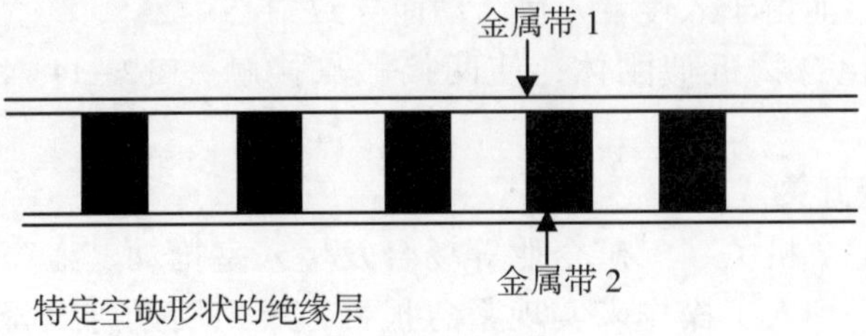

图2－12　压力垫开关结构示意图

（六）水银开关

水银开关是在一个密封的金属容器内，装有两个电极和一个水银球，当容器在不同角度时，水银可以连接和断开两个电极，分别相对于警戒和报警状态，不同结构的水银开关，其工作角度也不一样（如图2－13所示）。

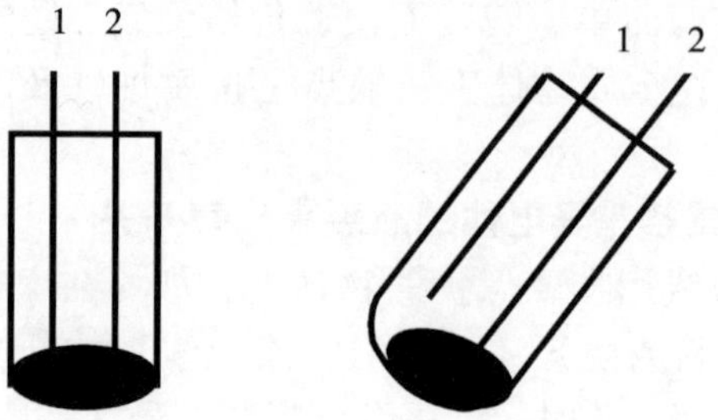

图 2－13　水银开关结构示意图

水银开关可用在手提箱、保险柜等场合，一旦被移动，就会发出报警信息；也可用在周界钢丝网上，一旦有人入侵造成钢丝形变，就会发出报警信息。

水银开关与常规机械触点开关相比，没有机械磨损，无触点回跳，不会黏接与烧坏，不易发生故障，具有接触电阻低，过载能力大，能承受强大的电压冲击等优点。当它处于封闭状态时，不受外界气候条件的影响，坚固耐用，使用寿命可达万次以上，具有很强的坚固性和耐用性。

（七）拉线开关

此种开关通常应用于周界围栏上，与钢丝网相连接（如图 2－14 所示）。由一个活动的金属中心杆和一个固定的金属圆锥体组成两个触点。在非报警位置时，中心杆处于圆锥体中心，两接触点不接触；当入侵者割断、拉紧铁丝网时，中心杆因受力发生偏移而与圆锥体接触，两触点闭合就会发出报警信息。

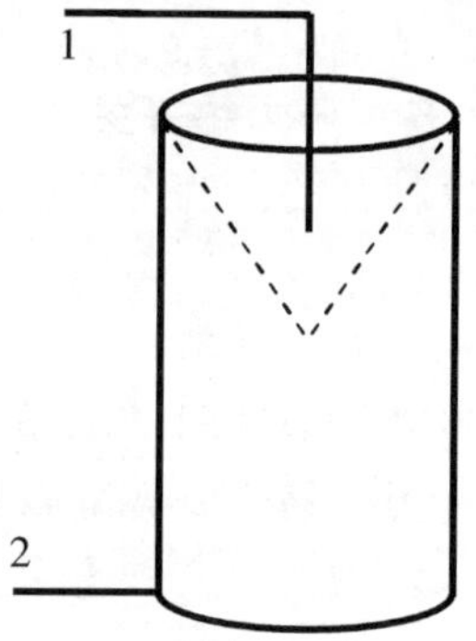

图 2－14　拉线开关结构示意图

为克服机械触点易被氧化腐蚀的缺点，可把这些触点头镀上金，以适应各种恶劣的气候条件，确保有效、可靠地接触。为解决由于冰冻和解冻时土壤的移动和从很高温度到很低温度的变化使支撑架位置发生少量位移而引起拉线的误报警，其传感器接触装置被装在一种高黏度硅铜化合物中。在短距离慢速移动（如上述两种情况）时，硅铜化合物就会有效地流到传感器中心杆处，两触点不接触；而由于入侵者入侵活动而导致中心杆快速运动时，该化合物近似刚体，使两接触点接触报警。

（八）紧急报警开关

当在银行、家庭、机关、工矿企业等场合发生入室抢劫、盗窃等险情或其他异常情况时，往往需要采用人工操作来实现紧急报警，可采用紧急报警按钮开关和脚挑式或脚踏式开关。

紧急报警开关安装在隐蔽之处，需要由人按下其按钮，使开关接通（或断开）来实现报警。此种开关安全可靠，不易被误操作，也不会因振动等因素而误报警。要解除报警必须由人工复位，利用紧急报警开关发出报警信号，可根据需要采用有线或无线的发送方式。

二、主动红外探测器

（一）主动红外探测器工作原理

主动红外探测器由主动红外发射机和主动红外接收机组成，当发射机与接收机之间的红外光束被完全遮断或按给定百分比遮断时能产生报警状态。其原理结构如图 2－15 所示。

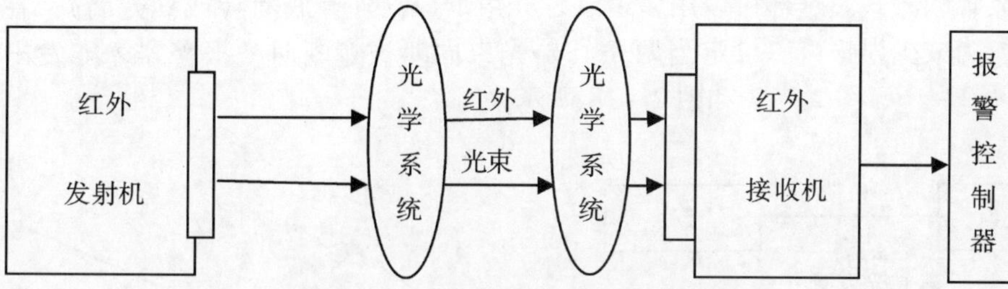

图 2－15　主动红外探测器原理结构图

现在的主动红外探测器多采用互补式自激多谐振荡电路作驱动电源，直接加在红外发光二极管的两端，使其发出经脉冲调制的、占空比很高的红外光束，这既降低了电源的功耗，又增强了主动红外探测器的抗干扰能力。主动红外接收机中的光电传感器通常采用光电二极管、光电三极管、硅光电池、硅雪崩二极管等。

《入侵探测器第 4 部分：主动红外入侵探测器》（GB 10408）规定：探测器在制造厂商规定的探测距离工作时，辐射号被完全遮光或按给定百分比遮光的持续时间大于 40（1 ±10% ）毫秒时，探测器应产生报警状态。如果不计误差，则遮光的最短时间就是 40 毫秒。目前市售的主动红外探测器均给出最短遮光时间范围，例如，某品牌的主动红外探测器最短遮光时间范围是 40 ~ 700 毫秒，之所以要给出一个范围，原因是不同的使用部位可以设定（调节）不同的最短遮光时间，这有益于减少系统的误报警。例如，将主动红外探测器构成电子篱笆警戒时，就应将最短遮光时间调至 40 毫秒附近；用在围墙上或围墙内侧警戒时，就应将最短遮光时间调至 700 毫秒附近。

主动红外发射机所发红外光束有一定发散角，GB 10408 标准中规定：室内使用时，发射机与接收机经正确安装和对准，并工作在制造厂商规定的探测距离，辐射能量有 75% 被持久地遮挡时，接收机不应产生报警状态。从另一角度理解，这句话的意思就是：当接收机接收的能量小于 25% 时，系统就要产生误报警。为了减少由此引起的误报警，安装使用中应严格地让发射机与接收机轴线重合。

目前，除单光束主动红外探测器外，还有双光束、四光束及多光束的。工作原理一般是：当两光束完全或按给定百分比同时被遮断时，探测器即可进入报警状态。这种主动红外探测器可以减少小鸟、落叶等引起系统的误报警。市场出售的双光束主动红外探测器有两类：一类是采用双边凹面镜结构的，此结构的探测器两光束之间距离较近，一般只在 10 厘米左右，若上下各用一组双边凹面镜，即构成了四光束主动红外探测器；另一类就是采用两对红外发射和红外接收装置构成的双光束主动红外探测器，该探测器上下两光束距离可达 20 ~ 25 厘米，又称同步型双光束主动红外探测器。

（二）主动红外探测器的防范布局方式

主动红外探测器可根据防范要求、防范区域大小和形状的不同，分别构成警戒线、警戒网、多层警戒等不同的防范布局方式。根据红外发射机及红外接收机设置的位置不同，主动红外探测器又可分为对向型安装方式及反射型安装方式两种。

1. 对向型安装方式

红外发射机与红外接收机对向设置。一对收、发机之间可形成一道红外警戒线，为防止入侵者跳跃或从警戒线下爬入而发生漏报，可采用多组红外发射机与红外接收机对向放置的方式。这样可以用多道红外光束形成红外警戒网（或称光墙），在多光束情况下，为减少误报可以设定当两条红外光束同时被遮断时，报警器才能发出报警信号（如图 2－16、图 2－17 和图 2－18 所示）。

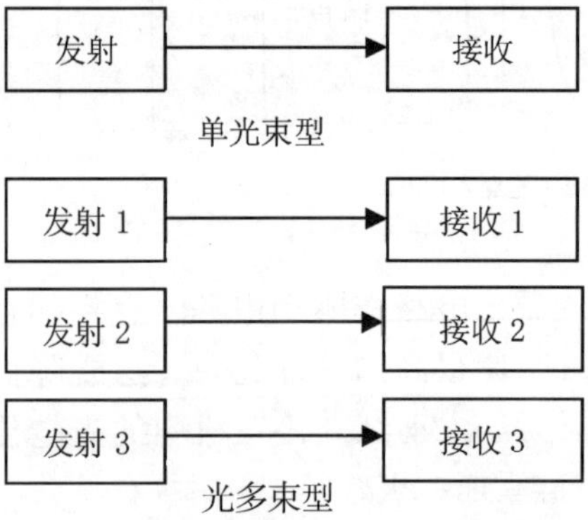

图 2－16　多光束型主动红外探测器结构图

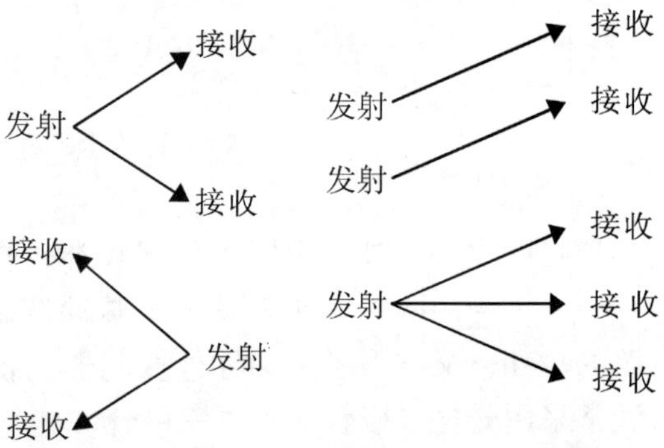

图 2－17　主动红外探测器多光束组合的警戒网

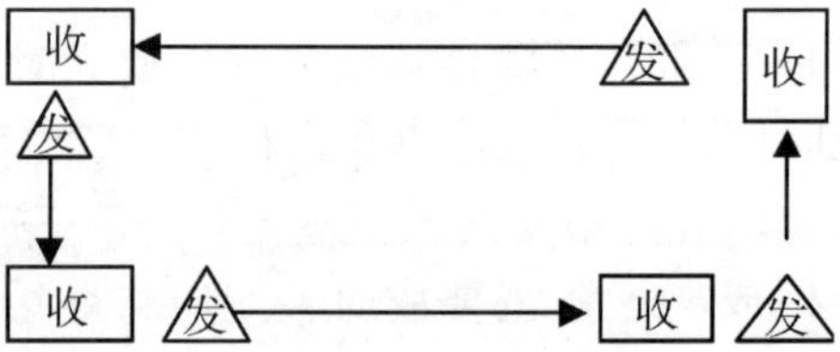

图 2－18　主动红外探测器四组红外收、发机构成的周界警戒线

根据警戒区域形状的不同，只要将多组红外发射机和红外接收机合理配置，就可以构成不同形状的红外线周界封锁线。当需要警戒的直线距离较长时，也可采用几组接收、发射设备接力的形式（如图 2－19 所示）。

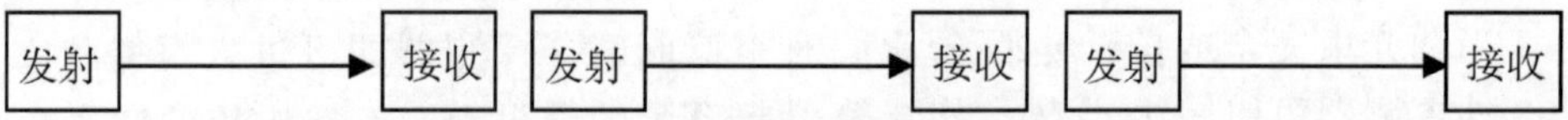

图 2－19　主动红外探测器接力方式加长探测距离

目前，使用较多的是双光束主动红外探测器的防范布局方式，在多组红外发射机与接收机一起使用时，应注意消除射束的交叉误报。

2. 反射型安装方式

这种方式的工作原理，红外接收机并不是直接接收发射机发出的红外光束，而是接收由反射镜或适当的反射物（如石灰墙、门板表面光滑的油漆层等）反射回的红外光束，只要当反射面的位置和方向发生变化或红外入射光束和反射光束之一被阻挡而使接收机接收不到红外反射光束时，就会发出报警信号（如图 2 - 20 和图2 - 21 所示）。

采用这种方式，一方面可缩短红外接收机与发射机之间的直线距离，便于就近安装和管理；另一方面也可通过反射镜的多次反射，将红外光束的警戒线扩展成红外警戒面或警戒网。

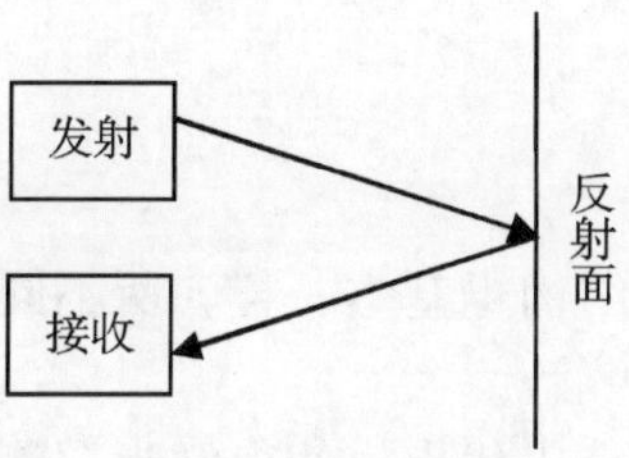

图 2 - 20　主动红外探测器反射型安装方式

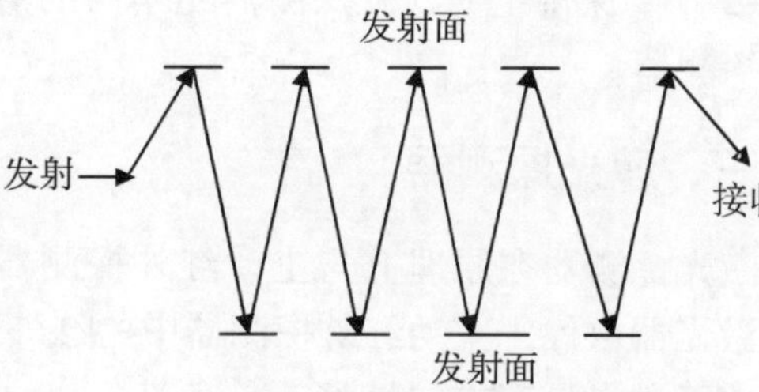

图 2 - 21　主动红外探测器反射型安装方式

要注意的是，采用反射型安装方式的累计探测距离将小于采用对向型安装方式时的直线探测距离，实际安装时距离要留有余量。

（三）主动红外探测器的应用

1. 设备选择

（1）根据防范现场最低、最高温度及其持续时间，选择工作温度与之适当的主动红外探测器；若环境温度过低可使用专用加热器，以保证探测器的正常工作。

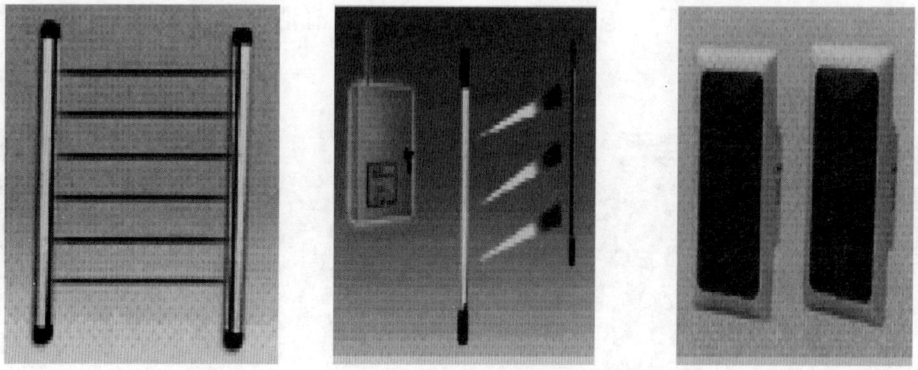

图 2 - 22　主动红外探测器实物图

（2）主动红外探测器易受雨雾等气候因素影响，所选设备的探测距离较实际警戒距离宜留 20% 以上的余量，以减少恶劣气候引起的系统的误报警。

（3）在室外围墙上使用时，要选用双光束或多光束主动红外探测器，以减少小鸟、落叶等引起系统误报警。

2. 安装使用注意事项

（1）发射机与接收机之间的红外光束要对准（以测试指示灯正常发光为准），否则较强烈的振动或是风速较大时都能引起系统的误报警。

（2）在围墙上方或是内侧安装时，最好让上光束（仅指双光束探测器）距墙 25 ~ 30 厘米，以防喜鹊、乌鸦等较大型鸟类落在墙上引起误报警。

（3）多组探测器同时使用时，宜将频率调至不同，以避免由于频率相同引起干扰而导致系统的误报警。

（4）警戒光束附近不能有可能遮挡物，如树的枝叶等，否则，风刮树摇时遮挡光束会引起系统的误报警。

（5）要保持主动红外探测器光学面的清洁，特别是污雨或沙尘天气之后，应及时擦拭探测器。

三、激光探测器

激光探测器在原理上与主动红外探测器相同，结构也基本一样，所不同的是用半导体激光器取代了主动红外探测器中的红外发光二极管。

由于激光具有方向性好、单色性好、亮度高等突出优点，使得激光探测器在激光探测距离、激光器稳定性等方面均超过主动红外探测器。

四、被动红外探测器

（一）物体的红外辐射特性

“黑体辐射”物理学原理：只要物体的温度高于绝对零度，就会向四周辐射光线，人体在正常体温下，能够发射出远红外线，辐射的光线波长与物体的温度相关，辐射的能力因人、人体部位的不同而不同。物体表面的温度越高，其辐射的红外线波长越短。也就是说，物体表面的绝对温度决定了其红外辐射的峰值波长。物体辐射的红外线能量的大小取决于物体的绝对温度。此外，物体辐射的红外线能量还与物体的颜色和表面的光洁度有关，在同一温度下，物体的表面越清洁、越光滑，其辐射的红外线能量就越少。

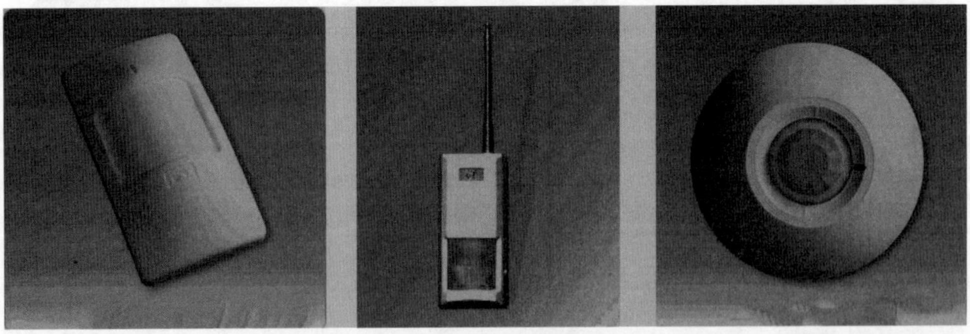

图 2－23　被动红外探测器实物图

（二）被动红外探测器的组成及基本工作原理

1. 被动红外探测器的组成

被动红外探测器主要由光学系统、热传感器（或称被动红外传感器）及报警控制器等部分组成（如图 2－24 所示）。

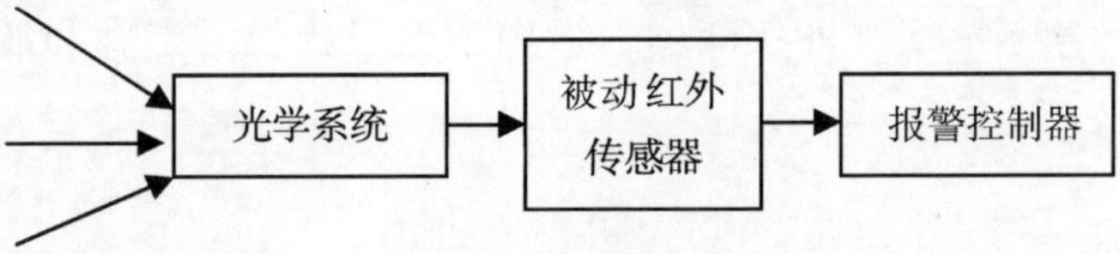

图 2－24　被动红外探测器的基本组成

2. 被动红外探测器的工作原理

被动红外探测器的核心部件是红外探测器件（红外传感器），通过光学系统的配合作用，可以探测到某一个立体防范空间内的热辐射的变化。当防范区域内没有移动的人体目标时，由于所有背景物体（如墙、家具等）在室温条件下红外辐射的能量比较小，而且基本上是稳定的，所以不会触发报警。当有人体在探测区域内走动时，就会造成红外辐射能量的变化，红外传感器将接收到的活动人体与背景物体之间的红外热辐射能量的变化转为相应的电信号，经适当处理后，送往报警控制器，就会发出报警信号。红外传感器的探测波长范围是 8～14 微米，由于人体的红外辐射波长正好在此探测波长范围之内，因而能较好地探测到活动的人体，红外传感器前的光学系统可以将来自多个方向的红外辐射能量经反射镜反射或特殊的透镜透射后全都集中在红外传感器上。这样一方面可以提高红外传感器的热电转换效力；另一方面能起到加长探测距离、扩大警戒视场的作用。

3. 被动红外传感器

被动红外传感器又称为热传感器，是被动红外探测器中实现热电转换的关键器件。

红外热释电传感器是由热释电材料制成的，这种材料具有热释电效应。热释电效应是指该种材料中自发极化程度随温度的变化而变化，而自发极化就是电介质在外加电场的作用下产生电极化的现象，即会使电介质的一个表面带有正电荷，而另一个表面带有负电荷，外加电压去掉后，仍可自行保持这种电极化状态。这种自发极化的强度与温度有关，温度升高，极化强度降低，即单位面积上的电荷减少。用热释电材料制成厚度极薄的片，并使之形成自发极化，当受到红外辐射源的照射时，薄片的温度升高，极化强度减弱，表面电荷将减少，通常将释放掉的这部分电荷称为热释电荷。由于热释电荷的多少可以反映出材料温度的变化，由热释电荷经电路所转变成的输出电压也同样可以反映材料温度的变化，从而探测出红外辐射能量的变化。由热释电材料制造的红外热释电传感器只有在温度发生升降变化的过程中才会产生输出电压。如果红外辐射始终固定不变地照射在热释电材料上，其表面温度会升高到一个新的平衡值，材料的自发极化状态就会稳定在一定的强度上，不会再发生电荷释放的现象，也就不会有电压输出。因此，在实际使用红外传感器时，总是想方设法使移动目标的红外辐射能量作用在热释电材料上，形成最大的温度变化，以提高其对探测目标的灵敏度。

被动红外探测器根据其结构不同，警戒范围及探测距离也有所不同，大致分为单波束型被动红外探测器和多波束型被动红外探测器两种。

(1) 单波束型被动红外探测器。单波束型被动红外探测器采用反射聚焦式光学系统，是利用曲面反射镜将来自目标的红外辐射汇聚在红外传感器上，这种方式的探测器警戒视场角较窄，一般仅在5°以下，但作用距离较远，可长达百米。因此，它也被称为直线远距离控制型被动红外探测器，适用于保卫狭长的走廊和通道以及封锁门窗和围墙等（如图 2－25 所示）。

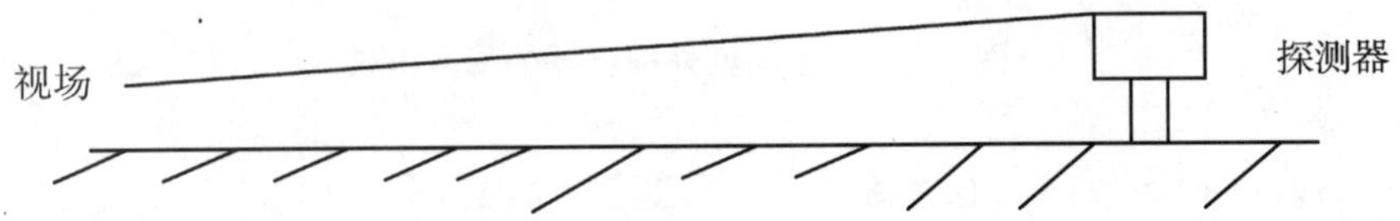

图 2－25　单波束型被动红外探测器的探测范围

(2) 多波束型被动红外探测器。多波束型被动红外探测器采用透镜聚焦式光学系统，利用特殊结构的透镜装置将来自广阔视场范围的红外辐射经透射、折射和聚焦后汇集在红外传感器上。目前，多采用性能优良的红外塑料透镜——多层光束结构的菲涅耳透镜。

某种三层结构的多视场菲涅耳透镜组的结构如图 2－26 所示。

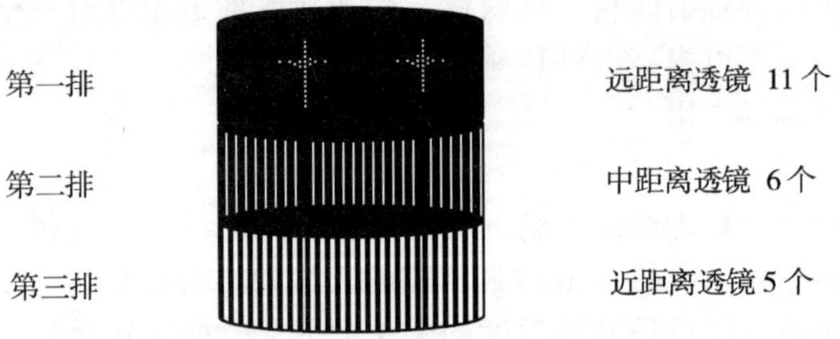

图 2－26　多波束型被动红外探测器原理图

透镜由三层构成，利用 22 个小透镜将警戒区视场分割成 22 个小视场（又称敏感区），各个敏感区被盲区隔开。来自各个小视场的红外辐射均会被汇聚到位于透镜凹面下方的红外传感器上。当移动的人体由盲区移向敏感区或由敏感区移向盲区时，汇聚在传感器光敏面上的红外辐射能量会发生变化，从而输出相应的电信号去启动报警装置。

采用这种多视场的菲涅耳透镜组，对探测人体在防范区内的移动是非常有利的，可以使红外传感器所能监控的红外辐射区域的视野得到扩展，构成一个具有较大视场角的立体扇形感热区。利用敏感区与盲区相间的多个小视场，可以使入侵者在红外传感器前面移动时产生较大、较快的红外辐射的变化，从而提高探测的灵敏度。

盲区将警戒区视场分割成由各个敏感区形成的数个小视场，盲区的尺寸虽然比敏感区的尺寸要小得多，但当人体在防范区内移动时，人体所发出的红外辐射会一次又一次地被盲区所阻断，而只有通过敏感区的红外辐射才能被红外热电元器件接收，进而产生连续变化的电信号。探测器中的电信号处理电路接收到这一交替变化的电信号并加以鉴别，就可以使红外探测器有效地将入侵者的红外辐射与背景物体的较为稳定（甚至在某一段时间内可以完全不变）的红外辐射加以区分，从而提高对人体移动的探测率。另外，当人体做横向穿过防范区的移动，即横切透镜组的垂直“缝隙”时，会产生最大、最快的红外辐射变化，此时，被动红外探测器的探测灵敏度是最高的。

利用光学分裂原理，双源光敏热释电探测器能使透镜陈列的每一束红外辐射产生两个探测区，从而使警戒区内的警戒线增加一倍，进一步提高探测率。其警戒范围在不同方向呈现多个单波束状态，组成扇形感热区域，形成立体警戒。

菲涅耳透镜组的视场分割数目与探测距离有关，作用距离远的分割的视场数要多些，作用距离近的分割的视场数要少些，所以这样设计是为了避免使探测盲区过大降低探测灵敏度。

多波束型被动红外探测器的警戒视场角要比单波束型被动红外探测器的大，水平视场角可大于90°，但其作用距离较近，一般只有几米到十几米。一般来说，视场角增大时，作用距离将缩短，因此，多波束型被动红外探测器又可称为最大视角短距离控制型被动红外探测器。

（三）被动红外探测器的选择

（1）无论室内使用的还是室外使用的被动红外探测器，当防范现场的温度或探测器附近的温度接近人体温度时，探测器的灵敏度都会急剧下降，可能导致系统漏报警。解决这个问题的办法首先是选择具有自动温度补偿功能（当防范现场温度接近人体温度时，探测器灵敏度会自动升高）的探测器，或安装其他探测器来共同警戒。

（2）根据防范区域的大小，合理选择被动红外探测器的工作范围（探测器工作范围如前所述），原则是工作范围略大于防范区域；被动红外探测器还有室内和室外之分，室外型被动红外探测器可以用于室内，而室内型被动红外探测器则不能用于室外；可根据警戒部位的不同，选用吸顶式、壁挂式、幕帘式、楼道式等被动红外探测器。

（3）电磁波的干扰（主要指频率高于100兆赫兹的电磁波）引起系统的误报警一直是个比较难解决的问题，如遇恶劣电磁环境，现场勘察时应测量现场的电磁场强度，选择适宜的探测器。目前，市场出售的被动红外探测器抗电磁场干扰从每米几伏到每米几十伏，具有极大的选择余地。另外，安装位置也很重要，要将探测器安装在电磁场弱的地方，以此减少电磁干扰引起的误报警。

（4）为了防止犯罪嫌疑人遮挡探测器，设计者可选用防遮挡型的被动红外探测器，这种探测器具有两个主动红外通道，无论何种遮挡物，只要在探测器前1米以内移动，这种探测器就会即刻报警，适于高风险部位的警戒。采用探测器之间交叉保护的安装方式也可达到防遮挡目的。

（四）被动红外探测器安装使用注意事项

（1）由于红外线的穿透性能较差，在监控区域不应有障碍物，否则会造成探测盲区。

（2）为了防止误报警，不应将被动红外探测器探头对准任何温度会快速改变的物体，特别是发热体。

（3）根据被动红外探测器的工作原理，在选择安装位置时，应使探测器具有最大的警戒范围，使可能的入侵者都能处于红外警戒的光束范围之内，并使入侵者的活动尽可能横向穿越光束带区，这样可以提高探测的灵敏度。

（4）被动红外探测器的产品多数都是壁挂式的，需要安装在距地面2～3米的墙壁上。目前，已经生产出可以安装在天花板上的吸顶式被动红外探测器，放置在重点防护部位的正上方，高度和防护面积成正比（壁挂式被动红外探测器安装位置通常与可能入侵方向和防护对象成90°）。

（5）由于是以被动方式工作的，因此当需要在同一室内安装几个被动探测器时，并不会产生相互的干扰。

（6）昆虫、小动物、强光干扰和冷热气流变化都可能引起误报（如老鼠表面温度为41℃）。

五、雷达式微波探测器

（一）微波的主要特点

微波探测器是利用微波的基本原理和特点制成的探测器。它具有以下特点：

（1）微波是一种波长很短的电磁波，其波长仅有几毫米到几厘米，频率从300赫兹到300兆赫兹，波长是中、短波波长的万分之一左右。

（2）微波直线传播很容易被反射。微波的波长比较近于光波，与光波一样在均匀物质（如空气）中也是直线传播的，而且遇到障碍物时容易被反射。

（3）微波波段宽，可利用的频率多。

（4）微波设备比较小，无线电设备的天线尺寸只有与电磁波的波长相比时，才有较好的方向性。由于微波的波长很短，因此可以用尺寸较小的天线，把电磁波集成一束，像探照灯的光束一样定向传送，故微波设备比长波、中波和短波等设备要小。

（5）微波对一些非金属材料（如木材、玻璃、墙、塑料等）有一定的穿透能力，而金属物体对微波有良好的反射特性。

（6）微波辐射受气候条件、环境变化的影响较小。

（7）对于含有水分的物体，微波不但不能透过，而且物体的能量会被微波吸收。

（二）多普勒效应

在日常生活中，人们经常会遇到这样一种现象：当火车向我们驶来时，汽笛声会变得刺耳，这是因为声音的音调升高（即频率变高）了；而当火车向着远离我们的方向开走时，汽笛声音调会降低（即频率变低），这就是声音的多普勒效应。

多普勒效应就是指当发射源（声源或电磁波源）与接收者之间有相对径向运动时，接收到的信号频率发生变化的一种现象。振荡源发射出频率为f_0的电磁波，并以恒速C（光速）向前传播。如果接收者相对于振荡源是不动的，则由其反射回的信号频率与振荡源发出的信号频率相同。如果接收者有接近振荡源的相对径向运动，则由接收者反射的信号频率高于振荡源的振荡信号频率。反之，当接收者有远离振荡源的相对径向运动，由接收者反射的信号频率将低于振荡源的振荡信号频率。在上述情况下，反射波与发射波之间的频率差就称为多普勒频率或多普勒频移，用f_d来表示。具体可通过下式计算出：

$$f_d = 2V \cdot f_0 / C$$（其中V为接收者或目标的径向移动速度）

接收机可以根据反射信号与发射信号之间存在的多普勒效应来发现移动目标，并能测定其径向速度。

（三）雷达式微波探测器的工作原理

雷达式微波探测器实际上可以看作是一个发射连续波的小型多普勒雷达（如图2－27所示）。其基本工作原理就是微波振荡源通过天线发射一个频率为 f_0 的连续微波信号，当遇到静止目标时，反射回来的信号频率仍为 f_0。当遇到移动的人体等活动目标时，由于多普勒效应，由活动目标反射回的信号频率为 $f_0 \pm f_d$。

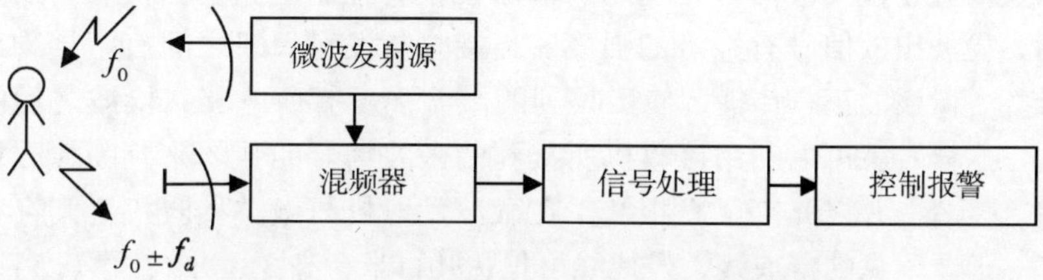

图2－27　雷达式微波探测器的基本工作原理图

（四）雷达式微波探测器的使用注意事项

（1）雷达式微波探测器对警戒区域活动目标的探测是有一定范围的，其警戒范围为一个立体防范空间，其控制范围比较大，可以覆盖60°～95°的水平辐射角，控制面积可达几十到几百平方米，微波探测器的发射能量与所采用的天线有关。采用全向天线可以产生近乎圆球形或椭圆形的发射能量，这种探测器适合保护面积大的房间和仓库等处，而采用定向天线则可产生宽梯形或又长又窄的泪滴形，适合于保护狭长的地点，如走廊和通道等处。

（2）微波对非金属物质（如玻璃、墙壁）具有穿透性，雷达式微波探测器在安装时，一定要调到适当的灵敏度，以免在防范区域以外的运动物体引发误报警。

（3）雷达式微波探测器的探头不应对准可能会活动的物体，如门帘、窗帘、电风扇、排气扇或门窗等可能会振动的部位。

（4）在监控区内不应有过大或过厚的物体，特别是金属物体，否则在这些物体的后面会产生探测的盲区。

（5）雷达式微波探测器不应对着大型金属物体或具有金属镀层的物体，否则这些物体可能会将微波辐射能反射到墙外或窗外的人行道或马路上。

（6）雷达式微波探测器不应对准日光灯、水银灯等气体放电灯光源，在闪烁灯内的电离气体易被微波探测器识别为运动物体而造成误报警。

（7）当在同一室内需要安装两台以上的雷达式微波探测器时，之间的微波发射频率应当有所差异（一般相差25兆赫兹左右），不要相对放置，以防交叉干扰，产生误报警。

（8）雷达式微波探测器会发出对人体有害的微量能量，必须将能量控制在对人体无害的水平，且报警装置会受到空中交通和国防部门所用的高能量雷达的干扰。

六、墙式微波探测器

（一）墙式微波探测器的组成及工作原理

墙式微波探测器是一种将微波收、发设备分置，利用场干扰原理或波束阻断式原理的探测器。

微波发射机内有一个微波振荡源，通常采用脉冲调制方式，利用微波指向性天线发射出定向性很强的调制微波束。微波接收天线与微波发射天线相对放置，由天线接收的微波信号通过放大、检波等信号处理之后被送往报警控制电路。当接收与发射天线之间无阻挡物时，检波出的信号有一定的强度。当接收与发射天线之间有阻挡物或探测目标时，由于破坏了微波的正常传播，使接收到的微波强度有所减弱，检波之后的信号强度也随之减弱。这样，就可以利用接收机所接到的微波信号的强弱来判断接收机和发射机之间是否有入侵者，并以此来触发报警。在微波发射机与微波接收机之间存在的微波电磁场组成了一道看不见的警戒线，警戒线可长达几百米、高 3～4 米、厚 0.5～2.5 米，酷似一道又长又厚又高的围墙，因而被称为微波墙或微波栅栏（如图 2－28 所示）。

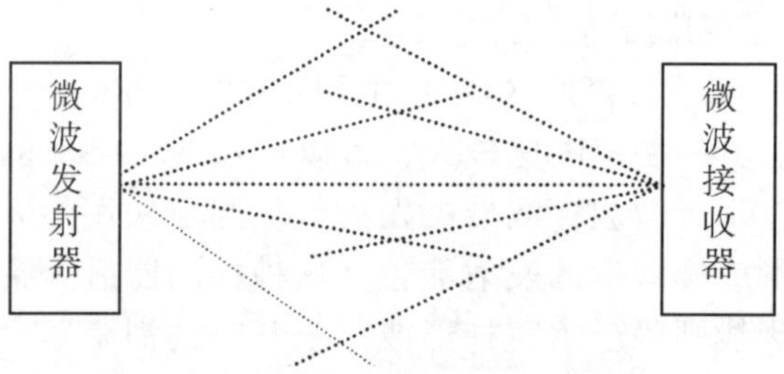

图 2－28　墙式微波探测器原理图

（二）墙式微波探测器的安装使用注意事项

（1）墙式微波探测器是靠发射机与接收机之间的微波场变化实现报警的，与入侵者速度无关，无论是行走、跑步还是爬行，只要进入了微波场存在区域就能引起报警。

（2）由于微波对非金属物质的穿透性能良好，可将探测器隐蔽使用。

（3）工作可靠性较好，只要安装得当，误报率和漏报率均较低，受雾、雪、风雨等气候的变化影响很小，也不受热源、噪声及空气流动的影响。它克服了一般红外、超声、光电等报警设备在室外工作时误报率高的缺点，可以全天候、全天时进行工作。

（4）因为采用单方向射束的微波墙，在靠近发射机的一端有一定范围的死角，适宜采用两个相对方向发射的微波射束组成一个警戒墙；当防护区的外围界线平直度较差、曲折过多或地面高低起伏不平时，会出现盲区，有一定的漏报。

（5）在微波场区不能有可能运动的物体，如灌木、杂草等，以免引起系统的误报警。

（6）使用时，通常采用 L 型托架将微波收、发机安装在墙上或桩柱上，收、发机之间要有清晰的视线。

（7）户外使用时，可根据防范区域外周界的形状，合理布局几组对向放置的收、发机，注意设备之间的间隔。

七、超声波报警器

声波是一种机械振动波，其频率范围很宽，除包括频率在20～20 000赫兹范围内能引起人耳听觉的可闻波外，还包括频率高于20 000赫兹的超声波和频率低于20赫兹的次声波。利用人耳听不到的超声波段的机械振动波作为探测源的探测器就称为超声波探测器，它是一种空间型探测器。

超声波报警器根据其结构和安装方法的不同可分为两种类型：一种是将超声波换能器安装在同一壳体内，即收、发合置型，其工作原理是基于声波的多普勒效应，通常又称为多普勒效应型超声波探测器；另一种是将两个超声波换能器分别放置在不同的位置，即收、发分置型，其工作原理不同于一般的多普勒效应，通常称为声场型超声波探测器。

（一）多普勒效应型超声波探测器

超声波探测器主要由发射机、接收机和信号处理电路三部分组成，声波与微波的多普勒效应的原理完全相同。超声波收、发机通常装在天花板或墙壁上，其发射的超声波能场的分布是有一定方向性的，一般是面向防范区呈椭圆形的能场分布，控制面积可达几十平方米。为了减少探测盲区，在较大的防范区可安装多个超声波收、发机，并使各个收、发机的能场互相重叠以减少盲区。多普勒效应型超声波探测器的探测灵敏度与移动人体的运动方向有关，即当入侵者向着或背着超声波收、发机的方向行走时，超声波会产生较大的多普勒频移，探测灵敏度也就较高。

（二）声场型超声波探测器

声场型超声波探测器的收、发机分开放置，声场型超声波探测器由于不是以多普勒效应为原理的，故其探测灵敏度与移动人体的运动方向无关。

（三）超声波探测器的主要特点及安装注意事项

（1）超声波探测器属于空间控制型探测器，只能用于室内，一般只要安装恰当，就可以实现警戒区内不留死角，且成本比较低。

（2）安全场所的密闭性应良好，也就是说，要避开通风的设备及气体的流动，在门窗密闭性不太好的场所，不建议采用。

（3）房间的隔音性能要良好，能够避免室外的超声波噪声所引起的误报警，故超声波探测器较适用于密闭性和隔音性好的房间（如仓库、档案室、珍宝陈列室、枪支弹药库等）。

（4）由于超声波对于物体没有穿透性能，要避免室内体积较大的家具挡住超声波而形成探测盲区。

（5）安装超声波探测器时，要注意使发射角对准入侵者最有可能进入的场所，这样可以提高探测的灵敏度。

（6）由于超声波是以空气作为传输介质的，故空气的温度和相对湿度会影响超声波探测器的探测灵敏度。超声波探测器在使用中对环境的要求比较苛刻，其灵敏度受气候的影响较大，易出现误报，这使其在实践应用中受到一定限制。

八、声探测器

当被探测目标入侵防范区域时，总会发出一定的声响，如说话、走动、撬锁等，能响应这些声音并进入报警状态的装置叫做声探测器。因声探测器常用于报警复核，故又称声音复核装置或监听头。

（一）驻极体话筒

驻极体话筒即声电传感器，是声探测器的主要器件，所用的驻极体材料是一种准永久带电的电介材料。这种材料和永久磁铁有许多相似之处，如将永久磁铁分割成两部分，无论怎样分割，得到的仍然是一块具有N极和S极的磁铁，这就是磁铁的N极、S极的不可分割性。若把驻极体分割成两部分，总有两个相对的表面出现等量异性的电荷，即驻极体具有正负电荷的不可分割性。

驻极体和人工磁铁一样，也能用人工方法获得。目前，所用驻极体话筒中基本元器件“驻极体箔”多是在聚四氟乙烯绝缘薄膜上采用充电处理，使两个相对表面带有等量异性的电荷，这种电荷能长时间储存在驻极体箔上。

在制作驻极体话筒时，先将驻极体箔的表面金属化，如蒸镀上金属材料，再将其张紧在金属环上，形成振动膜。将这种振动膜固定在驻极体话筒内壁上，作为前电极。另用一块金属板以大约几十微米的微小间距与振动膜平行放置，作为后电极，前后电极构成平行板电容器。根据静电感应原理，驻极体箔分别在金属膜和金属板上感应出电荷（如图2－29所示）。

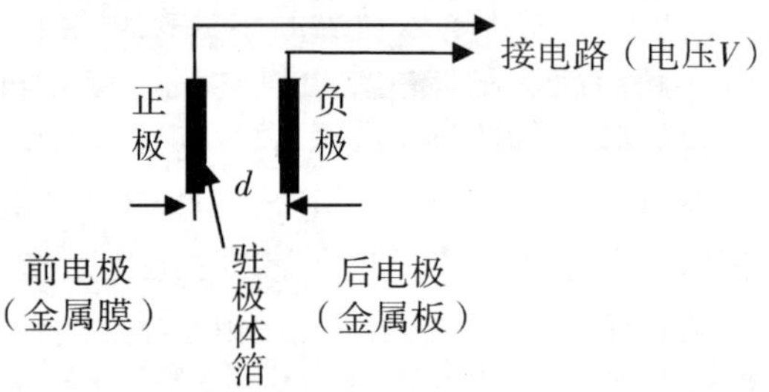

图2－29　驻极体话筒原理图

在声波作用下，驻极体箔（振动膜）产生振动，平行的电容器两极板间的距离 d 也随之变化，变化的频率与声波的频率一致。根据平行板电容器两极板之间电压 V、电场强度 E 和间距 d 的关系（$V=Ed$）可知，两极板间电压也随声波的频率而变化，通过外电路提取这一变化的电压信号，即可完成声电转换。

驻极体话筒在20～15 000赫兹的音频范围内有恒定的灵敏度，且具有体积小、重量轻、经久耐用等优点。

（二）声探测器的工作原理

声探测器由声电传感器和前置音频放大器两部分组成，其中声电传感器多用驻极体话筒。驻极体话筒将声音信号转变成相应的电信号后，经前置音频放大器和信道传至报警控制器。若将报警控制面板开关拨至“监听”位置，即可听到现场声音，可直接听到走动、说话等声音，保安人员可根据声音（连续走动声、撬锁声等）作出判断和处理，目前多用作报警复核。声报警器原理框架图如图2－30所示。

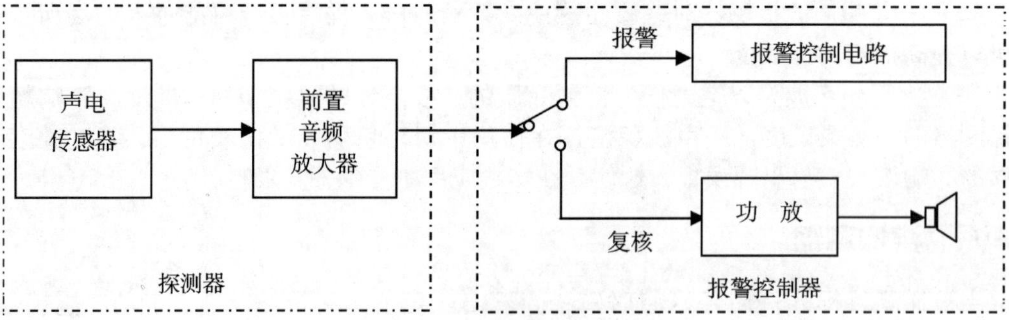

图2－30　声报警器原理框架图

（三）声探测器的安装使用注意事项

声探测器一般不能抵御音频范围内的干扰，雷声、风声、室外杂乱声、公路上的噪声等都可能进入探测器而引起误报警。

安装声探测器（监听头）时，要尽量靠近被保护目标，同时注意声学环境变化对监听的影响，例如，地毯、厚窗帘等对声音的吸收很大，当防范区域发生此变化时，应调节声探测器的灵敏度，以达到最佳监听效果。

（四）驻极体电缆探测器

利用准永久带电的电介质材料制作成线状麦克风，即驻极体电缆。驻极体电缆又称张力敏感电缆或麦克风式电缆，其基本结构和普通的同轴电缆很相似，只不过它经过特殊加工处理。在制作同轴电缆时，对填充在其内外导体之间的电介质进行了静电偏压，使之带有永久性的预置静电荷。当驻极体电缆受到机械振动或因受压而变形时，在电缆的内外导体之间就会产生一个变化的电压信号，其大小和频率与受到的机械振动成正比，通过检测出这一变化的信号电压实现报警。

使用时，通常将驻极体电缆用塑料带固定在栅栏或钢丝网面上，其一端与报警控制电路相连，另一端与负载电阻相连。当有入侵者翻越栅网或割断栅网时，电缆受到振动或压力，即可触发报警。

九、玻璃破碎探测器

玻璃破碎探测器是专门用来探测玻璃破碎的一种探测器。当入侵者试图打破玻璃时，即可发出报警信号。根据工作原理的不同，玻璃破碎探测器可以分为两大类，即声控型单技术玻璃破碎探测器和双技术玻璃破碎探测器。双技术玻璃破碎探测器也可分为两种，即由声控型与振动型组合在一起的双技术玻璃破碎探测器和同时探测次声波及玻璃破碎高频的双技术玻璃破碎探测器。

（一）声控型单技术玻璃破碎探测器的基本工作原理

声控型单技术玻璃破碎探测器与声探测器的工作原理很相似，其组成如图2－31所示。

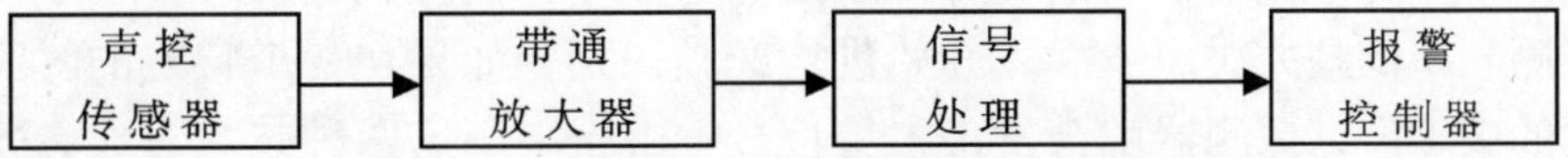

图2－31　声控型单技术玻璃破碎探测器组成图

在玻璃破碎时发出的刺耳声响中，频率大约处在10～15千赫兹的高频波段范围，而周围环境的噪声一般较少能达到这种高频。因此，将带通放大器的带宽选在10～15千赫兹的范围内就可将玻璃破碎时产生的高频声音信号取出，从而触发报警，但对人的走路、说话、雷雨声等却具有较强的抑制作用，从而降低误报率。

与声探测器相类似，在玻璃破碎探测器的控制部分也可设置监听装置。只要将报警/监听开关置于“报警”位置，便可进入警戒守候报警工作状态；当开关置于“监听”位置时，也就能听到警戒现场的高频声音。综上所述，这种单技术玻璃破碎探测器实际上可以看作是一种具有特殊用途的声探测器。

（二）双技术玻璃破碎探测器

双技术玻璃破碎探测器也可分为两种，即声控型与振动型组合在一起的双技术玻璃破碎探测器和同时探测次声波及玻璃破碎高频的双技术玻璃破碎探测器。

1. 声控—振动型双技术玻璃破碎探测器

声控—振动型双技术玻璃破碎探测器是将声控探测与振动探测两种技术结合在一起，只有同时探测到玻璃破碎时发出的高频声音信号和敲击玻璃引起的振动时，才能输出报警信号。因此，与前述的声控型单技术玻璃破碎探测器相比，可以有效降低误报率，增加探测系统的可靠性，不会因周围环境中其他声响而发生误报警，可以全天时地进行防范。

2. 次声波—玻璃破碎高频双技术玻璃破碎探测器

这种双技术玻璃破碎探测器比前一种声控—振动型双技术玻璃破碎探测器的性能又有了进一步的提高，是目前较好的一种玻璃破碎探测器。

次声波是频率低于20赫兹的声波，属于不可闻声波。实验分析表明：当敲击门窗等处的玻璃（玻璃还未破碎）时，会产生一个超低频的弹性振动波，这时的机械振动就属于次声波的范围，而当玻璃破碎时，才会发出高频声音。当入侵者试图进室作案时，必定要选择在这个房间的某个位置打开一个通道。如打破玻璃，或在墙壁、天窗顶棚、门板上钻眼、凿洞打开缺口，或强行打开门窗等。由于前述的因室内外环境不同所造成的气压、气流差，致使在打开的缺口或通道处的空气受到扰动，造成一定的流动性。此外，在门窗被强行推开时，因具有一定的加速运动，造成空气受到挤压也会进一步加深这一扰动。上述这两种因素都会产生超低频的机械振动波，即次声波，其频率甚至可低于10赫兹。产生的次声波会通过室内的空气介质向房间各处传播，并通过室内的各种物体进行反射。由此可见，当入侵者在打破玻璃强行入室作案的瞬间，不仅会产生玻璃破碎时的可闻声波，还会由于相关物体（如窗框、墙框等）的振动产生次声波，并在短时间内充满室内空间。

次声波—玻璃破碎高频双技术玻璃破碎探测器将次声波探测技术与玻璃破碎高频探测技术这两种不同频率范围的探测技术组合在一起，只有同时探测到敲击玻璃和玻璃破碎时发出的高频声音信号和引起的次声波信号时，才可触发报警。实际上是将弹性波检测技术与音频识别技术这两种技术融为一体来探测玻璃的破碎。一般设计成当探测器探测到超低频的次声波后才开始进行音频识别，如果在一个特定的时间内也探测到玻璃的破碎声，探测器就会发出报警信号。由于采用这两种技术对玻璃破碎进行探测，可以大大地减少误报。与前一种双技术玻璃破碎探测器相比，尤其可以避免由于外界干扰因素所引起的窗、墙壁等振动所引起的误报。

（三）玻璃破碎探测器的安装使用注意事项

（1）玻璃破碎探测器适用于一切需要警戒玻璃破碎的场所。

（2）安装时应将声电传感器正对着警戒的主要方向，传感器部分可以适当加以隐蔽，但在其正面不应有遮挡物。

（3）安装时要尽量靠近所要保护的玻璃，尽可能地远离噪声干扰源，以减少误报警。因为尖锐的金属撞击声、电话铃声、汽笛声等均可能会产生误报警。

（4）不同类型的玻璃破碎探测器应安装在各自合理的位置。

（5）可以用一个玻璃破碎探测器监测多面玻璃窗。

（6）玻璃破碎探测器一般应安装在窗帘背面的门窗框架上或门窗上方。

（7）探测器不要装在通风口或换气扇的面前，也不要靠近门铃，以确保工作的可靠性。

十、振动探测器

振动探测器以探测入侵者的走动或进行各种破坏活动时所产生的振动信号作为报警的依据。入侵者在进行凿墙、钻洞、破坏门窗或撬保险柜等行为时，都会引起这些物体的振动，以这些振动信号来触发报警的探测器就称为振动探测器。

振动传感器是振动探测器的核心组成部件，将因各种原因所引起的振动信号转变为模拟电信号，此电信号再经适当的信号处理电路进行加工处理后，转换为可以为报警控制器接收的电信号，当引起的振动信号超过一定强度时，即可触发报警。常用的几种振动探测器有机械式振动探测器、电动式振动探测器、振动电缆探测器和压电晶体振动探测器。

（一）机械式振动探测器

机械式振动探测器常见的有水银式、重锤式、钢球式。当直接或间接受到机械冲击震动时，水银珠、重锤、钢球都会离开原来的位置而发出报警。此类探测器具有误报率低、价格适中等特点，但是灵敏度较低、控制范围较小，故只适合小范围的防护，实际应用较少，其工作原理如图 2－32 所示。

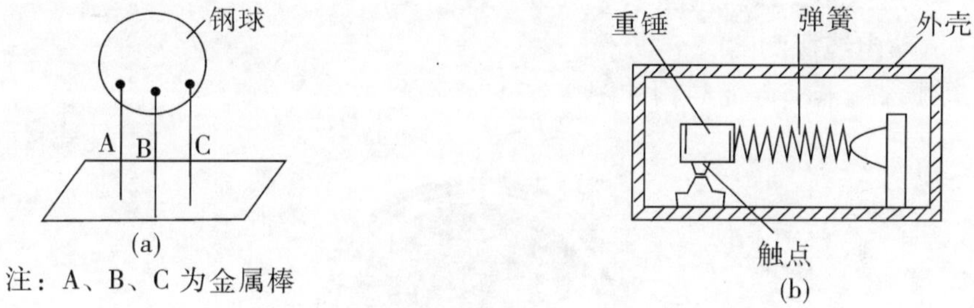

图 2－32　机械式振动探测器结构图

（二）电动式振动探测器

1. 电动式振动探测器结构

电动式振动探测器是在探测范围内能对由入侵者引起的机械振动或冲击信号产生报警的装置，其结构组成如图 2－33 所示。

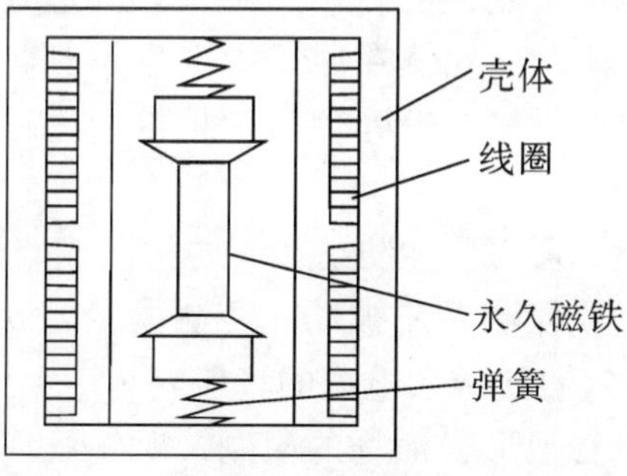

图 2－33　电动式振动探测器内部结构剖面图

电动式振动探测器由永久磁铁、线圈、弹簧、壳体等组成。在使用中，探测器外壳与被警戒部位刚性连接，当有入侵行为发生时，被警戒部位（如地面）与探测器外壳（线圈）一起产生微振动，由于永久磁铁与探测器外壳是弹簧连接，于是固定在探测器外壳上的线圈与永久磁铁之间就产生了相对运动，即产生感应电流。提取这一变化电流，经处理后，即产生报警信息。

电动式振动探测器在室外使用时可以构成地面周界报警系统，用来探测入侵者在地面上走动引起的低频振动信号，又称为地音探测器。

2. 电动式振动探测器安装使用注意事项

（1）使用中应将探测器埋入5~10厘米深处，且将周围的松土夯实。

（2）不能将振动物体（如电冰箱）移至装有振动探测器的防范区域，否则会引起系统的误报警。

（3）在室外使用电动式振动探测器（地音探测器），特别是泥土地，在雨季（土质松软）、冬季（土质冻结）时，探测器灵敏度均明显下降，使用者应采取其他警戒措施。

（4）电动式振动探测器的永久磁铁和线圈之间易磨损，一般相隔半年要检查一次，在潮湿处使用时检查时间还应缩短。

（5）调节探测器的灵敏度时，试验者在探测范围内以每秒一步（约0.7米/秒）的速度行走，行进三步，系统应报警，如此反复三次。

（三）振动电缆探测器

振动电缆探测器横截面结构如图2-34所示。

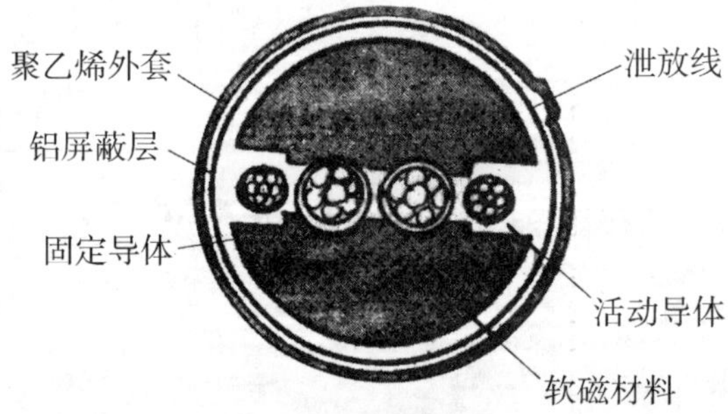

图2-34　振动电缆探测器横截面示意图

电缆的主体部分是充有永久磁性的软磁材料，且两边是异性磁极相对，在两个相对的异性磁极之间有活动导体，当导体在磁场中发生切割磁力线运动时，导线就产生感应电流，从而提取变化的电信号，经处理实现报警。电磁感应式振动电缆探测器的安装使用注意事项如下：

（1）振动电缆安装简便，可安装在防护栏、防护网或墙上，也可埋入地下使用。

（2）电磁感应式振动电缆探测器属被动式探测器，无发射源，可在易燃易爆的仓库、油库、武器弹药库等不宜直接接入电源的场所安装。

（3）振动电缆使用时不受地形、地物的限制，对气候环境的适应性很强，可在室外较恶劣的自然环境和温差较大的环境下正常工作。

（4）从技术指标上说，振动电缆的控制主机可控制多个区域，每个区域的电缆长度可达1 000米，但实际中，若以1 000米长的周界划分区域，会因警戒区太长，致使报警后不能很快确定入侵者的位置，延误后期的行动。若条件许可，应多划分几个探测区段，即尽量缩短每个区域的电缆长度，这样一旦发生报警，就能迅速确定报警的地点。

（5）电磁感应式振动电缆有些还具有监听功能，当周界屏障受到钳剪、撞击、攀爬等破坏而引起机械振动时，探测器在发生报警信号的同时还可监听到现场的声音。

（四）压电晶体振动探测器

压电晶体是一种特殊的晶体，可以将施加在其上的机械作用力转化为相应大小的电压信号，该信号的频率及振幅与机械振动的频率及振幅成正比，此现象称为压电效应。利用压电晶体的压电效应可以制成应用范围广泛的压电晶体探测器。

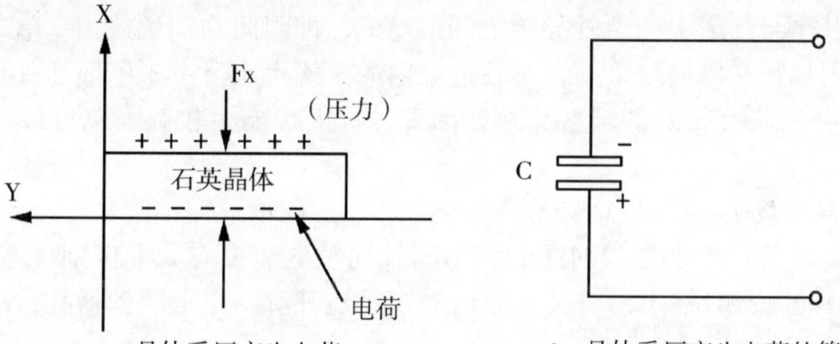

a. 晶体受压产生电荷　　　　b. 晶体受压产生电荷的等效电路

图2－35　压电晶体电压原理图

压电晶体探测器中的传感器多以压电陶瓷为核心材料制成。压电陶瓷在沿极化方向受力时，会在垂直于极化方向的上下两个镀有电极的表面上产生正、负电荷，其电荷量（电量）与作用力F成正比（如图2－35所示）。压电陶瓷除具有压电性能外，还有热释电性能，也可以用来制作热释电传感器。另有一些材料（如聚二氟乙烯、聚氯乙烯等）也具有压电陶瓷的性质，用此制成的压电薄膜柔软、不易破碎，是一种很有发展前途的新型压电材料。

压电晶体振动探测器在室内使用时，可以用来探测墙壁、天花板以及玻璃破碎时所产生的振动信号。例如，将压电陶瓷振动探测器贴在玻璃上，可用来探测玻璃破碎及划刻玻璃时产生的振动信号，将此信号送入信号处理电路（如高通放大电路等）后，就会发出报警信号。在室外使用时，可以将其固定在防护网的桩柱上，以探测入侵者翻越或破坏防护网时引起的振动。若埋在泥土或较硬的表层物下面，可以探测出入侵者在地面上行走时的压力变化，进而发出报警信号。

十一、电场感应式探测器

（一）电场感应式探测器的基本原理

将两根或多根高强度的带塑料绝缘层的导线通过绝缘的平行架架设在一些支柱上，一根场线、一根感应线紧靠在一起安装构成一组。由低频信号振荡器产生频率为1～40

千赫兹的低频振荡信号电压并送到各条场线中，在场线的周围就会产生电磁场。由于此电磁场的分布是随场线中通入的正弦波交变电压而变化的，因此，根据电磁感应定律，只要有变化的磁场存在，就会在感应线中产生感应电动势，从而有感应电流流过，这样，在场线与感应线之间就会形成一定状态的电磁场分布。

将感应线与报警控制器的电路相连，当无人通过此电磁场的探测区时，感应线的输出是恒定的；当有人入侵时，探测区的电磁场就会受到干扰，从而使感应线输出的感应电压发生变化。只要检测出信号变化幅度超过预定值，即可发出报警信号。

（二）同轴电缆探测器的基本原理

1. 普通的同轴电缆

同轴电缆是一种同轴管型的传输线，其横截面呈圆形，内外导体处于同心圆的位置。内导体是铜芯线，外导体是软铜线编织层，内外导体之间填充有韧性的高频电介质聚乙烯绝缘层，最外层是聚乙烯保护层。用同轴电缆传送信号时，外导体通常接地，因此，电磁场几乎全部集中在内外导体之间的空间，即封闭在同轴线内。信号传输时没有能量的辐射损耗，传输效果高，对临近电路的干扰也小。由于电缆的外导体对外界的静电场和电磁波有较好的屏蔽作用，因此，抗干扰能力较强，也可以减少串信干扰。

2. 泄漏同轴电缆

泄漏同轴电缆的基本结构与前述的普通同轴同轴电缆没有太大区别。不同的是，泄漏同轴电缆在电缆外导体上沿着长度方向周期性地开有一定形状的槽孔，故又称开槽电缆。

泄漏同轴电缆兼有传输线和收、发天线的功能，具有独特的辐射和传输电磁波信号的双重功能，近几年才应用到周界防御场合（如图 2 - 36 所示）。

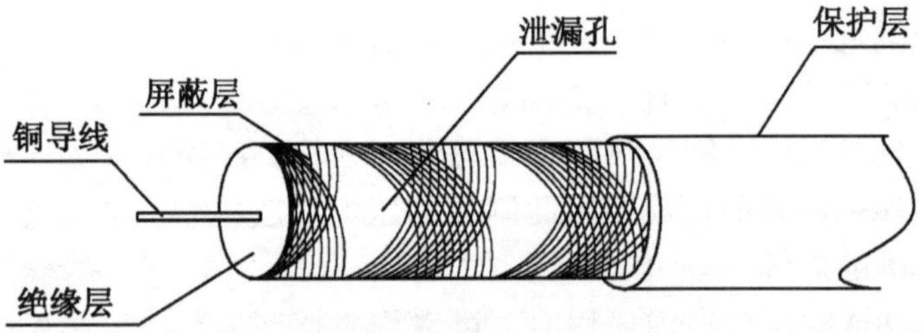

图 2 - 36　泄漏同轴电缆结构示意图

3. 泄漏同轴电缆探测器的原理

将高频信号发射机和一根同轴电缆连接，接收机与另一根同轴电缆连接。发射机发射端的脉冲电磁沿发射电缆上的漏空向外传播，并在两根电缆之间形成电场，一部分能量耦合到接收电缆，接收电缆收到信号后，经过处理并数字化，存入存储器。一旦探测器安装好后，就存储一个稳定变化的电磁场—探测区，当有人进入时，对电磁场产生干扰，就会产生干扰的曲线，通过和储存的探测区比较，就能探测出入侵者。由入侵者引起的反射波耦合到接收电缆，根据开始发射脉冲和反射回脉冲之间的时间延迟，可测出入侵者的位置。

4. 泄漏同轴电缆探测器的安装使用注意事项

（1）电缆一般是埋于周界的地下，也可以装入墙内，可以做到十分隐蔽，同时又能形成一道理想的警戒墙，电缆可环绕任意形状的警戒区域周界，不受地形、地面不平坦等因素的限制。

（2）泄漏同轴电缆探测器全线探测灵敏度均匀、探测率高、不存在盲区。

（3）泄漏同轴电缆探测器的探测灵敏度不受环境、温度和湿度等环境因素的影响，抗干扰性强，误报、漏报率低，可全天候工作。为了消除鸟、猫等小动物或其他小物体通过所引起的误报警，必须准确调节其灵敏度。

（4）一般一对收、发电缆可保护约100～150米的周界，周界较长时，可将几对收、发电缆与收、发机连在一起，即可构成一道警戒线。

（5）注意在掩埋泄漏电缆的地表面上不能放置成堆的金属物体，以免影响一个良好的电磁探测区的形成。

（6）泄漏电缆通常埋于周界的外侧，泄漏电缆探测器的主机应靠近泄漏电缆的外侧安装。

（7）在安装的环境中，应避免有较强的同频或临近频率的无线电发射源（如电台、电视台、通信基地台等），否则会干扰探测器的工作，造成误报或漏报。

十二、光纤探测器

（一）光纤的结构及传光原理

1. 光纤的结构

光纤又称为光导纤维，由芯线、包层以及保护层组成。芯线的作用是传导光波，包层的作用是将光波封闭在芯线中传播，光纤的外径一般为125～140微米，芯径一般为3～100微米。

2. 光纤传光的原理

为了使光线能在光纤中远距离传输，应使光在光纤中产生反射。只要控制入射光的入射角大于全反射角，光波就能在芯线中经过多次全反射，完成光信号在光纤中的传输。

（二）光纤探测器的种类

1. 利用光纤断裂使光路中断的探测器

根据防范的不同场合和要求，光纤可以构成各种形状，将光纤置于需要防范的周界处的适当位置，当有人入侵时，必定会破坏光纤，使其断裂，这时就会因信号的中断而触发报警。由于光纤极细，所以可以方便地进行隐蔽安装，如可将光纤隐蔽在周界防御的钢丝网中，当有入侵者切断钢丝或因攀登、翻越铁丝网造成的过度压力而使光纤折断时，通过报警控制器即可触发报警；也可以把透明的光纤埋在壁纸里，当入侵者破坏光纤时，即发出报警信号。

2. 利用光纤中光传输模式发生变化的探测器

由这种原理构成的光纤探测器主要由低功率氦氖激光器、聚焦透镜、多模光纤、光电探测器、信号处理器及报警控制器组成。

由激光光源产生的光经过透镜进入光纤中，多模光纤输出端的发射光束投射出一个以一定分布模式分布的激光强度斑点图，光纤通常埋在地表下砂土层适当的位置，当入侵者踏越光纤时，因对其施加了压力而使光纤发生扭曲，光纤的尺寸和形状就会发生微小的变化，从而使斑点图上的光强度分布模式随之发生变化。当光强度的斑点图发生一定程度的变化时，就可通过报警控制器发出报警信号。这种类型光纤探测器的基本工作原理是根据激光通过多模光纤后产生的光强度分布模式的斑点图强度变化来探测入侵者。

此种光纤探测器的探测灵敏度较高，实验表明，把光纤埋在离地表砂土下面 1.5 厘米处，若将一个重 8.2 克的钢球从高于砂土 15 厘米处扔下，即使是这种微小的干扰也可以被探测到，而且在整个光纤长度上，探测的灵敏度均衡，与干扰出现的位置无关。光纤探测器的工作原理如图 2－37 所示。

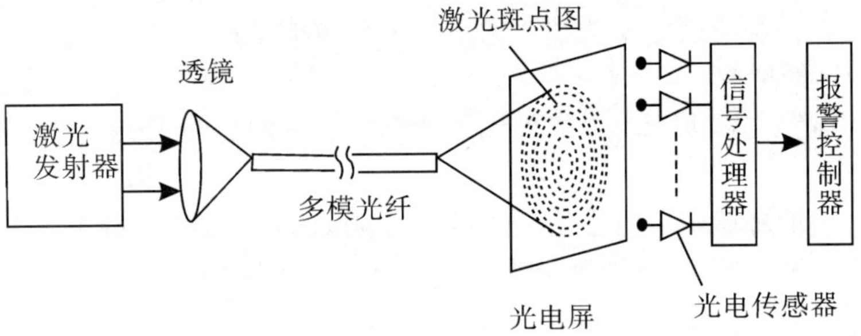

图 2－37　光纤探测器工作原理图

3. 利用光纤光路发生变化的探测器

特制的两根光纤 A 、B 在光缆中紧紧靠在一起，并将其埋入周界的地下。在正常情况下，光源发出的光经光纤 A 传送到终端后，再由光纤 B 传送返回，送至光脉冲探测器中。显然在此种情况下，返回光脉冲的到达时间是一定的。当有入侵者踏在光缆上方的地面时，光缆就会发生弯曲，光脉冲立即在弯曲处从光缆 A 窜入光缆 B，由于光路的缩短，光脉冲将提前到达探测器，从而可以触发报警，此外还能根据光脉冲到达的时间测定出入侵者进入周界的地点。

（三）光纤探测器的安装使用注意事项

（1）光纤探测器与其他类型的周界探测器相比，具有很强的抗电磁干扰和射频干扰能力，能在有较强电磁干扰的环境中使用。

（2）光纤探测器的体积小、重量轻、柔软、易于安装且对地形地物的适应能力强。

（3）具有探测灵敏度高、高速和低串光的优点。

（4）对气候和气温的适应性强，可以全天候地安全使用。

十三、商品电子防盗探测器

大型商场因丢失商品而造成的损失，每个月平均高达几千乃至几万元。为了降低商品的失窃率，我们可以增派大量的保安人员来加强巡视，也可采用闭路电视监控系统进行监视，但问题仍然不能得到圆满的解决，尤其是在节假日，人流量大、顾客拥挤，会阻挡对顾客监视的视线。

目前，世界上防止商品失窃的最有效办法是采用“电子商品监视”或称“商品电子防盗系统”（Electronic Article Surveillance System），简称 EAS 系统。

（一）EAS 系统的基本组成及其工作原理

EAS 系统已出现过多种形式，但从系统总体组成来讲，基本上都是由两大部分组成。首先要在商场出口处放置一个特制的传感器门，再就是要在所有的商品上安放上与传感器门相配套的特制标签或标记。

（二）EAS 系统的种类

根据工作原理的不同，目前 EAS 系统主要使用三种形式。

1. 磁化材料 EAS 系统

这是最早使用的一种 EAS 系统，是在商品上贴上特制的已被磁化过的磁性材料标签。磁化材料 EAS 系统最早应用在图书馆或书店里，以防止图书失窃。至今，在一些大型的图书馆中还在使用这种系统。磁化材料 EAS 系统有一定的局限性，某些商品（如录像带、录音带等）不能靠近强磁场，故不能采用这种 EAS 系统来防止失窃。

2. 微波 EAS 系统和射频（RF）EAS 系统

这两种 EAS 系统的工作原理基本相同，都采用了无线电技术，只是传感器门的工作频段不同。

（三）微波 EAS 系统及射频（RF）EAS 系统的主要特点

（1）能有效地探测到被窃商品，藏在衣物内的被窃商品不会漏报，对人体无任何伤害，也不会对录音带、录像带、激光唱片等商品造成损坏，这一性能优于磁化材料 EAS 系统，是目前最广泛采用的两种 EAS 系统。

（2）传感器探测门干扰范围小，将带有电子标签的商品摆放在距探测天线 1 米远的范围也不会使探测门的正常工作受到干扰。

（3）安装简易快捷，使用场所中一般都备有铁板地垫，传感器和天线均可固定在地垫上，无需钻洞或开槽安装。

十四、双技术探测器

双技术探测器是按照探测器中所利用的探测技术种类对探测器进行分类的另外一种方式。双技术探测器又称双鉴器或复合式探测器，它将两种探测技术结合在一起，以“与”的关系来触发报警，即只有两种探测器同时或者相继在短暂的时间内探测到目标时，才可发出报警信号。

（一）双技术探测器的发展

单技术探测器只利用一种探测技术，其结构组成较为简单、价格低廉，但易受到各种不同因素影响，在恶劣工作环境下，会受到不同的误报源干扰而产生误报警等。例如，飘落下的树叶、小动物等挡住了主动红外探测器的光束会产生误报警；小动物的骚扰或温度较高的热气流会引起被动红外探测器的误报警；汽笛声、环境温度的变化等会引起超声波探测器的误报警。在实践中为了有效地降低误报警，一方面应该合理地选用、安装和使用各种探测器，另一方面就是要不断提高探测器的质量，选取性能稳定、可靠性强的产品。但就目前情况来看，仅从提高某一种单技术探测器的可靠性方面来努力还是有一定难度的，而采用双技术复合探测器就可较好地解决这一问题。

1973 年，日本首先提出了双技术探测器的设想，直到 20 世纪 80 年代初才生产出第一台微波—被动红外双技术探测器。

（二）双技术探测器的种类

研究人员对不同的探测技术进行了多种不同组合方式的实验，如超声波—微波、双被动红外、微波—被动红外、超声波—被动红外、玻璃破碎声响—振动双技术探测器等，并对几种双技术探测器的误报率进行了比较，如表 2－1 所示。由表可见，以微波—被动红外双技术探测器的误报率为最低，其误报率是其他几种双技术探测器的 1/270，是采用单技术探测器的误报率的 1/421。

实践证明，将微波和被动红外两种探测技术加以组合是最为理想的一种组合方式，而玻璃破碎声响—振动双技术探测器也是应用较多的一种双鉴器。

表 2－1　探测器误报率的比较

	单技术探测器				双技术探测器			
探测器种类	超声波探测器	微波探测器	主动红外探测器	被动红外探测器	超声波—被动红外探测器	主动红外—被动红外探测器	超声波—微波探测器	微波—被动红外探测器
误报次数	421				270			1
可信度	最低				中等			最高

1. 微波—被动红外双技术探测器

微波—被动红外双技术探测器实际上是将这两种探测技术的探测器封闭在一个壳体内，并将两个探测器的输出信号共同送到“与门”电路去触发报警。其特点是，当两个输入端同时为“1”时，其输出才为“1”，即只有当两种探测技术的传感器都能探测到移动的人体时，才可触发报警。其工作原理如图 2－38 所示。

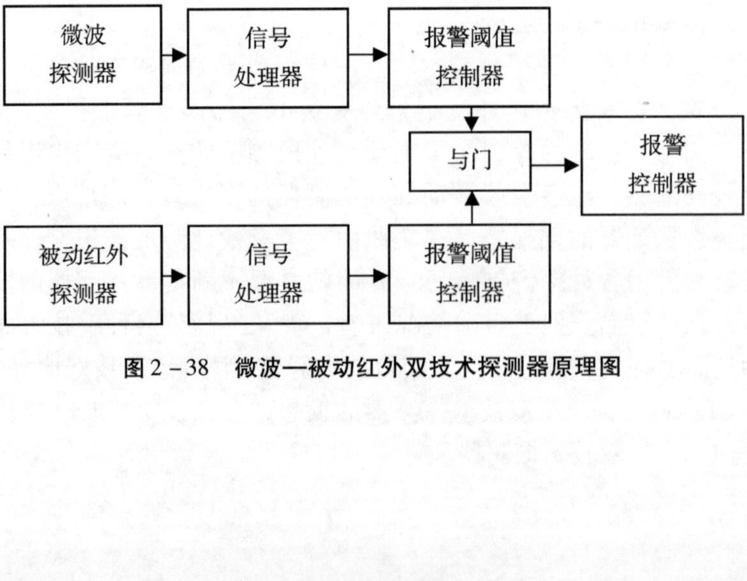

图 2－38　微波—被动红外双技术探测器原理图

微波—被动红外双技术探测器采用了微波及红外线两种探测技术，必须同时感受到入侵者的体温及移动时，才能发出报警。该双技术探测器既提供了微波和被动红外探测器的优点，又克服了各自的缺点，从而保证了工作的可靠性。

2. 超声波—被动红外双技术探测器

采用了与微波—被动红外双鉴器相同的原理，将超声波与被动红外两种技术组合在一起，并将两个探测器的输出信号共同送到“与门”电路去触发报警，就构成了超声波—被动红外双技术探测器。超声波不会穿过墙壁或窗门探测，所以对室外的一切移动物体不会造成误报警。为了降低误报率，安装时应考虑避开同时能引起两种探测传感器误报警的环境因素，因此，超声波—被动红外双技术探测器不适宜于安装在通风好、空气流动大的位置。

3. 声控—振动型双技术玻璃破碎探测器

声控—振动型双技术玻璃破碎探测器是将声控探测与振动探测两种技术组合在一起，只有同时探测到玻璃破碎时发出的高频声音信号和敲击玻璃引起的振动时，才能输出报警信号。与前述的声控式单技术玻璃破碎探测器相比，它可以有效地降低误报率，从而提高探测的可靠性，它不会因环境中其他声响而发生误报警，可实现全天候防范工作。

4. 次声波—玻璃破碎高频双技术玻璃破碎探测器

次声波—玻璃破碎高频双技术是将次声波探测技术与玻璃破碎高频探测技术组合在一起，只有同时探测到敲击玻璃和玻璃破碎时发出的高频声音信号和次声波信号时，才能触发报警。

这种双技术玻璃破碎探测器比前一种声控—振动型双技术玻璃破碎探测器的性能又有了进一步的提高，是目前较好的一种玻璃破碎探测器。

5. 分体式双技术探测器

将两种探测器分别安装在两个壳体内，并放置在室内不同位置，然后将两个探测器的输出信号送到“与门”经电路处理后再实现报警，这样的双技术探测器就构成了分体式双鉴器。采用分体式双鉴器虽然在安装上增加了麻烦，但优点是可以提高探测率。因为有的探测器对于径向移动物体有着最大的探测灵敏度，而有的探测器则对横向移动物体有着最大的探测灵敏度，安装时如果将这两种探测器的径向安排成相互垂直的状态，则对移动人体的探测灵敏度就会提高。

（三）双技术探测器的主要特点及安装使用注意事项

（1）双技术探测器比单技术探测器的价格要高些，但其可靠性要远高于单技术探测器。

（2）要使两种探测器的灵敏度都达到最佳状态是较难做到的，只好采用折中的办法，使两种探测器的灵敏度在防范区内尽可能地保持均衡。

（3）对同时能引起两种探测传感器误报警的环境因素要尽量避免，将影响减至最小，否则，双鉴器误报率极低的优势就得不到发挥。

十五、环境干扰及其他因素引发各种探测器误报警之比较

表 2-2　环境干扰及其他因素引发各种探测器误报警之比较

探测器种类 / 环境干扰因素	超声波探测器	被动式红外探测器	微波探测器	微波—被动红外双技术探测器
振动	平衡调整后无问题，否则有问题	极少有问题	有影响	无影响
湿度变化	有影响	无影响	无影响	无影响
温度变化	无影响	有影响	无影响	无（被动红外已温度补偿）
大件金属物体反射	有影响	无影响	有影响	无影响
门窗抖动	有影响	极少有问题	有影响	无影响
帘幕或地毯	有影响	无影响	无影响	无影响
小动物	接近时有问题	接近时有问题	接近时有问题	一般无问题
薄墙或玻璃外的移动物体	无影响	无影响	有影响	无影响
通风、空气流动	有影响	有影响	无影响	无影响
窗外射入的阳光及移动光源	无影响	有影响	无影响	无影响
超声波噪声	铃声、听不见的噪声可能有问题	无影响	无影响	无影响
火炉	有影响	有影响	无影响	无影响
开动的机械、风扇、叶片等	有影响	极少有问题（不能正对）	有影响	无影响

十六、防盗报警控制器

（一）防盗报警控制器的基本形式

防盗报警控制器是指在入侵报警系统中，实施设置警戒，解除警戒，判断、测试、指示、传送报警信息以及完成某些控制功能的设备。

《防盗报警控制器通用技术条件》将防盗报警控制器的防护级别由低到高分为 A、B、C 三级，其中 C 级性能最强。

防盗报警控制器的结构有台式、壁挂式和柜式等，目前应用最多的是壁挂式，防

盗报警控制器外接设备示意图如图 2－39 所示。

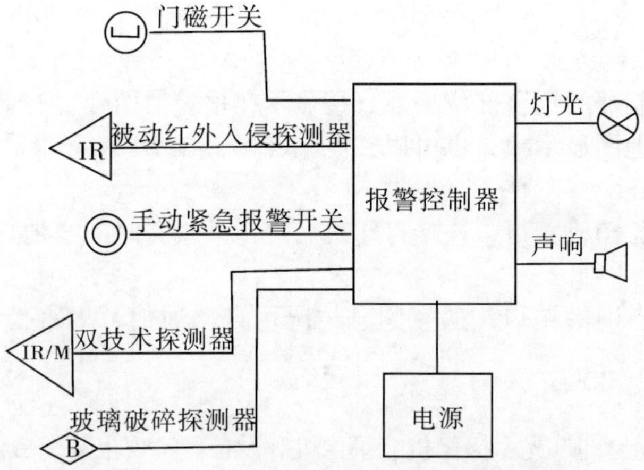

图 2－39　防盗报警控制器外接设备示意图

（二）防盗报警控制器的功能

1. 入侵报警

报警控制器应能直接或间接接收来自入侵探测器和紧急报警装置发出的报警信号，发出声光报警，并指示入侵发生的部位。此时值班人员应对信号进行处理，如监听、监视等，确认有人入侵时，立即通知保安人员到现场。若确认是误报警，则应将报警信号复位。

2. 防破坏报警

（1）短路、断路报警。信号线路被人破坏，如短路、被剪断或并接其他负载时，报警控制器应立即发出声光报警信号，此报警信号直至报警原因被排除才能复位。

（2）防拆报警。入侵者拆卸前端探测器时，报警控制器立即发出声光报警，这种报警不受警戒状态影响，提供全天候的防拆保护。

3. 紧急报警

紧急报警不受警戒状态影响，随时可用。入侵者闯入警戒区时，现场工作人员可按动紧急报警装置报警。

4. 延时报警

可实现 0～40 秒可调的进入延迟及 100 秒固定外出延迟报警。

5. 欠压报警

报警控制器在电源电压等于或小于额定电压的 80% 时，产生欠压报警。

6. 自检功能

报警控制器可以自我检测报警系统工作是否正常。

7. 电源转换功能

报警控制器应有电源转换装置，当主电源断电时，能自动转换到备用电源供电；当主电源恢复时，又自动转换到主电源供电，并对备用电源自动充电。

8. 环境适应性能

报警控制器在温度为 －10 ℃～55 ℃，相对湿度不大于 95% 时均可实现正常工作。

9. 布防与撤防功能

警戒现场工作人员下班后应进行布防，现场工作人员上班时应撤防，并且布防与撤防可分区进行。

10. 报警部位显示功能

小容量报警控制器的报警部位一般直接显示在报警器面板上（指示灯闪烁）。大容量报警控制器配有地图显示板，也可以在电脑屏幕上显示。

11. 记录功能

报警控制器有打印机接口，连接打印机后可记录报警时间、地点和报警类别等。

12. 通信功能

报警控制器留有通信接口，遇有紧急情况可自动通信，报警控制器又称报警或通信主机。

13. 联动功能

报警后，可自动启动灯光、摄像机、录像机等设备，实现报警、摄像和录像的联动。

项目四　入侵报警系统常见故障排除

入侵报警系统探测器的设计都比较精巧，集成度较高，大多数已采用了表面贴工艺，一般的维修人员是无法修理的，对这类设备只需判断其损坏与否即可，出现故障一般要送专业维修部门修理。

一、故障现象一——报警控制主机通电后无反应，主机指示灯不亮

（1）检查电源插头接触是否良好。

（2）检查电源线是否断线。

（3）检查熔丝是否熔断。

（4）检查电源开关是否损坏。

（5）检查电源指示灯是否损坏。

如发现以上问题，应一一对症排除，若仍不能排除故障，可更换报警控制主机。

二、故障现象二——报警主机系统故障

（1）检查系统各线路是否连接牢固。

（2）检查各分控装置运转是否正常。

（3）检查设定的数值是否正确，若不正确，重新设定相应的数值。

三、故障现象三——用键盘不能设防

检查键盘内部连接线是否连接牢固，内部的元器件是否工作正常。排除不正常元器件后，按照正确的步骤进行重新设防，若仍不能设防可用新的同型号键盘替换并试验。

四、故障现象四——系统通电后显示某一路报警探测器无法设防

（1）检查探测器防拆开关是否压紧或损坏。

（2）检查探测器匹配电阻是否脱落。

（3）检查探测器电源供电是否正常。

（4）检查探测器的电源线路和报警线路连接是否良好。

（5）检查探测器与报警主机所连接的线路是否被破坏。

五、故障现象五——误报警

通常报警探测器可靠性比较高，本身不容易发生故障，误报警是主要的故障。

（1）为了防止误报警，不应将红外探头对准任何温度会快速改变的物体，如电加热器、火炉、暖气、空调器的出风口、白炽灯等强光源以及受到阳光直射的门窗等热源，以免由于热气流的流动而引起误报警。

（2）红外报警探测器不能安装在某些热源（如暖气片、加热器、热管道等）的上方或其附近，否则，也会产生误报警。

（3）检查红外探测器周围是否有强电设备。

（4）警戒区内注意不要有运动的遮挡物，如未关好的门窗、窗帘、被风吹动的挂饰物等，此外，还应注意排除传真机、电风扇叶片等的干扰。

（5）排除小动物的活动。

六、故障现象六——报警探测器有时不报警

（1）检查报警探测器的探测方位是否已被移动，报警探测器是否被入侵者有意遮挡，如果有此现象，应及时纠正或报告有关部门处理。

（2）由于调节不当造成报警探测器的灵敏度太低，这时需对报警探测器进行必要的调整。另外，要使之有利于入侵者横向穿越光束带区，这样可以提高探测灵敏度。

（3）选择安装位置时，尽可能使入侵者都处于红外警戒的光束范围内。

（4）以电话线路作为报警传输线的系统，应先检查电话机本身的通话功能，再检查电话机是否挂好及线路是否连接正常、有无断线的地方等。

（5）探测器不报警也可能是由于灰尘积累太多，使灵敏度下降。

（6）报警探测器老化或报警探测器自身故障造成的。若排除人为因素故障后，探测器不报警故障还未消除，则应更换同规格和型号的报警探测器。

七、故障现象七——系统断电后在规定的8小时内不能正常工作，此故障属于电源部分的故障

（1）电源充电部分电路故障。

（2）蓄电池老化（电池维修维护请参见视频监控系统项目八）。

思考练习

1. 简述报警系统几种传输模式的特点。
2. 为什么有“要根据现场环境合理选择探测器”这一说法？
3. 有效降低入侵报警系统误报警的途径有哪些？
4. 为什么说双技术探测器能有效减少系统的误报警？

【实训部分】

【实训任务】

通过本项目的学习，熟悉各种入侵报警探测器的种类和作用，熟悉入侵报警探测器的基本工作原理并熟练使用，学会判断故障。

1. 能对报警主机进行设防和撤防。
2. 能够熟练操作报警确认、报警消声、报警查询和报警复位等功能。
3. 能设置报警联动功能。
4. 能对报警主机显示的各种报警信息进行整理、分析、存档和打印。
5. 能校正报警主机时钟。

【实训内容】

实训任务一　点控型探测器

【实训目的】

了解紧急按钮、门磁控开关等点控型探测器的种类、作用及工作原理。

【实训对象】

点控型探测器、万用表

【实训步骤】

1. 轻按紧急按钮，观察按钮下方的指示灯是否变亮。
2. 轻触微动开关，用万用表测量开关簧片何时将触点接通。
3. 观察门磁控开关两个部分在门窗上的安装位置与相对距离。
4. 轻轻移开门窗的活动体使之远离固定体，用万用表测量磁控开关何时接通。

实训任务二　线控型探测器

【实训目的】

了解主动红外报警探测器等线控型探测器的作用及工作原理。

【实训对象】

线控型探测器

【实训步骤】

1. 观察主动红外探测器的发射机与接收机的安装位置与相对位置。
2. 拆开主动红外探测器的防护外壳，观察发射机与接收机的区别。
3. 用手遮挡其中的一条光路，观察接收机端的两个指示灯是否都变亮。
4. 将防护外壳安装回原位。

实训任务三　面控型探测器

【实训目的】

了解玻璃破碎探测器等面控型探测器的作用及工作原理。

【实训对象】

面控型探测器

【实训步骤】

1. 观察玻璃探测器的外观和安装位置。

2. 轻轻关闭门窗，观察探测器的指示信号灯是否变亮。

3. 大力关闭门窗，观察探测器的指示信号灯是否变亮。

实训任务四　空间控制型探测器

【实训目的】

了解被动红外探测器等空间控制型探测器的作用及工作原理。

【实训对象】

空间控制型探测器

【实训步骤】

1. 观察被动红外探测器的外观和安装位置。

2. 断开探测器电源，在监视范围内放置一只被动红外探测器，待人离开监控器区域后接通探测器电源，观察探测器指示灯是否亮。

3. 在监控区域外接通被动红外探测器的电源，观察探测器指示灯是否亮。

4. 断开被动红外探测器的电源，待探测器指示灯恢复正常、人进入监控区域时，观察探测器指示灯是否亮。

实训任务五　入侵报警主机状态的设置

【实训目的】

通过本项目的学习，熟悉入侵报警主机的作用，了解入侵报警主机的基本工作原理，并掌握入侵报警主机撤防和布防的方法与步骤。

【实训对象】

入侵报警主机

【实训步骤】

1. 预备状态。检查被警戒区的门窗是否完全关好，然后等到 8 个红色防区指示灯熄灭、绿色预备灯亮起，整个系统即处于预备工作状态；在预备状态下，通过遥控器、钥匙或接通控制键盘电源开启系统，即自动进入常规布防状态。

2. 外出布防。当所有人员离开时，同时按下“3”和“9”键一次，所有警戒区域指示灯亮一次，外出指示灯亮，经过事先设置的延时时间，系统即进入外出布防状态。

（外出布防延时时间设置：按下“＊”键，输入“63”，再按下“#”键，输入表示单位时间 15 秒倍数的数字键，再按“#”键，结束时间设定。）

3. 留守布防。同时按下“2”和“8”键一次，被警戒区域相应的指示灯会亮，留守指示灯亮，经过事先设定的时间，系统可进入留守布防状态。

（旁路设置：按下“＊”键，输入指令“55”，再按下“#”键，输入表示留守区域的防区数字键，再按“#”键，结束留守区域设定；留守布防延时时间设置：按下

"＊"键，输入指令"61"，再按下"#"键，输入表示单位时间15秒倍数的数字键，再按"#"键，结束时间设定。）

4. 紧急布防。同时按下"1"和"7"键一次，系统直接进入紧急布防状态。

5. 胁迫撤防。输入强盗案发密码再按"#"键，或转动钥匙并保持钥匙位置3到4秒以上，或按住遥控器按钮3到4秒以上，系统直接进入胁迫撤防状态，即在无声的状态下自动电话报警。

（胁迫撤防中强盗案发密码的设定：按下"＊"键，输入指令"03"，再按下"#"键，输入强盗案发密码，再按下"#"键，结束强盗案发密码的设定。）

6. 撤防。按下"＊"键，输入指令"3"，再按下"#"键，曾发生报警区域指示灯闪烁，再按"#"键，完成撤防。

实训测试一　壁挂式被动红外探测器的位置及穿透力测试

被动红外探测器作为一种空间型移动探测器，在入侵探测报警系统中大量使用，要想发挥其良好的空间探测能力，除了安装高度一般在2.2米以上外，对其安装面的朝向也有要求，请测试并说明其安装面轴线与可能入侵的方向成多少角度时最灵敏，同时用测试的方式体现红外线的穿透力差可能会造成盲区的现象。（要求在5分钟内完成）

【测试办法及考核要求】

1. 测试要点：明确被动红外探测器的安装位置，熟悉其空间物体的穿透力有限可能造成的盲区。

2. 测试方法：单人操作与口试。

3. 需要的仪器设备情况：被动红外探测器DS940T、有一定厚度的遮挡物。

4. 配分及评分标准：

原理叙述正确，操作无误，5分；

原理叙述不清楚，但操作无误，4分；

原理能解释，但两项操作测试中某一项不到位，3分；

原理叙述不清楚，且两项操作测试中某一项不到位，2分；

原理不懂，两项操作都不会，1分。

（5分——优；4分——良；3分——中；2分——及格；1分——不及格）

【参考答案】

壁挂式被动红外探测器安装面轴线与可能入侵的方向成90°角时最灵敏。因为非涅耳透镜把空间划分为敏感区和非敏感区，物体只有在划分区域的垂直方向移动才最灵敏。

测试1：面对且距探测器一定距离后，在垂直安装面轴线方向水平移动一步即可报警，而沿着安装面轴线防线水平移动一步以上才会报警（探测器的指示灯变红色表示检测到入侵行为，并发送报警信号），反映出灵敏方向。

测试2：站在探测器旁边，用手或书本等有一定厚度的物体遮挡住被动红外探测器的下部（非涅耳透镜），露出指示灯，然后用另一只手在遮挡物后晃动，不会报警，反映出红外线被遮挡物阻挡，不能进入探测器中。

实训测试二　主动红外探测器的安装对准测试

主动红外探测器作为周界防护的手段之一，应用广泛，但是实际应用中发射端和接收端相隔距离较远（小至几米，大到几百米），有哪些方式能保证其两端能很好地对准呢？（要求在5分钟内完成）

【测试办法及考核要求】

1. 测试要点：明确长距离探测器的对准方式。
2. 测试方法：单人操作与说明。
3. 需要的仪器设备：主动红外探测器DS418、万用表、一字螺丝刀。
4. 配分及评分标准：

三种测试方法都能操作到位，5分；

只会操作任意两种测试方法，4分；

只会操作任意一种测试方法，3分；

只懂测试方法，不会操作，2分；

不懂方法，不会操作，1分。

（5分——优；4分——良；3分——中；2分——及格；1分——不及格）

【参考答案】

以DS418主动红外探测器为例大致有三种对准方式：

第一种，安装时用目测的方式初步保证水平和垂直方向的对准；

第二种，判断接收端的红色指示灯，在没有对准的情况下，红色指示灯会亮；初步对准后，接收端的红色指示灯会熄灭；

第三种，用万用表精确测量电压，反映接收端接收到的红外能量大小；探测器接收端上测量MJ1和MJ2两点的电压，得到最大电压值的位置是最好的位置。

学习单元三

火灾自动报警系统

【原理部分】

【知识目标】

了解各种火灾报警探测器的工作原理

了解火灾报警系统的发展方向

了解有效降低火灾报警系统误报率的思路

【能力目标】

具备安装和使用火灾自动报警系统的能力

具备使用正确工具对火灾报警系统故障分析判断的能力

具备正确维护系统，确保系统正常运行的能力

【知识内容】

项目一　火灾自动报警系统基本组成

火灾自动报警系统是在火灾发生初期，能探测到火灾发生的现场温度、光线、烟雾和一些可燃性气体等物理量变化的装置及系统。

一、火灾报警器的结构

一个比较完善的火灾自动报警系统，通常由火灾探测器、火灾自动报警控制器以及火灾自动消防联动控制系统三大部分组成（如图 3－1 所示）。

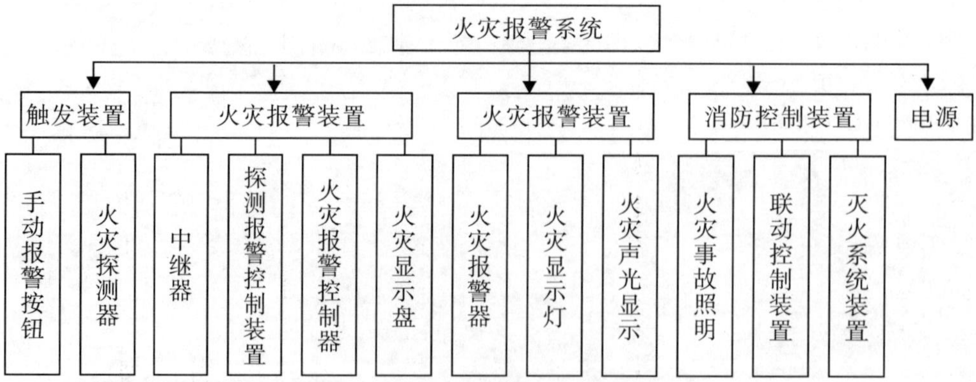

图 3－1　火灾自动报警系统的基本组成

（一）火灾探测器

火灾探测器可以自动捕捉产生火灾的各种信息，及时地发现火情，并将其捕捉到的信息变为电信号，传给火灾自动报警控制器，发出火灾报警信号。

（二）火灾自动报警控制器

火灾自动报警控制器是整个报警系统的“大脑”，可以看作是整个报警系统的指挥中心，为火灾探测器供电，接收、显示和传递火灾报警等信号，对自动消防等装置发出控制信号的装置，主要有火灾自动报警、自检、故障检查报警、电源切换、外控火灾消防联动等功能，具有以下功能：

（1）火灾报警，接收火警信号报警，显示报警地址。

（2）自动巡检、测试、故障报警。

（3）时钟锁定，火警优先。

（4）显示火警地址。

（5）自动打印。

（6）联动控制分自动和手动两种方式。

（7）阈值设定。

（8）切换电源。

（三）火灾自动消防联动控制系统

探测到火灾信号后，自动切除报警区域内有关的空调器，关闭管道上的防火阀，停止换风机，开启管道的排烟阀，自动关闭电动防火门、防火卷帘门，按顺序切断非消防用电源，接通事故照明及疏散标志灯，停运除消防电梯外的全部电梯，通过中心的控制器启动灭火系统。自动灭火分集中控制和分散与集中控制相结合两种形式；控制方式有联动、非联动和二者相结合三种方式。

1. 自动喷淋灭火系统

按喷头形式，可分为闭式和开式两种；前者又可分为多种形式，其中湿式喷淋灭火系统应用最广泛。发生火情时，该区内的闭式喷头的热敏组件受热破裂，喷头喷水灭火；水流指示器工作，发出开启信号，由喷水报警箱接收，延时10秒判别信号后，发出报警信号，并显示失火回路及地点；启动喷淋加压泵或喷淋水泵，提供迅速扑灭火源所需的水量和水压。

2. 卤代烷灭火系统

用于建筑物内不适宜用水灭火的重要场所，通过火灾探测报警系统来进行联动操纵，实现自动灭火。卤代烷灭火剂有1211和1301两种，具有灭火效率高、速度快、灭火后不留痕迹、电绝缘性好、腐蚀性极小、便于贮存且久贮不变质等优点；但有毒性，价格高，而且破坏臭氧层，可用二氧化碳等替代。

3. 防火卷帘门、防火门控制系统

探测器报警后，控制模块接到报警控制器指令，开启排烟阀，动作的反馈信号由监视模块完成，既能控制从上位降到中位，也能控制从中位降到低位，还能确定它的位置；必要时，加手动控制按钮，即实现联动或非联动的控制。

4. 火灾事故广播与警报、非消防电源及电梯应急控制系统

探测到火警，送给火灾报警控制器，经人工确认后，通过广播控制器启动或关闭相应的扬声器，启动警报器，要求能同时进行手动操作，强切非消防用电源。减弱火

势的持续发展，减少在用消火栓灭火时造成的触电伤亡事故。在火灾初期，强切照明电源一定要慎重。确认火灾后，先切断空调及与消防无关的通风系统的电源。强启应急疏散照明，切断火区的照明电源，随着火势的发展有步骤地切断电源，减少混乱局面。根据火情强制除消防电梯以外的其他所有电梯依次停于底层，并切断其电源。

二、火灾自动报警系统的形式

目前在各种防火工程的设计应用中，广泛采用的火灾自动报警系统的组成形式主要有以下三种。

（一）区域性火灾自动报警系统

区域性火灾自动报警系统是一种小型简单的火灾自动报警系统（如图 3－2 所示）

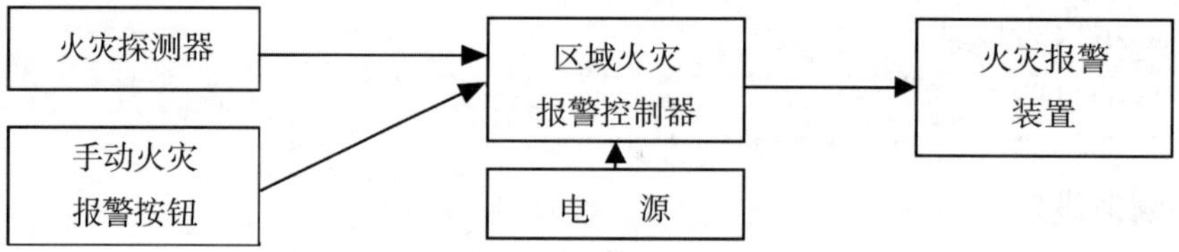

图 3－2　小型区域火灾报警系统

（二）区域—集中火灾自动报警系统

区域—集中火灾自动报警系统是一种中型的火灾自动报警系统（如图 3－3 所示）。

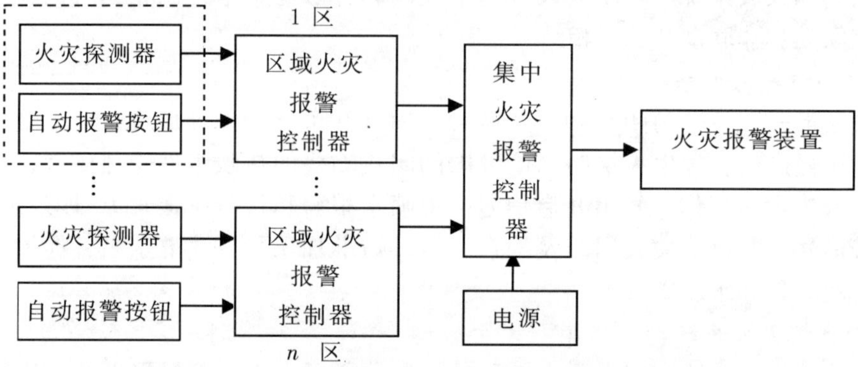

图 3－3　中型区域—集中火灾自动报警系统

（三）区域—集中—微机管理系统

区域—集中—微机管理系统是火灾自动报警系统中的大型控制报警系统（如图 3－4 所示）。

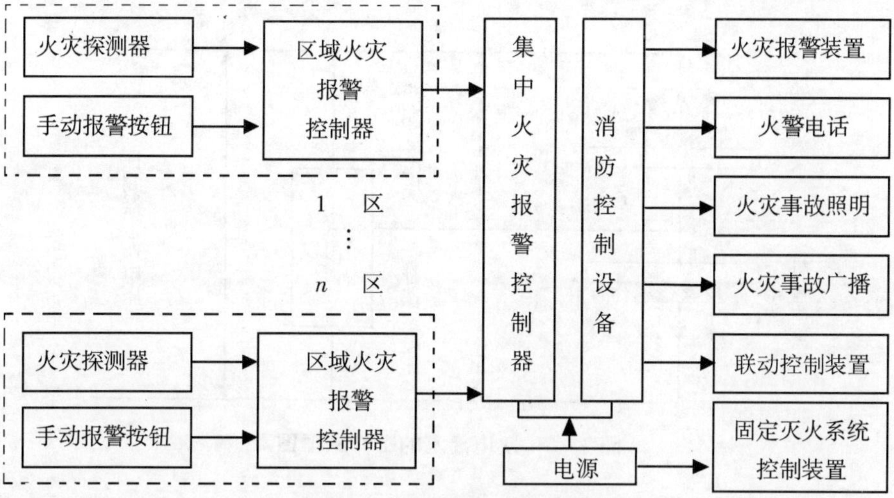

图3－4　大型控制报警系统

在这样的系统中，集中火灾报警控制器和消防设备可以分开设置，也可以合并在一起设置，也就是把集中火灾报警控制器设置在消防控制室内，作为消防控制设备的组成部分之一。近年来，又有智能型、全总线性以及综合型等类型，这些系统中部分区域报警系统或集中报警系统采用总体集中控制的方式，实现对整体防火区域的监控与保护。

项目二　火灾探测器的种类

火灾探测器又称火灾探头，可以自动捕捉产生火灾的各种信息（如烟雾、温度、可见光与非可见光等），及早地发现火情，并将捕捉到的信息转变为电信号，传送给火灾自动报警控制器，以发出火灾报警信号，监视与火灾有关的物理或化学现象，提供合适的信号以通报火警或操作自动消防设施，经判定后发出警报。根据火灾早期产生的烟雾、温度、光和气体等特征，火灾探测器有感温式、感光式、感烟式、可燃气体探测式和复合式等多种类型，既是火灾自动报警系统的“眼睛”，又是火灾自动报警系统中的关键部件之一。

一、感烟式火灾探测器

烟雾往往出现在火灾发生的初起阶段，利用感烟原理制成的感烟式火灾探测器是实现火灾早期报警较为理想的设备，目前应用较为广泛。

根据结构和工作原理的不同，感烟式火灾探测器可以分为离子感烟、光电感烟、红外光感烟和激光感烟等多种类型。

（一）离子感烟火灾探测器

目前，国内外研制和生产的离子感烟火灾探测器大多采用核物理的放射现象，利用空气离化法将火灾发生初期的烟雾信息转换为电信号，完成报警任务。完成这一转换的主要部件是两个相串联的电离室（检测电离室和补偿电离室）（如图3－5所示）。

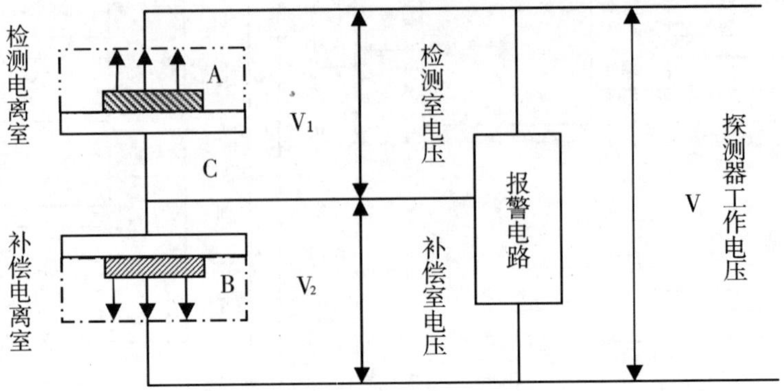

图 3－5　双电离室的工作原理图

图 3－5 中，A、B 为两片源强为 1～2 微居的同位素放射源（Am^{241}）。检测电离室的结构特点是烟雾粒子很容易进入，又叫外电离室或开放室。补偿电离室的结构特点是烟雾粒子很难进入，但空气仍能缓慢进入，又称内电离室或封闭室。所谓电离室就是能使空气分子产生电离，并形成电离电流的一种设备（如图 3－6 所示）。

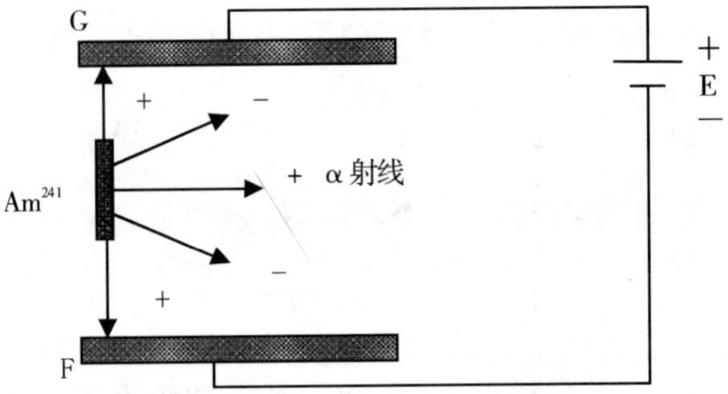

图 3－6　电离室结构示意图

在 G、F 两个电极之间放置一个放射源 Am^{241}，可以持续不断地放射出 α 射线，α 射线具有很强的电离性质，当撞击到空气分子时，能使空气分子电离成正离子和负离子。

当给 G、F 两个电极加上电压 E 之后，正负离子将在电场作用下分别向着负极和正极运动，从而形成电流。这个电流的大小受空气当中烟雾浓度大小的影响，烟雾浓度越大，电流越小。其主要原因：一是部分被电离的离子吸附到烟雾粒子上，使离子运动速度减慢；二是烟雾粒子阻挡了 α 射线，使空气电离能力减弱。当没有烟雾时，检测电离室与补偿电离室导电能力一定，两者分压 V_1、V_2 恒定，且 $V_1 + V_2 = V$（工作电压），这时 C 点的电位也是恒定的。

当发生火灾有烟雾产生时，检测电离室受烟雾影响，导电能力变小，从而破坏了 V_1、V_2 的恒定，C 点的电位也随之改变，当 C 点的电位变化到一定量时，图 3－5 中的报警电路便向报警控制器发送报警电信号。

实际应用中的离子感烟火灾探测器主要由两个电离室、信号放大电路、开关转换电路、火灾模拟检查电路、故障自动监测电路几部分组成。这种离子感烟报警系统具有灵敏度高、安全、可靠的特点，但对环境要求较高，有些场合可能不适合应用。

（二）光电感烟火灾探测器

光电感烟火灾探测器根据其将烟雾信息转变为电信号工作原理的不同，可以分为遮光式和散射光式两种类型。前一种方式目前较少采用，而后一种方式则获得了广泛应用。

1. 遮光式光电感烟火灾探测器

遮光式光电感烟火灾探测器的结构如图 3－7 所示。

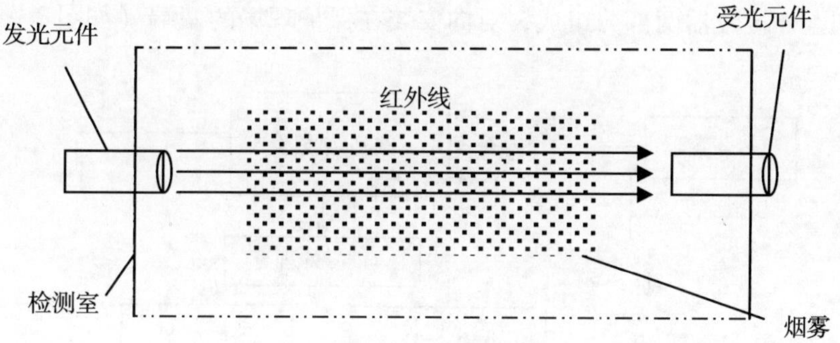

图 3－7　遮光式光电感烟火灾探测器结构示意图

某些元件（如半导体硅光电池）在光照下就可产生光电流，而且电流的大小受光照强度的影响，遮光式光电感烟火灾探测器正是利用这一原理来实现报警的。

在探测器的探测室内，红外发光元件（如红外发光二极管）与受光元件（如半导体硅光电池）同轴对向放置，受光元件在发光元件的光照下，可以产生一定强度的光电流。当火灾产生烟雾进入检测室后，由于烟雾遮挡了发光元件发射出的光，使受光元件接收到的光量减少，从而使其产生的光电流强度也有所降低，当光电流强度降低到一定值时，就可发出报警信号。

2. 散射光式光电感烟火灾探测器

散射光式光电感烟火灾探测器的结构如图 3－8 所示。

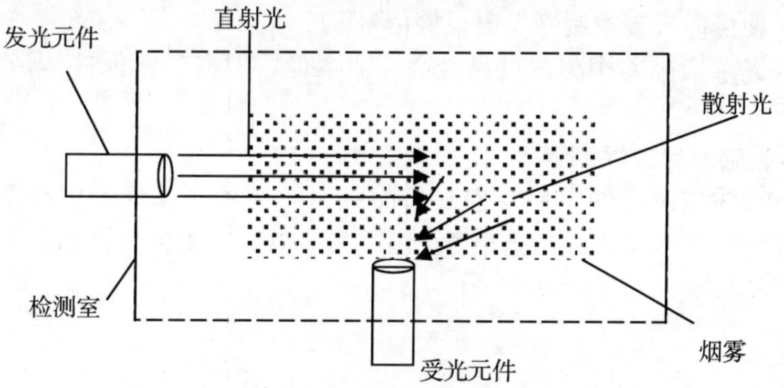

图 3－8　散射光式光电感烟火灾探测器结构示意图

在探测器的检测室内，发光元件与受光元件不是同轴对向放置。在正常情况下，由于受光元件收不到发光元件发射出的光，故不产生光电流，而当火灾产生的烟雾进入检测室后，发光元件发出的光照射在烟雾粒子上，会产生光的漫反射现象。这种散射光照在受光元件上，就会产生相应强度的光电流，从而触发报警。

以上只是光电式感烟火灾探测器的工作原理，实际应用中的光电式感烟火灾探测器要比图3－7和图3－8复杂得多，由于研制厂家不同、型号不同，光电式感烟火灾探测器的结构、规格和外观也会不同。

（三）红外光感烟火灾探测器

红外光感烟火灾探测器利用红外光束来对火灾发生初期的烟雾进行探测。它由红外发射器和红外接收器两部分组成，对向安装在保护现场的两端（如图3－9所示）。

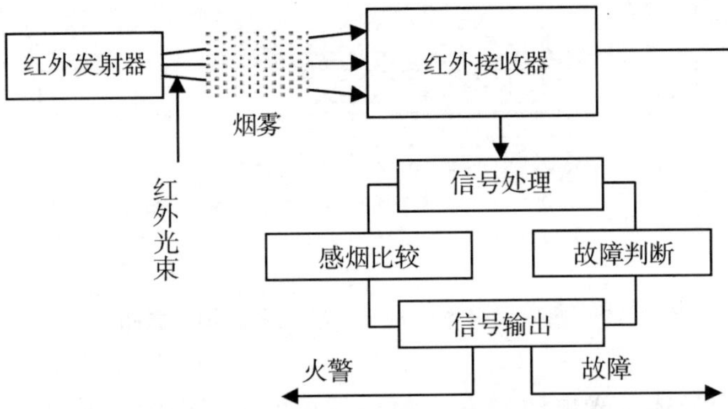

图3－9　红外光感烟火灾探测器原理示意图

发射器中装有红外辐射源，在间歇多谐振荡器的作用下，发射出周期性红外辐射脉冲（周期约为8毫秒、脉宽为15微秒左右）。

经过光学系统后，便形成近似平行光束的红外辐射。红外辐射穿过被保护区后，在接收器处形成一个较大的弥散区。红外光束经过光学系统聚焦后，由接收器中的光电探测器接收，并转换成脉冲信号，再经检波器检波后转变为一定大小的直流电平。

当烟雾出现在红外辐射光束路径上时，由于对红外光有吸收、遮挡和散射的作用，使到达接收器的红外辐射通量减弱，检波器输出的直流电平发生变化，当这种变化达到一定量时，便可向报警控制器发出报警信号。

这种红外光感烟火灾探测器可靠性高、成本低，但需经常保持清洁，否则易引起误报警。

（四）激光感烟火灾探测器

激光感烟火灾探测器的工作原理与前面所述的红外光感烟火灾探测器十分相似，只是光源不是红外线发光管，而是半导体激光发生器，其工作原理如图3－10所示。

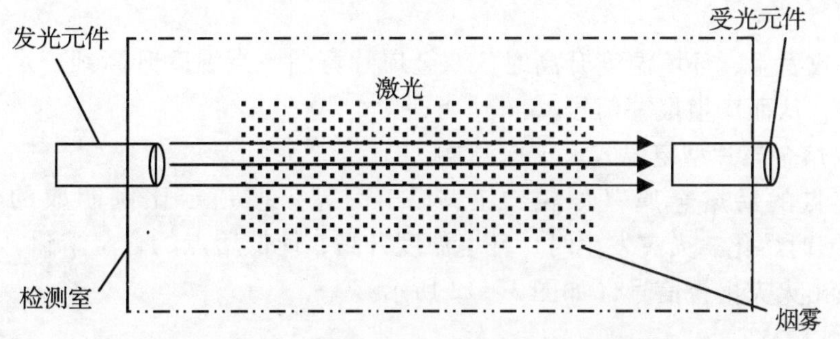

图 3－10　激光感烟火灾探测器原理示意图

激光发生器在激光脉冲调制电源的激发下发出激光束。经过发射端与接收端的光学系统后，由光电接收器将激光信号转换为电信号。当有烟雾遮挡激光束时，光电接收器接收到的激光强度有所减弱，减弱到一定值时，则发出火灾报警信号。

激光感烟探测器要比红外光感烟探测器的警戒距离大得多，这是由激光的基本性质决定的，但造价也比较高。

二、感温式火灾探测器

感温式火灾探测器是以火灾发生时释放出的热量使周围温度升高这一现象来作为探测依据的，又被称为热探测器。虽不是理想的火灾早期报警探测器，但在火灾报警系统中也是必不可少的，目前应用较多。

按其工作原理的不同，可分为定温式、差温式和差定温式三种类型。

（一）定温式感温火灾探测器

定温式火灾探测器是通过探测环境温度升高的变化来发现火情，当环境温度升高到规定温度时，探测器发出报警信号。

定温式火灾探测器的核心部件是感温敏感元件，根据使用的敏感元件的不同，又可分为双金属片型、易熔金属片型、热敏电阻型、热敏电缆型等类型。

1. 点型定温式火灾探测器

点型定温式火灾探测器是相对线型而言的，点型警戒区域为一个点，线型警戒区域为一条线。

（1）双金属片型定温式火灾探测器。

双金属片型定温式火灾探测器的主要元件是一个被压合在一起的双金属片，这两个金属片的受热膨胀系数不同。常温下双金属片为直形，受热后，因膨胀系数不同会弯曲，由此使触点闭合（如图 3－11 所示）。

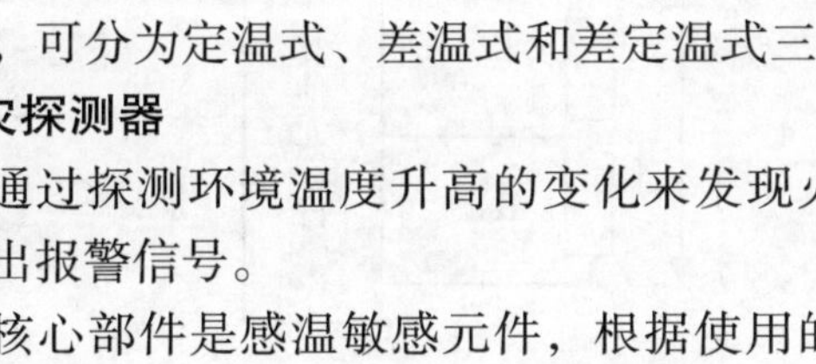

图 3－11　双金属片型定温式火灾探测器原理示意图

当有火灾发生、环境温度升高时，双金属片弯曲，当温度升高到一定值时，A、B两触点闭合，从而产生报警信号。

（2）易熔金属片型定温式火灾探测器。

用低熔点的易熔金属（如铅、铋、锡、镉等）按一定比例制成的合金，可在60 ℃ ~70 ℃时熔化。火灾发生时，环境温度升高，使低熔点的合金熔化，导致触点闭合，从而发出火灾报警信号（如图3－12所示）。

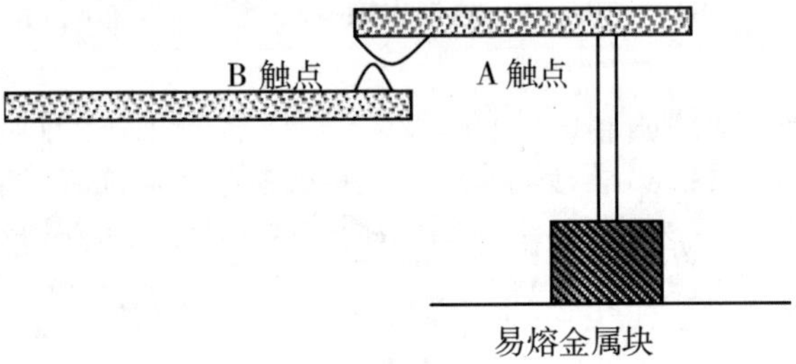

图3－12　易熔金属片型定温式火灾探测器示意图

（3）热敏电阻型定温式火灾探测器。

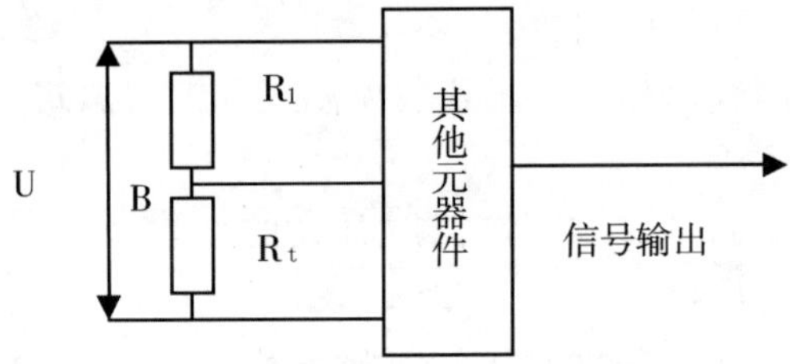

图3－13　热敏电阻型定温式火灾探测器原理图

图3－13中，U为定值，R_1为普通电阻，R_t为热敏电阻，常温下R_1、R_t阻值一定，B点电位一定，当发生火灾、环境温度升高使R_t阻值减小时，B点电位发生变化，当电位变化到一定的阈值时，在其他元器件的作用下，便可输出报警信号。

2. 线型定温式火灾探测器

线型定温式火灾探测器的探测区是一条线型分布的有较大长度范围的区域，在此线型区域内的任何一处只要温度升高到规定的温度，即可引发报警。根据所使用材料的不同，又可分为气体填料型和热敏电缆型等类型。

（1）气体填料型定温火灾探测器。

在细铜管、细不锈钢管、尼龙管内充以空气或填料，当其分布区域的某个局部发生火灾时，由于出现过热现象，管内的气体或填料就会膨胀，使压力加大，位于管头的气室膜片就会凸起而使电路触点接通，从而发出火警信号。

（2）热敏同轴电缆型定温火灾探测器。

热敏同轴电缆不同于一般普通同轴电缆，其内外导体之间的绝缘物是用特殊材料制成的。在正常温度下，这种材料是绝缘的，但当其受热达到一定温度时，就会具有导体性能。内外导体被短路，触发电路发出火灾报警信号。

（3）热敏双芯电缆型定温火灾探测器。

在热敏双芯电缆内，两根金属导线交织着被扭在一起，每根导线的外层都裹以热敏易熔性绝缘材料（如图 3－14 所示）。

在正常温度下，两根金属导线被绝缘隔开。当火灾遇热，热敏材料的电阻变得很小，达到一定温度时，绝缘材料转变为导体，甚至可以熔化，致使两根金属导线被短路，从而发出火灾报警信号。

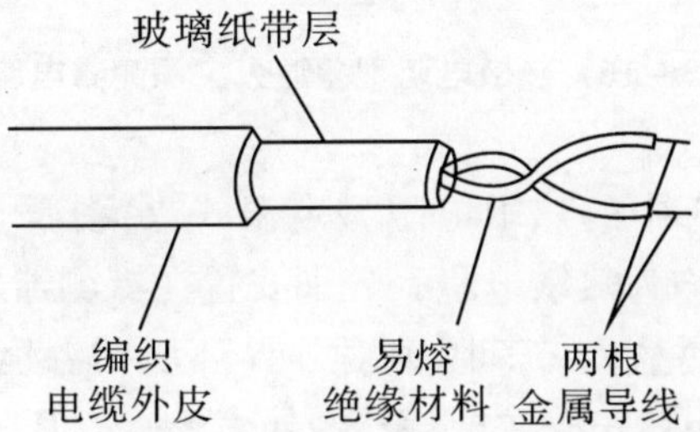

图 3－14　热敏双芯电缆型定温火灾探测器结构示意图

（二）差温式感温火灾探测器

差温式火灾探测器的功能是探测环境温度升高速率的变化。当火灾发生时，环境温度的上升速率大大超过正常情况下的环境温升速率，此时探测器即可发出火灾报警信号。

根据其结构及工作原理的不同，差温式火灾探测器又可分为金属膜盒型（机械式）和热敏电阻型（电子式）等多种类型。

1. 金属膜盒型差温火灾探测器

金属膜盒型差温火灾探测器原理如图 3－15 所示。

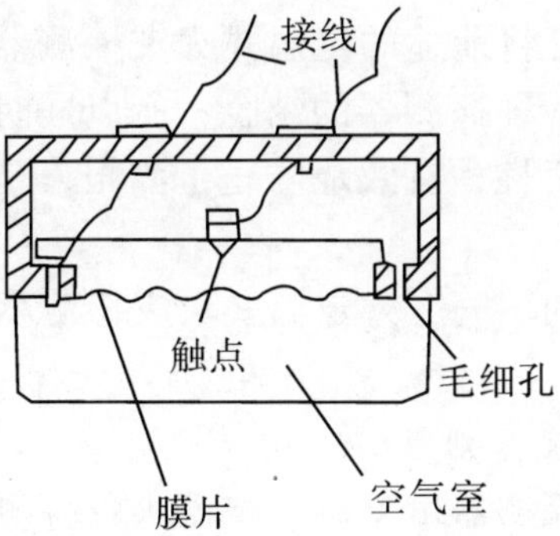

图 3－15　金属膜盒型差温火灾探测器结构示意图

在空气室内有一个金属的弹性膜片，在正常环境温升的情况下，虽然空气室的空气会受热膨胀，但空气可从毛细孔排出，因此膜片不动，与触点不会接触。当发生火灾，环境温升很快时，泄气孔来不及向外排泄空气，促使膜片向上运动。当温升达到一定速率时，空气室的空气即可推动膜片与触点闭合，从而引发报警。

2. 热敏电阻型差温火灾探测器

热敏电阻型差温火灾探测器的电路原理如图 3－16 所示。

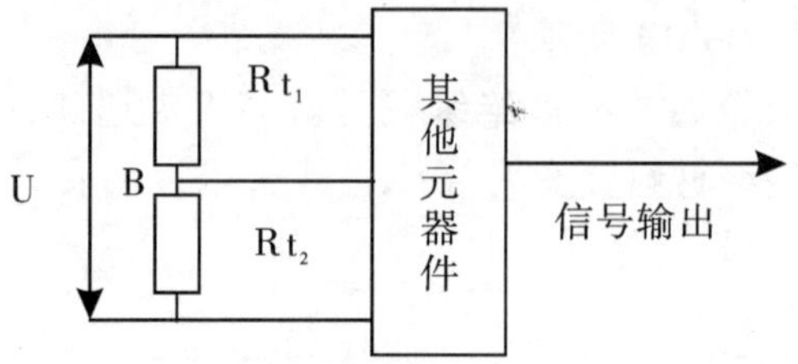

图 3－16　热敏电阻型差温火灾探测器电路图

此种探测器与图 3－13 中的热敏电阻型定温式火灾探测器基本相同，不同之处就是图 3－16 中的 Rt_1、Rt_2 均为热敏电阻，分别安置在探测器的不同部位上：Rt_1 装在一个特制的与外界隔热的金属盒内，其阻值对外界环境的温度变化，特别是急剧的环境温升变化并不敏感；而 Rt_2 就安放在探测器的外壳上，故其阻值对外界环境的温升变化很敏感。

常温下 Rt_1、Rt_2 为定值，B 点电位一定，当环境温度缓慢变化时，热敏电阻 Rt_1、Rt_2 的阻值会发生同样的变化，B 点电位相对稳定，当发生火灾环境温升速率急剧增大时，Rt_2 的阻值会明显下降，而 Rt_1 的阻值仍基本保持不变，这样 B 点电位发生变化，当变化达到一定阈值时，便可在其他元器件的作用下发出报警信号。

（三）差定温式火灾探测器

前述定温式和差温式两种感温式火灾探测器都有一定的缺陷，如定温式火灾探测器对环境要求比较严格，有些场合不能应用；而差温式火灾探测器只有在环境温升速率达到预定值时才能发出火灾报警信号。如果燃烧是缓慢进行的，即使环境温度升高到某一较高的温度，也没有探测反应。在实际应用中，定温式火灾探测器与差温式火灾探测器都有误报和漏报的情况，为此学界研制开发出了差定温式火灾探测器。

差定温式火灾探测器就是将前述的定温式火灾探测器与差温式火灾探测器以一定的方式结合在一起。由于是两种探测器的结合，所以同时具有了定温和差温报警的功能，提高了探测器工作的可靠性，有效地防止了漏报，是目前应用最多的一种感温式报警探测器。

根据其结构及工作原理的不同，差定温式火灾探测器可分为金属膜盒式和双金属片盒式等多种类型。

1. 金属膜盒式差定温火灾探测器

金属膜盒式差定温火灾探测器由差温和定温火灾探测器两部分组合而成，在金属膜盒式差定温火灾探测器中，除了原有的差温火灾探测的器件外，又加进了定温火灾探测的器件。与图 3－15 中的探测器相比，空气室内又增加了一个金属弹簧片和易熔合金块。金属弹簧片的一端固定，另一端被易熔合金块顶住。当环境温度达到标定值时，低熔点的合金块熔化，弹簧片弹起与上方的弹性膜片接触，并推动膜片 B 上移，与触点 A 相通，即可发出火灾报警信号。该种差定温火灾探测器的缺点是其定温探测部分的易熔金属块只能一次性使用，一旦发出定温报警信号，就不能自行复原（如图3－17所示）。

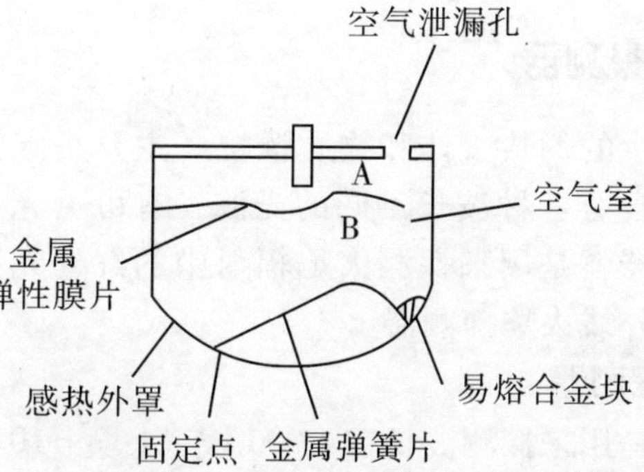

图3－17 金属膜盒式差定温火灾探测器原理示意图

2. 双金属片盒式可复位型差温火灾探测器

定温部分为一双金属片，其在标定的温度下，可因弯曲度达到一定程度，从而通过推杆推动金属膜片，使触点接通，发出定温火灾报警信号。

差温部分由吸热罩、金属膜片、泄气管组合成气室，气室内的压力随温度的升高而增大，金属膜片受挤压向外变形，推动触点接通，从而发出差温火灾报警信号。

气室内设计的泄气管可使气室内的室气在环境温升速率低于1℃/分时与大气相通，因而使气室内外压力保持平衡，避免了由于非火灾因素造成的环境低温升速率的变化引起的误报警现象（如图3－18所示）。

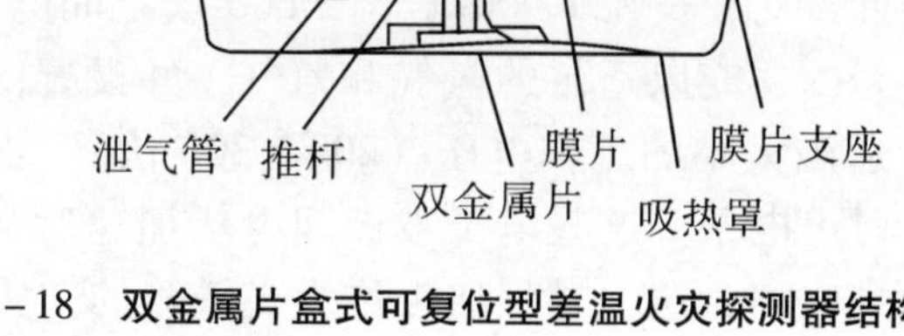

图3－18 双金属片盒式可复位型差温火灾探测器结构图

（四）感温式火灾探测器的灵敏度及特点

感温式火灾探测器的灵敏度根据其达到动作温度（或温升速率）时发出报警信号所需时间的长短，分为Ⅰ级、Ⅱ级、Ⅲ级，分别用绿色、黄色和红色表示。

Ⅰ级灵敏度：54 ℃ <动作温度 <62 ℃，标志绿色；

Ⅱ级灵敏度：54 ℃ <动作温度 <70 ℃，标志黄色；

Ⅲ级灵敏度：54 ℃ <动作温度 <78 ℃，标志红色；

差温式探测器的灵敏度没有分级。

感温式火灾探测器结构简单、价格低廉，某些类型不配置电路也能工作，可靠性较感烟探测器高，对环境要求也低，但对初期火灾响应相对来说比较迟钝。

三、感光式火灾探测器

火焰是物质燃烧产生的灼热气体和物质颗粒（主要是碳粒）灼热而发出的光，经光谱分析表明，火焰中含有各种波长不同的光波，有可见光的成分，也有非可见光的成分。感光式火灾探测器就是用来探测火焰辐射中的红外光和紫外光的，被分别称为红外线火焰探测器和紫外线火焰探测器。

（一）紫外线火焰探测器

紫外线火焰探测器是用来探测波长在4 000 埃（1 埃 = 10^{-10}米）以下的紫外辐射光的，紫外线火焰探测器的结构如图 3 – 19 所示。

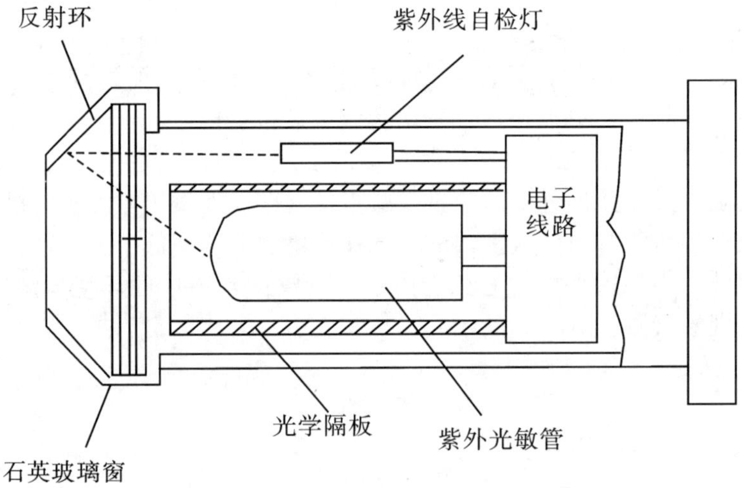

图 3 – 19　紫外线火焰探测器结构示意图

紫外光通过探测器前方的石英玻璃窗照射到探测器内的紫外光敏管上，紫外光敏管是探测器的核心元器件，对波长在 1 900 埃与 2 600 埃之间的短波紫外线尤其敏感。在紫外光敏管的玻璃外壳内，充以适量的氢气和氦气，并设置由钨或钼金属丝制成的两根电极。电极上加有适当大小的工作电压（200 ~ 300 伏）。当紫外光敏管接收到紫外光辐射时，电极则发射出电子。这些电子被极间电场加速后又与壳内气体分子相互碰撞，致使气体分子大量电离，这一过程通常称为光敏管的“雪崩”放电过程。紫外光敏管的内阻迅速减小，已由截止状态转变为导通状态。紫外光越强，产生的导电电流也就越大。当导电电流增加到一定大小时，促使电子线路的开关开闭，紫外光敏管的极间进行反复充发电，产生的系列电脉冲，其频率与紫外线的强度成正比。

将此脉冲电信号经电子线路处理后，即可得到与紫外线辐射强度成正比的直流电压。当此电压超过规定的阈值时，则触发报警控制器发出火灾报警信号。

此种探测器的特点是反应速度快、抗干扰能力强和耐高温，适用于工业企业中对各种易燃易爆场合的火灾进行探测报警。

（二）红外线火焰探测器

红外线火焰探测器一般是用来探测波长在 7 000 埃以上的红外辐射光的（如图 3－20所示）。

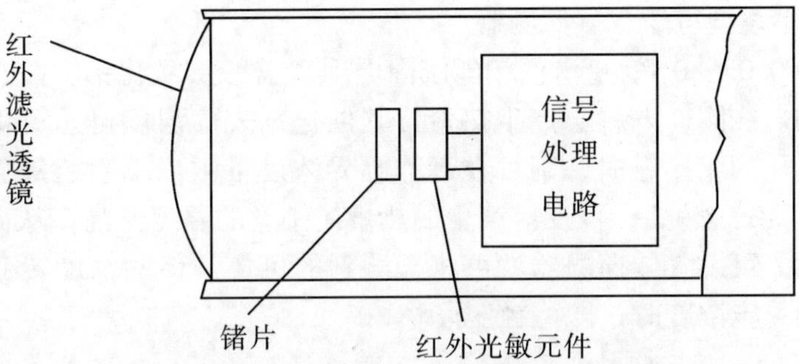

图 3－20　红外线火焰探测器结构示意图

探测器前方的红外滤光透镜只允许一定波长范围内的红外光通过，而滤除掉红外线以外的光谱成分，锗片可以更好地滤除掉可见光。经滤光后的红外光照射在探测器内的红外光敏元件上（硫化铅或硫化镉光电池等），可以将红外光信号转变为相应强度的电信号。经电路放大和处理之后，即可用来触发报警。

为了避免非火焰的红外线辐射使探测器产生误报，电路中往往采用一个频率选择放大器，但只对火焰发出的具有一定频率的红外光辐射所产生的信号予以放大。

为了扩大探测器的视场角，在探测器内 120°间隔角安装 3 个红外光敏元件，并将其并联接到电路中。

这种探测器比紫外线火焰探测器的探测区域更大，距离更远，并且在烟雾弥漫的火场仍可对火焰报警，这是因为红外光波长长，衍射性强。

（三）感光式火灾探测器的特点

感光式火灾探测器是对物质燃烧火焰的光谱、强度和火焰闪烁频率敏感的一种探测器。其响应速度快，适用于突然起火但无烟的易燃易爆场所，不受环境影响，可在户外使用，性能稳定、可靠，探测方位准确，是一种被动型探测器。

四、可燃气体探测器

可燃气体探测器是用来探测空气中可燃气体含量的一种探测器，能有效地探测煤气、液化石油气、天然气、一氧化碳等多种可燃性气体的微量泄漏，能避免由于这些气体泄漏所造成的中毒、爆炸、火灾等恶性事故的发生。它适用于石油、化工、煤炭、电力、冶金、电子等工业企业，以及煤气厂、液化石油气站、氢气站等生产和贮存可燃性气体的场所。

根据其使用的元器件和工作原理的不同，可燃气体探测器可分为气敏半导体型、催化燃烧型、光电型及固体电介质型等多种类型，其中前两种应用得最多。

（一）气敏半导体型可燃气体探测器

金属氧化物气敏半导体材料通常采用氧化锌（ZnO）和氧化锡（SnO_2），为了提高其灵敏度，还在这些氧化物中添加 Pt、Pd、稀土元素或过渡族元素，在高温下烧结成多晶体。气敏半导体元件在适当的工作温度下（250 ℃～300 ℃），当遇到有可燃气体的泄漏时，其阻值将会减小，可燃气体浓度的不同引起其阻值的不同。据此，可燃气体探测器就可将探测到的可燃气体的浓度转变成为相应强度的电信号，达到一定浓度时，即可触发报警。

（二）催化燃烧型可燃气体探测器

在直径约为0.03～0.05毫米的铂丝线圈周围覆盖一层氧化铝，并在其表面进行催化剂处理。给铂丝线圈通电就会产生热量，其催化剂表面温度可达300 ℃。当可燃性气体与预热的催化剂相接触时，则可在爆炸临界浓度下限以下引起氧化反应，即产生所谓的“接触式无焰燃烧”，该反应产生的热量使铂丝的温度升高，从而引起其电阻值发生变化。据此，可燃气体探测器就可将探测到的可燃气体的浓度转变成为相应强度的电信号，达到一定浓度时，即可触发报警。

五、火灾探测器新技术应用

（一）图像型火灾探测技术

基于实时影像的火灾探测模式，将摄影测量、图像处理和计算机多媒体应用于火灾探测与联动控制。研究火灾中各种物理现象在图像上的表现，明显区别于火灾以外的其他物理现象。

用摄像机进行火灾探测，免受空间高度和气流的影响，配有防护罩消除粉尘影响，多重判据弥补判据单一的不足，基本消除了复杂、恶劣环境因素对火灾探测系统的影响。

（二）吸气式火灾探测技术

通过管道抽取被保护空间空气样本到中心检测点，以监视被保护空间内烟雾存在与否的火灾探测器，为重要场所超早期报警，开发高灵敏度吸气式感烟火灾探测报警系统，改被动等烟为主动吸气方式，采用特殊检测室，高强度光源和高灵敏的光接收器件，使探测器的灵敏度增加了几百倍。

气泵抽样空气样本，滤除灰尘等大颗粒（HSSD探测器采用激光光源直接对空气粒子计数，不需过滤），测量室有测量光源及光接收器，烟粒子作用光束产生散射，接收散射的光信号，测得散射光强变化或光信号脉冲数并测量出空气样本中的烟粒子量，经信号处理后，与报警阈值比较，给出报警信号。

（三）智能火灾报警技术

复合探测器智能火灾报警系统是由多种火灾传感器组成的一体复合探测器。LCD显示烟浓度、温度、一氧化碳浓度的变化，模糊专家系统将现场数据和试验数据比对计算火灾确信度，电话自动应答系统准确通知防灾中心。

雷克斯火灾探测系统由火灾报警控制器、感温探测器、多参数探测器、显示器和操作终端机、手动报警按钮、输入和输出线性模块及辅助装置组成。采用神经网络和模糊逻辑，探测器内补偿，信号数字滤波。报警控制器有火灾序列数据库，通过“似真试验”确认来自探测器的信号报警。控制器体积小、探测器超薄、小口径、自纠错、系统容量大、可扩展，主处理机发生故障时，系统仍可工作。

（1）突破火灾探测报警的范畴，可与其他系统合并成一个整体。

（2）采用专用芯片的模拟量探测器，实施自动补偿。

（3）采用计算机技术和网络结构，软件编程替代硬件组合，提高灵活性、可修改性、适应性和可靠性，方便系统布线、施工。

（4）自诊断功能，为系统维护及正常运行提供了有利条件。

六、火灾报警系统的发展趋势

（1）智能模拟火灾报警系统。

（2）采用人工神经网络，产生具有感觉器官和自动消防功能的各类机器人。

（3）采用分布式测控系统。

（4）“智能传感器”和“复合型探测器”出现。

（5）智能控制器，具有开启智能水喷淋头、火灾报警语音化、黑匣子等功能。

（6）无线遥控式火灾报警系统。

（7）火灾图像处理方法。

思考练习

1. 火灾报警系统的基本组成及各组成部分的作用如何？
2. 火灾报警系统有哪几类？各自结构如何？
3. 火灾报警控制器有哪些基本功能？
4. 火灾探测器的种类有哪些？各类探测器有哪些特点？
5. 感烟式火灾探测器在实践使用中如何有效地提高其探测率，降低漏报率？
6. 感温式火灾探测器在实践使用中如何有效地提高其探测率，降低漏报率？
7. 感光式火灾探测器在实践使用中如何有效地提高其探测率，降低漏报率？
8. 可燃气体探测器在实践使用中如何有效地提高其探测率，降低漏报率？
9. 安装火灾探测器有哪些要求？
10. 火灾报警系统设计的原则及基本要求有哪些？

【实训部分】

【实训任务】

通过本项目的学习，熟悉各种火灾探测器的分类和作用，熟悉火灾探测器的基本工作原理并熟练使用。

【实训内容】

实训任务一　感烟式火灾探测器

【实训目的】

认识感烟式火灾探测器及其布防方法。

【实训对象】

感烟式火灾探测器

【实训步骤】

1. 观察感烟式火灾探测器及说明书，认识其内部构造。
2. 了解感烟式火灾探测器的使用条件及布防条件。
3. 观察感烟式火灾探测器报警时的室内条件及状况。
4. 感烟式火灾探测器误报警情况排除。

实训任务二　感温式火灾探测器

【实训目的】

认识感温式火灾探测器及其布防方法。

【实训对象】

感温式火灾探测器

【实训步骤】

1. 观察感温式火灾探测器及说明书，认识其内部构造。
2. 了解感温式火灾探测器的使用条件及布防条件。
3. 观察感温式火灾探测器发生报警时的室内条件及状况。
4. 感温式火灾探测器误报警情况排除。

实训任务三　感光式火灾探测器

【实训目的】

认识感光式火灾探测器及其布防方法。

【实训对象】

感光式火灾探测器

【实训步骤】

1. 观察感光式火灾探测器及说明书，认识其内部构造。
2. 了解感光式火灾探测器的使用条件及布防条件。
3. 观察感光式火灾探测器发生报警时的室内条件及状况。

4. 感光式火灾探测器误报警情况排除。

实训任务四　可燃气体火灾探测器

【实训目的】

认识可燃气体火灾探测器及其布防方法。

【实训对象】

可燃气体火灾探测器

【实训步骤】

1. 观察可燃气体火灾探测器及说明书，认识其内部构造。
2. 了解可燃气体火灾探测器的使用条件及布防条件。
3. 观察可燃气体火灾探测器发生报警时的室内条件及状况。
4. 可燃气体火灾探测器误报警情况排除。

学习单元四

视频监控系统

【原理部分】

【知识目标】

熟悉视频监控系统的常用设备、规格及其功能

熟悉视频监控系统中传输系统的基本形式

掌握视频监控系统的庞大功能及与其他安全防范子系统兼容的必要条件

【能力目标】

具备熟练操作视频监控系统设备的能力

具备正确维护视频监控系统的能力

具备使用必要工具，检测、排除视频监控系统简单故障的能力

【知识内容】

项目一　视频监控系统概述

视频监控系统在安全防范中的地位和作用日益突出，通观全局、一目了然、判断事件具有极高的准确性。从把早期安全防范系统作为一种报警复核手段到充分发挥实时监控作用，成为安全防范系统技术集成的核心，它也正在成为未来安全防范系统的主导技术。

一、视频技术的特点

常言说“百闻不如一见”，即视频技术具有图像信息量大，载有大量完整的、真实的声音、文字和图片等特点。

（一）图像的主要特点

（1）图像（视频信息）既具有空间分辨能力，又具有时间分辨能力，这两个分辨能力源自图像信息在空间和时间上均有观察目标的特征信息，既可表示状态，又可描述其变化过程。图像系统的观察目标在安全防范系统中就是探测对象，不仅可用于目标的探测，还可用于目标的分类和识别。

（2）图像包含景物空间完整的亮度信息，既有探测对象的信息，又包括景物（防范）空间环境的信息，观察（探测）结果具有极高的真实性。

（3）图像既含有观察目标静态信息，又有观察目标动态信息。通过单帧的图像可以判定目标的存在和进行个体的识别，利用连续（逐帧）的图像则可以分析目标的行

为和活动的过程。

（4）图像技术可以把不可视的信息转化为可见的图像，如物体内部、隐蔽目标的透视、散射图像。非可见光成像技术更是将图像探测的光谱范围极大地扩展开来。图像所包含的丰富信息既可用于目视解释（当前安全防范系统的主要方式），又可以进行机器解释，通过对图像内容的分析判断观察目标的行为，或自动地识别目标身份。

（二）视频监控的特点

（1）视频监控是一种主动的探测手段。目前大多还不是自动的探测，可以把多个探测结果关联起来，进行准确的判断，这是实时动态监控的最佳手段，可以实现安全防范系统的全部探测、系统监控、周界和出入管理等功能。

（2）视频监控是其他技术系统有效的辅助手段。在早期安全防范系统中，电视监控的作用就是报警复核，也是报警、特征识别、建筑环境监控等普遍采用的辅助技术。

（3）视频监控记录信息的完整性和真实性。信息的记录和存储是安全防范系统的基本功能要求，视频监控系统所记录的信息是安全防范系统中最完整和真实的内容，既可以作为证据并为事后的调查提供依据，也可以记录事件发生时的状态和事件发展的过程及处置的结果。

（4）视频监控资源与其他系统共享。视频监控系统可以和安全防范系统外的技术系统实现资源共享，与消防、楼宇管理、建筑自动化系统实现资源共享。

（5）视频监控是安全防范系统技术集成、功能集成的核心。实现系统集成的最佳途径是以一个子系统为核心进行功能的扩展，实现与其他子系统的功能联动，并形成统一的操作界面。当前，安防系统中最通用、最合理的集成方式是以视频监控系统中心设备为核心，实现与入侵探测和出入口控制系统的统一联动，并建立一个综合的人机交互界面（GUI）。

（6）视频监控是对安全防范区域的日常业务工作影响最小的技术系统。安防系统的运行是与正常的业务工作交织在一起的，处理不当会互相干扰，如侵入探测系统的布防和撤防，出入口控制系统的身份识别对日常出入的影响。视频监控系统由于其被动的工作方式，是对日常业务影响最小的系统。

由于这些特点，视频监控系统成为人们最乐于采用、也最为有效的安防技术手段。

二、视频监控系统的基本环节和基本模式

系统模式由网络拓扑结构、系统的信息流方式和系统的控制管理方式组合而构成。无论什么样的系统模式，视频监控系统的基本技术环节都是相同的。

（一）视频监控系统的基本环节

视频监控是应用电视的一种形式，区别于广播电视（信息的传播和发散），是一个图像信息采集系统，是将分布广泛、数量巨大的图像（信息）集中起来（到监控中心），进行观察、记录和处理的工作方式，通常由三个部分组成（如图 4－1 所示）。

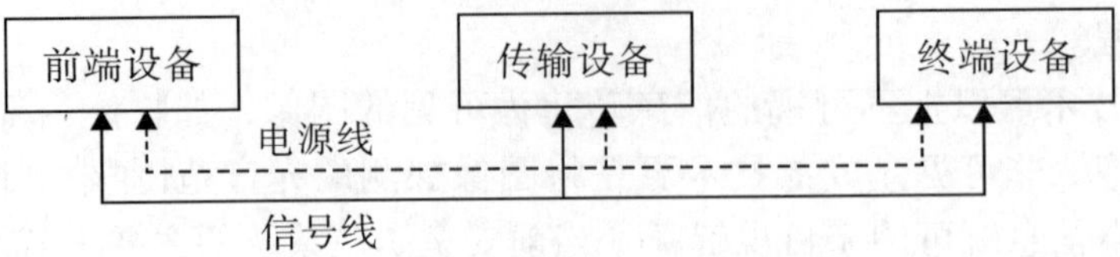

图4－1　视频监控系统的三要素

1. 前端设备

前端设备的主要功能是完成图像信息的采集（生成），摄像机是核心，其他的辅助设备都是围绕摄像机配置的，如镜头、支架、防护、控制、照明等设备。前端设备是视频信息系统的信息源，视频监控系统的图像质量基本上取决于前端摄像机及其配套设备，其功能是：

（1）实现对监控区域充分、有效的覆盖，获得具有足够完整和鉴别能力的图像。

（2）通过合理的设备选型和匹配，获得最佳图像。

（3）尽可能地利用通用的机型（较低成本）获得好的效果。

目前，模拟电视摄像机是视频监控系统主流的前端设备，是基本选择。网络摄像机在许多场合也得到了应用，但在图像质量上与前者尚有差距。

2. 传输环节

完成系统中各种信号的传输，视频信号的传输是构成图像系统的关键环节，高质量的传输（尽可能小地降低摄像机输出图像的质量）是系统设备的关键，特别是对于大型的、远距离的系统，系统的监控范围是受传输环节限制的。

利用电缆传输视频基带信号可靠、经济，且所需附加设备少，是小区域系统基本的传输方式。光纤传输可以得到高质量的图像和远距离的传输，采用光发射或光接收设备，进行光/电和电/光转换，这些过程中进行的变换和调制主要是光强调制，是视频基带信号的传输。

除视频信号的传输外，系统控制信号的传输也是十分重要的。由于信息形式和传输方向上的不同，视频信号传输的网络结构与控制信号传输的网络结构有时是完全不同的。视频系统通常是点对点的连接，而控制系统常常是以总线方式连接。

在大多数实际工程中，系统前端设备的供电系统也作为传输环节的一部分一同设计和一同施工。

3. 系统中心室

视频监控系统通常都要有一个中心室和几个分中心室，也称控制中心。中心室集中了图像信息的显示、存储、分配、合成、附加信息叠加等设备和系统控制（遥控）、远程传输（网络）等设备，是系统中技术含量较高的部分，主要功能有：

（1）显示图像。图像的实时显示监视是目前大多数图像系统的运行方式。视频监控系统采用固定显示、多图像组合显示、图像时序显示和报警触发切换显示等方式，把大量的图像用有限的监视器显示出来。视频监视器是图像显示的主要设备，由于DVR等数字视频设备的应用，具有VGA接口的显示设备的应用也日益普遍。

（2）图像信息的记录。图像信息的记录是视频监控系统的基本功能之一，除特殊要求外，系统不可能记录全部的图像信息，采用长时间记录、组合记录、报警前记录及报警触发记录等方式记录有价值的图像信息，得到完整的图像信息是通用的方式。

传统的磁带录像机曾是主要的图像记录设备，现已被DVR取代，主要是由于DVR在存储能力（时间）、图像搜索及系统控制等方面具有优势。

（3）图像信息的分配。通常中心室要向其他部门（分控中心、管理部门和共享资源的其他技术系统）传送图像信息，中心室具备图像信息管理和分配功能。

（4）与其他系统的集成。视频监控系统在实际应用中需要与许多其他技术系统进行技术和功能上的集成，也与其他环境管理系统实现图像资源的共享，即图像系统是一个开放的平台。在安全防范系统中，这种集成通常以视频监控系统为核心，采用多媒体计算机构成一个统一的控制平台，实现图像信息与相关非图像信息的关联（图像切换），以及与相关联动机构互动。

（5）系统控制。系统控制是一个视频监控自动控制系统，许多技术参数是由设备自适调节的，如镜头的光圈、防护设备的温度调节等。大多数动作则是由人工干预的，这就是所谓的系统控制，主要是在中心室对前端设备的功能和联动机构的控制。系统控制设备发出的动作指令由前端的解码驱动器解码，并为相应的伺服机构提供动力（电源）是较普遍的方式。直接驱动是一种经济、可靠的方法，适于小型系统。系统控制的人机交互界面可以是控制设备的专用键盘，也可以是一台运行GUI（图形化用户界面）软件的多媒体PC。

（6）安全管理。视频监控系统是需要进行安全管理的，包括系统功能的设置、图像资源的控制、操作权限的限制和工作日志的管理。系统的各种功能，特别是一些特殊功能不是可以随便设置和使用的，各种图像资源也不是任意共享的，对记录信息的查阅、修改和删除，都涉及系统的安全性、图像信息的保密性和真实性，对系统的操作等也有权限的规定和限制，所有这些都通过系统的安全管理来实现，而最基本的安全管理是操作权限的限制和身份验证机制。

（7）指挥和调度。实时监控系统通过对图像的观察发现监控区内的各种异常情况，并及时处理，这个过程称为反应。对反应的控制就是指挥和调度，为了保证反应的快速、有效，中心室通常要配备通信设备。视频监控系统应对反应过程进行实时监控和图像信息的记录。

除了实现上述功能的设备外，中心室的规划还要包括中心室结构，设备布局和相应的机架、机柜的设计，以使各种设备能充分地发挥功能，建立良好的人机工程关系，便于设备维护和系统的扩展。

（二）视频监控的基本模式

按系统的网络拓扑结构，视频监控系统的基本模式可分为集总式和分布式。

1. 集总式系统

集总式系统是最经典，也是最常用的系统模式，基本特征是系统所有的图像信号全都传送到一个中心点（中心室），连接到一个中心设备上（典型的是视频矩阵控制器）。通过中心设备对图像信号的切换和分配功能，实现系统的各种图像显示方式，并由中心设备将图像信号传送至其他需要共享图像资源的地点。这种系统的网络结构是典型的星形结构。目前，大多数视频监控系统都采用这种模式。由于系统的信息流是基带视频信号的，因此，人们常常认为集总模式就是模拟系统。其实以视频服务器或网络数字视频矩阵为中心，也可以构成数字集总式系统。多级星形结构也是集总式系统的一种形式，适用于分级管理的场合。这种结构实现系统图像资源的充分共享比较困难，典型的集总式视频监控系统的结构如图 4 –2 所示。

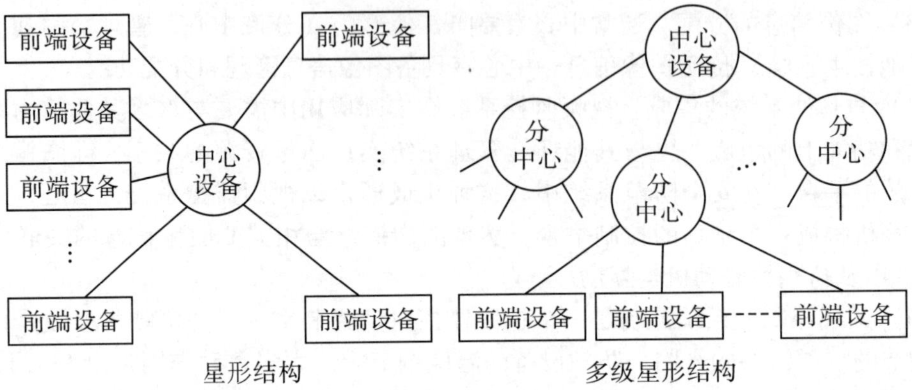

图 4 –2　集总式系统结构

集总式视频监控系统的主要特点有：

(1) 系统（中心室）拥有最完整的图像资源，可同时获得系统的全部图像信号，拥有系统最大的带宽，可以充分地实现系统和设备的技术能力，达到较高的技术指标。

(2) 最佳的观察效果，目观图像是视频监控系统的基本工作方式，图像的主观效果是非常重要的。模拟视频现已达到了很高的水平，现行电视的图像分辨能力和连续性已被人们接受和习惯。集总式可以把摄像机获得的图像完好地表现出来，其显示图像的效果目前一般的数字视频系统也还达不到，没有延迟，实时性好。

(3) 最小的系统开销或最低的系统成本。远距离传输和传输过程中的干扰对视频信号的损伤是模拟视频系统的弱势之所在。但是，对许多局域性的系统，传输距离比较短，这两个问题表现不突出，对图像质量的影响不大，这时模拟的集总式系统是获得高质量图像开销最小的方式。

(4) 技术成熟、产品配套完整，相关的技术标准齐备，用户可有多种选择。视频监控系统长期以来就是围绕着集总式模式发展的，因此各种功能的设备、各种档次的产品都已很成熟，接口规范，产品间的互换性好。中心控制设备是集总式系统的核心，也是系统可靠性的要点，中心设备出现故障会导致全系统的失效。因此，高安全性的视频监控系统要求采用中心设备双机备份的方式，系统的中心控制设备（如视频矩阵）通常都是采用模块式结构，以提高可靠性和便于维护。

由于传输介质的专用性，可扩展性差是集总式系统的不足之处。

2. *分布式系统*

自动控制系统从集总式结构向分布式结构过渡是大趋势，也是电子技术数字化和网络技术发展的必然。分布式系统的基本特征是被控点与被控制点之间不再是点到点的连接，而是通过网络将分布（散）在不同区域、不同技术系统中的被控点（设备）互连在一起。在这样的系统中，被控点和被控制点是相对的概念。系统的图像资源不必集中于中心室，而是分布在各个区域和各个子系统之中。系统上任何部位都可以成为系统的控制中心。对系统进行管理和控制，任何一个子系统都可以共享整个系统的资源。数字视频和网络技术是构成分布式监控系统的基础，分布于前端的节点设备是分布式系统的核心。通常节点设备既是小区域内前端设备的控制和管理设备，又是构成分布式网络（LAN/INTRANET）的节点设备。这个网络上的任一节点（前端节点设备和中心室控制设备）都可以得到系统的全部图像信息，可以对其他节点（区域内）的前端设备进行功能遥控。分布式视频监控系统的节点设备有视频服务器、视频网关和数字录像设备（DVR）等，系统网络的拓扑结构可以是星形或环形，结构如图4－3所示。

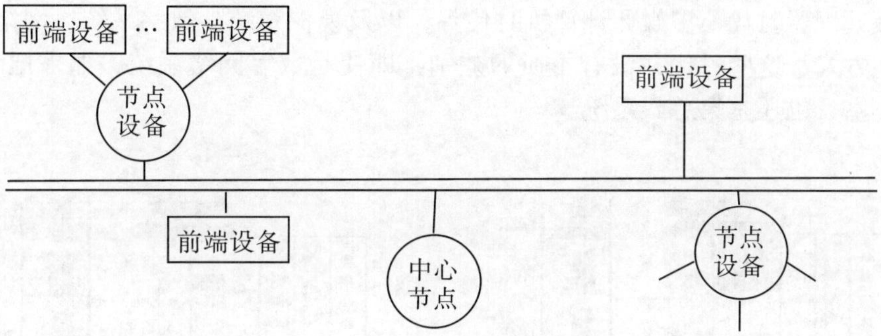

图4－3　分布式与数字网络

分布式视频监控系统的优势如下：

（1）由于系统的图像信号与控制信号的传输是通过同一个网络平台，而非对应于每个前端设备的专线连接，因此，系统的构成、改变和扩展都十分方便，系统管理和操作系统的升级不受网络环境的限制，系统的可扩展性和可升级性好。

（2）利用公共信息网络作为基础平台，做到系统的自主生成。构成多中心的视频监控系统，方便与其他技术系统实现图像资源的共享和技术集成。实现远程监控，对于城域或城际范围的监控是最合理和开销最低的方式。

（3）实现图像信息分集方式的监控、存储，检索方便，保密性强。视频监控系统通常是把图像集中起来进行观察，如果把图像的记录也集中起来进行，中心室就要设置很多记录设备和保存大量的图像信息，这是不合理、不安全的方式。分集式可将图像信息的监视、记录分散在各节点处，中心室的主要功能是系统管理。

（4）数字图像信号可保证图像在长距离传送后具有较好的图像质量。同时，图像的数字化是视频监控系统实现图像探测、图像识别和图像内容分析的前提。

在看到分布式视频监控系统优势的同时，必须认识到还有一些亟待提高的问题，主要有中心监控室不能同时获得系统全部的实时图像；图像质量（分辨能力、连续性）还达不到模拟视频系统的水平；许多产品（节点设备）尚不完全成熟，配套设备不齐备、接口关系不统一，产品的互换性差。由于技术和产品的变化太快，技术标准与工程规范显得滞后，没有形成基本的标准和统一、科学的评价方法也是影响其应用的重要原因。

显然，把两种基本模式结合起来，就是所谓的数模混合方式，利用模拟方式的实时性、高分辨率和局域范围内的低开销，结合数字方式在图像记录、远程传输和网络管理方面的优势，针对具体环境条件，可以更灵活地构筑视频监控系统，也是一种分集式系统模式，是目前普遍应用的模式。

有人认为，上述两种模式代表了模拟视频监控系统和数字视频监控系统的基本特征，后者一定要取代前者，而且是最先进的，于是出现了单纯从概念出发的偏向，要求系统一定要数字化，否则就不先进，其实这种看法是不正确的。

综上所述，数字技术是视频监控技术发展的必然趋势，但目前电视在许多方面仍有一定的优势，视频监控系统从集总式向分布式的过渡将是两者相结合、相融合逐步演变的过程（如图 4 -4 所示）。

从另一个角度来说，大家习惯把视频监控系统分为几代，如一对一时代、单片机时代、微处理器时代、多媒体计算机时代等，以及模拟系统、数字系统、网络系统等。其实这些方式、这些时代并没有本质的差别，即使是数字网络系统，如果把图像都集中到中心室，也还是集总式系统。

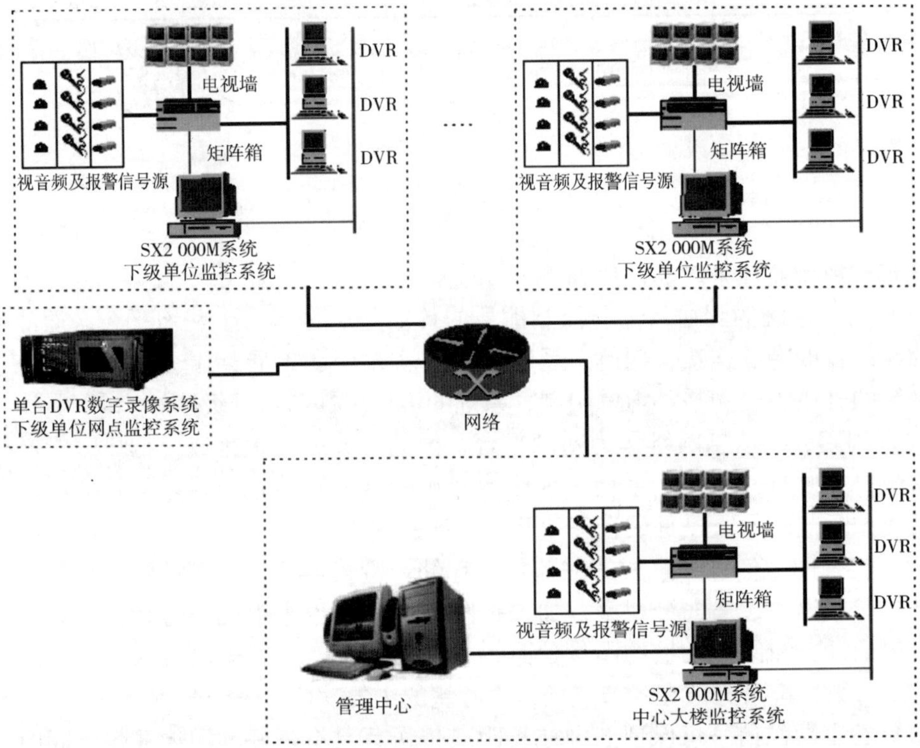

图 4 -4　混合过渡型视频监控系统

三、视频监控在安全防范系统中的应用

视频监控技术在安全防范系统中的应用模式基本上是相同的，但应用的目的则是很广泛的，这也导致具体技术细节上的差别。主要的应用领域有：

（一）防范区域的实时监控

对防范区域实行实时监控是视频监控最普遍的应用，如建筑物的安全监控、监所监控、道路监控及重大活动和重要单位的安全监控等，大量的安全防范系统的电视监控主要是实时监控方式。

（二）探测信息的复核

高风险单位（文博、金融等）及社区，商业部门的防盗、防抢系统多以入侵探测和出入口管理为主，这些系统不产生可视的信息。由于技术的局限性和环境的影响，系统的探测信息大量是虚假的，通过图像技术进行真实性的评价是必要的，也是降低系统误报警的有效手段。

（三）图像信息的记录

安全防范系统必须具备信息记录和存储功能，而图像信息是系统记录的最有价值的信息。有很多安全防范系统的主要功能就是记录图像信息，如银行营业场所的柜员机监控和一些高保密部位的生产过程监控等，但由于记录设备的能力限制，通常重放的记录图像要比实时观察的图像差。

（四）指挥决策系统

安全防范系统要求具有应急反应能力，在反应行动时，系统的控制中心将成为指挥中心，图像信息将是指挥决策的重要依据。目前，各城市都在建设应急中心，图像系统是主要的技术系统，包括独立的视频监控系统，通过共享对其他系统图像资源的调用和移动。大型活动的安全监控中心通常就是一个以电视监控为核心的系统，监控中心又是指挥中心。

（五）视频探测

开发视频系统的探测功能是安全防范技术的一个发展方向，现在也有了一些初步的应用。利用图像技术进行各种生物特征识别也是一种探测方式，目前也有了一些实用系统，但由于受到应用环境的限制，还不普遍，以视频技术作为探测手段的系统正在日益成熟。

（六）安全管理

安全管理主要通过远距离、大范围的视频监控系统，对岗位、哨位及安全系统自身状态进行有效的监控，好的安全管理系统会极大地提高安全防范系统的效能。

项目二　摄像机与配套设备

摄像机是视频监控系统最重要的核心设备，作为生成图像信息的传感器，在大多数情况下基本上决定全系统的图像质量。摄像机作为系统的前端设备，在系统中使用量大，为在各种环境条件下获得良好的图像，配套设备的选择，现场的安装、调试是建立视频监控系统的关键环节。

摄像机的发展已经有了几十年的历史，传统的真空摄像管摄像机在灵敏度、分辨率方面曾达到了很高的水平。固体摄像器件的出现使摄像技术发生了革命性的变化，高性能、高可靠、低价格的固体摄像机成为当前的主流产品。CCD 摄像机目前已处于成熟期，灵敏度、分辨率、图像还原性等均已达到了很高的水平，功能日臻完善。

一、摄像器件

摄像器件，又称光电转换器件，是电视摄像机的核心器件，通常要完成电视系统的两个基本转换，这两个转换在摄像器件中表现为：

（1）光电转换。将焦平面的光学图像（景物通过镜头成像在焦平面）转换为电图像。完成这个转换的是由特殊光电材料构成的感光面（焦平面），通常称为靶面，可以均匀涂布，也可以是由单元结构（如光电二极管）构成的阵列。当光（光子）照射到靶面（光电材料）时，将产生光电子（电荷），光电子积累并存储在相应的区域内。光电子的数量与辐照光子的量成正比，也与辐照光强成正比，这是由光电材料的物理特性所决定的。当镜头将景物成像在焦平面上时，焦平面的另一面就会生成一个与其相对应的电图像，这是摄像器件完成的首要转换。

（2）电视扫描。将空间信号转换成时间连续的信号，通过靶面电图像的读出来完成。早期真空摄像器件是通过电子束来扫描，而固体摄像器件则是通过电荷转移或寻址方式来读出电荷，但读出的过程与扫描是相同的，也称为自扫描器件。

目前，应用最广泛的摄像器件有两种，即 CCD 和 CMOS 器件，都是像素化的器件，即由光电转换单元阵列组成靶面，其光电转换的机理基本相同，但信号的读出方法差别很大。

固体摄像器件除了在灵敏度和分辨率等方面达到了很高的水平外，还具有一些传统真空摄像器件所不可比拟的优点，如高可靠性、体轻量小、无几何失真、耐冲击、寿命长、环境适应性好等。

摄像机的电路设计就是围绕摄像器件进行的，摄像器件的技术性能本质上决定了摄像机的技术水平。

（一）CCD 器件

1. CCD 器件

CCD（电荷耦合器件）的基本单元是 MOS 电容，当在金属电极上加以正电压时，电场将排斥其下方半导体层的正电荷（空穴），在靠近绝缘层处形成耗尽区，或称势阱，势阱的深度与电极上的正电压成正比。当光线射入势阱时，由于光电效应，激发出电子—空穴对，空穴受到电极电场的排斥进入底部基质，电子则吸浮在绝缘层的底面，这样势阱中就出现了电子，因它是由入射光所产生的，所以称为光电子，其数量与入射光的强度成正比。

由于 MOS 单元之间是紧密相连的，所以势阱之间并没有明显的界限。相邻势阱中的电荷可能会发生流动，正电压高的电极将会吸引相邻低电压电极下的电子。为了形象地说明问题，可以认为电子不是吸附在绝缘层的底面，而是像水一样沉积在势阱的底部，显然，势阱深，可以沉积的水（电子）就多，而积存在较浅势阱中的水就会向相邻较深势阱处流动，这就是电荷转移的原理。

如果用三相时钟脉冲来控制电极电压的变化，就会看到电荷从左向右转移的过程，这一过程称为电荷耦合，器件也因此得名。通过上面的简单介绍可以看出，这样的 CCD 器件具有以下三个功能：

（1）光电转换。每个单元在接受照射时生成与入射光强度成正比的电荷，根据这一功能可以把 CCD 的基本单元理解为一个光电二极管。

（2）存储电荷。每个单元都可通过电极电压的控制，将电荷存储在其形成的势阱中，就像电容器一样，电荷的存储也是一个积累的过程，使得器件在曝光期间能够不断地把电荷积累起来，与单元总的被辐照强度成正比，这也可以提高器件的灵敏度。

（3）转移电荷。MOS 单元的阵列构成了 CCD 器件，通过电极电压的相位控制，可以把每个单元存储、积累的电荷转移出来。

2. CCD 摄像器件的主要形式

通过电荷耦合，可以完成 MOS 单元的电荷转移。转移电荷的方式不同导致 CCD 器件的结构和形式不同，主要有以下三种形式：

（1）帧转移方式（FT）。这种方式的器件由感光成像区和存储区两部分组成，两者具有相同的像素阵列。电荷的转移过程是：在场扫描期间（正程）感光区接受光照，存储、积累电荷；在场扫描逆程（消隐）中将所有单元的电荷全部转移到存储区；然后，在行扫描逆程中，每次一行向水平移位寄存器转移；在行扫描正程中，水平移位寄存器逐个像素输出电荷，在输出电路时形成图像信号，其工作原理如图 4 - 5 所示。

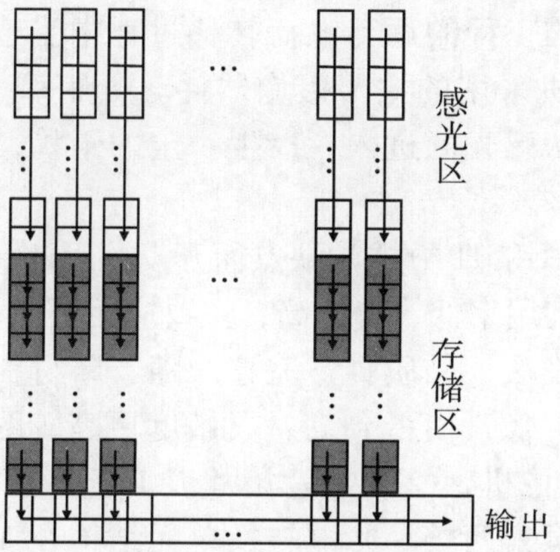

图 4 - 5　帧转移方式

（2）行间转移方式（IT）。IT 方式 CCD 摄像器件由感光部分［光电转换单元（像素）的阵列］、垂直移位寄存器、水平移位寄存器和输出电路组成。其电荷转移过程是：在场扫描期间（正程）各单元接受光照，存储、积累电荷；在场扫描逆程中各单元的电荷转移到垂直移位寄存器，失去电荷的光电转换单元重新积累电荷；垂直移位寄存器中的电荷则在行扫描逆程中，每次一行向水平移位寄存器转移；在行扫描正程中，水平移位寄存器逐个像素输出电荷，在输出电路时形成图像信号，其工作原理如图 4 - 6 所示。

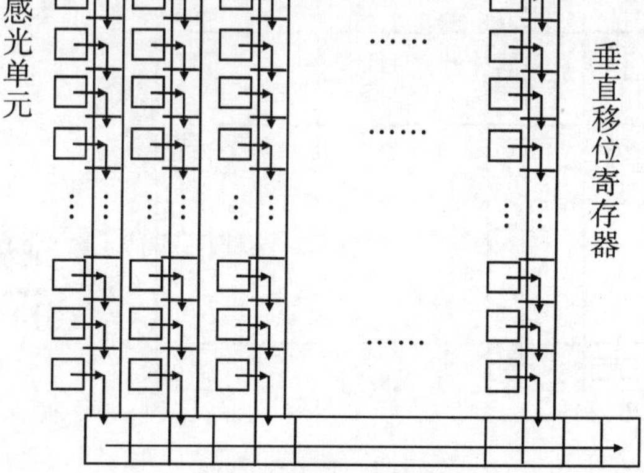

图 4 - 6　行间转移方式

(3) 帧行转移方式（FIT）。这显然是上述两种方式的结合，既有与感光区相同像素阵列的存储区，又有与光电转换单元相并列的垂直移位寄存器。电荷转移过程是在场扫描的逆程中将光电转换单元所积累的电荷首先转移到垂直移位寄存器，然后又由垂直移位寄存器全部转移到存储区。

上述几种转移方式的比较如下：

FT 方式，感光区面积大，靶面的利用率高，灵敏度也较高，但在电荷从感光区向存储区转换过程中（场扫描逆程期间），仍受到光照，因此会产生干扰。由于存储区的存在，芯片的利用率低，目前监控用摄像机很少采用这种器件。

IT 方式，芯片利用率高，但垂直移位寄存器的存在减少了感光面积，影响了器件的灵敏度。这个问题由于片上微透镜技术的出现已得到了改善。由于垂直移位寄存器是不接受光照的，在场扫描正程的逐行电荷转移过程中受感光部分的干扰小，图像质量好，是目前监控用摄像机采用的主要摄像器件。虽然垂直移位寄存器不接受光照，但还是会有长波长的光线从感光区进入，产生一定的干扰，限制了对图像质量更高的要求。

FIT 方式，针对 FT 方式和 IT 方式的缺点而开发。因此具有两种方式的优点，可以得到最好的效果，但芯片利用率低、价格高，主要应用于高档摄像机（演播室用）。

CCD 经过三十多年的发展，品质日益完善。随着新材料、新技术和新工艺的不断进步，芯片尺寸由大到小，像素由低到高，灵敏度更高，图像质量更好。目前，在视频监控系统中用的 CCD 摄像机，CCD 芯片尺寸以 1/3 英寸、1/4 英寸为主流，像素基本分为 29 万像素和 44 万像素两挡。光电转换单元结构在 MOS（金属氧化物二极管）后又出现了新型的 HAD（空穴积累光敏二极管）结构，光电转换效率比前者高，灵敏度也高。

（二）CMOS 器件

CMOS 摄像器件的像素单元由一个光电二极管、存储电容器和一个开关晶体管组成（如图 4－7 所示）。

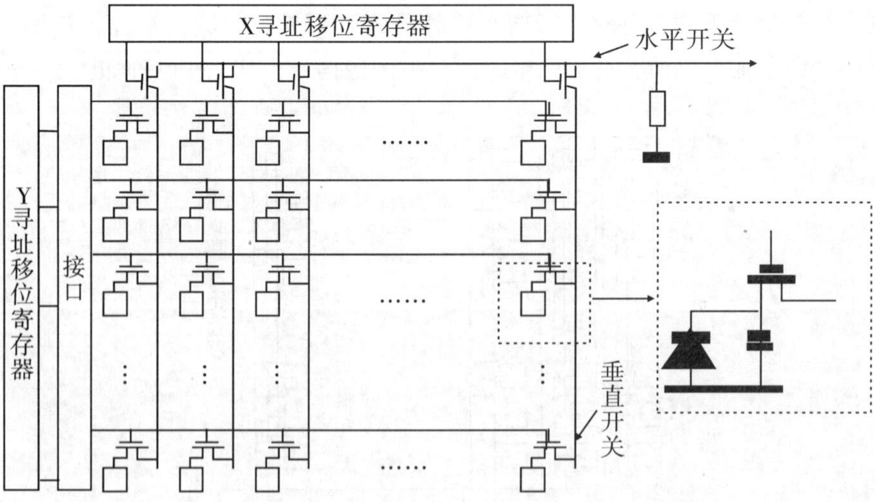

图 4－7　CMOS 器件

光电二极管完成光电转换功能，接受入射光照，产生光电子，光电子则存储和积累在并联的电容器中，这个过程是与CCD基本相同的，但信号读出方法却与之相差很大。CMOS器件利用垂直开关晶体管阵列（由每个单元的开关晶体管组成）和水平开关晶体线阵（数量与像素列相同）构成选址方式，控制相应的垂直和水平开关晶体管读取每个单元的电荷。这种结构非常类似于动态随机存储器（DRAM）。它定义每个单元的地址通过垂直和水平移位寄存器实现选址，就可按电视扫描的要求，有序地输出各像素的信息，产生图像信号。它显然不像CCD那样必须按一定顺序输出信号，而是可以任意选择个别或局部读取必要的信息并进行相应的处理。

CMOS摄像器件感光区面积大、灵敏度高、工作电压低、功耗小、转移速度快，但每个开关晶体管性能的微小差异都会产生固定的图形杂波，从整体性能上看与CCD摄像器件还有差距。CMOS的制造工艺与LSIC的工艺相同，利于高集成度的生产，将摄像器件与信号处理电路集成在一起，便于产品小型化，CMOS的进步很快，已在手机和WEB摄像机中得到广泛的应用。

二、CCD摄像机

（一）CCD摄像机的电路

以黑白摄像机为例来介绍CCD摄像机的电路结构可以清楚地了解摄像机的基本信号流程、主要电路和摄像通常采用的几种视频信号处理方法，也可以清楚地体会到摄像机是如何围绕摄像器件进行设计的。

黑白CCD摄像机电路结构由以下四个主要部分组成（如图4-8所示）。

1. CCD的外围电路

包括时序信号发生电路和驱动电路。要提供CCD各电极的工作电压，使CCD处于正常的工作状态。在同步信号的控制下产生各驱动电极所需电压的波形和相位（所谓时序信号），并通过驱动电路按额定值供给相应的电极，使CCD按电视扫描的规定进行电荷转换，顺序读出各像素的信息，形成图像信号。驱动电压有两组：一组是供给MOS单元和垂直移位寄存器的电荷垂直转移电压（VD）；另一组是供给水平移位寄存器的电荷水平转移电压（HD）。

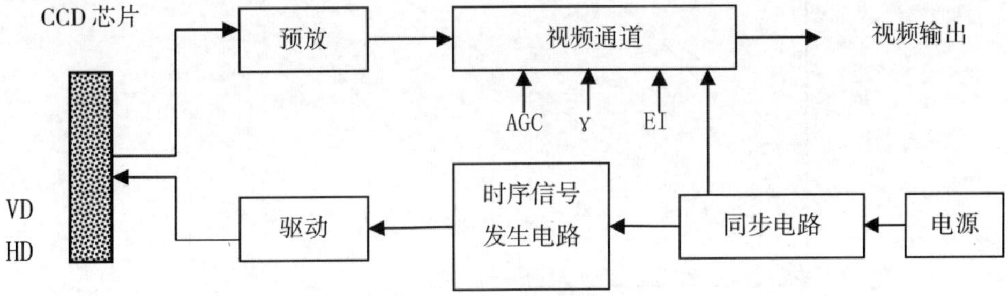

图4-8　CCD摄像机电路

2. 同步电路

同步电路的功能是产生同步信号，并与图像信号复合产生符合电视制式规定的电视信号，其作用是使图像信号带有空间位置信息，使接收设备能够正确地还原图像。

通常由时钟的分频产生系统的场频脉冲和行频脉冲，再按电视扫描的时序关系产生极性、幅度、宽度符合规定的复合同步信号（包括场同步、行同步及消隐信号），与图像信号复合后的电视信号又称复合电视信号或全电视信号。彩色复合电视信号还包含色度信号和色同步信号。彩色摄像机的彩色副载波也是由同步电路产生的。摄像机如果具有电源锁相功能（又称电源同步方式），同步电路应与摄像机供电电源（交流）的相位锁相。

3. 预放电路

由 CCD 输出的图像信号是很微弱的，首先要进行放大处理，预放电路对图像信号的 S/N 有较大的影响，因此，在设计时要十分慎重。CCD 摄像机的预放电路必须具备取样保持功能。CCD 输出的图像信号是离散的，必须通过取样和保持电路的平滑，使之成为连续的图像信号，相关双取样技术（CDS）是最常用的方式。为保证取样的精确性，取样脉冲是由驱动电路提供的。

4. 图像信号处理电路

图像信号处理电路又称视频信号处理通道，是将预放后的图像信号进行适当的处理，最后与同步信号复合，经输出电路产生摄像机的输出信号复合电视信号，即视频信号。摄像机进行的视频处理主要有 AGC、γ 和 EI。

自动增益控制（AGC）是视频通道增益控制的技术，是根据输出信号电平的高低（通过负反馈）自动调节通道的增益，以保证摄像机有一个相对稳定的输出。由于图像信号与摄像机的进光量成正比，因此，视频通道的增益调整具有补偿摄像机进光量变化和扩大摄像机动态范围的作用。

γ 校正是电视系统中的一种预失真处理，是对显示系统光电转换非线性的补偿。由于在电视广播系统中，信号源（摄像机端）是少量设备，而接收显示设备为大量的设备。因此对后者的失真采用前者的预失真补偿，而不是由自己进行校正，这样更为经济、方便（如图 4－9 所示）。

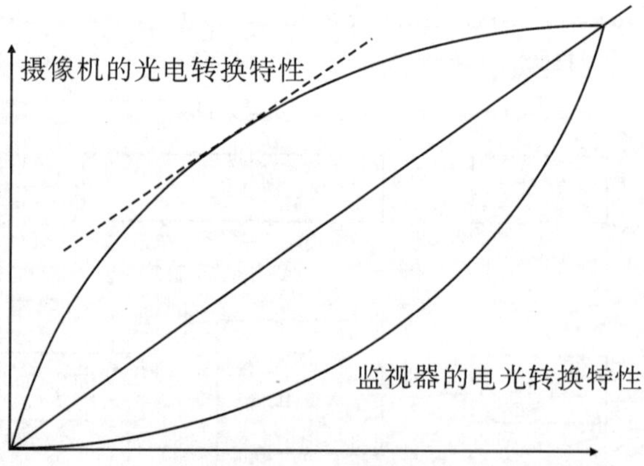

图 4－9　γ 校正

电子光圈（EI）是 CCD 摄像独有的功能。前面讲过，CCD 势阱在场扫描的正程期间进行电荷的存储和积累，在场扫描的逆程期间进行电荷的转移。如果景物的亮度过高，CCD 感光面接受的光强过大，积累电荷过多，则会造成图像过饱和（白），这种情况通常超出了 AGC 的调整范围。CCD 的溢出控制功能可解决这个问题，通过泄漏掉部分积累的电荷，避免出现饱和现象（如图 4－10 所示）。

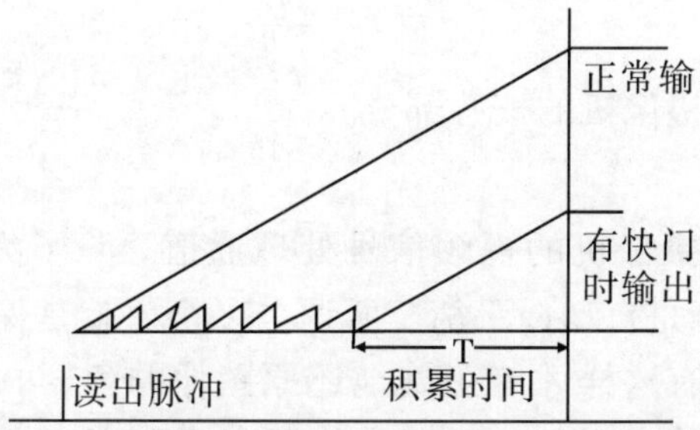

图 4－10　电子光圈

这种调节相当于控制每场周期内电荷积累的时间（相当于摄影的曝光时间），起到相当于改变镜头光圈的作用，因此称电子光圈（快门）。图像处理电路主要根据图像信号的电平来生成控制脉冲，通过驱动电路改变 CCD 的电荷积累时间。EI 的调节范围要比 AGC 大，在光照条件变化不是很大的情况下，可以代替自动光圈镜头的作用，减少了积累时间，有利于摄取清晰的运动图像。

DSP 在视频通道采用数字信号处理器在目前很普遍。在视频信号处理时，先通过 A/D 转换将模拟图像信号数字化，然后在数字方式下进行上述的各种处理，最后经 D/A 转换还原为模拟视频信号，作为摄像机的输出信号。这种摄像机不是数字摄像机，只是采用数字处理技术的模拟摄像机。

（二）彩色摄像机的电路框架图（单片机）

彩色摄像机电路主要由以下七个部分组成，具体功能如图 4－11 所示。

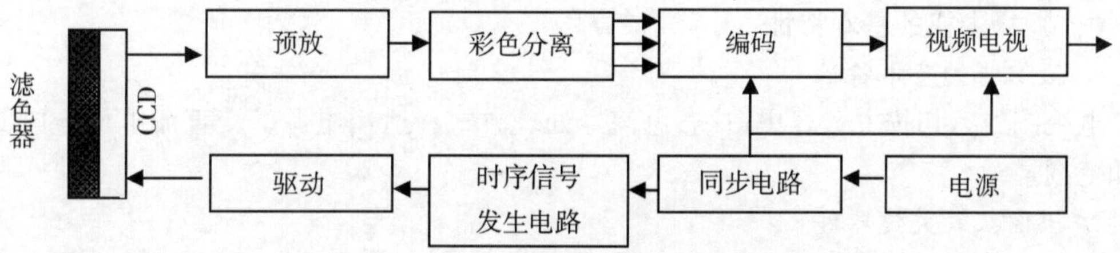

图 4－11　彩色摄像机电路框架图

1. CCD 的外围电路

CCD 的外围电路包括时序信号发生电路和驱动电路，提供 CCD 各电极的工作电压，保证其正常的工作，特别是使 CCD 按电视扫描的规定进行电荷转换；顺序读出各像素的信息，形成图像信号；时序电路还要提供基色图像信号分离所要的时钟信号。

2. 同步电路

同步电路除了与黑白摄像机有相同的功能外，彩色摄像机同步电路的主要功能是给彩色副载波发生电路提供频率和相位基准。

3. 基色图像信号分离电路（彩色分离）

这是单片彩色摄像机特有的电路。由 CCD 输出的图像信号包括三个基色图像信息，进行预放大处理后，要将其分离开来。彩色信号分离主要是根据基色图像信号频率和相位的差别来进行的，这是由分光滤色片矩阵所形成的调制作用而产生的，采用滤色器和同步解调的方法可简单地实现彩色分离。

4. 彩色编码电路

彩色编码电路是彩色摄像机的核心部分。

5. 图像信号处理电路

图像信号处理是彩色摄像机的视频信号处理通道。除了完成黑白摄像的 AGC、γ 和 EI 功能外，主要的功能是自动白平衡。所谓白平衡，就是保证摄像机的基色信号处理符合亮度恒定公式，只有这样才能正确地还原图像的色彩，这是由摄像机的分光系统、彩色编码的矩阵电路等实现的。由于景物照度（可以与光源有关）等因素，会使摄像机产生的图像色彩出现偏差，或给人的视觉感受不好，需要进行适当的调整，这就是自平衡调整。目前，大多数彩色摄像机，特别是应用于监控系统的彩色摄像机，白平衡调整都是自动的。

6. DSP

彩色摄像机采用 DSP 是很普遍的，大多 DIGITAL CAMERA 首先将分量信号（R、G、B/Y、C）进行 A/D 转换，数字化后进行各种相应的处理，最后经 D/A 转换还原为模拟视频信号，作为摄像机的输出信号。

7. 电源电路

电源电路为摄像机的所有电路供电。

三、摄像机的评价

摄像机的评价是电视测量的主要内容，主要是从技术上对摄像机进行试验和测量，给出一个客观的评价，具体可概括为以下几个方面。

（一）摄像机的基本特性

1. 摄像机的基本特性

电视制式，扫描方式、黑白/彩色信号处理方式；适用电源，交直流电压、电源频率和范围。

2. 摄像机的关键器件

包括摄像器件和 DSP 等特殊的专门器件；CCD 芯片的规格、型号、成像面尺寸、电荷转移方式、像素数；摄像机专门器件，如最新的 DSP 型号，或为实现宽动态而专用开发的图像处理 IC 等。

（二）摄像机的主要功能及与外设的接口

（1）摄像机可以实现自动调整功能，主要有：AGC 及有无关断控制；γ 校正，γ 数值及有无关断控制；EI，可调节的范围，用最短积累时间表示及有无关断控制；白平衡，自动白平衡及有无关断控制；同步方式，是否可以电源锁相及相位调节；黑白/彩色自动转换，转换方式，适应范围；背景补偿，设置方式、动态范围。

（2）摄像机外围设备的接口主要有：镜头接口，C/CS 接口；自动光圈控制输出方式，DC/VIDEO 及插头的接线；PC 接口，通常为 RS－232 接口及可通过 PC 进行设定的功能和参数。

（三）环境适应性

工作温度范围是指摄像机在不采用附加防护设施时可以正常工作的温度范围，一般为 -10 ℃ ~40 ℃；电源功率；运输和存储环境。

（四）摄像机的主要技术指标

摄像机的客观测试是基本的视频测量，要求在严格的实验室环境下进行。摄像机输出视频信号在经过电视系统其他环节后，可以进行同样的测量，用来评价原始图像经过这些环节后，图像质量劣化的程度（与原始图像相比较），许多指标对于其他视频设备也具有同样含义，主要有：

1. 视频输出

视频输出由输出视频信号的幅度、极性及输出电路的输出阻抗来表示。应用电视技术标准规定，摄像机的视频输出应为 1Vp-p、正极性、75 欧姆，以保证摄像机与各种视频设备之间的匹配和足够的功率输出。通常采用半功率法来测量视频输出，既测量了幅度，又测量了输出阻抗，但实质显示的是低频值。我们知道，视频信号由图像信号和同步信号两部分组成，其中图像信号是与景物的亮度相关的，标准规定的是一个标准值，在测量摄像视频输出幅度时，只要注意同步信号是否为 0.3Vp-p 就可以了。

2. 水平分辨率

水平分辨率是指在与图像高度相同的宽度上可以分辨出的黑白相间的线数，以 TVL 表示，反映摄像分辨图像细节的能力。现行电视的垂直分辨率基本上是由图像扫描线来确定的，所以一般不提垂直分辨率这个指标，水平分辨率有时被直接称为分辨率。摄像分辨率的测量要采用规定的测试卡，测量时要保证摄像机的光轴与图像垂直，并且做到图像（测试卡）的对中、满屏。图像分辨率是一项客观测试，但是通过人眼的主观评价得到量值的，测量的不确定度较高（20 线左右）。CCD 等像素化的器件具有对图像调制的效应，对于黑白相间的条子图像（测试卡用于测量分辨率的图形）会产生差拍，形成虚假的分辨效果，测量时要十分注意。其实，对于 CCD 这样的像素化器件，分辨率是可以推算的，当然那是最高的限值。

3. 灰度鉴别等级（灰度等级）

灰度鉴别等级是指图像从最黑到最白之间能够区分的亮度等级，实质上反映摄像视频通道电路的非线性。上节我们讲过，摄像机的 γ 校正是一种非线性预失真，与图像监视器结合在一起决定线性的亮度等级。所以，灰度等级测量一定要采用标准的监视器。亮度台阶信号的显示效果与监视器的对比度有很大关系，测量时应适当地调节，但一定要同时观察图像的全部（10 个）亮度台阶，不能只分别观察高亮度端和低亮度端。摄像机灰度等级测量要采用测试卡上的 10 个台阶灰度图形，10 个正方灰度单元均匀地从最白向最黑排列，通常与分辨率测试图形做在同一个测试卡上。

4. 视频信噪比（S/N）

视频信噪比的定义是图像信号峰值与噪声信号有效值的比，信噪比有两点与通常电信号的信噪比不同，一是图像信号是峰值；二是图像信号取标准规定的标称值（0.7Vp-p），说明视频信噪比的测量实际上就是测量噪声。用一个宽带的交流电压表测量附加在视频信号上的噪声电压，按上面的定义计算出的数值就是测量结果。目前，市场的视频噪声表就是采用这种方式。视频噪声的测量与滤波器的选用有很大关系。

低于行频的干扰表现为图像背景的亮度变化，可以采用钳位电路来消除。人眼对高频噪声不敏感，测量时应予滤除，以使测量结果与实际图像的效果更加符合。因此，在使用视频噪声表时，要注意滤波器（仪器内置）的选用。高能滤波可选 10 千赫兹/100 千赫兹，低能滤波选 6 兆赫兹。

摄像机视频 S/N 的测量可将镜头光圈关闭，AGC 关断，然后把摄像机视频输出送至视频噪声表，设置好滤波器，读取测量值再加上 3 分贝（对 γ 校正的补偿）即为最后结果。

5. 最低可用照度

当输出图像信号幅度降至标称值（0.7Vp－p）1/10 时的景物照度，最低可用照度反映了摄像机的灵敏度，表示可以适应低照度环境的能力。摄像机对高照度景物可以用光圈调整、EI 控制等来适应，对低照度环境只有靠摄像器件的光电转换特性来适应。这个量与摄像机配用镜头的相对孔径有关，在表述测量结果时，要同时表述采用镜头的相对孔径值。最低可用照度的测量可以通过改变景物照度的方法，直接测量出结果；也可通过调节摄像机镜头的光圈（镜头要校准），计算出测量值。

最低可用照度的定义是按照国家标准规定的，但只以输出图像信号的幅度为限值进行测量，有时与实际效果不相符合。因此，可以同时增加 S/N 比要求。

6. 几何失真

图像系统的几何失真主要是由于扫描非线性造成的图像失真，对于像素化器件的 CCD 摄像机，没有这个指标。

7. 彩色还原性

彩色还原性是彩色摄像机表示色度信号失真的基本指标，微分增益（DG）和微分相位（DP）两个指标用以表示色度信号的幅度和相位失真，前者表现图像色饱和度的改变，后者表现图像色调的偏差。这两个量的测量要采用专用测量卡和专门测试仪器。

彩色摄像机的彩色还原性还可以采用矢量示波器来测量，测量时摄像机拍摄标准彩条测量卡，通过观察显示矢量与标志点的偏差来进行度量。

（五）CCD 彩色摄像机的功能

1. 同步方式的选择

（1）对单台摄像机而言，主要的同步方式有以下三种：

①内同步，利用摄像机内的晶体振荡电路产生同步信号来完成操作。

②外同步，利用一个外同步信号发生器产生的同步信号送到摄像机的外同步输入端来实现同步。

③电源同步，也称为线性锁定，利用摄像机的交流电源来完成垂直推动同步，即摄像机和电源零线同步。

（2）对于多摄像机系统，所有摄像机的视频输出信号是垂直同步的，这样在变换摄像机输出时，不会出现抖动或滚动现象。由于多摄像机系统中的各台摄像机供电可能取自三相电源中的不同相位，甚至整个系统与交流电源不同步，此时可采取的措施有：

①采用同一个同步信号发生器产生的同步信号，送入各台摄像机的外同步输入端实现同步。

②调节各台摄像机的“相位调节”电位计，摄像机在出厂时，其垂直同步是与交

流电的上升沿正过零点同相的，故使用相位延迟电路可使每台摄像机有不同的相移，从而获得合适的垂直同步，彩色摄像机的可调整部位如图 4－12 所示。

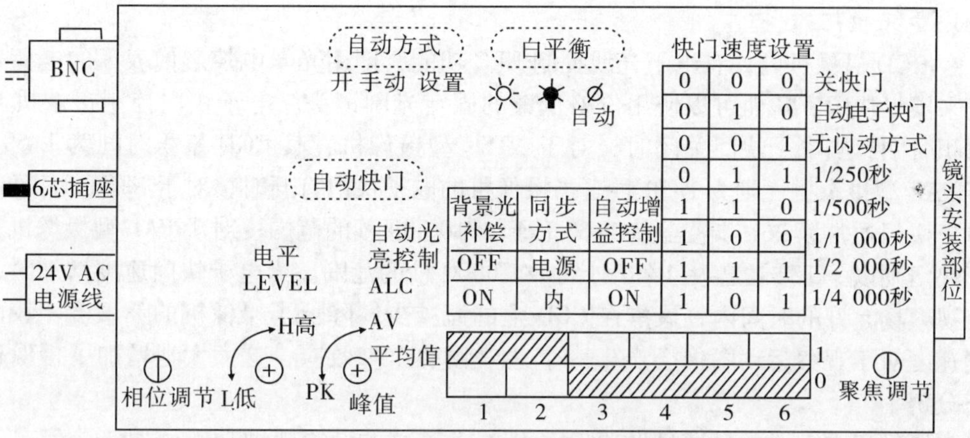

图 4－12　彩色摄像机的可调整部位

2. 自动增益控制开关

摄像机内有一个将来自 CCD 的信号放大到可以达到使用水准的视频放大器，其放大量即增益等效于有较高的灵敏度，可使其在微光下灵敏，但在亮光照的环境中放大器将过载，使视频信号畸变。利用摄像机的自动增益控制（AGC）电路去探测视频信号的电平，适时地开关 AGC，能使摄像机在较大的光照动态范围内工作，即在低照度时自动增加摄像机的灵敏度，提高图像信号的强度，以获得清晰的图像。

（1）当 AGC 为 ON 时，AGC 运行在其最大 30 分贝的范围值内，并且可改变。

（2）当 AGC 为 OFF 时，AGC 运行在固定增益 5 分贝状态，此时摄像机灵敏度降低，信噪比因此而得到改善。

3. 背景光补偿开关

摄像机的 AGC 工作点是通过对整个视场的内容求平均来确定的，但如果视场中包含一个很亮的背景区域和一个很暗的前景目标，则此时确定的 AGC 工作点有可能对于前景目标是不够合适的，因背景光强，镜头光圈缩小，导致前景目标的光通量不足，造成前景目标变黑而很不清楚，背景光补偿（BLC）则能改善前景目标显示状况（如图 4－13 所示）。

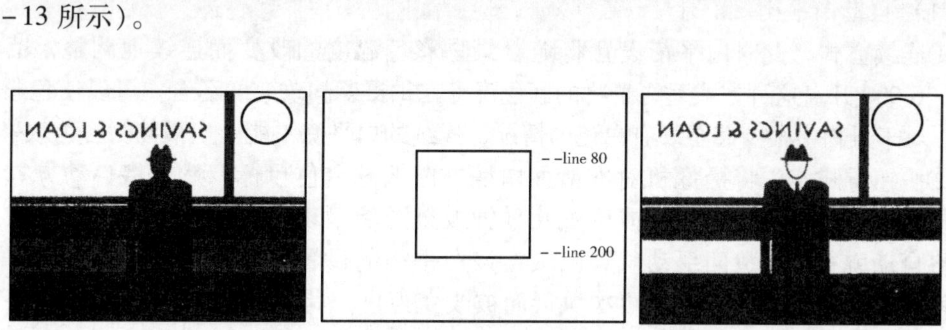

背光情况下关闭背光补偿　　具有背光补偿开启的自动增益控制运行区域　　背光情况下开启背光补偿

图 4－13　背景光补偿

当背景光补偿为 ON 时，摄像机仅对整个视场的一个子区域（如图 4－13 从第 80 行至 200 行的中心区域）求平均来确定其 AGC 工作点，此时如果前景目标位于该子区域内，则前景目标的可视性有望改善。

4. 电子快门

在 CCD 摄像机内，有电子光线控制 ELC 功能，即用光学电控影像表面的电荷累积时间来操纵快门，从而可以使用价格低廉的固定光圈镜头。电子快门控制摄像机 CCD 的累积时间，当电子快门关闭时，对于 NTSC 型摄像机，其 CCD 累积时间为 1/60 秒；对于 PAL 型摄像机，则为 1/50 秒。当摄像机的电子快门打开时，对于 NTSC 型摄像机，其电子快门通常以 261 步覆盖从 1/60 秒到 1/10 000 秒的范围；对于 PAL 型摄像机，其电子快门则以 311 步覆盖从 1/50 秒到 1/10 000 秒的范围。当电子快门速度增加时，在每个视频场允许的时间内，聚焦在 CCD 上的光减少，降低了摄像机的灵敏度。较高的快门速度对于观察运动图像会产生一个“停顿动作”效应，这大大地增加了摄像机的动态分辨率。

在摄像机中，通常是通过设置 DIP 开关或者通过设置辅助功能码值来决定电子快门开关与否以及手动电子快门的速度值档的，包括：

（1）无闪动方式。在电源频率为 50 赫兹的地区，CCD 累积时间为 1/50 秒。如果使用 NTSC 制式摄像机（其垂直同步频率为 60 赫兹），则摄像机的画面为每秒 60 幅，这样将造成视觉影像不能完全同步，在监视器上出现闪动；反之，在电源为 60 赫兹的地区用 PAL 型摄像机亦如此。为了克服此现象，在电子快门中专门设置了无闪动方式档，对 NTSC 摄像机提供 1/100 秒，对 PAL 型摄像机提供 1/120 秒的固定快门速度，可防止监视器上图像出现闪烁，无闪动方式档也可以作为电子快门速度的一档来使用。

（2）自动电子快门。当摄像机工作在一个很宽的动态光线范围时，有自动光圈镜头当然理想，如果没有自动光圈镜头，则可采用自动电子快门档以固定光圈或手动光圈镜头来实现。此时快门速度在 1/60 秒（对 PAL 型摄像机为 1/50 秒）至1/10 000秒范围内连续可调，从而不论光线的强度变化均可保持视频输出不变，提供合适曝光。

5. 白平衡方式

彩色摄像机都具备白平衡功能，使摄像机图像能精确地复制景物颜色。一般的处理方式是取画面 2/3 的颜色进行平衡运算，求出基准值（近似白色）来平衡整个画面，有自动白平衡和手动白平衡两种方式。

（1）自动白平衡。

①连续方式，此时白平衡设置将随着景物彩色温度的改变而连续地调整，范围为 2 800～6 000 开，这种方式适合景物的彩色温度在拍摄期间改变的场合，可以使色彩表现自然，对于景物中很少甚至没有白色的情况，连续的白平衡不能产生最佳的彩色效果。

②按钮方式，先将摄像机对准诸如白墙、白纸等白色目标，然后将自动方式开关从手动拨到设置位置，保留在该位置几秒钟或至图像呈现白色为止，在白平衡被执行后，将自动方式开关拨回手动位置以锁定该白平衡的设置，此时白平衡设置将保持在摄像机的存储器中，直至下次再次执行而被改变为止，其范围为 2 300～10 000 开。以按钮方式设置白平衡精确且可靠，适用于大部分场合。

（2）手动白平衡。

打开手动白平衡后应关闭自动白平衡，此时图像的红色或蓝色状况有多达 107 个等级可供调节，如增加或减少红色一个等级、增加或减少蓝色一个等级。

6. 色彩调整

对于大多数摄像机而言，是不需要对摄像机作色彩调整的，如需调整则需要细心调整，以免影响其色彩，可调色彩方式有：

红色中黄色色彩增加，此时将红色向洋红色移动一步；

红色中黄色色彩减少，此时将红色向黄色移动一步；

蓝色中黄色色彩增加，此时将蓝色向青蓝色移动一步；

蓝色中黄色色彩减少，此时将蓝色向洋红色移动一步。

7. 摄像机字符发生功能

为标明摄像机号码以及使用场所，可通过屏幕设定选单，由摄像机内置字符发生器提供选择。

四、摄像机配套设备

摄像机配套（外围）设备的主要作用有实现摄像机的基本功能，如摄像镜头与摄像机一同完成光学图像的转换；扩大摄像机的应用范围，如防护设备使通用摄像机可以工作在各种严酷的环境中。

（一）摄像镜头

摄像镜头是指光学参数和机械参数专门为摄像机设计的镜头，是摄像机实现光电转换、生产图像信号必不可少的光学部件。我们知道，图像技术是处理焦平面上光学图像的系统，这个焦平面既是摄像器件的成像面，也是摄像镜头的焦平面。这里简单地介绍一下镜头成像的原理、主要技术参数，以及视频监控系统应如何选择镜头。

1. 摄像镜头的主要技术参数

摄像镜头的主要技术参数是产品说明书上必须列出的项目，主要有：

（1）成像尺寸。

成像尺寸是指镜头在像方焦平面上成像的大小，镜头的成像是圆形的，因此其规格用像的直径来表示，以英寸为单位，应与摄像器件的感光面相匹配。我们知道，传统摄像器件的感光面也是圆形的，是用直径来表示规格的。CCD 器件的感光面是矩形的，可以用芯片（感光区）的边长表示像面尺寸，但仍习惯地用相对应的圆直径来表示芯片规格。靶面尺寸一般分为 25.4 毫米（1 英寸）、16.9 毫米（2/3 英寸）、12.7 毫米（1/2 英寸）、8.47 毫米（1/3 英寸）和 6.35 毫米（1/4 英寸）等几种，分别对应着不同的成像尺寸，选用镜头时，应使镜头的成像尺寸与摄像机的靶面尺寸大小相吻合（如表 4－1 所示）。

表 4－1　几种常见 CCD 芯片的靶面尺寸

标准芯片尺寸（毫米） 感光靶面尺寸（毫米）	25.4 （1 英寸）	16.9 （2/3 英寸）	12.7 （1/2 英寸）	8.47 （1/3 英寸）	6.35 （1/4 英寸）
对角线	16	11	8	6	4.5
垂直	9.6	6.6	4.8	3.6	2.7
水平	12.7	8.8	6.4	4.8	3.6

（2）焦距。

焦距是镜头主点到像方焦点的距离。镜头实际上有物方焦距与像方焦距两个参数，由于物、像空间处于相同的介质（空气）中，因此两者相同。摄像镜头的焦距决定景物在电视图像中的大小。镜头的焦距决定了该镜头拍摄的被摄体在 CCD 上所形成影像的大小，焦距越短，拍摄范围就越大，相对物体变小，适合在近距离拍摄较大的场景，也就是广角镜头，焦距示意图如图 4－14 所示。

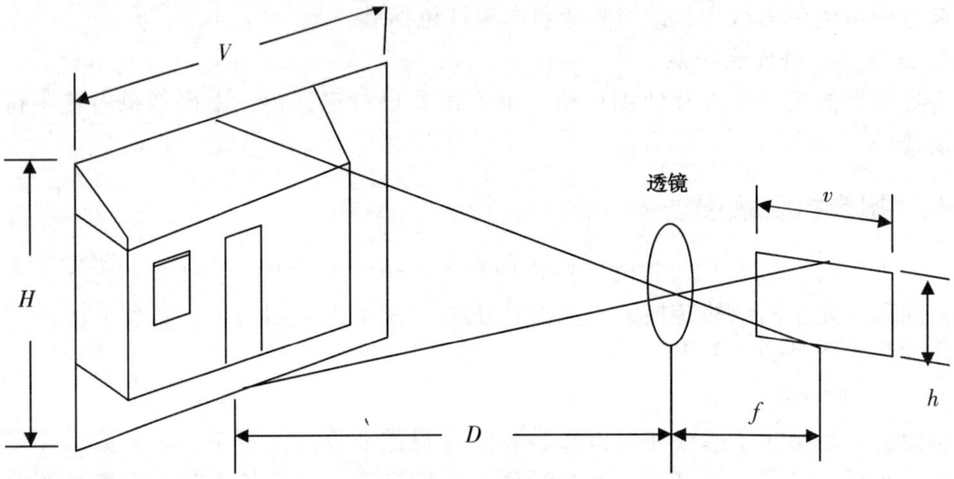

图 4－14　焦距示意图

在图 4－14 中，一个特定距离的观察目标在电视图像中所占的比例是与摄像镜头的焦距成正比的，镜头焦距长，目标占图像的比例大，反之亦然。摄像镜头焦距的选择要与 CCD 芯片的规格和观察目标到摄像机的距离结合起来。在已知 CCD 感光面尺寸 $h \times v$、镜头焦距 f 的情况下，在距离摄像机 D 处，电视图像显示的场景尺寸可以用下式计算：

$$f = v \times D/V$$
$$f = h \times D/H$$

式中　f——镜头焦距；

v、h——CCD 靶面垂直尺寸和水平尺寸；

D——镜头到目标的距离；

V、H——分别为被摄物体的水平尺寸和垂直尺寸。

只有变焦镜头的焦距是连续可变的，利用手动调焦镜头调节调焦环并不改变焦距。调焦环上标有 0.5、1、2、3、4、∞；表示物体距离为 0.5 米、1 米、2 米、3 米、4 米、∞ 时调焦最好，图像最清晰。

（3）相对孔径。

相对孔径是光圈的相对孔径，等于镜头的有效孔径与镜头焦距之比，镜头的相对孔径表征了物镜的集光能力，实际镜头则用倒数值（光圈数 F）来标志，相对孔径越大，通过的光越多。所以，选用相对孔径大的镜头，可以降低对景物照明条件的要求。

一般镜头都标出相对孔径最大值。

例如，一个镜头标有"Motorized Zoom LENS 8.5～51 毫米 1：1.8　1/2　C"表示这是一个电动变焦镜头，焦距为 8.5～51 毫米，最大相对孔径是 1：1.8，成像尺寸是 1/2 英寸，C 型接口。

光圈指数 F 是相对孔径的倒数，即光圈数。例如，镜头上 F 的标值为 1.4、2、2.8、4、5.6、8、11、16、22 等，这表明镜头的相对孔径分别是 1/1.4、1/2、1/2.8、1/4、1/5.6、1/8、1/11、1/16、1/22 等。在光圈指数序列中，前一个标值正好是后一个标值对应曝光量的 2 倍。可变光圈的镜头特别要注明最小光圈数，因为表示最大的进光量。我们前面讲过，在测量摄像机最低可用照度时要标明镜头的相对孔径，就是采用这个值。可变光圈镜头的最大光圈数与最小光圈数之比的平方是镜头可以调节的进光量的动态范围。

（4）视场角。

摄像机通过镜头得到视野的张角，镜头有一个确定的视野，镜头对这个视野的高度和宽度的张角称为视场角。视场角与镜头的焦距 f 及摄像机靶面尺寸的大小有关，镜头的水平视场角 α 及垂直视场角 β 可分别由下式来计算：

$$\alpha = 2\text{arcth}\ (V/2f)$$
$$\beta = 2\text{arcth}\ (h/2f)$$

许多镜头产品说明书给出的视场角数值是在镜头成像尺寸与摄像器件像面尺寸匹配时的值。若配合小规格像面的 CCD 芯片，视场角会相应地变小，相当于焦距变长，其工作原理如图 4－15 所示。

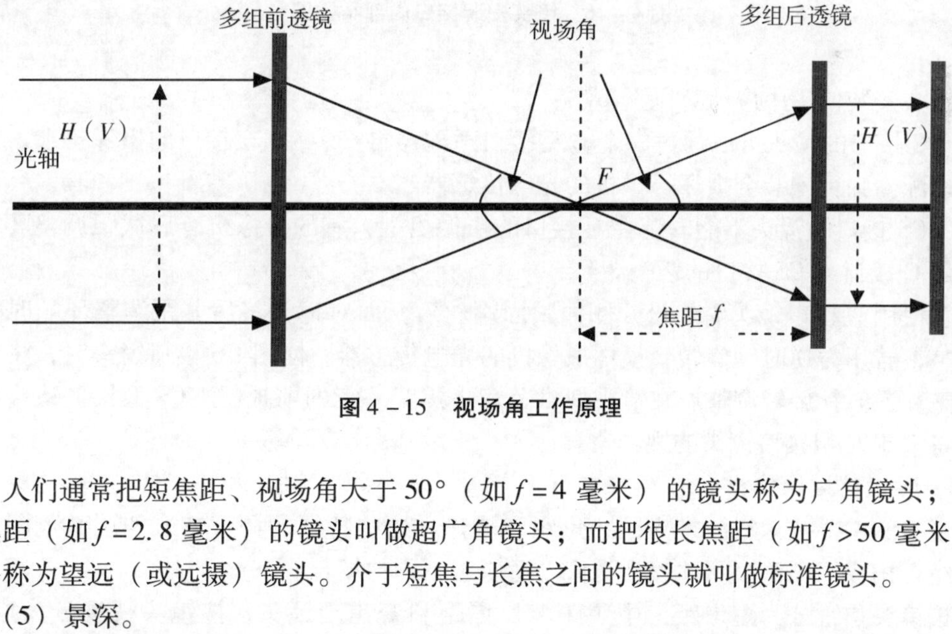

图 4－15　视场角工作原理

人们通常把短焦距、视场角大于 50°（如 $f=4$ 毫米）的镜头称为广角镜头；把更短焦距（如 $f=2.8$ 毫米）的镜头叫做超广角镜头；而把很长焦距（如 $f>50$ 毫米）的镜头称为望远（或远摄）镜头。介于短焦与长焦之间的镜头就叫做标准镜头。

（5）景深。

光学镜头能够把一定纵深空间范围内的景物在成像平面上呈现清晰的图像，对应的空间距离就称为该镜头成像的景深。景深主要与以下几个因素有关：

①光圈大小。在镜头焦距、物距不变的条件下，光圈系数越大，景深范围越大。

②焦距长短。在光圈系数、物距不变的条件下，镜头焦距越大，景深越小。

③物距远近。在镜头焦距、光圈系数不变的条件下，物距越远，景深越大。

（6）镜头安装接口。

摄像镜头要固定在摄像机的标准装座上，以保证镜头的光轴与 CCD 芯片感光面中心垂直，并保持着一定距离，即使镜头的像面与 CCD 的像面重合。可通过对镜头聚焦的微调或 CCD 芯片的微调，来补偿镜头和摄像机加工的误差，获得最清晰的图像。这种配合就是镜头安装的接口，保证镜头与摄像机的配合精度，有几种标准的安装接口：C 接口、CS 接口和 S 接口。

C 和 CS 安装接口是国际标准接口，都是 25.4 毫米（1 英寸）的英制螺纹连接，C 型接口的装座（安装基准面）至成像面的空气光程为 17.526 毫米，CS 型接口的装座距离为 12.5 毫米，其内部结构如图 4－16 所示。

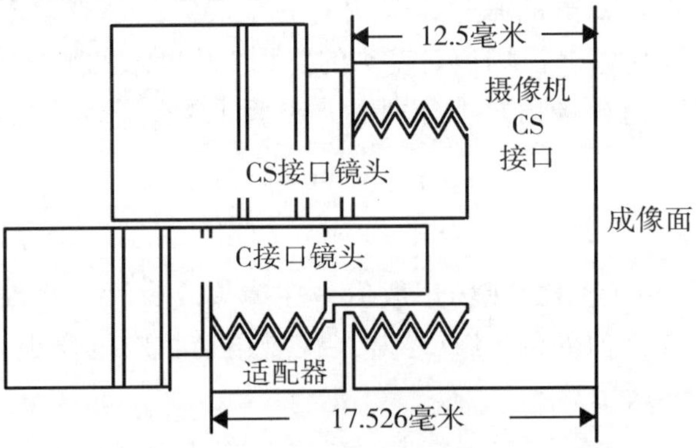

图 4－16　镜头安装接口内部结构图

镜头安装使用中应注意以下事项：

①C 接口的镜头可以通过一个 C 型接口适配器再安装在 CS 接口的摄像机上，如果不用适配器强行安装会损坏摄像机的光电传感器。

②CS 接口的镜头不能安装在 C 接口的摄像机上，有的摄像机有后截距调整环，允许使用 C 接口或 CS 接口的镜头。

③使用 C 接口镜头时，松开侧面紧固螺丝后，面对镜头将后截距调整环顺时针旋转调整，若用力逆时针旋转会损坏摄像机的光电传感器。使用 CS 接口镜头时，将后截距调整环逆时针旋转调整。在镜头规格及镜头焦距一定的前提下，CS 型接口镜头的视场角将大于 C 型接口镜头的视场角。

2. 常用的摄像镜头

镜头的主要技术特征是光圈、焦距和聚焦，这些特征的调节方式和调节范围及不同的组合构成了丰富多彩的镜头类型，适应于不同的场合。

按镜头焦距分为短焦距、中焦距、长焦距和变焦距镜头；按镜头视场分为广角、标准、狭窄或远摄镜头；按镜头结构分为固定光圈定焦、手动光圈定焦、自动光圈定焦、手动变焦、自动光圈电动变焦、电动三可变（指光圈、焦距、聚焦这三者均可变）、针孔等类型。

（1）固定光圈定焦镜头。

镜头仅设有手动调整对焦调整环（环上标有若干距离参考值）。左右旋转该环可使CCD靶面的成像最为清晰，由此在监视器屏幕上得到最为清晰的图像。镜头光圈不可调整。进入镜头的光通量不能通过改变镜头因素而改变，只能通过改变被摄现场光照度来调整，一般应用于光照度比较均匀的场合，其他场合需与带有自动电子快门功能的CCD摄像机合用（目前市面上绝大多数的CCD摄像机均带有自动电子快门功能），通过电子快门的调整来模拟光通量的改变。因其功能简单，所以价格也较低，是应用最多的镜头产品。选用这种镜头调整固定后，所有参数就不需要（也不能）调节了。当光照条件比较好，环境照度变化不大，而且摄像机的AGC和EI调节范围可以适应环境变化时，使用普通镜头就可以得到比较满意的效果。因此，一般有稳定照明的室内环境主要选择普通镜头。

（2）手动光圈定焦镜头。

增加了光圈调整环，光圈调整范围一般可从F1.2或F1.4到全关闭。安装时，通过手动调整适应被摄现场的光照度，这种镜头一般也是应用于光照度比较均匀的场合，其他场合也需要与带有自动电子快门功能的CCD摄像机合用，由电子快门的调整来模拟光通量的改变。

（3）自动光圈定焦镜头。

自动光圈镜头控制原理与人眼控制进光原理相同，可变孔径光圈相当于人眼的瞳孔，CCD光电传感器相当于人眼的视网膜。当人眼感觉到现场光线过强时，大脑控制肌肉动作使瞳孔收缩，以减少眼球的进光；当人眼感到现场光线太暗时，大脑控制肌肉动作使瞳孔扩张，以增加眼球的进光，这样视网膜上感受到的始终是合适的光强。

自动光圈定焦镜头在手动光圈定焦镜头的光圈调整环上，增加了齿轮啮合传动微型电机，由摄像头驱动电路输出3芯或4芯线控制自动光圈镜头，使镜头内的微型电机作相应的正向或反向转动，从而调节光圈的大小。

自动光圈镜头分为含放大器（视频驱动型）与不含放大器（直流驱动型）两种规格。

在室外，当环境照度变化范围远大于摄像机自动增益控制范围时，应采用自动光圈镜头。

（4）手动变焦镜头。

焦距是手动可变的。手动变焦镜头有一个焦距调整环，可以在一定范围内调整镜头的焦距，焦距一般在3.6~8毫米之间变化。在实际工程应用中，通过手动调节镜头的变焦环，可以方便地选择监视现场的视场角。

（5）自动光圈电动变焦镜头。

指相对于手动光圈镜头而言，光圈可自动调节的镜头。自动光圈电动变焦镜头不是由人转动光圈环来调节光圈，而是根据景物照度条件自动地调节镜头的光圈，以适应环境照度的变化。这种镜头一般要与摄像机接口，受摄像机镜头输出信号的控制，其光圈的调节范围决定摄像系统的动态范围（适应照度变化的范围）。摄像机镜头光圈控制输出有两种方式：直流电压控制（DC）和视频信号控制（VIDEO）。DC电压控制的自动光圈镜头本身没有信号处理电路，只是通过DC控制电压驱动电机转动，进行光圈调节。视频信号控制方式的自动光圈镜头带有信号处理电路，检测输入视频信号

（VIDEO）电平，与镜头预先设定的基准电平进行比较，转换成控制电平（不同的幅度和极性），驱动电动机（可能是油丝马达）来实现光圈调节。

自动光圈电路是一个闭环的自动控制系统，基准电平的设定十分重要，决定着系统最终的调节效果。自动光圈镜头的基准电平设定有两种方式：平均值与峰值，差别在于检测视频信号平均电平还是峰值电平来产生比较电平。两种方式通常通过镜头上的两个调节电位器来设定，平均值方式适用于大多数景物环境，使图像的整体亮度适中；峰值方式主要在景物中有特别明亮的局部目标时较为适宜，会使整体图像亮度偏暗，但明亮目标不易出现过亮的现象，以便观察。

光圈变化会改变镜头的相对孔径。通常，镜头都是用可以达到的最小光圈值来标志的，表明镜头调节进光量的动态范围。当光圈（有效光阑）的孔径很小时，仅用机械的调整已很难实现，这时就要在镜片上加点滤光片。实用的宽动态范围镜头（*F* 超过 300）都是采用点滤光片的。

与前述自动光圈定焦镜头相比，它增加了两个微型电动机，其中一个电动机与镜头的变焦环啮合，当其受控而转动时可改变镜头的焦距（zoom）；另一个电动机与镜头的对焦环啮合，当其受控而转动时可完成镜头的对焦（focus）。由于该镜头增加了两个可遥控调整的功能，因而此种镜头也称作电动两可变镜头。

镜头焦距的调节可以是手动和电动两种，变焦距镜头是指采用电动调节焦距，并能进行遥控的镜头（如图 4－17 所示）。

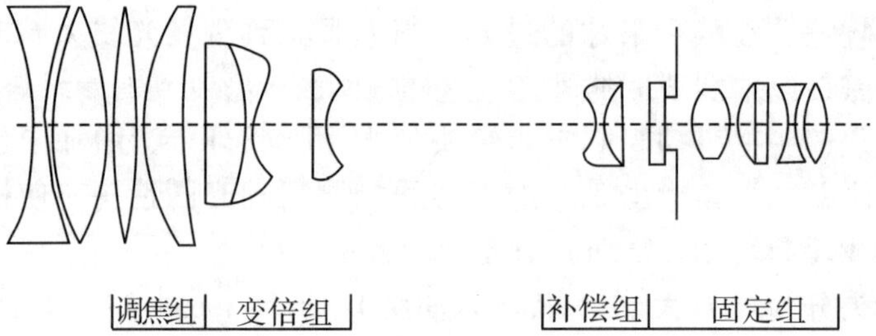

图 4－17　变焦距镜头

理论分析证明，两个焦距分别为 f_1 和 f_2 的透镜，两者相距 D，构成的复合镜头的焦距为：

$$1/f = 1/f_1 + 1/f_2 - D/(f_1 f_2)$$

只要通过机械的方法改变两个透镜之间的距离 D，就可使复合镜头的焦距 f 连续地变化。一个变焦镜头由调焦组透镜、变倍组透镜、补偿组透镜和固定组透镜组成。变倍组透镜可以沿光轴做轴向移动（如图 4－17 所示），因而，改变与固定组透镜之间的距离也就改变了整个镜头的焦距；补偿组透镜的作用是随变倍组透镜的移动做某种规律性移动，以保证镜头的成像面不管焦距如何变化均能保持不变（动）；调焦组透镜对于变焦镜头是必需的，通过调节可以补偿由于焦距变化造成的聚焦效果的变坏。

变焦镜头分为两可变和三可变两种。两可变就是可变化焦距和进行聚焦调节；三可变则是上述两可变加上可变光圈。其实，镜头的焦距改变后，其相对孔径也随之而变，这时要通过光圈的调节来进行校正，以保证在焦距变化的过程中，图像的亮度基本保持稳定。这就是两可变镜头通常是自动光圈的原因。可变镜头的焦距调节和聚焦调整都是通过电机驱动机械装置来实现的。驱动电源的极性控制电机的转动方向，从而决定镜头的焦距是变大还是变小。关断驱动电压，使镜头焦距保持在一定值。

上文讲了变焦镜头通过光圈的调节来保持相对孔径的基本稳定，但实际上，镜头不可能完全做到这一点，产品说明书上通常会给出最大相对孔径（最短焦距时），镜头焦距变长后，相对孔径是会变小的。

值得注意的是，变焦镜头的“倍率”与焦距是两个不同的概念，倍率是变焦镜头的最长焦距与最短焦距之比，是一个相对值。例如，同样是6倍镜头，市面上常见的就有6~36毫米、7~42毫米、8~48毫米和8.5~51毫米等多种不同厂家的不同品种，其中8.5~51毫米镜头的远视特性显然比6~36毫米镜头的远视特性要好，但它的近视（广角）特性却不如6~36毫米镜头的好。

（6）小孔镜头。

小孔镜头是一种入光孔很小的专门镜头，在公安业务中应用较多。入光孔小使摄像单元便于隐蔽，减小对环境的影响。它与普通镜头的根本差别是入射光瞳的设计，小孔镜头把入射光瞳的位置设在第一片镜的前端（前入瞳），而且很小，这样镜头前端就形成了一个锥孔，锥孔的大小（可到1毫米左右）只影响进光量，不影响视场。在光照条件较好的环境下，可以得到很好的图像。

（7）红外镜头和宽光谱镜头。

它主要是应用于红外波段成像的镜头，目前，应用较多的宽光谱镜头的光谱范围从紫外线一直到红外线，也适用于红外摄像。

对不同波长的光，镜头材料的折射率不同会导致不同波长光之间焦平面形成偏差，这就是“色差”现象。一般镜头在可见光范围内可以得到很好的图像，但工作到红外波段时，图像就变得不清楚了。红外镜头是专门工作在红外波段的镜头，用在可见光段效果也不好。宽光谱镜头可以在很宽的光谱范围上，保证镜头能有一个精确的成像面，设计的难度很大。除了材料的选择外（通常采用石英玻璃和氟化钙晶体），还要采用复消色差法（两种透镜相对色散近似相等而抵消），因此，这种镜头也称复消色差镜头。

（8）电动三可变镜头。

与前述电动两可变镜头结构相差不多，只是对光圈调整电动机的控制方式由自动改为通过控制器进行手动控制，因此它也包含3个微型电动机，引出一组6芯控制线，与云台、镜头控制器及解码器相连。

3. 镜头的选配

镜头直接关系到监看物体的远近、范围和效果，选用时应考虑以下五点：

（1）镜头尺寸应等于或大于摄像机成像面尺寸。1/3英寸摄像机可选1/3~1英寸整个范围内的镜头，但水平视角的大小都是一样的。只是使用大于1/3英寸的镜头能够更多地利用成形，更精确了镜头中心光路，可提高图像的质量和分辨率。

（2）镜头的视场角应根据防范现场的具体情况来选取。视场角过小会因存在监视死角而形成监视盲区；而若视场角过大，又可能造成监视主体目标所占画面太小而难以辨认。同时还要注意，一般监视器的光栅都有10%~15%的过扫描，摄像机摄取的图像边缘的一部分将不能被显示出来，视场角的选取要考虑留有一定的余量。

（3）考虑环境光线的变化。光线对图像的采集效果起着十分重要的作用。一般来说，对于光线变化不明显的环境，常选用手动光圈镜头，将光圈手调到一个比较理想的数值后就可不动了；如果光线变化较大，如室外 24 小时监视，应选用自动光圈，能够根据光线的明暗变化自动调节光圈值的大小，保证图像的质量。但需注意的是，如果光线照度不均匀，特别是监视目标与背景光反差较大时，采用自动光圈镜头的效果可能会不理想。

（4）考虑最佳监视范围。因为镜头焦距与水平视角成反比，所以既想看得远，又想看得宽阔和清晰，这是无法同时实现的。每个焦距的镜头都只能在一定范围内达到最佳的监视效果，所以如果监视的距离较远且范围较大时，最好是增加摄像机的数量，或采用电动变焦镜头配合云台安装。

（5）镜头接口与摄像机接口要一致。现在的摄像机和镜头通常都是 CS 型接口，CS 型摄像机可以和 CS 型、C 型镜头配接，但和 C 型镜头接配时，必须在镜头和摄像机之间加接配环，否则可能碰坏 CCD 成像面的保护玻璃，造成 CCD 摄像机的损坏；C 型摄像机不能和 CS 型镜头配接。

（二）云台

云台现已是监控系统的一个专用名词了，指各种可以安装、固定摄像机（或防护装置），并能改变摄像机方位的机械装置，作用是扩大摄像机的监控范围。

1. 云台的构成

云台由以下三个基本部分组成：

（1）摄像机或防护装置的安装面，与摄像机或防护装置的安装面相匹配，通过一定面积的接触保证摄像机的稳定性，通常带有与摄像机固定螺孔相同规格的螺栓和定位销。

（2）旋转机构，实现承载物方位改变的机械组件，摄像机方位是指摄像机的光轴方向，是与摄像镜头的光轴相一致的，改变这个方位就可使摄像机的视场发生改变。根据云台的功能，有一个或两个旋转机构，即水平旋转机构（以垂直线为轴在水平面上左右转动）和垂直旋转机构（以水平线为轴在垂直面上俯仰转动）。早期云台的旋转机构基本上是一个齿轮传动的圆盘，现在则多种多样了，但结构却更为简单。显然，旋转机构的轴心（垂直轴线与水平轴线的交点）与承载物（包括摄像机防护装置及云台安装面的自重）的重心越接近，云台的转动就越轻快，可以获得高速的转动，这是云台设计时应重点考虑的问题。水平电动云台组成结构如图 4－18 所示。

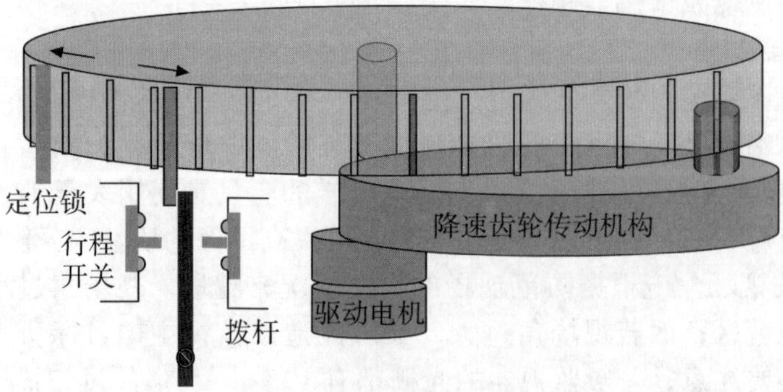

图 4－18　水平电动云台组成结构

(3) 伺服电动机与电路，给旋转机构提供动力的组件，主要由电动机、电动机换向和控制电路组成。这是云台关键的部件，一般选用低速大转矩的交流电动机。电动机有两个绕组，通过电容换向实现两个方向转动。现在越来越多的云台采用步进电动机和直流电动机，其转动方位的精度很高，也便于实现预置功能。伺服电动机又称执行电动机，在自动控制系统中用作执行元件，把所收到的电信号转换成电动机轴上的角位移或角速度输出。它分为直流和交流伺服电动机两大类，其主要特点是，当信号电压为零时无自转现象，转速随着转矩的增加而匀速下降。电动机的转速要比云台的转速高得多，因此要设计与电动机匹配的齿轮或涡轮减速装置。

云台的结构要求强度高、变形小，在保证承载能力、整体稳定的条件下，尽可能地减小自重。优质钢、合金铝、工程塑料是其首选的材料。室外云台要具有全天候防护功能。某些容易因电火花等导致爆炸的场所应使用防爆云台，这种云台密封绝缘性能好，特别是线缆连接部分，应采用防爆密封绝缘套。

2. *云台的主要技术参数*

评价云台的功能和性能的技术指标主要有：

(1) 输入电压、输入功率、伺服电动机的工作电压和功耗。云台通常由解码驱动器供电。因此，这个参数在系统设计时很重要。有时云台采用多线直接控制，即从控制端提供电源，设计时要考虑线路上的电压变化，以保证电动机正常地转动。

(2) 负载能力。负载能力是指将负载固定在安装面上，其重心不超过规定的高度时，云台能够自如地转动负载的最大质量。这是云台重要的技术指标，决定了云台可以匹配的摄像机或防护装置的限度，超过限度会使云台不能正常地工作，特别是在垂直转动方向上。在计算云台负载时，要包括摄像机、镜头、防护罩及内置的电源适配器和随动的光源等。降低负载的重心可以适当提高云台的负载能力。

(3) 旋转范围。大多数云台因结构限制，不能无限制地旋转。如果失控超出了限位，会使各种引线缠绕、断开，甚至破坏机械部件。云台要采用限位开关来限定其旋转范围，一般云台在水平方位的旋转范围为330°左右，在俯仰方向为90°左右。

新型云台采用汇流环的引线方法，水平方向可以无限度地旋转，实现全方位的监控，又称为万向云台，其台面既可以水平旋转，也可垂直转动。因此，它可带动摄像机在三维立体空间对监视场合进行全方位的观察。根据使用环境的不同，全方位电动云台一般可分为室内型和室外型两大类。与水平云台相比，全方位云台内部增加了一台驱动电动机。该电动机可带动摄像机座板在垂直方向±45°、10°~60°和0°~90°范围内做仰俯运动。

(4) 云台转速。云台转速以旋转的角速度来表示，反映摄像系统跟踪目标的能力。这与云台的伺服电动机的功率和旋转机构的结构有关。如使负载重心与云台轴心重合，可以很容易地实现云台高速旋转。在视频监控系统中，跟踪快速运动目标主要决定于云台的水平转速，特别是对近距离范围内做横向快速运动的目标。但观察目标距摄像机的距离不同，对云台转速的要求也会不同，所以高转速云台应具有变速功能。一般云台会选择适中的转速以适应普遍的场合，如6度/秒。对于有预置位功能的云台，接到报警触发后，要即刻转到预置位，只有高速云台可以做到，转速可达260度/秒。

(5) 环境适应性。环境适应性是选择云台的重要因素，主要是气候环境适应范围。云台大体分室内和室外两大类，云台作为机械产品，其零部件的配合和润滑都会随温度而变化，一般室外云台可工作至 - 10 ℃左右，在高寒区要选择专门的低温云台。除此之外，还有防尘、防腐蚀、防潮等方面的要求。

（6）外形、重量及安装尺寸，关系到与其他前端设备的匹配与协调。球形电动云台是配有球形或半球形的防护罩，工作原理与普通全方位云台是一样，当云台在水平和垂直两个方向任意转动时，其摄像机镜头前端的运动轨迹恰构成一个球面。有的球形云台还能进行高速、变速运转，瞬时反转，可对监视目标快速搜索和精确跟踪，运行时平稳、无声，常常用24 伏交流电压进行控制。智能化球形云台是将全方位云台、摄像机、电动镜头、解码控制器等集为一体密封在球形防护罩内，因此也称为球形摄像机。

3. 云台的选配

选用云台类型时，要注意以下五点：

（1）分清室内安装还是室外安装。室外云台较室内云台具有更好的防水性、耐腐蚀性、恒温性和抗冲击能力，以适应室外复杂的气候条件，其重量和承载能力均大于室内云台。

（2）根据监视目标的情况选择。如监视对象为固定目标，宜选用手动云台（即支架）；若需监视变化场景的情况，应配置电动遥控云台。

（3）根据特殊环境要求选择。宾馆、小区、政府机关、写字楼等场所一般对产品安装后的隐蔽性要求较高，多采用球型云台。但室内半球云台需吸顶嵌入安装，如果墙顶无法镂空，则无法安装。

（4）如果给摄像机添加红外灯，必须选用普通云台，球形云台无法挂装红外灯。

（5）球形云台没有机械雨刷，所以如果要使用雨刷功能，只能选用普通云台配以雨刷防护罩。

（三）摄像机防护装置（防护罩）

摄像机防护装置（防护罩）在应用电视系统中占有十分重要的位置，在很大程度上决定了系统的应用领域。通常，我们将应用电视系统分为通用电视系统、高温电视系统、井下电视系统、水下电视系统、安防视频监控系统等。其实，各种系统所采用的基本设备（如摄像机、显示、记录和控制设备）都是相同的，主要差别是系统应用环境的不同，而保证系统能够适应各种环境条件的基本设备是摄像机的防护装置。可以说，防护罩是使通用的摄像机可以在各种环境条件下正常、可靠地工作，从而构成各种应用电视系统的关键。

1. 防护罩的功能

防护装置的基本功能是建立一个改良的、适合摄像机工作的小环境，通过结构上的物理防护和对环境参数的调节来实现，主要有：通过密封结构，实现防尘、防水、防潮功能；通过适当的表面处理和防护罩内外的有效隔离，实现防腐蚀、防辐射和隔爆功能；通过温度调节、通风调节、遮阳罩和雨刷，扩大摄像机的气候环境适应性；通过优美的外观设计，使视频监控系统与应用环境更加协调。防护罩的市场需求量很大，几乎与摄像机和镜头基本相同。

2. 常用防护罩

（1）室内防护罩。室内防护罩的主要功能是防尘和摄像机的物理防护，没有任何可调节的环境参数，仅是一个有光学窗口的壳体，罩内空间稍大于摄像机（包括镜头），对壳体材料也没有特殊的要求。按其安装形式有吸顶、壁挂或支架安装型。在某些特殊场合，如监狱或看守所，对防护罩的机械抗冲击能力要求很高，需采用厚钢板和防爆玻璃加工制造。

（2）室外全天候防护罩。所谓全天候是指可以适应室外一年四季的气候条件。此类防护罩主要用于室外露天的场合，在自然雨雪、风沙、酷热、严寒的环境下，保持防护罩内小环境清洁、温湿度相对稳定，光学窗口透明，保证摄像机可以连续可靠地工作。根据使用地域气候条件的不同，还可选配一些其他的附加设备或增强各种调节功能，如除霜器或去雾器、附加保温层，增大加热器功率和通风量等。这种防护罩大多配合变焦镜头摄像机使用，加上温度调节的需要，罩内空间较大。其安装方式主要是与云台连接，是室外视频监控系统采用的基本设备。

（3）特殊环境防护罩。这类防护罩主要应用于腐蚀性、易燃易爆、粉尘、高温、高压等严酷环境。根据应用环境的不同，有多种不同的形式。但设计思路基本相同，采用全铝或不锈钢圆筒形结构实现高密封性，或罩内充气（氮）使罩内气压大于外部，罩内外隔绝。提高防护罩的机械强度和自身抗冲击能力，增强其物理防护能力。

（4）球形防护罩。球形防护罩不同于一般矩形结构的防护罩，目前很流行，有室内半球形防护罩和室外球形全天候防护罩。室内半球形防护罩，为了装饰美观及适当地隐蔽，摄像机防护罩制成吸顶灯式半球形。半球形防护罩有多种规格，壳体材料不同，有的是有颜色的玻璃罩，留有一监视窗，有的是全透明塑料壳体，有的是半透球，从外看是不透明的。全天候球形监视防护罩系统是指带有特定的云台和加热器，以及通风机的球形壳体，主要应用于一体机。

3. 防护罩的选配

防护罩用于保护摄像机和镜头，分为室内型和室外型。选择防护罩时应注意：

（1）根据安装位置选用。室内防护罩的主要作用是防尘，而室外防护罩除防尘之外，更主要的作用是保证摄像机在各种恶劣自然环境下正常工作，因而室外防护罩的价格远高于室内防护罩。由于部分地区四季温度变化不大，均在摄像机的工作温度内，可选用不带恒温功能的普通室外防护罩，以减少成本。

（2）根据相应尺寸选用。防护罩的尺寸应大于摄像机和镜头尺寸之和，否则，摄像机和镜头无法装入。如选用带恒温功能的防护罩，就应考虑防护罩的供电问题；选用带雨刷功能的防护罩，如果有解码器，可通过解码器控制，如果没有解码器，应考虑添加继电器来控制。

（四）支架

支架是固定云台及摄像机防护罩的安装部件，一般在支架上安装云台，再将带或不带防护罩的摄像机固定在云台上。制作支架的材料有塑料、金属镀铬、压铸，支架多种多样，依使用环境不同而结构不同，主要有以下三种类型：

1. 天花板顶基支架

一端固定在天花板上，另一端为可调节方向的球形旋转头或可调倾斜度平台，以便摄像机对准不同的方位，有直管圆柱形和丁形两种结构。

2. 墙壁安装型支架

一端固定在墙壁上，其垂直平面用于安装摄像机或云台，对于无云台的摄像机系统，其摄像机可以直接固定在支架上，也可以固定在支架上的球形旋转接头或可调倾斜平台上。

3. 墙角支架

以墙角支架加上安装连板构成，墙角支架加上圆柱安装连板，可安装在圆柱杆上。

选择支架时，主要依据安装方式以及承受的重量，包括云台及摄像机、镜头和防护罩的重量。

（五）各种一体机

摄像机与各种配套设备组合在一起构成视频监控系统实用的前端设备，可以由工程师把这些分立的设备组合在一起，也可以由厂家集为一体，产生各种形式的一体机。

（1）摄像防护一体机，球形摄像机就是把摄像机与防护罩集为一体。

（2）摄像镜头一体机通称一体机，摄像机与镜头结合在一起，省去了安装时的镜头调整，保证系统的稳定性和可靠性，一体机的镜头通常具有光学变焦和电子变焦功能。

（3）球形一体机是集防护、云台、镜头、摄像和解码驱动为一体的摄像装置，可以说是真正的一体机，目前广泛应用的快速球就是这种一体机的典型。

五、新型模拟摄像机

（一）高感度摄像机

高感度摄像机也称为夜视摄像机，有月光级和星光级产品，采用 CCD 的低速快门驱动和视频存储体，使用电子感度提升功能档能实现最低拍摄照度 0.01 勒克斯的高感度性能。现已有在无任何灯光情况下能拍摄 100 米内影像，在半黑情况下能拍摄到 300 米内影像的摄像机，专业类 3 片 CCD 高感度摄像机在最低照度为 0.02 勒克斯时，分辨率能够达到 750 线。

（二）日夜连续监视用摄像机

摄像机既能在白天高照度情况下正常工作，又能在黑夜微弱光条件下成像。随着技术的进步，综合各种不同的技术实现途径而诞生了这类摄像机，称为白天黑夜型摄像机。众所周知，一般的摄像机，无论是彩色的还是黑白的，除以像素数和水平分辨率线数来衡量其品质外，最低照度（灵敏度）是其另一重要指标，一般为 2 ~ 3 勒克斯，而电子增感类摄像机则可低至 0.1 勒克斯或更低。低照度摄像机虽满足了在微光条件下的摄像，但自动光圈的缩放范围和电子快门的自动选择仍满足不了摄像源光线在白天和夜间的巨大反差，无法兼顾白天或夜间工作，这使摄像机的应用受到较大的局限。

这类要完成白天（彩色）和夜间（黑白图像）监视的摄像机有很强的自动调节功能，表现在以下方面：

（1）在被摄体亮度变化时，自动光圈能够随之自动调整。高档摄像机具有扩展电子光圈（EEI）功能，当在一个很暗的地方拍摄而且其光圈已开足时，如果立即移动至室外阳光下拍摄，扩展电子光圈就会开始起作用，产生一个连续可变的快门来减小入光量，实现不用加中性滤光片而连续全自动摄像。

（2）自动电子快门摄像机内的电子快门速度一般从 1/50 秒 到 1/10 000 秒，个别摄像机甚至能到 1/100 000 秒。它在自动快门方式下，根据入射光的强弱将自动调节快门速度，使视频输出保持不变，被摄画面能够保持清晰明亮。

（3）自动增益控制，当周围光照降至某一预置阈值以下时，自动增益控制（AGC）功能就会起作用，以提高摄像机的灵敏度，使之亦能较好地成像。

（4）透过镜头白平衡的自动调节，自动跟踪白平衡调节电路会在白平衡与某一预置亮度的发射光条件间作出精确的匹配，白平衡范围一般为 2 300～8 000 开，根据被摄物体的状况变化及摄像环境的变化，自动进行白平衡功能调节跟踪，可使图像画面保持鲜艳明亮。

其实现方式一种是双 CCD 彩色或黑白转换型视频摄像机，用于 24 小时监视的自动红外切换型高分辨率高灵敏度摄像机，有 1/3 英寸 CCD 彩色图像传感器和单色图像传感器各一个，能根据白天与夜间自动选择不同的成像系统。在白天 1/3 英寸 CCD 给出清晰彩色图像，而在夜间，该摄像机在其自己的红外光源下自动切换到黑白图像方式。该摄像机内部的电子快门提供从 1/50～1/10 000 秒共 9 档快门速度，可以自动方式工作，也可手动设置。在自动方式下，根据入射光来调节快门速度。当周围光线降至某一预置阈值时，自动增益控制（AGC）功能将自动地增加该摄像机的灵敏度。在夜间，当亮度降至某一阈值水平（可由用户选择）时，摄像机则自动切换成红外线方式，并通过消散滤波器将红外光反射到黑白图像传感器上以黑白方式成像，这样就保证 24 小时均能得到清晰的图像。当以黑白方式运行时，摄像机上有一个发光二极管指示灯将变亮，其中，可见光的波长范围是 400～700 纳米，波长大于 700 纳米的为红外线，波长小于 400 纳米的为紫外线，其工作原理如图4－19所示。

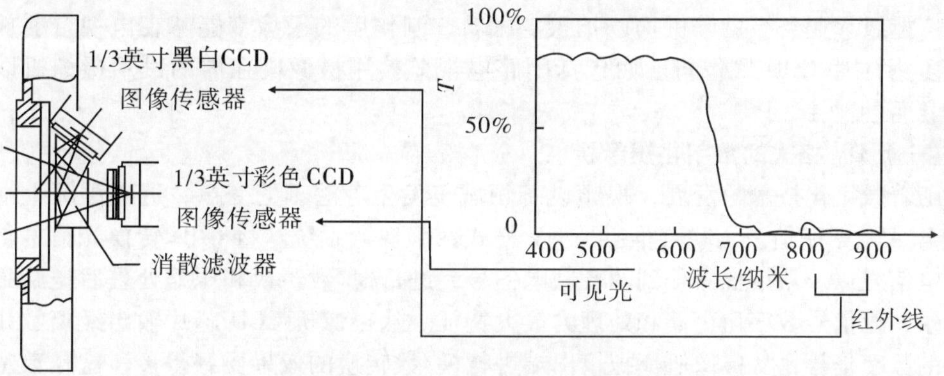

图 4－19　彩色摄像转黑白摄像原理

该类摄像机有的使用高感应度 CCD，不仅可感应波长为 400～700 纳米的可见光，也能感应波长为 780～1 200 纳米的近红外线，其感应特性可作高感度摄像。它使用第二代影像增强器圆锥状光纤与 CCD 影像感知器整合运用，来进行 24 小时的连续摄像，不论是在太阳下还是在夜间，均可摄得鲜明影像，有超过 400 线的高分辨率和优良的信噪比，并可拍摄高速移动物体影像。

（三）无线传送方式摄像机

无线传送方式摄像机的特点之一是微型化，体积小而且通常镜头和发射天线均包含在其中；二是发射功率小，通常只有几十毫瓦，因此传送距离较近，大多在 100 米之内方能接收；三是均以直流供电。无线传送方式摄像机有黑白与彩色两类。

单道黑白系统产品典型指标有：用 1/3 英寸 CCD 元件、25 万像素、水平分辨率为

380 线、最低照度为 0.1 勒克斯，使用频率为 471.25 兆赫兹、功率 70 毫瓦、直流 12 伏供电；有 4 频道无线彩色影音系统产品典型指标有：用 1/3 英寸 CCD 元件、510 × 582 像素、水平分辨率 370 线、最低照度 0.5 勒克斯，发射与接收频率可在 910 兆赫兹、980 兆赫兹、1 010 兆赫兹和 1 040 兆赫兹，四档中用跳线器任选其中的一个，无线发射功率为 50 毫瓦，内含高感度电容式麦克风，电子快门为 1/50 ~1/50 000秒，直流 15 伏供电；接收机用超外差接收方式，FM 调变方式 FM 偏移锁定频率为 15 兆赫兹，音频响应范围为 300 ~3 000 赫兹，影像输出为电压峰峰值 1 伏、75 欧姆。

无线针孔摄像机小得可放入喇叭、空调和钟表中，摄像机镜头直径最小只有 3.6 毫米，发射信号用的天线只有头发那么粗，原本用于军事侦察和刑侦等用途，但流入社会则可能被用于偷拍与窃听，成为社会公害，但同时也促使了反窃听和偷拍的反侦测器的推出。

（四）毫米波摄像机

毫米波摄像机常常用于安全检查，可发现距离 60 英尺（1 英尺 =0.304 8 米）以内藏在衣服内的武器。利用的是人体能发出波长在毫米范围以内的非常强的电磁信号，而枪、刀等较冷的物体则几乎不发出这种电磁信号，如果人体怀有枪、刀等武器，则基本上把人体发出的电磁信号也挡住了，此类摄像机可在一台监视器上照出这些物体的清晰图像。

六、新型数字化摄像机

广播级和业务级摄像机均以拍摄、编辑、制作后的录像带能够在电视台播放为标准，多为 3 片 CCD 摄像机。而包括闭路电视监控用摄像机在内的民用摄像机以单片 CCD 摄像机为主。

（一）DV 格式的数字化摄像机

随着数字化技术的发展，视频设备领域正发生着深刻的变革，近年国际上知名的 50 多家大电子制造公司联合推出了 DV 格式数字视频系统。将 CCD 转换光信号得到的图像电信号以及从拾音器得到的音频电信号，进行模/数转换和压缩处理后送给磁头转换记录，以信号数字化存储和处理为最大特征。从摄像机 CCD 芯片输出经离散化采样获得的数字信号比从摄像机模拟输出端进行模/数转换的效果要好得多，这是数字摄像机的优点所在。

DV 制式实现了 500 线的水平分辨率，按照该制式彩色信号带宽为 1.4 兆赫兹，是现有制式带宽（0.3 兆赫兹）的 4 倍以上，色度信号与亮度信号分离并分别以 8 比特进行量化，信噪比不低于 54 分贝，极大地改善了图像边缘的状况，重放具有1 678万像素的表现能力，有广播级的高质量图像。

两种脉冲调制（PCM）记录声音方式，一是采样频率为 48 千赫兹、16 比特量化的双声道立体声记录声音方式，可提供相当于 CD 质量的伴音；另有采样频率为 32 千赫兹、12 比特量化的四声道（两个立体声声道）记录方式，能在摄录像后在图像上配乐。采用小型盒带（约为 VHS 盒带的 1/4 大小）进行长达63 分钟的记录和回放，可通过接口卡与计算机连接，能以 PC 机存储、编辑和处理视频信号是 DV 系统最突出的优点。

DV 格式摄像机已进入民用，如 JVC GR－DV1 摄录机，采用 67 万像素，1/3 英寸

CCD 和 F1.6 变焦镜头，录像系统采用数字元件，可使用 4:3 或 16:9 的挤压模式录像，其水平分辨率 500 线的清晰度达到了广播级模拟式摄录像系统要求的水平分辨率下限，记录声音达到 CD 水准，而价格仅为广播级摄像机价格的 1/10 左右。因此，一方面可以作为 DVD 最廉价的动态影像拍摄输入设备，另一方面也可作为一般的数字相机使用，通过接口卡与 PC 机相连，将信息输入计算机硬盘后，由于所拍摄的图像不仅已经进行了模/数转换，而且进行了约 5:1 的压缩处理，故可方便地存储或显示观看，也可进行后期编辑或作特技处理。

（二）DSP 摄像机

由于受到价格的制约，民用摄像机的数字化进展不是整个系统变革，而仅限于在原模拟制式基础上，引入部分数字化处理技术，因而被称为数字信号处理摄像机（如图 4－20 所示）。

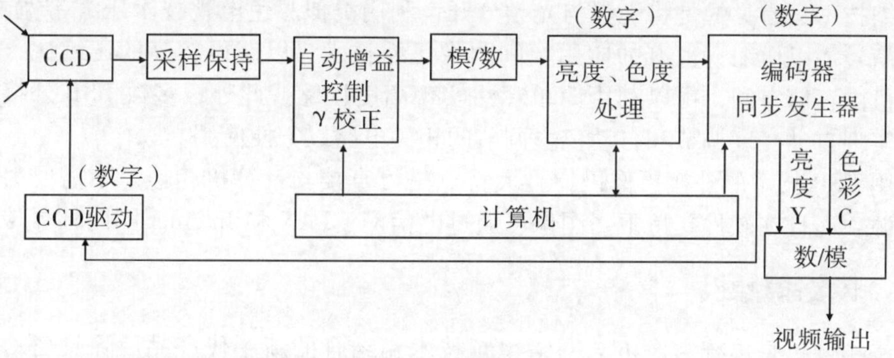

图 4－20 DSP 摄像机

数字信号处理带来的主要优点有：

（1）采用数字检测和数字运算技术而具有智能化背景光补偿功能。要求被摄景物置于画面中央并要占据较大的面积方能有较好的背景光补偿，否则，过亮的背景光可能会降低图像中心的透明度，而 DSP 摄像机可通过将一个画面划分成 48 个小处理区域来有效地检测目标，即使是很小的、薄的或不在画面中心区域的景物也能清楚地呈现。

（2）采用 DSP 技术具有自动跟踪白平衡（ATW）功能，即可以在任何条件下检测和跟踪“白色”，并以数字运算处理功能来再现原始的色彩。

传统的摄像机因对画面上的全部色彩作平均处理，如果彩色物体在画面上占据很大面积，彩色重现将不平衡，即不能呈现原始色彩。DSP 摄像机将一个画面分成 48 个小处理区域，能有效地检测白色，即使画面上只有很小的一块白色，该摄像机也能跟踪，从而再现出原始的色彩。

（3）在拍摄网格状物体时，可将由摄像机彩色噪声引起的图像混叠减至最小，实现数字降噪、2 倍增强、数字光圈校正、数字拐点校正等功能，再现真实色彩。

七、电脑摄像机

电脑摄像机（PC camera）是在电脑多媒体及信息网络快速发展的背景下，由 CCD 光电产业与 PC 电脑相结合的产物，现在正处在研究发展阶段。它具有部分人眼功能，可用于影像处理和图形识别，例如，可用以判读文字、图形和颜色，可识别指纹、视网膜、图章与签字，在工业上可用来检验零件的合格度、判别机械磨损程度等。

电脑摄像机也称为外接摄像机，其发展目标，一是与微机方便地连接使用和上网；二是追求影像处理的快速而不是高清晰度，是动态影像而不是静止影像，这是与数字相机的根本区别所在。依实现途径的不同，当前的电脑摄像机可分为下列两类：

（1）PC 视频摄像机。摄像机视频图像要经过图像捕获卡才能进入 PC 机，这是出现比较早且价格较高即将面临淘汰的一类。

（2）PC 数字摄像机。用数字化摄像机将数字信号经由 PC 机的打印机接口直接将影像输入到 PC 机中，但因通过并行口会造成幅频太低，而利用图像压缩来提高幅频会以增加成本为代价，所以解决外接摄像机问题的关键在于提高微机外接口的带宽。

USB 外接摄像机已成为市场上的主流产品，为了实现图像传输的连续化，需要有 5 倍以上的图像数据压缩，可满足 CIF 的实时传输。为降低成本可采用一些简单的幅内图像压缩技术，常见的是将光强与光频分开，利用类似彩色电视技术压缩带宽的方法，对图像信号加以压缩；也有的应用幅间图像压缩技术，以获得较高的压缩比，需要有较大的机内存储空间，可以利用简单算法实现高度压缩。此外，多数 USB 外接摄像机都装有实现自动亮度调节和自动色彩调节的相关电路以方便使用。

采用 USB 技术的外接摄像机，最大特点是可直接与计算机相连，不需要另外的插卡和电源，而且在软件支持下，图像可通过电信网、LAN 和 Internet 网向外界传送。

八、网络摄像机

网络摄像机是传统摄像机与网络视频技术相结合的新一代产品。除具备一般传统摄像机所有的图像捕捉功能外，机内还内置了数字化压缩控制器和基于 WEB 的操作系统，使得视频数据经压缩加密后，通过局域网、Internet 或无线网络送至终端用户。远端用户可在自己的 PC 上使用标准的网络浏览器，根据网络摄像机带的独立 IP 地址，对网络摄像机进行访问，实时监控目标现场的情况，并可对图像资料进行实时编辑和存储，可以通过网络来控制摄像机的云台和镜头，进行全方位的监控。

从外部结构来看，目前市面上的网络摄像机有一种为内嵌镜头的一体化机种，这种网络摄像机的镜头是固定的，不可换；另外一种则可以根据需要更换标准的 C/CS 型镜头，只是 C 型镜头必须与一个 CS/C 转换器搭配安装。

但从内部构成上说，无论是哪种机型，网络摄像机的基本结构都是由镜头、滤光器、影像传感器、图像数字处理器、压缩芯片和一个具有网络连接功能的服务器组成的。

网络摄像机作为摄像机家族中的新成员，一方面，也有与普通摄像机相同的操作性能，具有自动白平衡、电子快门、自动光圈、自动增益控制、自动背光补偿等功能。另一方面，由于网络摄像机带有网络功能，因此又可以支持多个用户在同一时间内连接，有的网络摄像机还具有双通道功能，即可同时实现模拟输出和网络数字输出，其内部结构如图 4－21 所示。

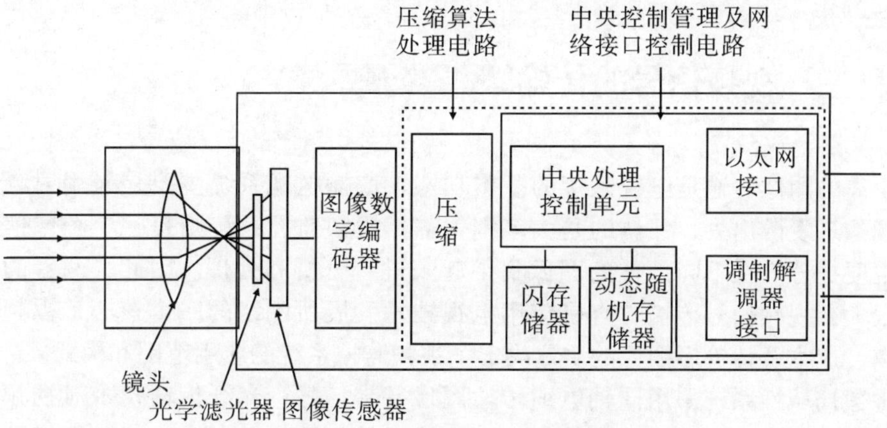

图 4－21　网络摄像机的内部结构

九、摄像机的选配

摄像机是整个监控系统的核心设备，选择时应根据现场环境和用户需求慎重选择。

（一）根据安装方式选择

如固定安装，摄像机多选用普通枪式摄像机或半球摄像机；如采用云台安装方式，现多选用一体化摄像机，特点是内置电动变焦镜头，小巧美观、安装方便、性价比高；也可采用普通枪式摄像机另配电动变焦镜头的安装方式，但价格相对较高，不如一体化摄像机安装简便。

（二）根据安装地点选择

由于普通枪式摄像机既可壁装又可吊顶安装，因此，室内室外不受限制，比较灵活；而半球摄像机只能吸顶安装，所以多用于室内且安装高度有一定限制，但与普通枪式摄像机相比，不需另配镜头、防护罩和支架，因此，安装方便和美观隐蔽且价格经济。

（三）根据环境光线选择

如果光线条件不理想，应尽量选用照度较低的摄像机，如彩色超低照度摄像机、彩色黑白自动转换两用型摄像机、低照度黑白摄像机等，以达到较好的采集效果；如果光线照度不高，而用户对监视图像的清晰度要求较高时，宜选用黑白摄像机；如果没有任何光线，就必须添加红外灯提供照明或选用具有红外夜视功能的摄像机。

（四）根据图像清晰度的要求选择

如果对图像画质的分辨率要求较高，应选用清晰度指标较高的摄像机。一般来说，对于彩色摄像机，420 线、450 线都为中解析摄像机，470 线以上都为高解析摄像机，清晰度越高，价格相对越高。

（五）根据产品说明上的性能指标选择

产品说明上的性能指标，如信噪比、自动光圈镜头的驱动方式等指标，视频监控系统中的信噪比指标要选大于48 分贝的，这样不仅满足行业标准规定的不小于38 分贝的要求，更重要的是当环境照度不足时，信噪比越高的摄像机图像就越清晰。

项目三 视频信号的传输

远距离的图像传输是电视系统的基本功能，广播电视系统主要是采用射频载波技术把图像信息发散出去，强调的是大范围覆盖。视频监控系统则是一个图像信息采集系统，主要把分散在不同部位的图像集中起来进行分析和处理。因此，两者的传输方式差别很大，视频信号传输一直是应用电视技术发展所围绕的一个核心，视频信号传输的距离、成本及传输后图像的质量决定了视频监控系统的应用范围和模式。

大多数局域性系统采用同轴电缆传输图像基带信号；光纤传输技术对视频监控的发展起到了巨大的推动作用，是目前大型监控系统所采用的基本方式；网络开创了远程图像监控的时代，为视频技术的应用开拓了新的领域，使电视真正成了“千里眼”。

图像传输有多种方式（如表 4 – 2 所示），可采用不同的介质、不同的调制方式，要根据应用条件进行选择：

摄像机安装位置离监控中心较近，即几百米以内时采用视频基带传送方式（如图 4 –22所示）；

摄像机安装位置距离监控中心较远时，采用射频或频带有线传输或光纤传输方式；

当摄像机距离更远且不需要传送标准动态实时图像时，也可以采用窄带电视用电话线路传输，视频信号有不同的传输方式（如图 4 –22 到图 4 –26 所示）。

表 4 – 2 图像传输

传输介质	传输方式	特点	适用范围
同轴电缆	基带传输	设备简单、经济、可靠、易受干扰	近距离、加补偿可达 2 千米
	调幅、调频	抗干扰性好、可多路、较复杂	公共天线、电缆电视
双绞线（电话线）	基带传输	平衡传输、抗干扰性强、图像质量差	近距离、可利用电话线
	数字编码	传送静止、准实时图像抗干扰性强	报警系统、可视电话，也可传输基带信号，可利用网线
光纤传输	基带传输	IM 直接调制、图像质量好、抗电磁干扰好	应用电视，特别是大型系统
	PCM FDM（频分多路） WDM（波分多路）	双向传输、多路传输	干线传输
无线	微波、调频	灵活、可靠、易受干扰和建筑物遮挡	临时性、移动监控
网络	数字编码、TCP/IP	实时性、连续性要求不高时，可保证基本质量，灵活、保密性强	远程传输、系统自主生成、临时性监控

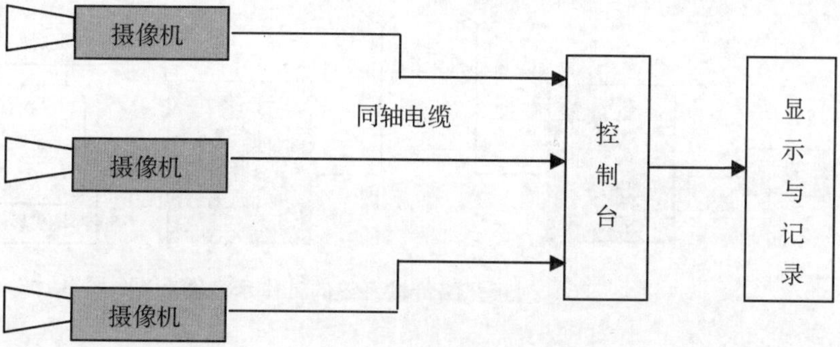

图 4－22　视频信号基带传输原理示意图

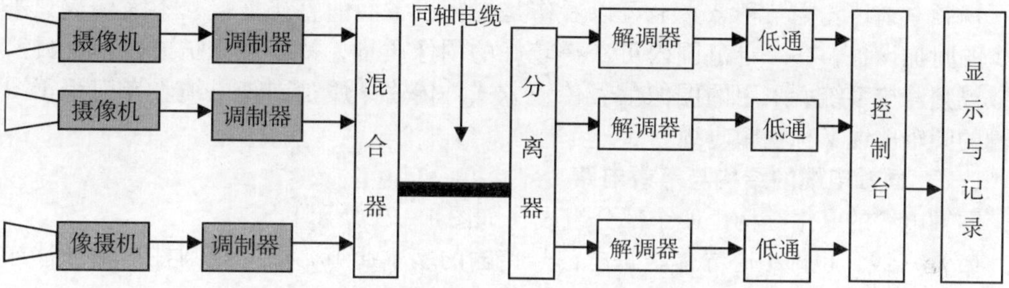

图 4－23　频带（射频）闭路传输原理示意图

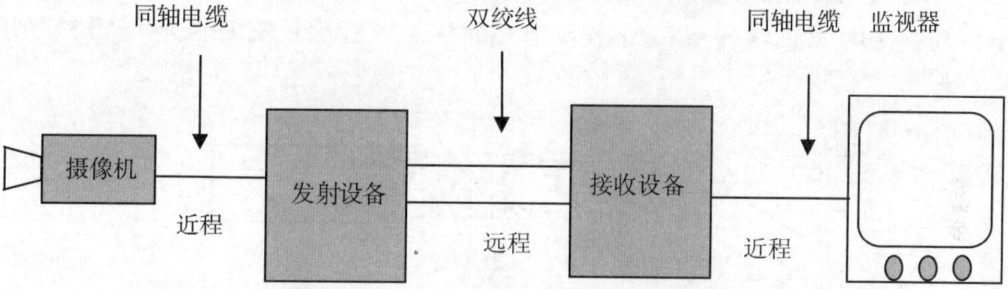

图 4－24　视频平衡传输原理示意图

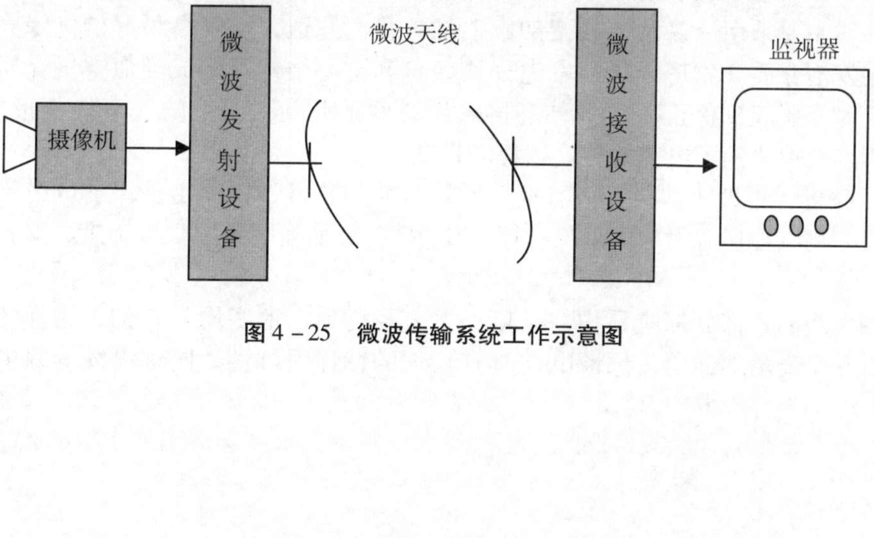

图 4－25　微波传输系统工作示意图

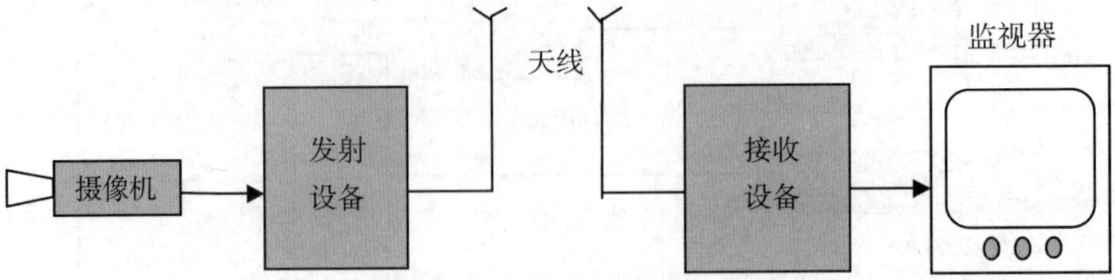

图 4－26　射频开路传输系统的工作示意图

一、同轴电缆视频传输

视频电缆传输在某种意义上可以看作是视频设备间的直接连接，不需要或只需要很少的附加设备，在一定范围内可获得较好的图像质量，持续且维护方便，是目前大多数视频监控系统所采用的图像信号传输方式，传输介质是同轴电缆。专门用于图像传输的同轴电缆又称视频电缆。

（一）同轴电缆的结构与等效电路

同轴电缆的基本结构由四个部分组成（如图 4－27 所示）。

（1）芯线，也即中心导体。是电信号传输的基本通道，由一根圆柱形铜导体或多根铜导线绞合而成。

（2）外导体，也即屏蔽层。是与中心导体同心的环状导体（同轴电缆就是由这个同心结构得名），由细铜线编织而成，作用如同一个波导，将电信号约束在一个封闭的空间中传播，同时阻止外界电信号串入中心导体。屏蔽层还有加强电缆机械强度的作用。

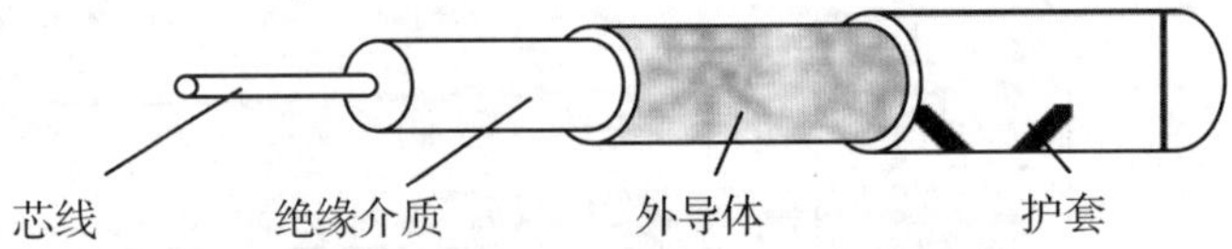

图 4－27　同轴电缆内部结构示意图

（3）绝缘介质充满在屏蔽层与中心导体之间，形成一个不导电的空间。视频电缆的绝缘介质主要采用聚氯乙烯或聚四氟乙烯。我们知道，空气是最好的绝缘介质。因此，采用发泡介质（物理或化学发泡聚乙烯）和空心结构可构成类似空气介质的同轴电缆。绝缘介质起到保证中心导体和屏蔽层之间的几何关系、防止电缆变形的作用，在很大程度上也决定了电缆的传输损耗和带宽。

（4）护套，也即防护层。指的是电缆被覆的塑胶材料，作用是保护电缆不被锈蚀和磨损。专用电缆还有附加的外保护层（铅皮），既加强电缆的机械强度，又提高其抗干扰性。

同轴电缆的各部分都应是均匀（同心、直径均匀、密度均匀）的，这样才能为电信号提供一个光滑的通道，保证电缆具有均匀的特性阻抗性，同轴电缆等效电路如图 4－28所示。

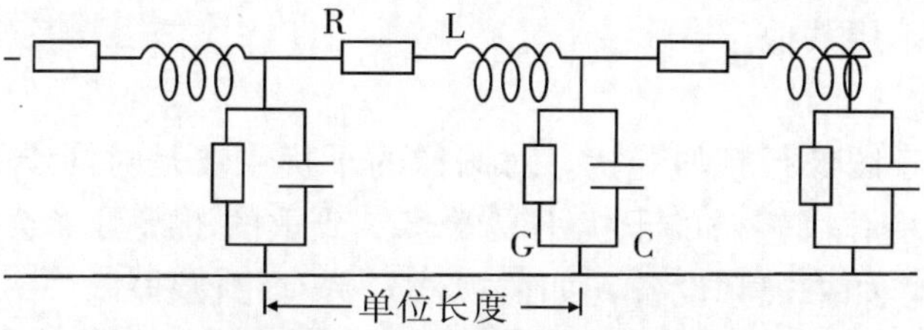

图 4－28　同轴电缆的等效电路

可以认为，电缆的每一段中心导体对于交流信号相当于一个小电感，本身还有一定的电阻；每一段中心导体与屏蔽层之间等效于一个小电容，其电容量决定于两者间距离和绝缘介质的电介常数，而介质损耗相当于电导的存在。因此，可用图中的电路来等效同轴电缆，每一节电路可以等效一单位长度的电缆，整个电缆相当于许多节电路的串接。以这个等效电路对同轴电缆进行分析，可得出以下基本结论：

对低频信号而言，同轴电缆可视为一集中参数电路。可以认为电路上任一点的电压和电流是一致的，随着信号源的变化同时变化，只有幅度衰减，没有相位的失真。

对于高频信号，情况就不同了。由于能量在电抗元件上积累，释放所需要的时间会大于信号源的变化，造成电缆上各点的电压、电流参数不仅与时间有关，还与几何位置有关，电缆表现为分布参数电路。

显然，信号的低频与高频是相对的概念，由电缆长度与电信号频率之间的相对关系而定。当信号波长大于电缆长度时可以认为是低频信号，电缆表现为集中参数电路，俗称短线；反之，则视为分布参数电路，俗称长线。

例如，市电的频率为 50 赫兹，其波长为 6 000 千米，几百千米的同轴电缆相对来说也是短线；而带宽 6 兆赫兹的视频信号，其高频分量的波长为 50 米、100 米的同轴电缆相对来说就是长线了。可以看出，一定长度的同轴电缆对于视频信号的低频分量和高频分量将呈现出不同的特性，导致电缆对视频信号的高、低频分量的损耗不同，产生的相移也不同，这就是同轴电缆传输宽带信号具有局限性的根本原因。

（二）同轴电缆的主要干扰及抑制措施

同轴电缆传送视频信号的干扰主要来自外部，表现为噪声的增加和 S/N 的下降，因为系统基本上是无源的，自身不产生噪声。同时视频信号的频带很宽，易于受外来信号的干扰，主要有：

1. 高频干扰

高频干扰又称射频干扰。高频电磁波在电缆的长轴方向上产生感生电压，就会通过信号源的内阻或电缆中心导体与屏蔽层之间的电容在中心导体上形成干扰电流。有时电缆与摄像机的连接会破坏摄像机的屏蔽状态，导致干扰信号直接进入视频信号源，这是产生高频干扰的主要原因。高频干扰源主要有广播、电缆和摄像机附近的射频设备及可能产生电火花的设备。干扰信号的频率高于图像行频，从几百赫兹到几兆赫兹，容易被人眼觉察，对图像质量的影响较大。高频干扰在图像上的表现是倾斜或交叉的网纹，从网纹条数可以推算出高频干扰信号的频率，由此可找出干扰源。

高频干扰是很难抑制的，主要的方法是做好屏蔽：将前端设备（摄像机、镜头）的公共地线连接好，且不要与本地的地线连接。必要时可采用附加屏蔽电缆，附加屏蔽不要与电缆的屏蔽层共地。

2. 低频干扰

低频干扰是低于图像行频的干扰。对图像的干扰主要是对同步的影响，在画面上表现为背景亮度的变化，轻微的干扰不易觉察，严重的干扰可能会破坏图像的同步，使图像扭动或跳动。如果视频设备（如监视器）具有钳位功能，一定程度上会消除这种干扰。

低频干扰基本上来自于电源，而地电位差是主要原因。人们常认为大地处处都是等电位的，其实不然，不同地点之间存在着很大的电位差，这是由于各地之间用电量的不同和供电系统间不平衡所致。如果同轴电缆传输系统屏蔽层的两端都在本地接地，地电位差就会在屏蔽层上产生一个地电流，地电流通过信号源的内阻串入视频信号，从而形成干扰信号。

由此可见，消除地电流干扰的方法就是切断地电流的回路。采用单端接地或隔离变压器都是可行的方法，这就是前面讲的前端设备屏蔽的地最好不要与本地大地连接的原因。

同轴电缆传输还会有一些失真的现象出现，特别是关于高频分量损失过大所引起的图像分辨率不够以及彩色副载波还原不好、图像色彩失真等问题。

只要适当地选择电缆的规格，合理地控制电缆的长度（传输的距离），这些问题一般是不会出现的。

（三）同轴电缆传输性能的评价

同轴电缆的低频、高频传输特性的差异限定了传输视频信号的距离。这种差异表现为系统的幅频特性和相频特性，后者对图像质量的影响是严重的，将导致图像重影、色度失真，而又没有好的校正方法，只能通过限制电缆的使用长度来解决。同时相频特性也不容易测量，所以对电缆传输的评价主要是幅频特性，即从损耗和不同频率分量损耗的差别来评价传输系统。实际测试时，可用多波群信号，多波群信号经电缆传输后，各频率段的幅度将发生变化（衰减），各频率段幅度衰减的差别程度（频率越高，衰减越大）就是传输系统的幅频特性。我们知道，电视系统的彩色副载波是由视频信号的色同步来传送的，衰减对彩色还原性有很大的影响，同时也反映了传输系统的幅频特性（反映高频衰减）。因此在实际测试时，可以通过观察彩色视频信号的色同步信号来对系统进行基本的评价（如表 4－3 所示）。

表 4－3　电缆传输的评价

副载波衰减	传输效果
小于 3 分贝	良好
小于 6 分贝	可用
小于 10 分贝	最低限、可能不能还原彩色

（四）双绞线视频传输

利用双绞线进行视频传输以前有很多应用，主要是用于市话系统的电话线。由于电话线的损耗要比同轴电缆高，幅频特性差，因此，传送前，首先要对视频信号进行预加重（提升高频分量的幅度），然后将其转换为平衡信号，送入电话线。接收端通过差分放大电路将信号现转换为非平衡信号，这样处理主要是为了抑制外界的干扰。外界干扰对于平衡的双绞线来说是对称的，差分放大实现共模抑制被消除的目的，而视频信号得到放大，其工作原理如图4－29所示。

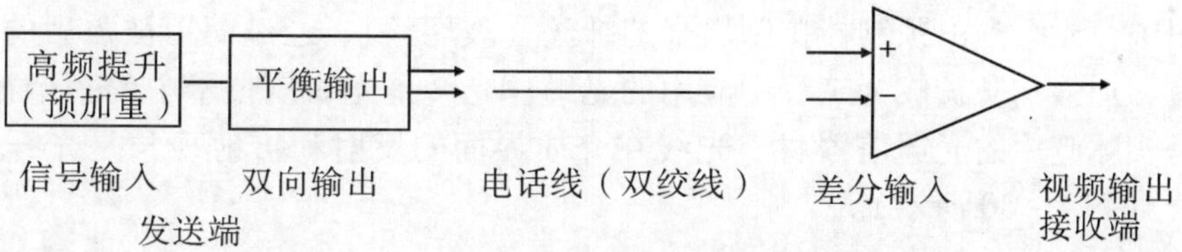

图4－29　平衡传输

近距离的平衡传输，采用视频变压器进行非平衡—平衡转换和平衡—非平衡转换即可。

目前，随着综合布线技术的发展，5类、6类双绞线有足够的带宽，平衡性也好，通过跳线可直接连接成点到点的通路，于是又出现了双绞线传输视频信号的应用。所需要的附加设备是视频平衡变压器，完成非平衡—平衡转换和平衡—非平衡转换。由于网络双绞线的性能远高于普通电话线，系统的图像质量可以很好。需要指出的是，这种传输方式与通过网络传输图像不是一个概念，点对点固定的连接，传送的是基带信号。

在视频监控系统中，除了传输视频信号外，还要传送系统的控制信号。控制信号的传输与系统图像信号流方向相反，是从控制中心传向前端的摄像机、镜头、云台、防护罩等受控设备的。控制信号的传输介质大多与视频传输介质相同，但由于控制信号为窄带数据信号，因此传输要容易得多。

二、光纤视频传输

光纤通信具有电缆传输无法比拟的优势，它使视频监控系统无论在图像质量上还是在系统功能上，都上升到一个新的高度。光纤通信的主要特点有：

（1）损耗小，信号传输距离长。目前，单模光纤在波长1.31～1.55微米的低损耗窗口，损耗达0.2 ～0.4分贝/千米，可实现多路视频信号几十千米无中断传输。

（2）频带宽。最先进的光纤多路电视传输系统的频率范围已达到40～862兆赫兹（有线电视）。一根光纤可同时传输几十路以上的电视信号。目前，光端机也可能实现一根单模光纤传送几十路电视信号。

（3）图像质量高、系统噪声小、非线性失真小、抗干扰性能强。基本上不受外界温度变化的影响，可以保证很高的图像质量。

（4）保密性好。由于光路中传送的是光信号，不易窃取，非常适用于安全监控系统等高保密要求的应用。同时，光纤传输不受电磁干扰，可以在强电磁环境中工作。

（5）施工、敷设方便。光缆具有细而轻、拐弯半径小、抗腐蚀、不怕潮、温度系数小、不怕雷击等优点，所以敷设施工很方便。

光纤通信系统存在如下问题：光缆和光端机的成本比较高；光路中的一些关键器

件，如光合波器、光分波器、电子式光开关、光衰减器及光隔离器之间的连接处理还有待改进；全新的光纤通信系统还有待完善。

（一）光纤维的结构与光传输原理

光纤是光波传输的介质，是由介质材料构成的圆柱体，由芯子和包层两部分组成（两者为同心结构）。光波沿芯子传播，这就是技术文献中讨论光纤原理时的光纤。在实际应用中，光纤是由预制棒拉制出来的纤丝（玻璃丝），经过简单被覆后的纤芯，再经过被覆、加强和防护成为工程中应用的光缆。光纤是光通信技术中的一个技术名词，而光缆是实际应用的光通信器材。光线在介质界面的反射和折射现象是光纤传光的基本原理（如图 4－30 所示）。

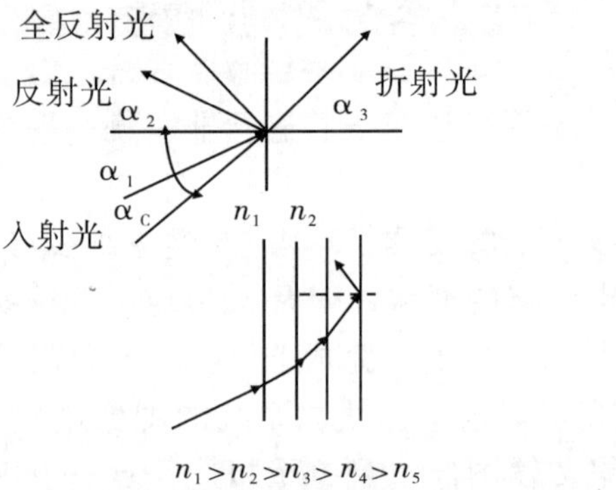

$\alpha_1 = \alpha_2 = \alpha_3$（反射定律），$\sin\alpha_1 / \sin\alpha_3 = n_2/n_1$（折射定律），$\alpha_c = \sin^{-1} n_2/n_1$时发生全反射

图 4－30　光线的折射和反射

当一束光线投射到两个具有不同折射率（n_1、n_2）的介质交界面上时，会发生折射和反射。假定 $n_1 > n_2$，折射光就会向交界面方向偏转。当光线入射角 α 增大至临界角 α_c（$\alpha_c = \arcsin n_2/n_1$）时，就无光线进入第二种介质，形成全反射。对于多层介质形成的一系列界面，若 $n_1 > n_2 > n_3 \cdots > n_m$，光线到达每一个界面的入射角会逐渐增大，直至形成全反射。这个分析应用于光纤，以便理解光纤传光的基本原理（如图 4－31 所示）。

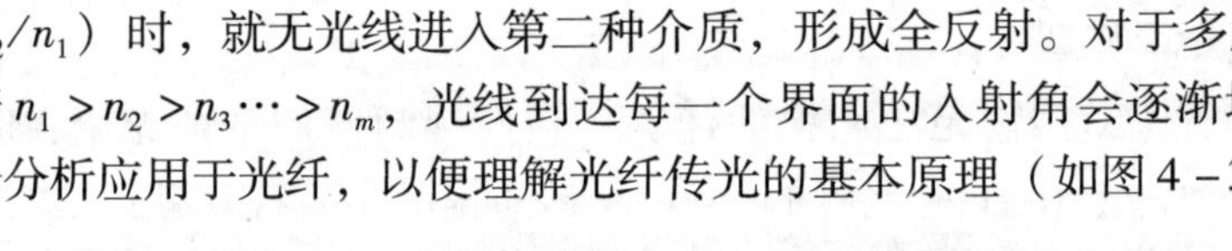

图 4－31　光纤中光的传播

光纤由芯子、包层和套层组成。芯子和包层的折射率不同，其折射率的分布有两种形式：折射率连续分布型（又称梯度分布型）和折射率间断分布型（又称阶跃分布型）。实用光纤还有其他分类形式（如表4-4所示）。

表4-4　光纤的分类

按折射率分布分类	梯度、阶跃
按传播模数分类	单模、多模
按材料分类	高纯度石英玻璃、多组分玻璃、卤化物、混合材料
按制备方法分类	CVD（化学气相沉积法）、MCVD（改进CVD）

光纤的套层只起保护作用，对光传输无意义。梯度光芯子直径为50微米，包层直径为125微米；阶跃光纤芯子直径为10微米，包层直径为100微米。按波动理论，光纤允许有限的离散数量的光（模）传播，实验证明了这一点。传播模数是芯子的横截面积与（n_1-n_2）的函数成正比关系，多模纤可有几百个模。当芯子的直径减小到一定值，光纤就只能传播一个模了，即单模纤。单模纤不存在色散，具有很大的信息载送容量。

（二）光纤视频传输三环节

光源、探测器和光缆是构成光纤传输系统的三个基本环节。

1. 光源

光纤传输信息的载体是光波，光源是其最重要的器件。光纤传输用的光源要求具有很好的稳定性和较长的寿命，其波长与光纤低损耗区相一致，同时具有很好的调制性能。常用的光源是实际应用得最多的如下两种固体光源：

（1）发光二极管（LED）。发射波长为0.8~0.9微米/1.1~1.6微米的发光二极管是最简单的固体光源。由于它可以提供足够的光功率和适当的光谱宽度，容易与光纤耦合，可以方便地直接调制，因此在实际工程中得到了大量应用。其工作原理是：当PN结正向偏置时会有电子（少子）注入P区，这些导带的电子与处于价带的空穴（多子）复合时，就会发出光子。材料导带与价带间的能量差，决定了发射光的波长。这种复合称自发复合，发光称自发辐射。由于材料的缺陷，有些复合不发光，因此，LED的发光（量子）效率不会是100%（一般是50%~80%）。

（2）半导体激光器（LED）。将LED的两个端面做成相对的反射面，光在反射面间（相当于谐振腔）来回反复形成光反馈，若增益大于损耗，即出现激光振荡，产生激光输出，这就是半导体激光器。或者说给LED加上一个能够提供反馈的谐振腔，在大电流注入下就构成半导体激光器。因是受激发光，其光谱很窄（小于1纳米），发光功率较高、调制频率可达1吉，与光纤的耦合效率高，因此，半导体激光器非常适于长距离、高速率通信。

2. 探测器

与光源相反，探测器的功能是解调光信号，将载于光波上的信息转变为电信号。系统对此的基本要求是在工作波段上有足够的灵敏度和带宽。目前，应用最广泛的探测器有半导体光电二极管和雪崩二极管。

（1）PIN 二极管是最通用的光电二极管，其工作原理是当 PN 结耗尽层受到光子照射，入射光能量大于或等于材料带间的能差时，光子能量被吸收，产生空穴电子对，由于强电场的作用，向相反的方向漂移，通过 PN 结后收集，形成光电流。为提高耗尽层的宽度，减小掺杂量使 P 区成为本征区，就是 PIN 二极管。

（2）雪崩光电二极管（APD），许多系统可接收的光功率是毫微瓦级的，要求高灵敏度的探测器件，雪崩二极管就是一种高灵敏度的光电二极管。其工作原理是在加反偏的二极管中，当耗尽层的电场足够强时，光生载流子可以获得足够大的能量去撞击被束价电子使之电离，从而产生额外的空穴电子对，这些载流子同样可以在电场中获得能量去撞击其他价电子，再产生新的载流子。如此往复，就会形成载流子雪崩倍增，光电流被几十、几百倍地放大。

雪崩噪声是 APD 的主要特性。雪崩本身具有统计的性质，每个光电子不会产生相同的倍增作用，这个增益涨落即表现为雪崩噪声。

PIN 与 APD 都是将光强变化直接转换为电流变化的器件，称为直接探测，其输出电流是输入光功率的线性函数。在光通信系统中，直接光强调制（IM）是最普遍的方式，所以直接探测也是最广泛的方式，PIN 在稳定性、寿命和价格方面有优势，应用较为普遍。

3. 光缆

光纤通信要得到实际应用，就必须能适应各种工程条件和自然环境的要求。因此要把光纤加强、防护使之成为有实用价值的光缆，从光纤到光缆是光纤通信从实验室进入实际应用的过程。常用光缆主要有以下两种形式：

（1）层绞式。层绞式是以一根钢丝或加强纤维为中心加强件，外绕缓冲层，多根光纤均匀地分布在缓冲层外（一层或多层），呈螺线状地环绕着加强件，在纤芯层外又是一层缓冲层，最外层是防护被覆。

（2）骨架式。这种形式采用一根含中心加强件的特殊形状的骨架，纤芯平稳地放置在骨架周围的空腔内，呈螺线状地围绕着加强件，骨架外是缓冲层和防护层。这种方式的光缆，纤芯在骨架的空腔内是悬浮的，使光缆弯曲时，光纤不受附加的张力。这种光缆的机械强度较好，但不易制造多纤芯光缆（如图 4－32 所示）。

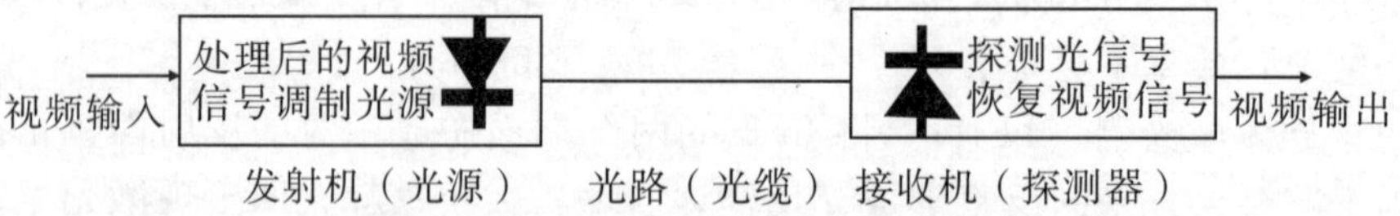

图 4－32　最基本的光纤传输系统

（三）光纤视频传输系统

视频监控系统主要是采用直接光强调制的方式，传送图像基带信号。可把光传输系统看成一个黑盒子，一端是视频信号入，另一端是视频信号出。许多实用系统的测试就是这样，并不考虑系统光学上的特性或技术参数，只是对系统输出的结果进行评价，光纤视频传输系统的测试也就成为一种视频测试。光纤视频传输有以下两种主要方式：

1. 模拟基带方式

基带传输是应用最多的方式，直接用视频信号 IM 调制光源（大多采用 LED 光源）。系统结构简单，可以得到 10 兆赫兹左右的带宽，几千米传送单路图像信号可以得到很好的质量，基带传输基本的电路如图 4 – 33 所示。

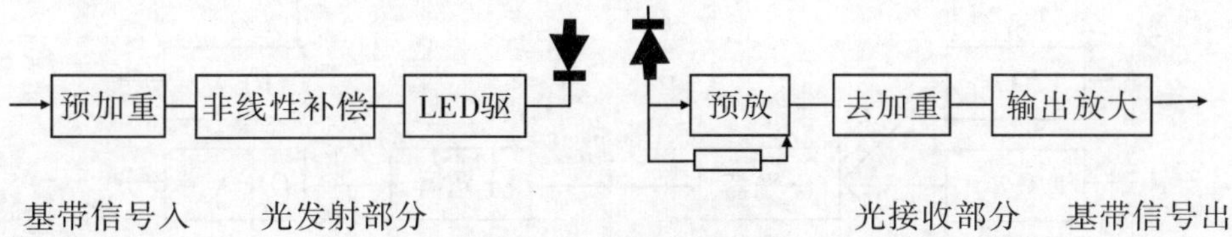

图 4 – 33　视频基带传输

其中预加重电路主要是用来提高系统的 S/N，非线性补偿电路则是针对光源输出特性的非线性失真。光发射机的关键是驱动电路，高性能光发射机多采用具有反馈控制的驱动电路，可以很好地改善光源输出特性。光接收机的关键部分是预放电路，要求带宽高、噪声低，多采用 PIN – FET 互阻放大器作为光接收机的预放级。

2. 常用的多路传输方式

实现多路传输对降低工程成本、提高资源利用率很有益处，特别是对干线通信，多路视频信号的起点和终点相同，在技术上和工程上都非常便于多路传输。目前常用的多路传输方式主要有以下两种：

（1）频分多路（FDM）。这是电通信中常用的、也是很成熟的技术（如图 4 – 34 所示）。其基本原理是应用电路技术进行频率复用，话音通信系统早就采用这样的技术了。视频信号的频带本来就比较宽，几路信号复合在一起频带就更宽了，在电路上提供这样的通道很困难，但光纤具有这样的能力，所以说光纤传输真正实现了视频信号的频分复用。频分多路处理后产生的是一路电信号，利用一个光源进行电/光转换，采用一条光路传送，由一个探测器接收进行光/电转换，就可以实现多路（信号）传输，复合信号的分离当然也是由电路来实现的。

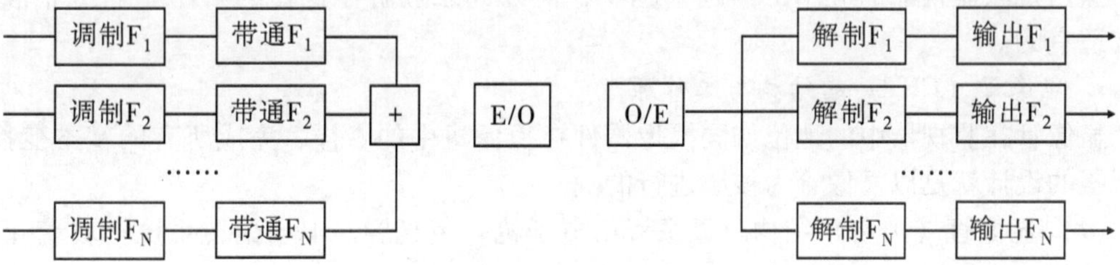

图 4 – 34　频分多路

（2）波分多路（WDM）。这是利用光学器件（合光器）将不同波长的光波（来自不同的 E/O 或光源）混合在一起，通过一条光路传送，然后再用分光器将其分离，分别进行 O/E 转换，还原为电信号。这种方式中多路信号的混合显然是由光学器件完成的。

光纤传输系统具有频带宽的特点，但还是有限度的，可以进行频分复用的频带是有限的，因此传输信号的路数也有限（一般十几路）。波分多路则不然，在传光的特性上，光纤的资源是很丰富的，目前 WDM 系统传输信号数量的限制主要是来自合光或分光器等光学器件（如图 4－35 所示）。利用 WDM 系统还可以方便地实现光路上双向传输，这是其突出的优势。

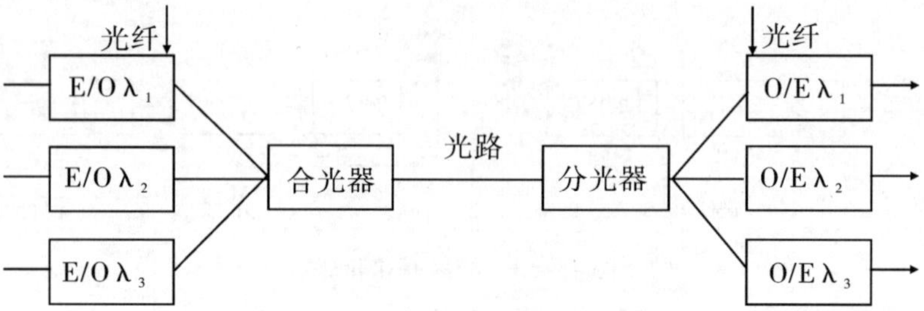

图 4－35　波分多路

项目四　图像显示与记录设备

图像显示和记录设备都是视频监控系统的中心室设备，如果说摄像机是系统的信源，那么图像显示和记录设备就是系统的信宿，它们所实现的功能或所完成的变换也是与摄像机相反的。理解了图像显示与记录设备，便可以理解电视系统中另外的几种基本变换。

一、视频监视器

在目视解释系统中，图像显示是图像系统的最后环节。图像显示与图像生成是完全相反的过程，它们在技术上是相对的、相逆的。显像管图像显示技术在一段时期内占主导地位。近年来，平板显示和投影发展迅速，显示设备逐渐像素化，在视频监控系统中得到了广泛的应用。

（一）黑白视频监视器

黑白视频监视器的应用虽然越来越少，但以此来理解监视器的工作原理是非常简明和适宜的。

1. 显像管（CRT）的结构与工作原理

显像管在监视器中的地位如同摄像器件在摄像机中的一样，完成所有的基本变换，监视器的设计就是以显像管为核心进行的。

（1）显像管（黑白）结构。显像管由电子枪、荧光屏、电子偏转系统和玻璃壳体组成，其结构如图 4－36 所示。

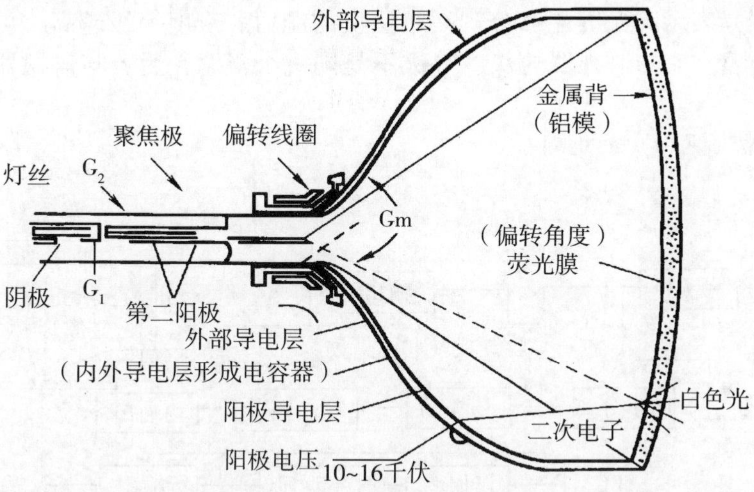

图 4－36　显像管结构示意图

电子枪由灯丝、阴极、控制栅极、加速极、聚焦极和阳极组成，基本功能是发射电子，并使其加速、聚焦形成细小的电子束，准确地打在荧光屏上。电子枪的阳极由阳极圆筒和壳体内壁的石墨导电层组成，通过高压嘴供给十几千伏的高压，使电子加速，获得足够的能量轰击荧光屏，使其发光。电子枪的作用如同一组光学透镜对光线的作用，因此又被称为电子光学系统。

荧光屏由镀覆在面板玻璃内壁上的荧光膜构成，受电子束轰击而发光，发光强度与电子束能量和强度成正比。构成荧光膜的主要材料（荧光粉）是硫化锌与硫化镉的混合物，荧光膜背面还有一层 10 微米厚的铝膜，其作用是提高荧光屏的亮度，并防止离子对荧光屏的轰击。

电子偏转系统是位于显像管外部的线圈组件，也可以认为是偏转（扫描）电路的一部分，与显像管的结构紧密相关。它的作用是改变电子束的运动方向，形成矩形扫描光栅。

玻璃壳体是显像管的真空器件，壳体是重要部分，电子枪、荧光屏均置于其中。

（2）显像管的基本性能。调制特性通过向阴极或栅极加电压都可以对电子束进行调制，前者称为阴调方式，后者称为栅调方式。两者的电压极性显然是相反的，我们通常把栅、阴极之间的电压称为调制电压，调制电压与电子束电流的关系称调制特性。实验证明显像管的调制特性不是线性的，因此，调制电压与荧光屏亮度的关系也不是线性的。摄像机的 γ 校正就是为了补偿这一非线性特性。对某一型号的显像管，调制电压的范围（调制量）是有限度的，是电子束刚好为零时的调制电压（截止电压）与规定电子束电流时的调制电压的差。

分辨率指的是可以分辨的电视线的数量。它与荧光粉的特性和电子束的聚焦性能有关。荧光粉越细、电子枪聚焦越好，显像管分辨率越高。显像管的分辨率与监视器的分辨率不是一个概念，后者主要是与监视器视频通道的特性有关。

发光亮度与荧光粉的电/光转换效率有关，也与电子束的强度和能量有关。发光亮度 B 是指单位面积荧光屏在其法线方向上的发光强度，单位是尼特（nt）。

灰度等级是表示荧光屏能够分辨亮暗层次的能力。灰度等级越高，可以显示图像的层次就越丰富。它与监视器的灰度等级不是同一个概念，后者与监视器视频通道的非线性有关。

2. 监视器（黑白）的电路

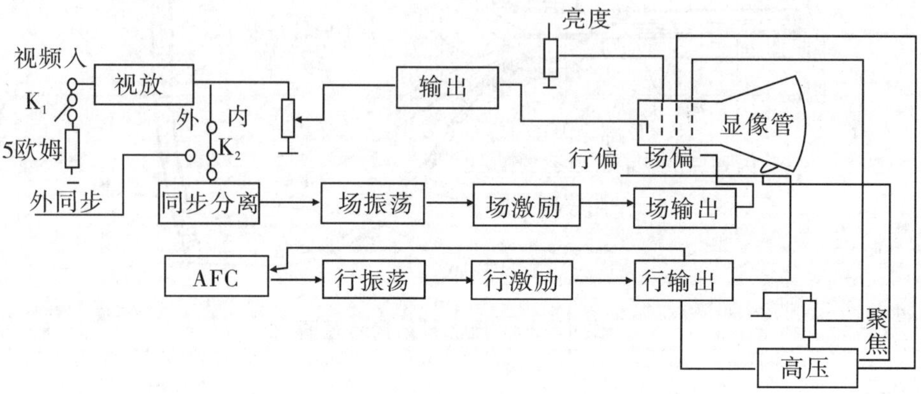

图 4 – 37　黑白电视监视器电路原理图

监视器电路主要由视频通道电路、同步与扫描电路和显像管电路组成，典型的黑白监视器的电路原理如图 4 – 37 所示，其基本功能是：

（1）视频通道电路。视频通道电路的基本功能是把输入监视器的 1 Vp – p 左右的视频信号无失真地放大，送至显像管的调制电极（阴极或栅极）调制电子束的强度。监视器对视频通道电路的基本要求是：①足够的增益。根据调制方式的不同，视频通道电路要有 34 ~ 46 分贝的增益。②足够的带宽。这是监视器显示高分辨图像的前提，一般要求有 10 兆以上的带宽，而且幅频特性要平坦，以保证良好的相频特性。③良好的线性。摄像机已进行了 γ 校正，来补偿显像管调制特性的非线性。监视器视频通道要求有良好的线性。

视频通道由输入级、中间放大级和输出放大级组成。输入级没有增益，主要是阻抗匹配；中间放大级提供主要的增益，要求有良好的线性和频率特性；输出级则是按调制要求输出幅度、极性适合的调制电压。监视器视频通道还可以具有 DC 恢复和频率补偿特性。

（2）同步与扫描电路。同步与扫描电路的基本功能是向行、场偏转线圈提供锯齿波电流，使之产生偏转磁场。同步与扫描电路分行扫描电路和场扫描电路两个主要部分，由于行、场偏转线圈的工作频率差别很大，呈现的阻抗特性不同，所需功率不同，所以两者的差别也是很大的。

（3）显像管电路。显像管电路的基本功能是向显像管的各个电极提供工作电压，保证显像管正常的工作，并实现亮度控制和亮点消除。

亮度控制是指通过调节显像管栅—阴之间的直流偏压，实现显像管的亮度控制。

亮点消除是指在监视器关机时，通过向栅极加一负电压，使电子束截止，起到亮点消除的作用。

（二）彩色监视器

彩色监视器与黑白监视器的本质差别是显像管的结构差别。

1. 彩色显像管

彩色显像管是彩色监视器的核心器件，不仅要完成电/光转换，还要完成三个色分量信号的混合。这就是说，电视系统的相加混色是在彩色显像管的荧光屏上进行，由人的眼睛来完成。因此，结构与黑白显像管差别很大，如荫罩、会聚等都是黑白显像管所没有的。

彩色显像管也称荫罩管，由电子枪、荧光屏、荫罩、玻璃壳体和管外组件组成。

电子枪要产生三条电子束，分别对应于三个色分量，这三条电子束可以由一个电子枪来产生，也可以由三个电子枪来产生。由此产生了单枪三束、三枪三束、品字三束和一字三束的显像管分类。同时，电子枪要对三个电子束聚焦、加速并赋予其足够的能量。

荧光屏上涂有三种荧光粉，在电子束的轰击下可以分别发出三种基色的光。不是像黑白显像管一样均匀地涂布，而是一点一点地涂布，且每三点为一组，每一组中的每一点将分别受到不同电子束的轰击，产生不同色彩的光。

荫罩是彩色显像管中最有特色的部分，其基本功能是选色，即保证每条电子束能够准确地打到相应的荧光点上。荫罩的结构要与电子枪相匹配。荫罩管的工作原理如图 4－38 所示。

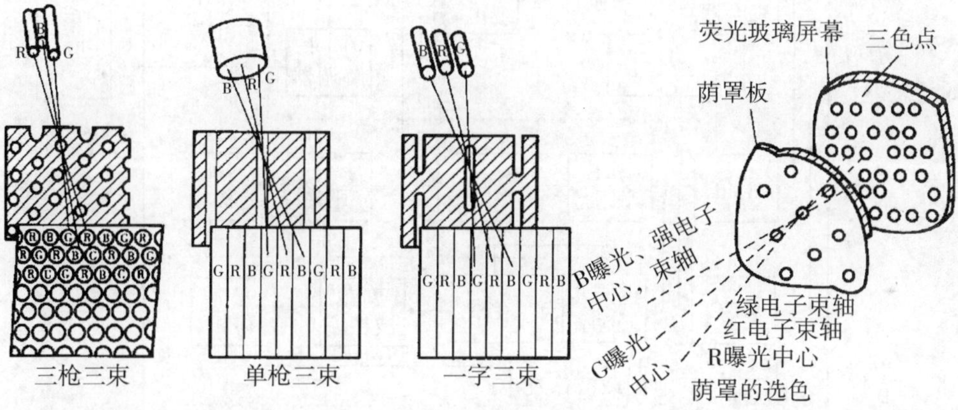

图 4－38　荫罩

荫罩是一个有成阵列小孔的钢板，其几何形状与荧光屏完全相同，位于荧光屏前面（有一定距离），每个荫罩孔对应一组（三个）荧光粉点。三条电子束分别受图像信号的三个色分量信号（R、G、B）的调制，由偏转电路控制交会在荫罩孔处，透过荫罩孔再轰击到相应的荧光粉点上，产生相应的 R、G、B 光。由于其相距很近，人的视觉所感受到的是三色混合的色彩，这个过程称为选色。荫罩的作用就是保证三条电子束准确地交会于荫罩孔，然后再准确地打到相应的荧光点上，这个过程称为会聚。荫罩板具有极高的机械精度，荧光屏的各色荧光粉点是通过荫罩孔曝光、涂覆的，有精确的几何关系，因此，这种方式又称几何选色。需要指出的是，聚焦与会聚是两个不同的概念。聚焦由电子光学系统将电子束聚成细小的一束，焦点是在荧光屏上；会聚通过会聚组件（静会聚、动会聚和自会聚）使三条电子束相交在荫罩孔处，以保证电子束准确地打在相应的荧光粉点。随着会聚技术的提高，出现了大屏幕，平面直角和薄型结构显像管使彩色电视机和监视器的外观有了很大的改变。

2. 彩色监视器电路

彩色监视器首先要将输入的复合电视信号分解为亮度信号 Y 和两个色差信号 R－Y、B－Y，然后由矩阵电路形成 R、G、B 信号，再去分别调制三个电子束。因此，视频通道电路要比黑白监视器复杂得多，但同步与扫描电路基本相同，所以我们主要介绍解码器。

解码器是彩色视频通道的核心，不同制式的彩电，解码器不同，如图 4－39 所示是 PAL 解码电路。

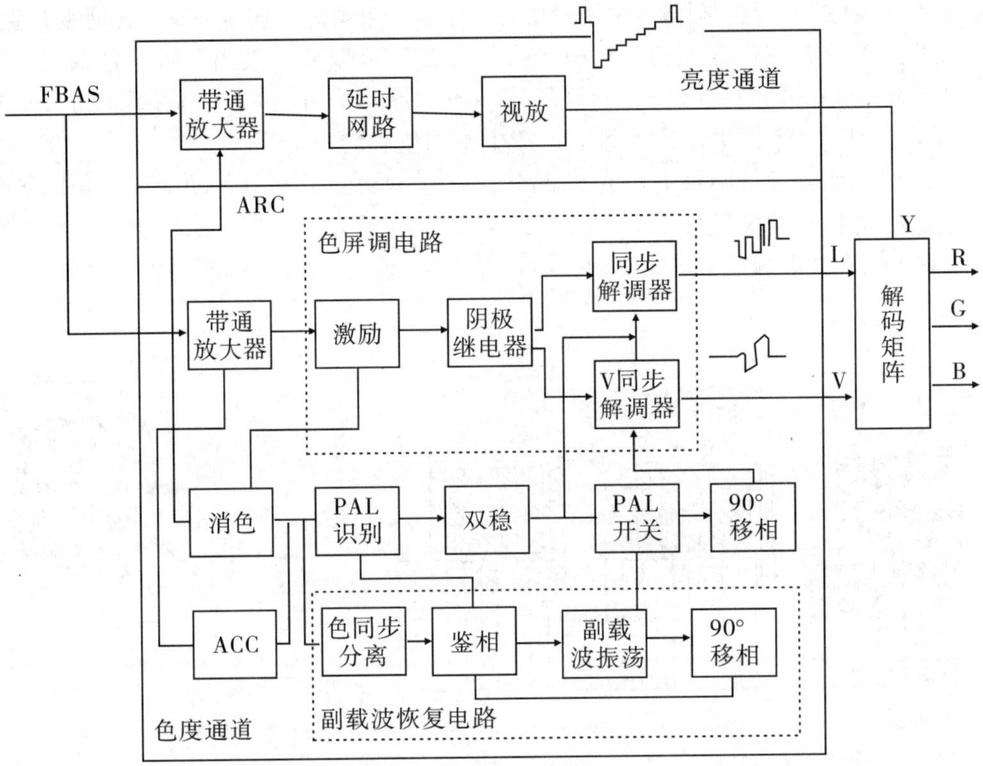

图 4－39　PAL 解码器

由于采用行延迟线构成梳状滤波电路来分离色度信号，所以称为延迟线型，包括亮、色分离，副载波恢复，色度信号分离和色度信号同步解调几个部分。

亮、色分离电路。这种电路可以采用带通和带阻滤波器来进行亮度信号、色度信号的分离，但会产生亮、色信号间的干扰，损失亮度信号的分辨能力。因此，高质量的机型均采用梳状滤波器来分离亮、色信号。梳状滤波器是一种横向滤波装置，由一个行延迟线、一个加法器和一个减法器组成（如图 4－40 所示）。分离出来的 U、V 信号是平衡调幅信号，故要采用同步解调方式，解调为 R－ Y、B－Y 信号。然后与 Y 信号一同经过矩阵，即可产生 R、G、B 信号。这就是解码器的工作原理。

理解了解码器基本上就清楚了彩色监视器的电路构成和工作原理。

副载波恢复电路。同步解调要有副载波信号作为相位基准，且必须与输入视频信号的副载波相位一致。副载波恢复电路完成这一功能，采用锁相方式实现副载波振荡输出与色同步信号锁相，故称 APC 电路（如图 4－41 所示）。

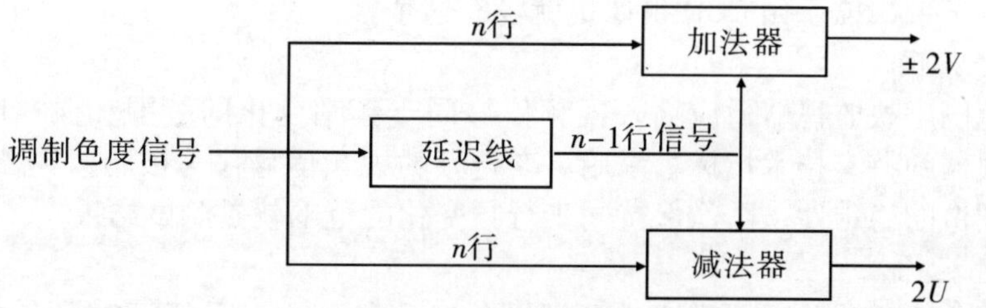

图 4－40　梳状滤波器

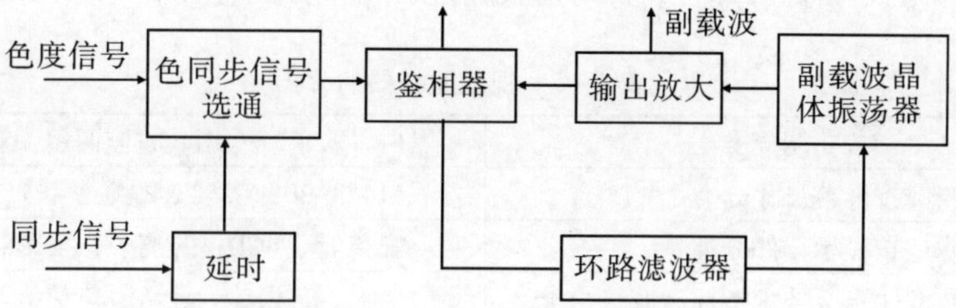

图 4－41　APC 副载波恢复电路

目前，广泛应用的一些平板彩色电视机都采用的是像素化的设备，图像扫描的概念已不同了，但只要是显示现行电视制式的视频信号，其解码电路就与上面的介绍相同。

（三）监视器客观测试指标和基本分类

要进行视频监视器的客观测试，电视信号发生器和具有 20 兆赫兹带宽的同步示波器是必备的仪器。所有测试都不需要打开机箱，或对内部电路作调整。主要技术指标有：

1. 水平分辨率

水平分辨率也称清晰度，是指沿屏幕水平方向显示图像细节的能力。除了显像管的基本性能外，主要与监视器视频通道的带宽有关。因此，该指标的测量主要是对视频通道电路的评价。经计算可知，1 兆赫兹的带宽相当于 80 线分辨率。该指标可采用高分辨率摄像机或视频扫频信号（带同步的扫频信号）作为信号源，输入到被测监视器，通过视觉观察得出测试结果。

2. 灰度鉴别等级

灰度鉴别等级简称灰度，是指监视器能够区分图像最黑到最白之间的亮度级数。标准规定最高为 10 级。可用灰度等级为 10 的摄像机摄取灰度测试卡，或视频信号发生器的 10 台阶信号作为信号源，输入到被测监视器，通过观察得出测试结果。

以上两个项目与摄像机同样指标的定义相同，测试方法也相同。测试摄像机时，采用高指标（高清晰度、10 级灰度）的监视器作为测量仪器。测量监视器时，采用高分辨率摄像机（10 级灰度）作为测试信号源。

3. 光栅的几何失真

由于显像管监视器有电子束扫描电路，扫描系统的缺陷所产生的图几何失真（空间位置的失真）是监视器的重要技术指标。测量方法是输入标准方格信号，在屏幕上测量直线、格子宽度的偏差和变形，通过计算得出测试结果。像素化的平面显示设备由于没有电子束扫描，如 CCD 摄像机就没有这个指标。

4. 同步范围

同步范围反映监视器适应输入视频信号同步频率变化的范围和保持图像稳定的能力，是监视器的特有技术指标。采用可变行频的视频信号作为被测监视器的输入信号，观察显示图像的稳定性，图像保持同步行频变化的范围就是测试结果。

5. 彩色还原性

彩色还原性反映监视器真实地还原图像色彩的能力，采用标准彩色信号输入被测监视器，通过观察监视器的显示图像，做出主观评价。

可以根据上述指标的综合评价对监视器进行基本分类（如表 4－5 所示）。

表 4－5　视频监视器的分类

按功能分类	黑白、彩色、专用、收监两用，有无伴音等
按屏幕尺寸分类	14"、20"、25"、29"、34"、72" 等
按显示器件分类	显像管、LCD、等离子、投影、DLP 等
按规定技术性能（技术指标高低）分类	普通、专业级、广播级等

（四）新型平板显示设备

近年来，各种平板显示设备发展迅速，大有取代 CRT（显像管）的趋势。像素化设备具有屏幕尺寸大、无几何失真、观看效果好的特点，还可以与 PC、数字视频设备连接，在视频监控系统中已被广泛地应用，下面简单地介绍几种平板显示设备。

1. 液晶显示器（LCD）

液晶液态存在的分子晶体，大多属于有机化合物。具有下述的基本特点：若液晶层的外层带有小的沟槽，液晶注入后，液晶分子会顺其排列，当上下两个表面的沟槽呈一定的角度时，液晶排列就会发生扭曲。这个扭曲形成的螺旋层会使通过的光线也发生改变；若电流通过液晶层，液晶分子将按电流的方向排列。液晶的这些特点使其可以作为一个光开关，通过电流的通断改变 LCD 中液晶的排列，控制光线的通过。由大量的液晶单元组成一个阵列，通过对各单元的通断控制就可以显示图像。液晶显示器的工作原理如图 4－42 所示。

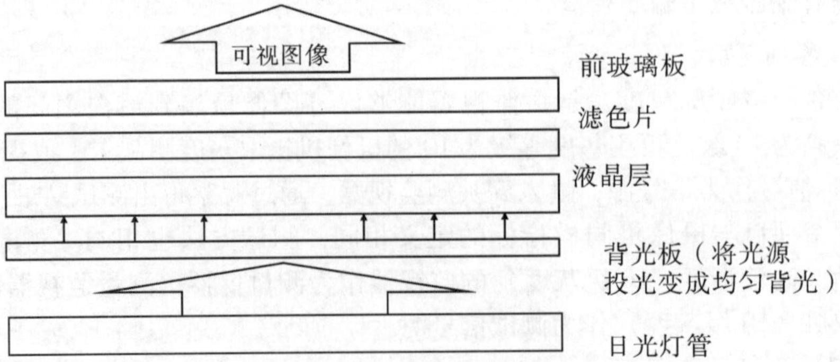

图 4－42　LCD 显示器原理

因液晶材料本身并不发光，所以在显示屏两边要设有作为光源的灯管，而在液晶显示屏背面有一块背光板（或称匀光板）和反光膜。背光板是由荧光物质组成的，可以发射光线，其功能是提供均匀的背景光源。背光板发出的光线在穿过第一层偏振过滤层之后进入液晶单元的矩阵（液晶层）。依照所接收的图像信号去控制液晶层内的液晶单元（像素），使其形成相对应的排列，决定光线通过或阻隔，并通过控制通断的时间来调节亮度，即可形成图像，这就是液晶显示器的工作原理。液晶显示器的亮度与背光板光源有关，早期的液晶显示器只使用两个冷光源灯管，会造成亮度不均匀的现象，同时亮度也不够；现在的液晶显示器大多使用 4 个冷光源灯管，在亮度和画面质量上有了很大的提高。液晶显示主要有以下两种方式：

（1）被动矩阵式（超转矩显示）。简单地说，就是在不加电压的初始状态，液晶体排列可让背光顺利通过，当有电压作用时，液晶体就会产生扭曲变形，将背光线作一定程度的改变，形成图像，这种方式主要应用于电子表或手机等。

（2）主动矩阵式（TFET - LCD）。主动矩阵式与被动矩阵式不同，采用 FET 场效应晶体管及公共电极，使液晶体保持一定的电位状态，直到下一次的电压改变。通过电压可调节光线的通过和亮度。当 FET 及公共电极受图像信号控制时，即可形成图像。

显然，LCD 显示屏是由成矩阵排列的液晶单元组成，每个单元就是一个像素，彩色显示屏每个像素要包括三个液晶单元，分别对应三个色分量。

响应时间（像素由亮转暗再由暗转亮所需的时间）较长、高速率图像的显示会出现拖尾是 LCD 显示器的主要缺点，再有一点就是视角（可视角度）较小。这些问题近来已得到显著改进。

2. 等离子体显示器（PDP）

等离子体是物质的第四态，正离子是和电子的密度大致相等的电离气体。微弱的蜡烛火焰是等离子体，夜空中的满天星斗都是高温的完全电离等离子体。可以由人工生成等离子体，气体放电法就是一种。

等离子体显示器就是基于气体放电的显示器件，在有一定压强的某种气体的容器内置两个电极，加一定电压时产生放电。阳极区会有紫外光发出，并可激发（荧光粉）发光，根据这种原理可构成等离子体显示屏。实际显示屏的基本构造如图 4 - 43 所示。

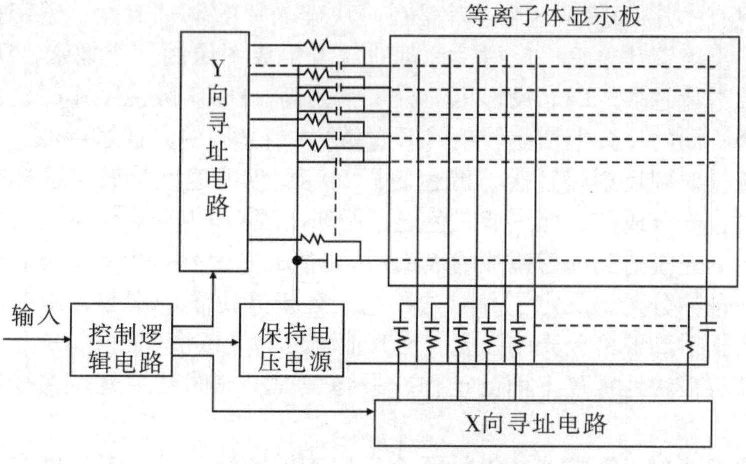

图 4 - 43　等离子体显示屏的基本构造

等离子显示屏由三块薄的平板玻璃组成。中间一块称为孔板，有矩阵形式的小孔，孔板紧夹在两侧的玻璃板中间。小孔被抽成真空，装入一定压强的氖氮混合气体。两侧玻璃的外表面镀有平行透明的导电电极，两组电极相垂直，且正好盖在小孔上面。因此，每个小孔与两边的电极一起构成一个放电单元（像素）。在这种结构的屏里，电极与气体被玻璃隔开，互相绝缘，只能用交流供电，故称其为交流等离子屏。两组平行电极中垂直的电极条确定放电单元的 x 方向位置，水平电极条确定像元的 y 方向的位置。在一对选定的电极上加一定的交变电压，相应的小孔就会放电而发出光来。显示屏具有存储功能，放电在孔内部建立的端电压会保持一段时间。在下半周期中，外加电压的方向与其一致，互相叠加，只需要较低的外部电压，就能使其重新放电，这个外部电压称保持电压。实际工作时，各像素保持电压由一个电源供给，通过给像素相应的 x、y 电极供给电压（称为寻址），控制其亮或不亮，然后在这对正交的 x、y 电极上加上具有适当波形、幅度和相位的电压，来启动和擦除每个选定的像素。

一个像素一旦被启动，靠保持电压就可连续放电；加上与保持电压反向的擦除电压，就可停止放电。等离子体显示屏的寻址与 CMOS 器件 DRAM 基本相同，可适应各种电视扫描方式。显然，实现彩色显示，每个像元要由三个放电单元（孔）组成，放电发出的紫光分别激发 R、G、B 三种荧光粉。

PDP 显示器厚度薄、重量轻、大视角、无 X 射线辐射、无几何畸形、高亮度、高对比度、亮度均匀、彩色逼真，适应数字化图像显示。

3. 背投影技术

把投影机放在盒子里，利用反射原理将影像放大投影到电视屏幕上就是背投影。背投影技术从以往的 CRT 三枪背投影演化到目前的三种数字投影方式：DLP（Digital Light Processing）、LCOS（Liquid Crystal On Silicon）和 LCD，在此主要介绍 DLP 投影机。

DLP 是一种新的投影技术，其核心是 DMD（Digital Micromirror Device 数字微镜装置）。一个 DMD 芯片中含有许多微小的正方形反射镜片，这些镜片中的每一片微镜（16 微米 ×16 微米）都代表一个像素，镜片与镜片之间是按照行列的方式紧密排列的，并由相应的存储器控制在开或关两种状态下切换转动，从而控制光的反射。根据采用 DMD 的片数，DLP 投影机可分为单片机、两片机和三片机。DMD 片数不同，DLP 投影机的工作原理也有所不同。

单片机只有一片 DMD，这个芯片是在一块硅晶片的电子节点上紧密排列着许多片微小的正方形反射镜片，每一反射镜片都对应着生成图像的一个像素，DMD 芯片中包含的反射镜片数量越多，DLP 投影机的分辨率越高。DMD 微镜工作时，由相应的存储器控制在两个不同的位置上切换转动（开、关）。当光源的光通过由红、绿、蓝三色块组成的滤色轮投射到反射镜片上，滤色轮以 60 圈/秒的速度旋转，这样就能保证光源发射出来的白色光分成红、绿、蓝三色光，循环出现在 DMD 微镜的芯片表面上。当其中某一种颜色的光投射到反射镜片的表面后，DMD 芯片上的所有微镜，根据自身对应的像素中该颜色的分量，决定了其对这种色光处于开位置的次数，由此决定了反射后通过投影镜头投射到屏幕上光的强度。当其他颜色的光依次照射到 DMD 芯片时，DMD 中的所有微镜将极快地重复上面的动作，最终表现出来的结果就是在投影屏幕上出现彩色的图像。

两片机是在投射光源的路径上设置有高速旋转的滤色轮，但是由洋红和黄色两色块组成，当洋红色块通过旋转的色轮时，就会相应地过滤白色光中的绿色光，而通过的蓝色光和红色光则被分隔开来，其中红色光单独投射到两片 DMD 芯片中的一片上，蓝色光则投射到由蓝色光和绿色光共享使用的另一片 DMD 芯片上。当黄色色块通过旋转的色轮时，光线中的红色光和绿色光就会通过，而蓝色光就会被过滤掉，这样红色光和蓝色光就会被分隔投影。

三片机与单片机、两片机最大的区别是没有滤色轮，三片 DMD 芯片分别直接反射红、绿、蓝中的一种颜色，然后将红、绿、蓝三种颜色分别投射到投影屏幕上。

DLP 显示器总的光效率可达 60%，可得到比其他投影设备更高的亮度，这种显示器是组成超大显示屏的最好选择。

（五）监视器的选配

作为视频监控系统中的终端显示图像的设备，在选配时，应根据具体系统的大小和用途参照监视器的规格、清晰度等技术指标，合理配置监视器的数量和尺寸。

（1）监视器的配置数量按摄像机配置的数量而定，一般选用 4∶1 方式（如 16 个摄像点，应选配 4 台监视器），录像专用监视器可另行设置。

（2）监视器的清晰度应根据所用摄像机的分辨率指标，选用高一档清晰度的监视器，一般应高出 100 线。

（3）监视器的颜色应与摄像机相符，彩色摄像机应选配彩色监视器；黑白摄像机应配用黑白监视器。

（4）监视器的屏幕尺寸，应根据监视者与监视器屏幕之间的距离为屏幕对角线的 4～6倍的关系来选配。

如安装在公开场合的监视器屏幕尺寸较大，一般以 25 英寸或 29 英寸为多见；安装在控制中心的监视器，一般以 14 英寸最为多见。

二、数字视频记录设备

随着图像压缩技术和计算机技术的发展，数字视频记录设备得到了迅速的发展，逐渐取代了磁带录像机。数字视频记录设备原本是一个很宽泛的概念，如多媒体计算机、数字磁带录像机等都可以存储数字视频信号。数字视频记录设备（DVR）以微机为平台、硬磁盘为介质，专门为视频监控系统开发，已成为一个专门名词。下面我们对 DVR 的基本构成、工作原理、产品的特点及技术评价作简单的介绍。

（一）数字视频记录设备的构成

表 4－6 说明了数字视频记录设备的分类，各机型之间既无本质的差别，也无优劣之分，主要是满足不同的需求。

表 4－6　DVR 分类

机型	操作系统	压缩方式	输入图像	图像格式	存储容量	功能
基于 PC	Windows Linux	JPEG 小波 MPEG	4 路 8 路 16 路	CIF QCIF D1	40G 160G 外挂盘阵	画面组合 视频测试 系统控制
单机 （嵌入式）	RTOS	H. 26X	帧数/秒	像素点阵、亮色取样比 （4∶2∶2）		ADSL TCP/IP DDN

1. 系统平台

无论是基于 PC，还是嵌入式系统，DVR 都是以微机为平台的。

基于 PC 的方式通常是选用一款工控机，采用 Windows/Linux 操作系统，通过文件管理系统软件，实现图像信息的存储、检索、编辑、回放等处理，建立一个友好的交互界面，开发各种附加功能，强大的文件管理系统是该方式的优势。

单机方式是基于嵌入式处理器和实时操作系统（RTOS），采用专用芯片对图像进行压缩处理，因此稳定性好、处理速度快、文件管理系统稳定，可靠性高和实时性好是其突出的特点。

2. 视（音）频压缩编码

视（音）频压缩编码是 DVR 的关键技术，通常是由专用的图像压缩板完成的。视（音）频压缩编码用于确定系统的图像格式，实现对图像的压缩，以有效地减小图像信息存储和通信开销。DVR 采用的图像压缩编码方式很多，适用的环境不同，技术性能也有差别，但其基本技术要素是相同的，主要有如下三点：

（1）离散余弦变换（DCT）。图像由于空间的相关性而具有很大冗余，表现为经变换后空间频谱中有很多量值为零或量值很低的分量。去掉这些分量，即可去除冗余，也就减少了数字图像的数据量。MPEG 与 PEG 的差别是前者有帧间差值处理，消除了由时间相关性产生的冗余。采用运动补偿技术会使图像的空间相关性增加，增加帧间差值处理的效率，提高系统的压缩能力。

（2）自适应量化。对图像变换后的分量系数要进行量化，一般线性量化将图像作统一的处理，浪费了很多数据量。自适应量化就是对量化等级 Q 值进行自动调节，使图像细节较少的像块占用较少的数据量，图像细节丰富的像块能够享受较多的数据量，而平均数据量仍符合设计值。量化表的设计是设计者技巧之所在，并根据帧码长自适应地来调节量化间隔，可以节省大量的数据量。

（3）熵编码（ENTROPY）。用最短的码长去表示出现几率最大的量化值；反之，用较长的码长表示出现几率较小的量化值。通过分析出各量化值出现的几率，然后通过二叉树判定量化值的编码，可以极大地压缩系统的数据量。熵是表示每个比特代表信息量（b/p）的量，显然熵值越小，压缩率就越大，上述可变字长编码（VLC）称为熵编码。

常用的压缩方法（标准）主要有以下三类：

JPEG－2000（ISO/IEC 15444－1）具有超压缩功能，采用无损与有损码流层进解码、层进传输、码流任意调用处理方式，在保证基本的图像质量外，还可增强图像质量，而且具有较完善的安全保护措施。

MPEG4 主要针对多媒体的应用，是目前 DVR 应用最普遍的压缩标准，具有很高的压缩比，可实现 5～64 千比特/秒的数据率。MPEG4 是面向对象的压缩编码方式，根据图像内容将其中的对象分离出来，分别进行帧内和帧间编码压缩。允许在不同的对象之间灵活地分配码率，从而大大地提高了压缩能力。FGS（精细可伸缩编码）是 MPEG4 提供的技术，将视频序列编码成基本层码流和增强层码流两个码流。基本层采用传统的编码技术，生成一个码率比较低的码流，增强层则采用位平面编码技术，编码源图像与基本层重构图像间的差值。由于位平面技术提供了嵌入式的可伸缩特性，增强层的码流可根据网络带宽进行任意码流传输，甚至可以不传，这就为适应网络带宽的波动提供了很大范围的自适应性。增强层码流数据包的丢失不会带来图像质量的明显下降。接收端可通过增强层码流来改善基本层的图像质量，收到的正确增强层码流越多，图像质量越好。

H.264 是 H.26X 系列中最新一代视频编码标准。编码效率的提高是以运算复杂程度的增加为代价的，其中可变块大小的全搜索运动估计算法所需要的运算量在整个编码运算中占相当大的比重。在 H.264 的运动估计算法中，宏块（16×16）可分为四种类型的子块，8×8 的子块可以分四种小块，因此在进行运动估计时就会出现七种不同的块。对各种类型的块分别搜索与之相匹配的块，并计算相应的误差和运动矢量，可以提高运动估计的精度，提高编码效率，又可降低运算量。同时，基于 H.264 的 FGS 已成为人们研究和应用的热点，并得到了更好的效果。目前，H.264 在 DVR 中的应用已很普遍。

3. 文件管理系统

文件管理系统对于作为数据存储装置的 DVR 是很重要的部分，其基本功能是：磁盘的管理，完成数字图像信息的存、取；文件的管理，实现对记录文件的搜索、查询和编辑显示。基于 PC 的 DVR，采用 Windows 操作系统，具有一定的优势。文件操作都是透明的，用户无须知道文件是如何放置、查询以及如何自动覆盖的，甚至无须知道文件存放在哪个硬盘上，应用极为方便、简捷、安全。

文件管理系统包括文件的快速查找，文件大小的判断，逻辑硬盘的快速搜索，最小空间的快速判断，文件属性的快速动态修改以及在硬盘总空间非常小时对报警的快速处理等。文件可按摄像机通道号及日期时间排序。对于文件备份单独开了一个线程，使备份功能能与系统其他操作同时进行而不相互影响。通过对文件属性的判断实现数据备份，在重要文件来不及备份前先实行有效的保护。在后台录像、前台播放历史文件时，保护正在播放队列中的文件，使之不受系统自动覆盖的影响。系统可以每过一分钟就自动侦测到当前正用于记录的硬盘空间大小，如果空间不够，就会自动跳转查找下一个或上一个空间较大的硬盘，文件系统相应地作出处理。如果总的硬盘空间不够，系统会启动自动或手动覆盖方式，覆盖最早一天的部分未保护文件，并给出相应提示。DVR 文件管理系统给用户提供了一个安全、快速、方便的文件操作手段。

4. DVR 的附加功能

DVR 不仅仅是一个图像记录设备，还具有一些其他的重要功能，如运动探测功能，可以实现报警前记录和报警触发记录，保证了记录信息的有效性，并节省了存储空间；画面组合功能，可以形成多种图像显示方式；系统控制功能，对摄像机等前端设备进行各种功能控制。以上功能使 DVR 成为视频监控系统的中心设备，特别是对于中小型系统。

DVR 的网络功能使之成为分布式系统的节点设备，是实现远程监控的关键技术手段。

（二）数字视频记录设备的评价

数字视频记录设备的评价是一件十分重要的事，因为数字视频与模拟视频在许多概念上是完全不同的。DVR 的评价必须兼顾两个方面，一方面是要考虑到与传统（模拟）的视频评价技术的可比性，因为就电视监控系统整体而言，当前仍是以模拟视频为主流，DVR 的输入设备也主要是模拟摄像机，而且大多嵌入式 DVR 仍是一种视频入或视频出设备；另一方面又要求能表现出 DVR 作为数字视频产品的技术特点，与相关数字视频技术（多媒体、电视会议等）的图像评价方法相吻合。为此，要认识到模拟视频评价和数字视频评价的两个主要差别：

模拟视频的评价主要是针对图像本身而言的，将经处理后的图像与原图像进行比较，判断其受损的程度或重视图像的观察效果，并不关心具体的处理。数字视频评价许多则是针对工作平台和处理方法（压缩算法的优劣的比较）的，结果与图像质量（主观观察）的相关程度并不高。

模拟视频信号的测试（包括图像的客观测试和视频信号的波形测量）与图像具有直接的对应关系，无论是在空间上、时间上，还是在图像的观察效果上，这是由模拟信号的本质所决定的。数字视频信号则不然，各项测试大多不具备上述对应关系。现在还无法通过对处理过程中的数据流的测量来反映重建图像的质量。

DVR 作为一种图像设备，对其评价的核心和基本内容自然是图像质量，主观、客观两方面的测试是最基本的方法。主要技术指标有：

1. 图像格式

图像格式又称显示分辨率，用像素的阵列来表示。图像格式是数字视频设备的设计目标，是对图像表示方法的规定，是其分辨图像细节能力的最高限度。与现行电视的扫描方式有关，与压缩处理的图像分割有关。大家知道，现行电视的扫描方式就是一种分解图像的方法，DVR 首先要进行的一个变换就是把用这种方法表示的图像转换为点阵的格式，如 CIF 等。图像格式还包括图像的亮度和色度分量的关系，如 Y∶U∶V 是 4∶2∶2，还是 4∶1∶1。对图像细节的分辨能力则主要取决于图像的亮度分量。这个指标与模拟图像的分辨率有一定的对应性，图像阵列水平像素的数量与图像水平分辨率（线）如何换算，可通过理论的分析或试验来确定。

2. 帧码长

帧码长是一帧图像压缩后的编码长度。有些系统设定帧码长，在一定限度内，根据图像的内容去调整量化系数等因素。系统的压缩比是相对不变的，而图像的受损程度是随图像内容变化和自适应调整的。有些系统的帧码长则不是固定的，是随图像内容的变化而变的，因此系统的压缩比也是随图像的内容而变的。基于这些情况，要对不同方式的 DVR 给出一个客观和公平的评价，就必须建立测试标准图像（规定适当的运动内容、背景、色彩和层次），在统一的条件下，对其帧码长进行测量，对其重建图像质量进行评价。

帧码长是表示 DVR 压缩比的一个指标。通常压缩比的定义是：压缩前源信号的数据量与压缩后的输出数据量之比，可用压缩后分配给每个像素的比特数（熵）来表示，可以通过帧码长来计算得出，压缩比表示系统压缩处理（算法）的效率，是评价数字视频设备（系统）的重要指标。

3. 记录帧率

DVR 对每一路或对所有资源处理的能力，实质上是系统（CPU）运算速度、操作系统、总线和硬盘管理功能的表现。这关系到图像的连续性及记录图像信息的完整性。有人将其与图像的实时性混为一谈是不全面的，由于人眼的视觉暂存特性，只要每秒能显示足够帧数的图像，人们就能感觉到一个连续的活动图像。显示帧数不够，图像就可能出现跳动，这种现象主要影响图像的观看效果，而记录图像的帧率还涉及信息的完整性，不足的记录帧率可能导致图像内容的丢失。

4. PSNR

PSNR 是测量图像在数字化和压缩处理过程中所产生的失真（图像各像素亮度值的改变，对于彩色图像以亮度分量来计算）的客观指标。实际测量时，人们通常以图像的平均量化值来计算，即不是计算重构图像的每个像素的量化值与源图像该像素量化值的差，而是计算其与源图像平均量化值的差，而且把图像的平均量化值定为视频信号图像部分的额定值（对于每像素 8 比特的编码，即为 256），故又称其为图像峰值信噪比。

对于 DVR，这个测量只能在系统内对图像完成二次取样，构成了规定图像格式后（作为源图像）和解压缩后重构图像的数字视频序列之间进行（需要采用专用的测试设备），因为只有这样才具有空间上的对应性。

5. 主观评价

主观评价对于任何图像技术都是最主要和最基本的，因为它直接反映观看者的感觉。可以说，上述几项客观测试主要是对系统压缩算法的效率和性能的评价，而主观评价则是对图像的观察效果的测试。图像主观测试也具有客观和公正性，它是通过测试图像的选择、评价内容和方法及测试人员的能力来保证和实现的。规定 DVR 标准测试图像应是主观评价的重要前提，这个图像不仅用于主观评价，也作为上述客观测试时的基准。

测试方法是将标准测试图像作为 DVR 的输入，进行记录，然后重放记录的图像，与源图像进行比较，按通用的损伤制五级评分法进行判别。

6. 通用的评价指标

完整的 DVR 评价指标体系，除了包括图像质量外，还应包括与外部设备的接口关系和电子产品通用的强制性要求。

项目五　系统与控制

系统实质上就是技术和设备的集成，根据不同的应用目的和不同的应用环境，把各种分离的设备按不同的技术路线组合起来，实现图像信息的采集、监视和存储的目的。

视频监控系统的中心室设备基本分为三类：图像显示、图像记录和系统控制。

系统控制设备的功能是图像信号的分配、切换和组合，为图像叠加附加信息；系统前端设备的功能是遥控和系统管理。这些功能可以由分立的设备分别完成，也可集成为一体由一个设备完成。

系统控制设备（又称中心设备）是与系统的模式相匹配的。各种中心设备适应于不同的系统模式以及不同的系统规模和管理方式。在集总式系统中，系统中心设备就设置在中心室，而分布式系统的系统控制设备是分散在系统的各个节点。

一、视频时序开关

视频时序开关是一种常用的视频信号切换设备，主要应用小型的视频监控系统。在早期，曾利用多个视频时序开关的堆砌组成大型视频监控系统。通常视频时序开关以图像输入路数分类，有4路、8路、16路等，输出多为2路或4路。即使小型的视频监控系统，通常也不采用一对一（一个摄像机连接一个的监视器）的显示方式，而是将全部图像信号通过视频时序开关的选择和切换，用较少量的监视器和录像机来进行显示和记录，主要功能有：

（1）图像信号的固定切换，通过按键操作，从所有图像输入中，选择一或两个信号固定地显示在监视器上或送到录像机进行记录。

（2）图像信号的时序切换，从全部图像中选择几路或全部信号，按设定的顺序和时间间隔形成一路信号输出到监视器或录像机。视频时序开关的每路输出可以编成不同的显示序列，然后通过按键调用。

（3）报警信号的接口，将报警信号的输入，作为图像切换的触发信号，使固定显示切换到报警点图像，或使时序显示停下来，切换到报警点图像。报警信号一般为开关信号。

（4）图像序号的叠加，时序开关一般不具有字符叠加功能，但大多有号码叠加的功能。号码由图像信号连接的输入端来确定。

安全管理用户可自行设定密码，被授权者（知道密码）才能进行系统操作。以上基本功能使得时序开关在小型监控系统中可以很好地满足系统的控制要求，操作方便，价格也很低。一般视频时序开关不具备前端设备控制功能，若系统需要，可另配置控制单元。

二、画面分割器

画面分割器又称多画面处理器，这主要是实现多画面的组合，实现通过一个屏幕观察多个摄像机图像，或一台录像机记录多个图像的目的，起到节省监视器和图像记录设备并提供较多图像的作用。视频时序开关和帧切换图像处理器是在时间上进行多图像的组合，而画面分割是在空间上进行多图像的组合。因此，画面分割器输出的是连续的实时图像。由于显示设备分辨率和扫描方式的限制，图像空间分辨能力会受到损失。画面分割器是小型视频监控系统的系统控制设备，在大型视频监控系统中，为增加图像显示量也普遍被采用，曾是一种主流的系统设备。

（一）画面分割器的功能

1. 图像组合的功能

图像组合功能是将多个输入图像（摄像机所摄画面）同时显示在一个监视器上。可以是将全部输入图像组合，也可以是选择部分图像组合；可以是等画面的组合，也可以是不等画面的组合。例如，画面分割器按输入图像路数分类有：四画面、九画面和十六画面等。十六画面分割器可以进行十六画面的组合，任选四画面的组合，也可作一大七小的画面组合或一大十二小的画面组合。

2. 时序显示的功能

大多数画面分割器也具有时序开关的功能，可切换显示固定图像和时序显示顺序图像。

3. 图像号码的叠加

图像号码的叠加是画面分割器的基本功能。有些产品还有少量字符的叠加功能，如八个字符的摄像机名称，通过编程用户可给每个摄像机最多定义八个字符的名称。

4. 报警信号的接口

将报警信号的输入作为触发信号，把报警点图像全屏固定地显示。报警输出接口可自动启动录像机或其他相关设备。用户可自行设定警报的持续时间和录像的持续时间。报警输入接口数与图像输入路数相同，报警输入一般为开关信号，报警输出为若干接点。

5. 视频信号丢失指示

检测输入信号是否为正常的视频信号，发现视频信号丢失将在显示中给出指示。该功能可方便用户快速检查图像丢失的原因。

6. 屏幕菜单显示

在进行编程或调用和操作时有相应菜单显示在屏幕上，因此，人机界面友好，便于操作。

7. 用户密码的设定

安全管理用户可自行设定密码，被授权者（知道密码）才能进行系统操作。以上基本功能使得画面分割器成为一个很好的小型监控系统控制器，但不具备各前端设备的控制功能，若系统需要，可另配置控制单元。

（二）四画面分割器

四画面分割器是多画面分割器中的低价适用产品，有黑白与彩色两类，可以满足小型视频监控系统的一般要求。一般具备四个摄像机输入端口。通常有两个视频输出端口，一路为录像输出，输出四画面图像供记录；另一路为视频输出，供与监视器相连，可选择显示单一画面图像，也可顺序显示四路输入图像。每个画面都有编码，因而可以明确知道每个画面所显示的监控部位。

从装置上分类，有单四画面显示类，也有能以四画面双次显示的双四画面类，从而可显示 8 个摄像机的图像。从技术的角度看，除模拟式四画面分割器外，已有数字式四画面分割器，数字式实时四画面分割器的分辨率已达 400 线以上。

四画面分割器一般具备以下功能：

（1）具备 4 个/8 个摄像机输入端子。通常有两个视频输出端子，一路为录像输出，输出四画面图像供记录；另一路为视频输出，供与监视器相连，可选择显示单一画面图像，也可顺序显示四路输入图像（如图 4－44 所示）。

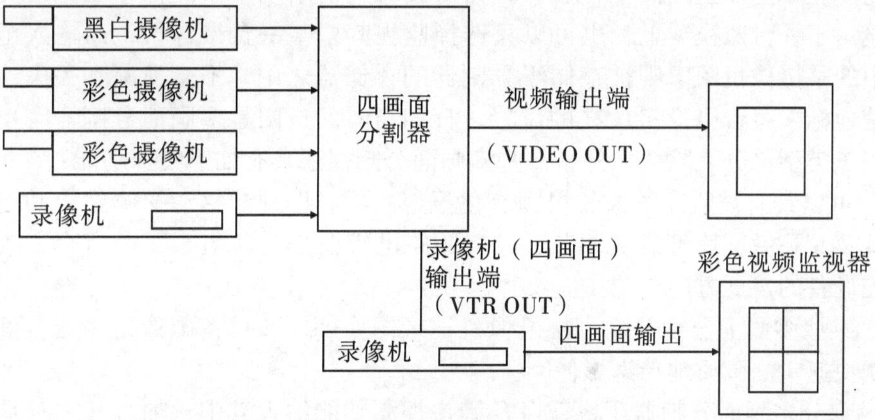

图 4－44　四画面分割器结构

（2）四画面分割器的影像处理技术是将 4 个视频信号同时进行数位处理，将每一个全画面缩小成 1/4 的画面大小并放置于不同位置，从而在监视器上组合成四画面分割显示。由于四画面分割器是同时处理 4 个画面信号，因此可以作实时录像与监视，画面动作没有延迟的现象，这是其突出的优点。

（3）各画面上可显示多个英文或数字，以标明摄像机号或位置信息，字数一般最多为 8 个。

（4）具有双工性能的装置，在回放时可放送 4 分割画面，也可指定某一画面进行 2×2放大全画面监看，因属小图像放大，因此画面品质较粗糙、质量不高。

（5）可以与报警探测器或视频移动探测器构成报警系统连动。

（6）快速放像功能、静止画面功能、时间发生器、有单道声音输出等功能可出现于不同的产品之中。

在工程中选用双工四画面分割器时，除四画面品质外，应重点考察其单画面回放效果如何，这是产品差异上的关键。

（三）多画面分割器

多画面分割器可同时分割显示多台摄像机的图像，而且能够清楚地标志每台摄像机所在的位置、日期与时间，设备的利用率得到大大提高。有的多画面分割器的分割形式还可任意调整，使用起来更加灵活方便。多画面分割器的优点是可同时分割显示多台摄像机的图像，在回放时既可放送多画面图像，也可只放送其中任一道的单画面。但是由于多画面分割器是依序对各道画面作压缩处理，因此各道画面是分别进入的，这样当第二个画面进来时，第一个画面就会产生延迟现象，从而在观看多画面分割器的每个画面时是不连续的，这是其本质上的不足之处。

各种画面分割器有其各自的特点，在实际应用中，应根据具体情况和要求加以选择。

在一个监控系统中有多台前端摄像机，如果要同时显现各自的输出图像，需要将若干台摄像机输出的图像显示于同一个监视器屏幕上，实现图像分割或画中画功能，具有这种功能的装置称为多画面分割器，它正成为闭路电视监控系统中必不可少的标准设备之一。

多画面分割器在技术上有很大的提高，一是录取速度快，每个画面仅需 1/30 秒即可编排完毕；二是以全画面全程录影，在回放时其清晰度不会降低；三是既可以多画面同时显示于一台监视器上，也可以只选择监视其中某一台摄像机，而输入至多画面分割器中的某摄像机图像则被存储于分割器的存储器之中，不会遗漏和丢失，而且它能够清楚地标志每台摄像机所在的位置、日期与时间；四是多画面分割器有单工、双工和全双工类型之分。除此之外，一些多画面分割器还具有如下特殊功能：

（1）可以具有被监控图像的视频变化报警功能，即视频移动探测报警功能，并且探测区域及其灵敏度均可设置调节，其将闭路电视监控与防盗报警两者合二为一，代表了监控设备的发展方向。

（2）某些多画面分割器除可接录像机记录图像外，还具备影像传输器，可利用公共电话线快速、高画质地传送影像。

（3）部分多画面分割器还将云台及镜头控制功能纳入其中，加之其本身具有的多路摄像机输入、二路或多路输出功能，可以作为视频矩阵切换控制器使用，有可能演变成集中视频、报警、分割、控制和传输的产品。

（4）有的具有可编程报警功能，除可实现对报警影像的捕获外，还能通过 RS－232/RS－485 通信接口与其报警系统联网运行。

（5）有的对应每路输入图像有相应的环路输出，为与其他设备相连提供了便利。

（四）彩色多画面分割器类型

（1）单工型多画面分割器在记录全部输入视频信号的同时，只能显示一个单画面图像，不能观看到分割画面，但在放像时可看全画面及分割画面。

（2）双工型多画面分割器在录像状态下既可以监看单一画面，也可监看多画面分割图像，放像时也可看全画面或分割画面。

（3）全双工型多画面分割器其性能更全，可以连接两台监视器和两台录像机，其中一台用于录像作业，另一台用作录像带回放，这样就同时具有录像和回放功能，等效于一机二用，特别适合于金融机构和股票期货这类要求录像不能停止的场合（如图 4－45 所示）。

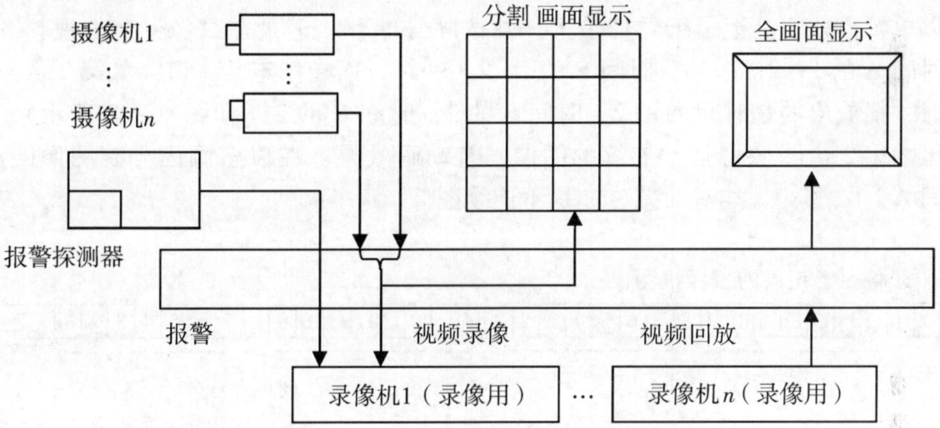

图 4－45　全双工型多画面分割器

（五）多画面分割器的主要特征

以十六画面分割器为例来说明多画面分割器的主要特征。

（1）可以显示单画面图像，也可以显示四画面图像、九画面图像和十六画面图像。此外，还可根据需要显示多种十六画面的变形（如图 4－46 所示）。

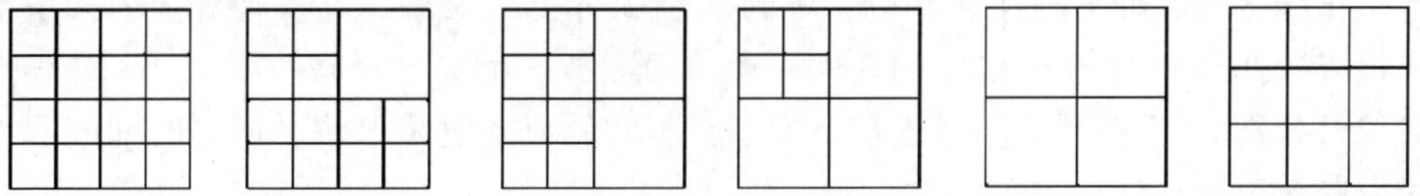

图 4－46　多画面分割

（2）对于四画面分割也可有多种显示方式。具体而言，有单四画面显示、双四画面显示（显示 8 个图像）、3 个四画面显示（显示 12 个图像）及 4 个四画面顺序显示

(共显示16个图像）如图4－47所示，其中显示图像的构成位置和顺序均可以通过设置而改变。

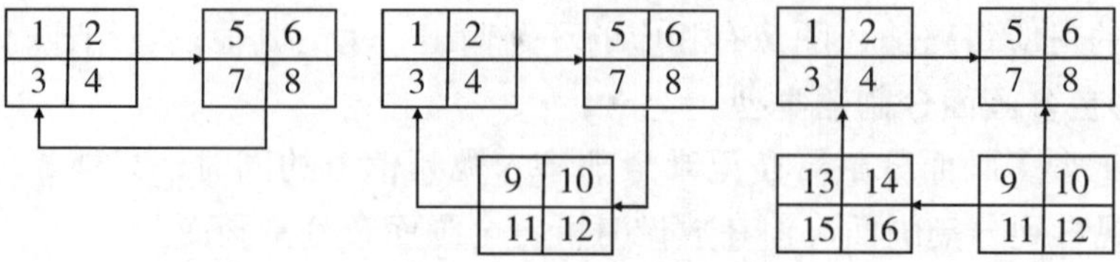

图4－47　多个四画面分割

（3）因采用时基校正电路从时间上“分割”视频输入信号，从而能够补偿非同步摄像机频率和相位的差异，起着同步发生器的功效。同时由于采用时间复用技术，因此能够以一台录像机来记录16个同时产生的视频信号，节省了录像机的数量。

（4）可以同时接收最多16路视频输入图像，并对所有输入的视频图像依次序作压缩处理，然后以1/60秒的速度串行输出，供监视器进行多画面分割显示并提供给录像机，以单帧方式将其记录于录像带上，并按序号储存。记录在录像带上的视频图像依次是时间A的1、2……16，时间B的1、2……16，而在指定某一道（如第2道）图像回放时，播放出的是时间A的2，时间B的2，时间C的2（如图4－48所示），这样显示出的第2道图像将是不连续的图像，有动画效果。在以多画面分割图像回放时，因时间A、B、C……均有时差，亦是不连续图像。

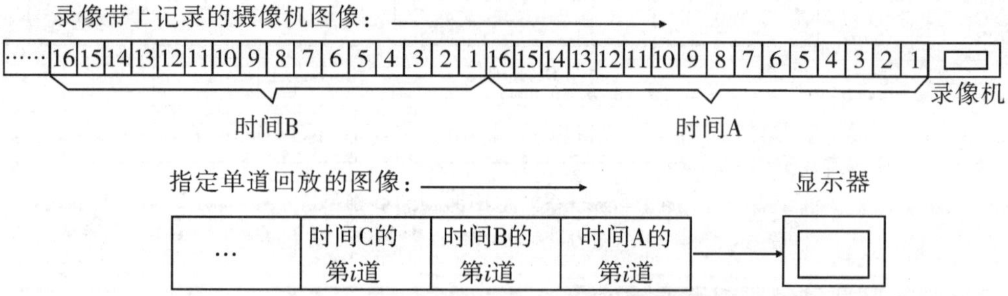

图4－48　多画面分割器记录、回放序列

（5）对多画面分割器输出的最多16路视频信号的记录方式有两类，一类是实时录像方式，即不管屏幕上显示的是几画面，显示什么则记录什么，这与普通的实时录像机完全相同；另一种类则很有特色，称为“编码方式”录像，在这种方式下录下的录像带可以选择最多16道图像中的任何一道单独回放，称为“译码方式”，等同于有16台录像机分别对16路视频信号进行录像，所不同的只不过是录像画面的时间间隔比实时录像要长一些。

（6）多画面分割器有两个视频输出显示端子A与B，前者可显示任何一种类型的多画面图像，后者则可由用户选择显示16个画面中的某一路图像或几路顺序显示，并在发生“视频报警”或“常规报警”时，在监视器B上顺序显示发生报警的画面。多画面分割器还有连接录像机输入或输出的端口。

（7）多画面分割器带有两种类型的报警输出功能。一种是视频输入动态报警，在所监控的视频图像中，如果发生有人侵入、物体位置挪动、灯光熄灭等行为而导致图像灰度改变时，则产生报警信号，而且视频动态报警的监视位置、区域大小、报警延迟时间及触发报警的灵敏度均可由用户通过菜单设置；另一种报警则是接收由多种常规探测传感器传送来的报警触发信号，这些信号多由继电器触点来开闭。

（8）多画面分割器具有两倍图像放大和图像冻结功能，可方便用户为图像的观察。多画面分割器均带有数字字符发生器，可用于标明每个分割画面所对应的摄像机号码、位置、时间、日期等信息，为图像的记录和观察带来方便。

（9）多画面分割器有 RS－232 接口，可实现联网通信。有的产品还有控制台插座，可实现控制台命令语言操作。

三、视频附加信息叠加设备

在视频监控系统中，大量的图像集中在一起，需要有一个最明显的标志让人清楚地知道图像的来源。系统记录的图像信息也必须带有图像产生的地点、时间等其他附加信息，必须在视频监控系统的图像上叠加相应的附加信息，由视频附加信息叠加设备——通常由被称为字符叠加器的单元来完成。字符叠加器可以是一个独立的单元，每个摄像机图像对应一个，产生固定的附加信息。在大型视频控制设备中，字符叠加是设备的一个单元或模块。这个单元是一个可变字符叠加器，随着图像的切换，同步产生和叠加不同的附加信息。

四、系统控制器

前端设备的控制，主要是关于摄像机配套设备的控制，是对摄像机方位、视场范围和工作环境的调节，是视频监控系统功能中很重要的部分，大型中心控制设备具有对前端设备控制的功能。视频监控系统对前端设备控制基本有两种方式：直接驱动和编/解码驱动。

（一）直接驱动

直接驱动是一种最简捷、可靠的方式，就是从控制室直接给前端设备的各种功能的伺服电功机提供电源。如给云台旋转电动机提供 24 伏交流电压，给变焦镜头的电动机提供 6 伏直流电压，使其通过转动来改变摄像场方位和镜头的焦距。前端设备有多个功能，需要多根电缆来控制，又称多线并行制。这种方式显然适合于控制距离比较近、前端设备比较少的系统。距离长了会因线路的电压下降而使得能量不能有效地供给电动机。设备数量多了会使线缆变得非常复杂。直接驱动是系统控制的基础，为系统提供能量。

（二）编/解码驱动

编/解码驱动是应用最普遍的控制方式，特别适用于大型视频监控系统，所谓大型视频监控系统是指系统前端设备数量大、系统传输距离远。在这种方式中，操作者通过键盘（或其他交互方式）表达的意愿转换为编码数据包，这个数据包主要包含地址码和指令码两部分。地址码表示前端设备的选择，指令码表示对控制功能的选择。控制设备将数据包通过传输链路，发送给所有的前端设备。这种方式需要一个重要的设备就是安装在现场的解码驱动器，顾名思义，解码驱动器的功能一是解码，即将接收到的数据包解码，首先识别地址码是否为本机地址，若是本机地址，再读取指令码；二是驱动，根据指令码控制相应的端口，向前端设备的伺服电动机提供驱动电压。解码驱动器与前端设备的连接如同直接驱动方式。根据摄像机外围设备的情况，解码驱动器一般可实现 16 个动作的控制，驱动电压可视需求设定。这种方式是由前端提供能量接受后端指令的方式。控制器与解码驱动器使用双线连接，故称串行控制方式。

（三）解码驱动器的连接方式

根据系统前端设备的分布情况和线缆的路由，控制器与解码驱动器有两种连接方式：

1. 星形连接

控制器输出经信号分配器，然后通过电缆与每个解码驱动器连接。

2. 总线式并行连接

控制器输出由一双绞电缆连接到最远端解码驱动器，中间可并接多个解码驱动器，这种方式可以节省线缆。需要注意的是，中间并接的单元应置于高阻状态，而最远端单元接终端匹配电阻。星形连接的每条线路也可这样连接，通常一条线路上不超过 4 个并接单元。控制信号数据包通过双线串行传送，平衡传输方式显然是合适的选择。

五、视频矩阵

对于大型视频系统，将上面介绍过的各种设备堆砌在一起是很复杂的事，可靠性差，操作也麻烦。将这些功能集成在一起构成一个综合的系统控制设备则是必然的选择，这个设备就是视频矩阵。从字面上看，矩阵是指图像的多路入与多路出的连接关系。从功能上看，矩阵集图像信号分配、切换、信息叠加、系统控制为一体，是系统真正的中心设备。

视频矩阵决定系统的容量、系统的模式、系统与其他系统的集成方式，是模拟集总式系统的主要特征，被广泛地应用于各种大型监控系统中。

（一）视频矩阵的基本构成

几乎所有品牌的视频矩阵都是模块式结构，这种结构便于系统设计、产品的维护、系统的扩展。视频矩阵主要由下面的模块组成（如图 4－49 所示）。

（1）视频输入板。视频矩阵在输入单元完成输入视频信号到输出端的连接，可以说矩阵的概念就体现在这里。在介绍视频时序开关时我们说明了模拟电子开关的工作原理，这样的 IC 经过适当的组合就可构成多路入/多路出的矩阵开关。

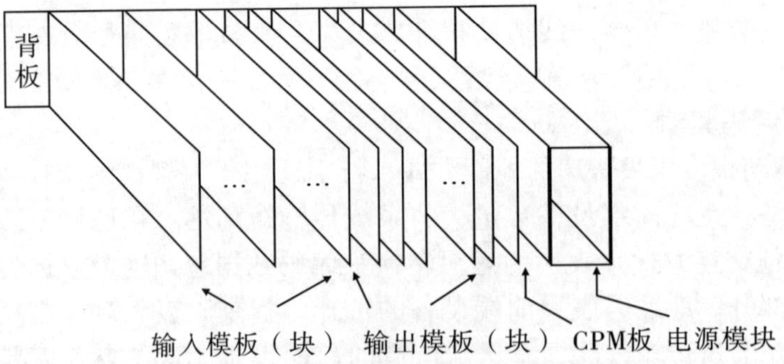

图 4－49　矩阵开关的构成

目前，8 入/8 出、16 入/8 出、16 入/16 出等矩阵开关已制成专用芯片（IC）。视频输入板就是采用这种芯片，加上外围电路形成的可以输入和输出视频信号的矩阵开关单元，这些单元通过机箱的背板进一步组合，构成视频矩阵总的输入量与输出量。例如，用 8 块 16 入/16 出的单元可构成 128 入/16 出的视频矩阵，也可构成 64 入/32 出的视频矩阵。这样的模块结构可以通过增加插板来增加输入量。

（2）视频输出板。是视频矩阵图像信号处理的重要部分，主要功能是将摄像机地址信息（汉字）和时间、日期信息叠加到视频信号上。一块视频输出板可以管理多路视频输出信号（2、4 路），如 16 路输出的视频矩阵要有 4 块 4 路的视频输出板。

视频矩阵附加信息的特点是：动态叠加和字库的容量大，将所有摄像机图像信号的附加信息（通过键盘设定）转换成代码构成中间数据库，当某一输入切换到输出时，输出板从中间库取出相应的代码，映射出字库地址，逐行取出字符点阵，叠加到视频信号上，同时叠加时间信息，成为视频矩阵的输出信号送至监视器或录像机。视频输出板和汉字库通常包含一、二级汉字库的全部汉字（6 008 个）。

（3）CPM 单元。又称主机板，是视频矩阵的中枢。它实质是一块专用的微机板，起着前台和后台管理的功能。前台管理是与键盘建立的人/机界面进行通信，进行系统的状态和功能设置、功能控制；后台管理是控制视频输入板、视频输出板完成图像信号的切换和附加信息的叠加，及输出前端设备控制编码信号与多媒体 PC 和其他系统的 PC 接口等。前台管理是在先进先出的缓冲存储器中建立一个表格（表示系统状态设置和功能控制的指令）。后台管理则是读取表格，转换为相应的代码实现相应的管理。CPM 板的核心是单片机或微处理器，大容量的视频矩阵通常采用双微处理器的方案，以提高系统的可靠性。

（4）电源单元。为视频矩阵的各个单元提供电源。

（二）视频矩阵的基本功能和技术指标

视频矩阵的容量有大有小，功能越来越丰富，必须具备的基本功能是：

1. 图像的任意切换和时序切换

矩阵开关的特点是可以做到从任一输入到任一输出的切换和任意顺序显示的排列。

2. 图像附加信息叠加

为所有摄像机图像增加地点、时间和其他标志信息。

3. 前端设备的控制

对云台的方位、镜头的焦距、光圈、聚焦等及其他防护设备的功能进行实时控制和预先设定的控制。

4. 与报警系统联动

这也是系统对视频监控系统的基本要求。将不产生图像的系统与相关的图像连接起来，当报警发生后，将报警点的相关图像（一个或几个）立刻显示出来，这一功能是由视频矩阵完成的。

5. 编程和调用

通过编程对上述功能设定不同的预案，根据现场情况调用运行。

6. 状态预置

对前端设备的状态和系统状态按正常情况的要求，报警触发的要求或按不同时间的要求进行预置，使摄像机和系统在操作者完成各种动作后，可以自动地回到正常状态；

报警发生后，立即锁定在预置的位置和状态；按时间规定转换到不同的位置和状态。

7. 具有视频丢失检测

通过对视频信号的同步信号的检测，判断图像信号是否丢失，并给出提示。这一功能可以用来初步地判断图像信号丢失或不正常的原因。

（三）视频矩阵的配套设备

视频矩阵的配套设备要实现上述功能并成为与其他系统集成的核心，就必须配备一些配套设备，主要有：

1. 音频矩阵

从信号的交换功能上看，音频矩阵与视频矩阵是完全相同的，但电路相对要简单一些，因为音频信号的处理要比视频信号简单得多，在视频监控系统中音频矩阵通常要求与视频矩阵统一控制、同步切换，但其容量比视频矩阵小得多。

2. 报警控制箱

报警控制箱是视频矩阵与报警系统的中间设备，主要功能是将并行输出的报警信号，转换成串行信号送到视频矩阵，以实现与报警系统联动，自动切换图像的功能。一般小型视频控制设备（包括小型矩阵）都是采用多线制，直接与报警探测器的输出连接的。但是，大型视频矩阵要求与大量报警探测器连接，多线制将使矩阵背面接线端非常多而乱，甚至空间位置容纳不下，通过报警控制箱的转换，可以很好地解决这个问题。

3. 控制信号分配器

控制信号分配器将视频矩阵的控制信号输出分配为多路，以提高驱动能力和实现传输线路的阻抗匹配。

4. 解码驱动器

解码驱动器的功能已在前面介绍过了，现在许多厂家把它内置于摄像机的防护罩内，使之与摄像机、云台、镜头等集成一体。

（四）多媒体控制平台

多媒体控制平台是一个新的人/机界面，使操作者可以通过一个可视化界面，而不是传统的键盘，对视频监控系统进行完全的管理和控制。这个界面更加友好、直观，还可以增加一些有用的辅助功能。

多媒体控制平台就是多媒体 PC 运行于一套图形化软件（用户图形界面 GUI）。所谓多媒体计算机就是可以处理文字、图形、图像、声音、视频等多种媒体的计算机，以其操作系统为平台，安装专门为视频监控及视频矩阵开发的应用软件，这构成了多媒体控制平台。视频监控用户图形界面软件应包括：系统主控程序、地图编辑程序、串口设置程序、模拟键盘程序、安全管理软件等。

多媒体控制平台是一个开放的平台，为用户提供二次开发和维护的条件，通常是地图、图徽、按键（map，icon，button）系统。用地图来描述系统的构成，用图徽来表示系统设备的安装和状态，用按键来进行系统的功能控制。视频矩阵都配有专门的 GUI 和接口，只要选择适当配置的多媒体 PC 安装软件，连接接口就可以运用了。

六、电视监控系统的连接

电视监控系统设备之间有不同的连接方式，简单介绍几种不同的连接（如图 4 - 50

到图 4 -58 所示）。

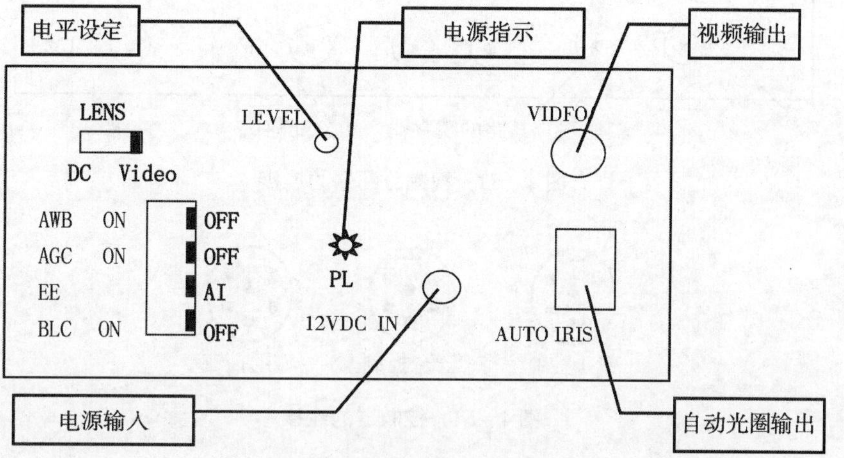

图 4 -50 **摄像机与镜头的连接**

BNC 插头的螺旋状视频软线的作用是防止摄像机的视频线缆随云台转动而缠绕，连接时将摄像机的视频输出端接视频信号转接线缆上的 BNC 插头，而云台上的视频信号输出转接插座接监视器，云台的连接如图 4 -51 所示。

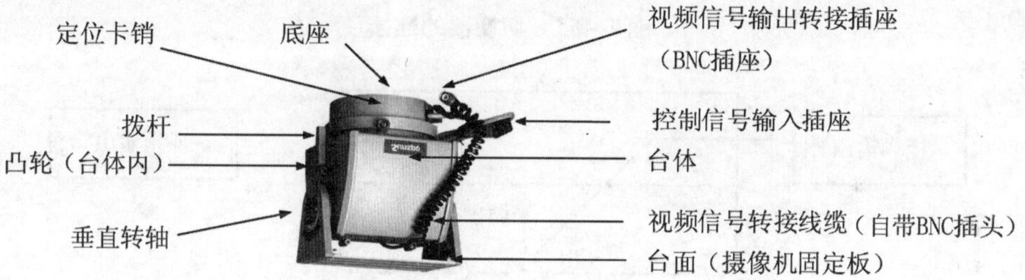

图 4 -51 **云台的连接**

转接板即将视频线、电源线以及电动镜头控制线等都转接到云台控制器或解码器上，以达到防止线缆缠绕目的（如图 4 -52 所示）。

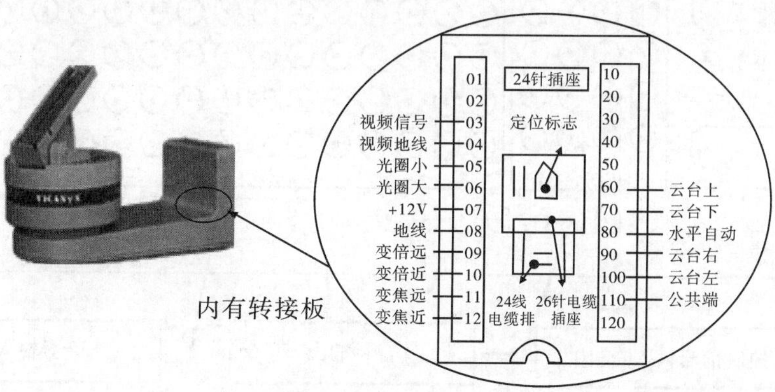

4 -52 **转接板的连接**

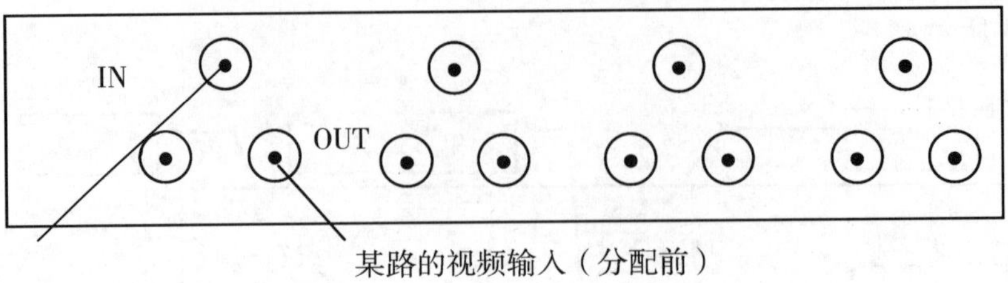

图 4－53　视频分配器的连接

图 4－54　控制器的连接

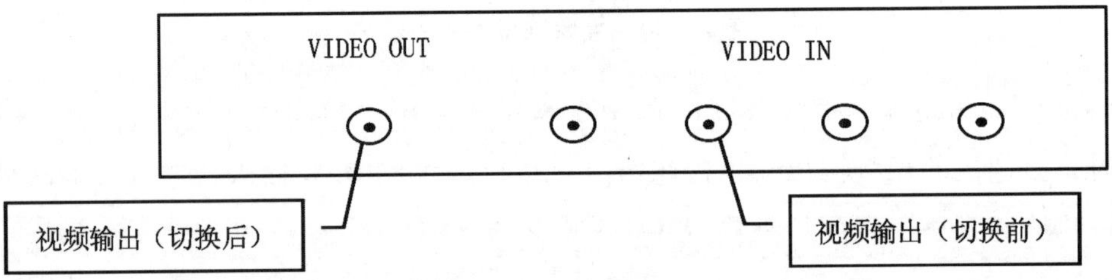

图 4－55　切换器的连接

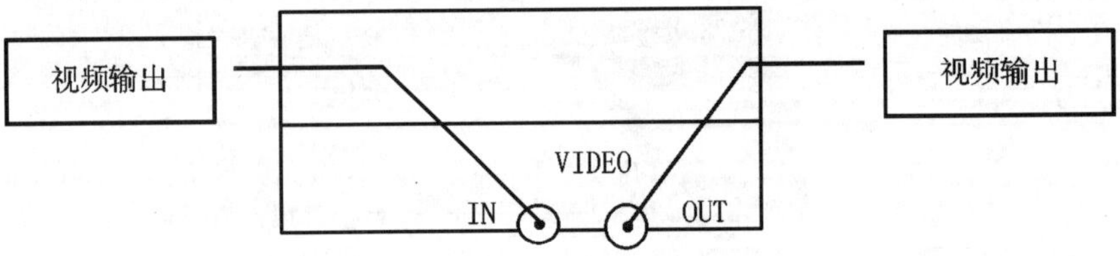

图 4－56　监视器的连接

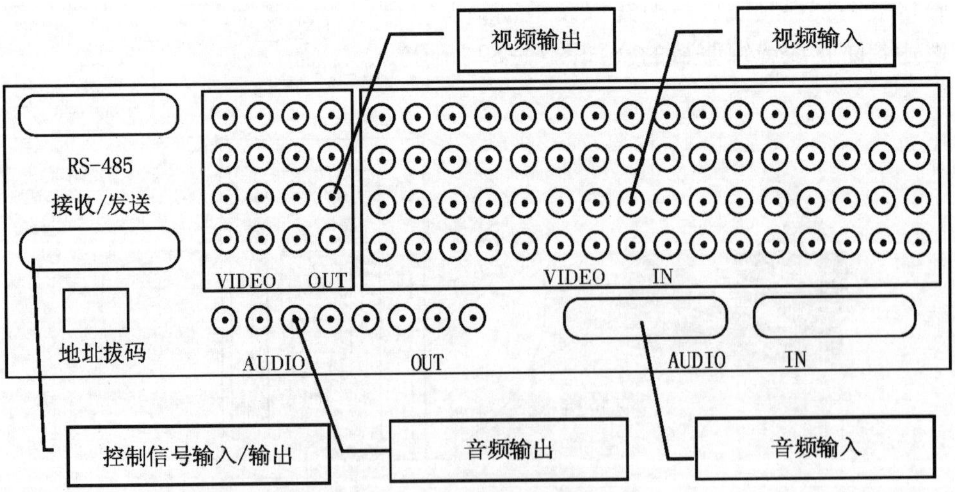

图 4－57　控制主机的连接

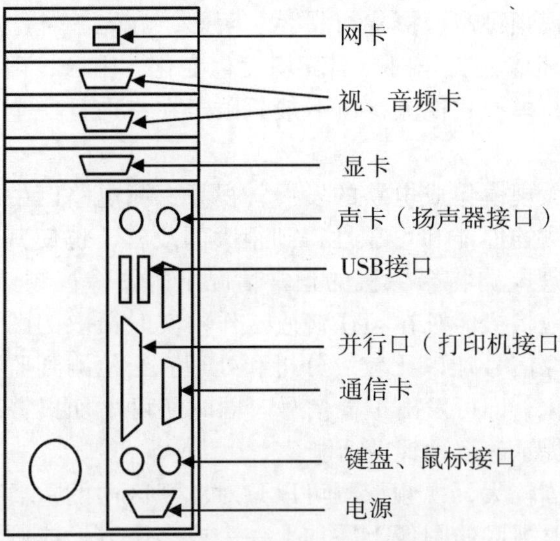

图4－58　硬盘录像机的连接

项目六　数字视频技术

视频监控技术的发展十分迅速，一方面经典的系统达到了一个很高的水平，系统模式更加成熟、产品性能极大提高、环境适应性越来越好、价格却越来越低；另一方面又产生了许多新的概念、新的系统模式、新的产品和应用方式。现代视频监控初露端倪，既提供了更多的选择，同时也带来了一些困惑。数字化的真正含义是什么？模拟技术是否就是落后？什么又是最佳的解决方案？对这些问题的回答一定要从市场对视频监控系统的需求出发。

一、数字视频的主要应用

数字视频技术的优势在目前的应用模式中还表现得不是很充分，但给视频监控技术带来的变化是明显的。随着数字电视技术的进一步发展，数字视频的作用会越来越大，并成为监控系统的主流技术。数字视频技术在视频监控领域的应用主要有：

（一）视频探测

1. 视频探测的基本工作原理

在监控区域安装适当数量的摄像机，由摄像机摄取到的视频图像信号通过电缆传送到控制中心的视频报警控制器，并在电视监视器上显示监控现场的图像。视频报警控制电路可以分为模拟式视频报警控制电路和数字式视频报警控制电路两种类型。

模拟式视频探测是通过检测被摄景物亮度电平的变化来触发报警的。如可采用视频信号平均值比较法，即不断地将摄像机摄取的实物景物图像信号的平均值与正常图像信号的平均值进行比较。当有移动目标进入摄像视区时，必然会引起实物景物图像亮度电平的平均值相对于原正常图像亮度电平的平均值发生变化。当此变化量超过一定的阈值时，视频探测即可发出报警信号。模拟式视频探测的不足之处是因其参与比较的信息量较少，所以准确性稍差，且抗干扰能力较差，易发生误报和漏报。例如，由于各种原因引起的视频噪声、摄像机抖晃、阴影、灯光、对比度改变等都会产生误报警。特别是在室外环境下工作时，当环境发生变化，因云、雨、雪或照明度等均会产生干扰报警。因此，模拟式视频探测一般只限于在室内且完全静态或稳定的环境中使用。

随着数字技术和大规模集成电路的发展，视频探测电路已由模拟式发展为数字方式。这不仅使视频探测的性能和可靠性得到很大的改善，也使其功能大大扩展。数字式视频报警控制器处理电路将摄像机的正常情况下的图像视频信号进行数字化处理，并加以存储。它不断地将摄像机在担任警戒工作中实时摄取的图像信号进行信号与原存储的正常数字化图像信号加以比较、分析和处理。当检测到监视区域内有移动目标时，图像信号发生变化，即可发出报警信号。同时还可增加报警现场图像存储、记录和给出报警点的语音提示等多种辅助功能。

由于监视区的范围较大，视频探测可以只对监视区内的重要部位进行报警。利用视频探测电路可以在监视区的图像上叠加上一个或多个方形或圆形的报警区，或称为禁区。报警区的大小、形状和位置使用者可自行调节。当有人进入监视区后，即可在监视器上发现，但并不一定报警。只有当入侵者进入禁区时，才可触发报警。这是因为在视频探测的存储器中事先存储了这些禁区的正常图像信号。一旦有人进入这些区域，使图像信号发生了变化，通过与原存储的正常图像进行比较、鉴别，就可通过报警电路发出声光报警，并启动录像对现场情况进行记录。

目前，安全防范系统中采用的各种探测器主要是状态探测或物理参数的探测，由于探测结果的非唯一性，探测的真实性很低，安全防范系统采用视频监控技术最初的目的就是复核报警信号。其实电视本身就是一种探测技术，数字视频技术又使图像成为一种自动和智能的探测手段，即视频探测是具有报警复核功能的真实的探测。可以期望视频探测将成为安全防范系统一个理想的解决方案。

2. 视频探测技术介绍

（1）亮度探测。在模拟电视技术的基础上就已有进行亮度探测的产品，并得到应用。在一幅图像上开一个窗口，通过检波将其亮度电平积累、存储在电容器上，然后与系统设定的基准电平进行比较，当图像亮度电平的变化超过阈值时，就会产生报警。模拟视频设备不能进行存储，图像窗口的开设很不方便，因此，当时的探测设备功能很简单，效果也不好。

数字视频技术可以将图像存储，然后方便地读取设定窗口的图像亮度值，进行平均亮度的计算和多窗口设置，而且可以动态地设置基准电平，使系统实现对环境变化的自适应。所以数字视频探测的真实性极大地提高了。

（2）运动探测。如果在监视区的图像上设定一系列窗口，就可使其反映监视目标的某一运动过程。检测亮度电平的变化，并分析各窗口（探测区域）亮度变化的时序关系，然后作出报警的判断，这是真正的运动探测。许多市场上的运动探测产品实际上是亮度探测，这也是利用数字视频技术在窗口设置、亮度值的算法和比对、阈值的设定和动态刷新方面的灵活性实现的，视频移动探测技术操作界面如图 4－59 所示。

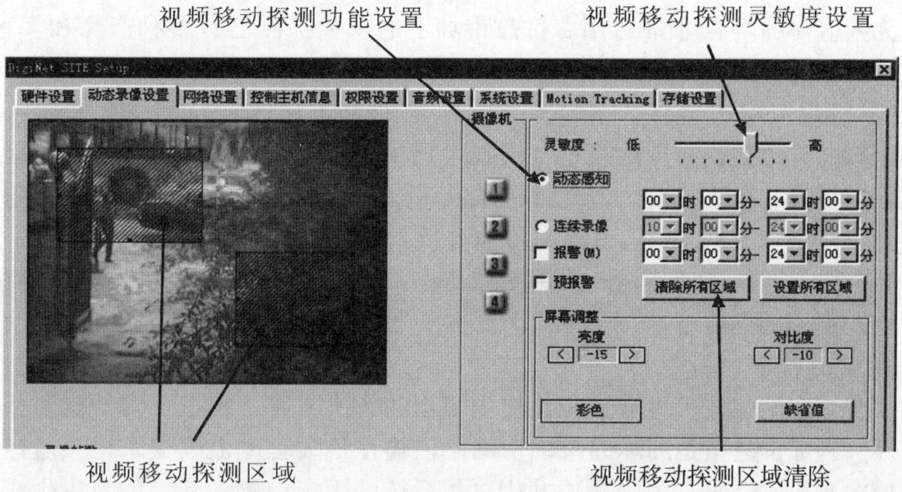

图 4－59　视频移动探测技术操作界面

（3）目标探测。以上两种技术实现的探测仍然是一种物理参数的探测，是利用摄像器件本身其光电转换的功能来进行景物亮度这个物理量的探测，并没有利用图像技术的特点和优势。图像的特点就在于包含监视目标的几何信息，分析图像、提取目标，对目标进行分类，分析目标的运动方式，进而产生探测结果。这就是目标探测，具有极高的真实性，是一种理想的防入侵报警探测手段。数字电视技术的进步为目标探测研究提供了新的条件，一些新的图像压缩算法和标准，如 MPEG4 和 H. 264 等都有目标分离的处理，分离运动的目标与背景进行分别的处理。这些分析就是一个完整、充分的视频探测，其探测结果就包含在数据流中，而且是动态的、具有自适应特性的。因此，以这些技术为基础的视频探测可以极准确地判定事件，并解决长期困扰安全防范系统的误报警率高的难题。

（4）多维探测。图像是空间信息，但焦平面又把它转变为平面信息了，由视频探测形成的探测区是空间的，监视目标若受到遮挡，会影响探测的结果。如果采用安装于不同方位的多台摄像机，同时处理图像信号，将上述探测方式得到的结果进行综合分析，即多维探测，可以做到对目标多方位的监控，实现对特定空间和目标的完全封闭。这种探测技术的应用环境可以相对地开放，如在展室接待游人时使用，误报警率会很低。

（5）目标跟踪。结合上述的目标探测和运动探测，可以从图像中提取和识别目标特征点，并分析其运动轨迹，产生运动矢量，然后用这个矢量去控制伺服机构，实现对运动目标的跟踪。可以用一台摄像机就实现对目标特定过程的监视，如机场管理部门对飞机起降过程的监视。

（6）目标分类和统计。采用上面的探测方式，对图像中的目标进行简单的分类，并对目标的运动方向作出判断，然后进行数据统计。这个系统可以用于对人流或车流的统计，应用于交通管理系统的车流量监测和商业部门的消费者分析都是很有价值的。

上面介绍的各种探测方式都是以摄像机为基础探测器，通过后台对图像内容的分析产生探测结果。因此，许多数字视频设备都具有视频探测功能，如 DVR 大多具有运动探测功能，这种探测功能可以使 DVR 以报警触发记录方式工作，在一些需要长时间监视且无人值守的场合非常适用。目前市场上的视频探测已有多种产品和多种应用，大多数的图像内容分析设备都是具备上述各项功能的综合性系统。

（二）远程监控

远距离的传送视频信息始终是电视技术追求的目标。在模拟电视时代，提高传输介质的带宽是唯一有效的方法，光纤传输技术开辟了通信新时代，很快在视频信号传输中得到了应用。但是，仅通过提高传输介质的带宽，能力还是有限的。数字视频为远程监控提供了新的技术路线，采用图像压缩技术降低图像信号传输的数据率，通过窄带通道实现了远程传输。

1. 网络监控

数字视频和网络技术为远程监控提供了新的解决方案，也把远程的概念从城域扩展到城际、国际，甚至是洲际的范围。网络传输在很大程度上改变了视频监控系统的形态，使之从传输介质专用到介质共用，从系统的固定设置到系统的自主生成，由封闭的系统结构到开放的系统模式。视频监控系统将成为一种无所不到的、开放的、可以根据各种具体要求自动生成的系统。

网络监控是网络多媒体服务业务的一种方式。利用视频网关、视频服务器或 DVR 将摄像机输出的视频信号转换为压缩数据流，并按 TCP/IP 实现网络通信。流媒体处理是当前普遍采用的网络图像信息传输技术，不同于通常的数据下载后观察的方式，是使用流式传输技术的连续时基媒体，提供一种准实时图像传输，非常适合于监控系统，主要有以下两种方式：

（1）实时流式。实时流式是采用专用的流媒体服务器和传输协议，保证媒体的带宽与网络连接环境匹配，总是进行实时传输。因此，适合于对现场事件的监控，由于与网络带宽相匹配，所以要采用调制或解调器，当网络拥挤时，图像质量会下降。

（2）顺序流式。顺序流式是顺序下载方式，在下载的同时，用户可观看在线媒体的图像。这种方式经常采用 HTTP 流式传输，通过下载过程，可以对网络带宽的变化作一定的缓冲，在网络拥挤时，图像质量也不会下降。这种方式的延迟较长、实时性差，但图像质量要好，还可以实现点播和广播的方式。顺序流式比较适合于安全管理和图像信息分集存储系统。监控中心从存储于各前端视频设备中查看和调用图像资料。

2. 视频会议

视频会议是一种远程、多用户的图像与声音的交互式传送与通信系统。该系统可以实现多用户之间的同步以及实时的图像和声音传送，也是一种可以利用的网络视频服务。视频会议系统主要由视频会议终端设备和多点控制单元 MCU 组成，其基本功能是：

（1）会议终端。进行视频、音频信号的采集、编辑处理及显示输出。一方面把现场视频、音频信号压缩编码，然后将压缩码流经线路接口送到网络；另一方面从网络接收压缩码流，经解压缩、解码还原为视频、音频信号，送到显示设备；同时，终端设备还要形成通信的各种控制信息，包括同步控制和指示信号、前端摄像机的控制协议、定义帧结构、呼叫规程及多个终端的呼叫规程、加密方式和传送密钥等。

（2）MCU 是系统实现多点管理的关键设备。其主要功能是对视频、音频及数据信号进行切换，相当于节点交换设备。如把中心会场的图像和声音信号切换到所有会场，或根据会议管理的要求将会议内容分组切换或定点、定向切换等。通过 MCU 管理可建立"一对多"的图像监控系统。这种系统结构在安全防范和安全管理系统中得到了普遍的应用。

3. 可视电话

可视电话是通过公共电路网络实现的点对点图像、声音的双向通信。可视电话集通信、计算机和多媒体技术为一体，其基本原理是：在发送端将视频、音频数字压缩、打包后发送到电话线路；接收端接收数据包，拆包、解压缩，再解码还原视频、音频信号。摄像机输出的视频信号和话筒的音频信号首先数字化，再分别进行压缩编码生成视频流和音频数据流，然后按通信与控制协议，把视频数据流、音频数据流和系统控制及用户数据流复合为单一比特流（复合数据流），这一过程称为打包。复合数据流可以在一个物理介质（一条电话线）上传输。通过电话线传送到远方的数据流被接收端收到后，首先把其分解（拆包），由此产生视频数据流、音频数据流和控制数据流，视频流和音频流分别被解压缩、解码还原成模拟视频和音频送到监视器和放音器。根据传送数据流的介质的不同，可视电话有 PSTN 可视电话、ISDN 可视电话和 IP 可视电话等不同方式。为了保证互通性，这些方式都执行相应的技术标准。

上述几种远程传输方式都是以图像、声音信息的数字压缩为基础的，通过降低信号数据率（特别是图像信号）的方法在规定的传输环境下实现远程传输，而不是采用提高传输介质带宽，降低介质损耗的方式。因此，是适当地牺牲了图像质量，使目前建立在数字视频和网络基础上远程监控系统在图像的实时性和连续性及观察效果上与传统模拟监控系统还有差距。随着技术的进步，这个差距会有所缩小。但改变对远程监控系统的要求也是必要的，这与建立和完善远程监控的技术标准和评价方法密切相关。这个标准应该是分档、分级的，并向下兼容。标准要对系统的图像格式、编码方式、传输速率、交换技术与通信协议以及相应的通信平台等根据视频监控应用的特点和要求作出规定。由此，衍生出用于数字视频监控系统的摄像机、视频网关、服务器、甚至数字图像记录设备的技术标准和相应的产品。在这个过程中，人们要有一个认识上的转变，要跳出源自于模拟系统的传统概念和评价体系的框框，如图像的还原性和实时性，对图像质量的评价指标和测量方法等。要开展网络监控安全性的研究，建立可靠的安全体系和对策。这些研究的成果，不仅是针对远程的网络监控，也是针对局域的数字监控，是视频监控技术实现从模拟向数字转化的标志。

（三）数字视频记录

数字视频记录设备（DVR）是视频监控系统中最热门的技术，也是产品化程度最高的一种技术。由于市场巨大的需求和用户的认可，很快代替了磁带录像机，成为视频监控系统中的主流设备。其功能和应用方式符合我国监控系统的特点，一直是我国电视技术行业研究和开发的重点，成为一个很有中国特色的数字视频产品。

1. DVR 成为视频监控的系统设备

DVR 的设计初衷是实现一种新的记录装置，采用记录密度更大、存储和检索更为快捷的磁盘，最初的目标也是在视频监控系统中替代磁带录像机。为了有效地提高磁盘的利用率，图像压缩技术成为数字视频记录设备的关键技术。同时，为了保证产品的安全性和高可靠性，机型结构、操作系统等也是反复考虑的内容。当 DVR 产品被用户接受，特别对其达到的图像质量表示认可后，在其他方面的优势就表现出来了，如检索十分方便、静止图像稳定、观看效果好。DVR 研究的重点是功能的进一步扩展。

目前，DVR 已不再是一个单纯的图像信息记录装置，而是监控系统的系统控制设备，特别适用于中小型系统，其功能有：

（1）视频、音频信息的记录。这是 DVR 的基本功能，特点是存储空间大，可实现长时间连续记录，且操作简便。它是以计算机文件管理为基础的空间记录，检索上十分方便、快速，这是线性记录的磁带无法比拟的。

（2）系统控制。系统控制具有输入信号的切换、画面组合、附加信息叠加和前端设备控制等功能，是典型的系统控制器。中小型视频监控系统以 DVR 为系统设备是最常用的方式。

（3）运动探测和图像内容分析。DVR 对图像作的第一个变换就是数字化，这就为图像处理提供了基础条件。因此，可以集成许多新的功能，如运动探测、目标分类、跟踪、统计等。DVR 除了实现自身的基本功能外，已成为其他智能化系统（软件）的平台。

（4）分集式监控系统和网络监控的节点设备。DVR 通常都具有网络接口，使其成为网络的节点设备，采用作为区域控制器与前端设备构成区域性集总式系统，再利用的网络功能，同其他的区域性系统组成一个大的分布式监控系统，这是目前普遍应用的分集式监控系统，系统的关键设备是 DVR。当然 DVR 也可成为广域网远程监控系统中的一个节点。

2. 数字视频记录设备向两个方向发展

上述功能的 DVR 已相当成熟和定型了。但数字视频记录设备还在向小型化和大型化两个方向发展，以满足不同的需求和应用领域。

（1）小型化。小型模块化产品，不采用磁盘作为记录介质，而是用固体存储器，如闪存来存储图像信息，不要求很大的存储量。其核心是一块具有视频压缩功能的编解码器（芯片），又被称为编解码。它强调图像处理的实时性，以保证图像信息的完整性。由于小型，主要用作一种前端设备，配合视频摄像机或其他视频信号源使用，可以实现许多特殊的功能，如机动车的运行记录、移动目标的安全监控和武器管理等。

（2）大型化。与小型化相反，大型化数字视频记录设备应具有海量的存储能力（管理大型数据库）、强大的网络管理、系统管理和控制功能。特别是通过网络的交换功能实现大量视频信息的切换，这将是大型数字视频监控系统的主要功能，而且其必须是基于服务器的，故又称之为服务器型。

大型模拟视频监控系统的核心设备是视频矩阵，那大型数字视频监控系统的核心设备是什么？这就引出了数字视频矩阵的概念，其实只是一个概念。基本功能不清楚，应用的网络环境也不清楚，至少在认识上还不统一。目前，主要有以下两种情况：一种是按着模拟视频矩阵的概念，对输入的数字视频信号（数据流）建立通道式的连接（多少入对多少出对），这样的设备在电视演播室中早已有之，但不适应网络监控系统；另一种是利用网络本身的交换功能，通过网络交换机来实现数字流的切换，但这种切换不是建立实时的、直接的通道，而是有延时性的。监控中心则要有一台视频网络服务器来实现对整个系统的管理和控制，而且要有足够数量的图像显示在中心室的电视墙上，该服务器就有了类似于视频矩阵实现输入至输出的切换功能和系统的控制功能，故称其为网络矩阵。

3. 数字视频记录设备和网络监控的安全性、保密性将得到提高

数字视频的一个弱点是可能被修改。因此，图像的安全保护是非常重要的，特别是对于安全防范系统。数字视频的安全性是个重要的课题，不仅要保证图像在记录、传输、编辑以及可能的再压缩和解压缩过程中不被修改，还要保证产生图像的摄像机和时间是唯一的、不可修改的。水印、数字签名等技术的应用可以实现这一目标，而且正在研究如何把从公共密钥产生的加密算法和数字签名应用于数字视频系统。网络监控的安全管理将得到加强，以保证在一个开放的环境下，图像信息的保密性和安全性。

4. 传统视频监控系统采用磁带录像机实现记录和重放功能

因为一般要求记录的时间比较长，通常选用监视系统专用的长时间录像机，录像机还必须要有遥控功能，从而能够方便地对录像机进行远距离操作，或在视频监控系统中用控制信号自动操作录像机。

5. 数字硬盘录像机的选择

随着技术的不断发展，数字硬盘录像机成为安防行业发展的一个新趋势，具有磁带式录像机无法比拟的优越性，正在迅速地取代传统录像设备而在监控系统中得到广泛应用，选购数字硬盘录像机应考察以下几个方面：

（1）选择具有知识产权保护的品牌机，便于向开发商寻求升级、扩充等技术支持，保证用户的投资利益。

（2）选择经过合法机构检验认证的合格机。选用的硬盘录像机应具有省级以上公安机关颁发的生产许可证和公安部安全与警用电子产品质量检测中心检验合格的检验报告，只有具备以上“两证”的硬盘录像机，才是真正合格的产品。

（3）选择采用最新视频压缩技术的时代机。

（四）图像识别

图像识别是视频技术的最高境界，这是当前大多数图像系统提取有用信息的主要方式，电视系统也是如此。虽然有直观、辨别准确率高的优点，但是，当面对大量的图像信息时，其效率低、实时性差就严重地降低了信息的利用率，限制了图像系统的应用。自动解释（机器解释）一直是图像技术的一个重要课题，数字视频为其提供了一个新的技术平台，使图像识别有了新的解决方案，在机器人视觉、模式识别等方面都取得了重大进展。在视频监控领域更成为目标探测、特征识别的有效技术手段，图像识别就是以图像为手段的特征识别。

1. 系统模式

图像识别系统通常由图像输入、图像的预处理、特征的提取和图像的解释（识别）等技术环节和设备组成。关键技术或难点在于实现系统在一种略加控制的环境下，针对移动目标实时地运行，这些目标通过静止摄像机可能会产生大小不同、角度不同及光照效果不同的图像，并在各种可能的非最佳条件下进行识别，如由于年龄、面部表情、配饰（眼镜、帽子）及可能的伪装（化装）造成图像的差异。这就要求系统采用适当的图像输入方法和预处理技术，以保证图像特征有效地提取或模板的生成。图像识别的方法基本上分为统计方法和结构分析两类，前者是以数学决策理论为基础，建立统计学的识别模型，指纹、掌形的识别多采用这种方法，其特点是稳定，但很少利用图像本身的结构关系；后者则主要是分析图像的结构，充分地发挥了图像的特点，

但容易受图像生成过程中噪声干扰的影响。图像识别的一些基础的算法和技术上的处理方法已很丰富了，当前研究的重点是提高图像识别技术的应用化程度，主要解决以下问题：

（1）高质量图像输入子系统，保证在各种环境条件下能采集到具有足够分辨率、适当方位和灰度变化的图像，涉及图像传感器的选择、安装方式、与入侵探测的关联及相关的数字化操作。

（2）基于不同平台（PC、服务器或多处理器、网络）的处理硬件，能提供系统所需的处理能力、运算速度、灵活性和信息存储能力。

（3）图像处理和解释与分析软件的开发，综合自动模式识别和计算机视觉技术，开发各种实用的软件。如输入图像的分割、定位、轮廓提取和面相图像的加光技术；基于人面重心模板的实时面相检测；器官的位置信息和面相特征的提取以及各种比对算法等。

（4）试验系统和测试，建立试验系统是十分重要的，是验证系统的价值和效果、了解各种环境因素对其的影响以及明确进一步研究方向的最有效的方法。

2. 图像识别

面相识别是最常用的图像识别系统，也有了较普遍的应用。最新的研究指出，人的行为也是一种唯一性和稳定性很高的特征，如步态、眼部动作、语言习惯等。对人的步态的分析可以用于个体的识别。这样的技术不同于前面讲过的识别技术，它是通过对连续图像进行帧间的对比和分析来提出特征进行识别的。需要较多的信息（多帧图像），但对图像的要求（大小、角度、局部的分辨率）相对较低，是正在研究中的热点。行为的识别是图像从静态识别向动态识别，从空间域的分析到时间域的分析转变的典型。如何定义特征并对其进行评价，经过统计得出这些特征的唯一性和稳定性；如何提出这些特征，并表示出来；如何进行比对和判定都是需要加以深入研究的课题。图像识别的应用主要有验证和识别两种方式：

（1）验证。验证是通过对目标的识别，把目标的身份与正在发生的行为联系在一起，确认其合法性。这是安防出入口系统的典型应用，作为出入控制系统三要素之一，特征（载体）如同一把钥匙，由于特征与目标的同一性，因此安全性很高。

验证系统因可对特征的输入加以更多的控制，系统的可靠性和稳定性好，也相对成熟，已广泛地应用于出入管理系统中，如指纹识别和面相识别系统。其基本工作方式是把目标的图像输入装置隔，自动地提取特征与系统存储的有限量的特征样本进行比对，来确定请求是否合法。

通常系统的存储样本的数量不是很多，而且现场输入的条件也可以控制。因此，系统的识别率很高，图像验证系统通常不要求目标作特定的动作，容易实现。

（2）识别。识别是对输入特征与存储在数据库中的大量的参考进行比对，来确定目标的身份。这样的系统首先要建立一个海量的基础样本数据库，如各城市人口的指纹库、危险人物的面相库等。再者，特征输入的环境有时是不能进行控制的，输入特征的完整性和可用性有时很差。所以，识别率不高，还没有真正实用的系统。

许多应用基于两者之间，例如，对口岸通过人员进行面相识别，经判断其是否为内控人员。这时图像的输入条件不像出入口系统那样严格。其数据库的容量可能很大，为保证系统的通过率，要求系统的运算速度很快，必然会降低识别率。这就要建立一个稍加控制的环境，以保证影响特征真实性的各种因素能被排除或控制。

3. 图像识别技术的研究方向

图像识别技术的研究方向主要在于各种特征识别技术、特征识别的算法在视频技术领域可行性的研究、确定适用性，研究由此形成的识别系统的准确度、效率及经济性等问题。跟踪各种新的特征识别技术和算法，结合具体的应用方向和特点进行识别技术和算法的改进和创新，如建立适合于亚洲人（中国人）的面相识别系统。

图像识别技术应用环境的研究、研究和分析各种环境因素对识别结果准确性的影响、对系统可能产生的干扰程度、对识别设备性能的要求等。通过研究提出各种应用方式必须的环境条件或在不同环境条件下的应用模式。

评价技术是图像识别技术的核心，因为识别本身就是一种评价。技术的、算法的、设备的、环境的、系统的评价，特别是识别结果的评价是识别技术的要害。评价技术的关键是技术标准和试验环境，这些问题应是与技术的研究同时进行的，而不是技术、设备、系统已经应用了才去做的事。

开展上述研究，使目前的视频监控能真正满足安全的需求是重要的目标。电视作为一种拾取图像的探测手段，探测了什么、如何探测、探测到的信息如何处理使之成为有价值的证据或情报，都是需要深入探讨的问题。实践证明，安全防范系统如果不具备预警功能就不是好系统。视频监控系统如何实现预警，是安全需求提出的新挑战。

二、视频监控技术的发展趋势

长期以来，电视技术的发展一直围绕着图像的采集和图像信号的传送这两个关键技术进行的，特别是摄像器件的技术进步。CCD 摄像技术和光纤通信技术对此起到了重要的推动作用，使应用电视达到了很高的水平，视频监控也得到了非常广泛的应用。

（一）固体摄像器件是摄像器件的主流

CCD 摄像器件和 CMOS 摄像器件是以 LSIC 技术为基础的光电转换器件，很快就代替了视像管，成为摄像器件的主流。固体摄像器件使模拟摄像机发生飞跃，已处于技术上的成熟期，但还有很大的潜力，在不久的将来，仍然是数字摄像机的主流技术。

目前，大多数视频设备所要求的输入信号仍为模拟的视频基带信号，各种数字电视的标准也是以对模拟信号的压缩编码为基础来制定的，而且在近距离传输时，模拟信号是一种最节省的、最具实时性的方式，所以，模拟视频信号仍为目前 CCD 摄像机的输出方式。目前，市场上的数字摄像机是指在摄像机的图像信号处理上采用数字技术（DSP），而其输出仍为模拟视频信号。CMOS 摄像器件广泛地应用于手机摄像，也有大量的 WEB 摄像机问世，可看作数字摄像机的雏形。由于 CCD 和 CMOS 器件都是像素化器件，信号读取就是对图像离散化的过程，非常便于产生数字图像信号。从技术上讲，数字输出的摄像机将指日可待，关键在于市场的需求和制定出应用电视数字摄像机的标准。

（二）基带信号传输将逐渐被数字传输取代

光纤传输技术开辟了通信的新时代，很快在视频传输中得到应用。但是，目前在视频监控系统中的应用是非常初步的，大多数系统都是采用 IM 方式的视频基带信号传输，光纤仅是代替同轴电缆作为一个新的宽带、低损耗介质，光纤通信技术的真正优势和潜力并未充分体现和发挥出来。这主要是由模拟视频信号传输的方式和视频监控系统结构特点所致。随着光纤双向、频分、波分复用技术的成熟，色散位移光纤和色散平坦光纤、光纤放大器的实用化，光纤传输的无中继距离和传输容量将会有更大的提高。掺饵光纤放大器（EDFA）不仅能提高增益，增加无中继距离，还具有宽带增益、对多路光载波传输不会引起串扰（路标串扰）的优点，结合波分复用技术实现高密度通信，是下一代光纤通信系统。这些都为今后视频监控系统的大型化和远程化提供了技术支持，而当视频监控系统中的数据流从模拟转为数字时，光纤通信的这些特点才会充分地发挥出来。目前光纤已成为网络主要的物理介质，在长距离视频干线传输系统中多路数字视频传输技术已很成熟，因此在视频监控系统的基带信号传输将会逐渐被数字传输取代，但这也不是绝对的，包括同轴电缆传输在内的基带传输还是有应用的，只能说推动视频监控系统大型化、远程化的将是数字视频传输技术。

（三）系统控制的经典性

系统控制设备是视频监控系统中很有特色的部分，微处理器、单片机的功能和性能的提高和增强，各种专用 LSIC、ASIC 的出现和多媒体技术的应用，使得系统控制设备在功能、性能、可靠性和结构形式等方面都发生了很大的变化。视频监控系统的构成更加方便、灵活，与报警和出入口控制系统的接口趋于规范，人/机交互界面更为友好。但系统控制方式仍然是经典的，没有本质的改变。之所以这样说，是因为系统控制主要以前台管理为主（前端设备的控制与遥控、视频信号的分配与切换），在系统的全部过程中对由摄像机产生的视频信号基本上不作任何处理。经典的视频监控系统是以摄像机为核心的，所有的技术环节都为了一个基本目标，使摄像机产生的图像质量不劣化（保证足够的带宽和 S/N）。数字视频的出现将使这种经典的模式被打破，视频监控系统的形态将发生根本的变化，将逐步转为以后台处理（图像探测和图像处理）为核心。

综上所述，由于摄像技术、传输技术和系统控制技术所取得的长足进步，视频监控系统已经达到了很高的水平。但视频监控的系统模式仍没有本质的改变，仍处于经典的应用电视形态。

（四）视频监控系统的发展趋势

视频监控技术的发展趋势可以用数字化、智能化和网络化来概括。

1. 数字化

数字化是 21 世纪的时代特征，是人类对客观事物的认识和表达的升华，是以信息技术为核心的电子技术发展的必然。以电子设备为主流产品的视频监控技术亦是如此，首先表现为视频监控系统大量地应用数字设备和视频设备中大量地采用数字技术。如目前视频监控系统中广泛应用的画面合成、帧切换、DVR、远程监控等设备，图像信息的存储从带基向盘基转变，电视摄像机采用 DSP 进行视频信号处理以提高图像质量和完成各种功能设置。这些数字设备和技术在很大程度上提高监控系统的技术水平，改善和丰富了监控系统的功能。但视频监控系统数字化的真正标志应是系统中的信息流（包括数据、音频、视频、控制）从模拟转为数字，这将从本质上改变安防系统的信息采集、通信、数据处理和系统控制的方式和形态，改变视频监控系统的模式和应用，实现监控系统与其他系统之间的无缝连接，并在统一的操作平台上实现系统管理和全部的功能控制。可以说数字化是视频监控系统智能化和网络化的基础和前提。

模拟视频已没有潜力可挖了，要想继续提高图像的质量和扩大应用，数字化是必由之路。数字信号具有频谱效率高、抗干扰性能力强、失真小等模拟信号所无法比拟的优点，但数字信号具有信号处理数据量大、占用频率资源多的问题，只有对数字信号实现有效的压缩，使之在通信方面的开销与模拟信号基本相同时，其他优点才能表现出来，并具有实用性。在DTV、HDTV等巨大的市场拉动下，数字视频技术得到了迅速的发展，相应的技术标准、各种算法和专用芯片、处理、记录和显示设备相继制定和开发完成。数字电视和多媒体是数字视频的两个主要应用方向，数字电视的主要目标是HDTV，图像质量比现行电视要高很多，但多媒体业务主要是网络的应用受到资源的限制（采用较低的图像格式），其图像质量是低于现行电视的。视频监控是属于这个技术层次的，所以在监控系统中模拟视频比数字视频仍有一定的优势。

2. 智能化

这是个与时俱进的概念，在不同的时期和不同的技术条件下有不同的含义，智能化可以说是自动化的最高境界——自主的优化调节和效率、协调的互动。视频监控系统的智能化可以理解为实现真实的图像探测，实现图像信息和各种特征的自动识别，系统联动机构和相关系统之间准确、有效、协调地互动。

智能化的监控系统不是分别、孤立地观察图像，而是全面地从图像之间的相关性和变化过程去分析和预测事件的趋势，从而实现真实的视频探测、多维视频探测系统等。它要求对图像由静态的识别向动态分析过渡，从空间和时间两方面提取特征，实现目标的自动识别。通过图像分析，对不同目标的运动趋势作出预测和统计，作为相关自动化系统的参考数据。所有这些都已有初步应用，但受到应用环境的限制，还有待完善和提高。视频监控系统智能化的关键是系统从对图像的目视解释转变为自动解释。

3. 网络化

视频监控系统的网络化分为两个层面，一是采用网络技术的系统设计，二是利用网络构成系统。前者的主要表现是监控系统的结构由集总式向分布式过渡，分布式的设计有利于合理的设备配置和充分的资源共享，是视频监控系统模式的一个发展方向，基础是网络技术。这个方向将导致安防系统中各种子系统（包括视频监控系统）真正意义上的集成，即在一个操作平台上进行系统的管理和控制。这个方向也将促进安防技术与其他技术之间的融合和集成。后者不仅指出了利用公共信息网络来构成监控系统的这一趋势，也预示了视频监控技术将发生的巨大变革，将由封闭（专用）向开放转化，系统由固定设置向自由生成的方向发展。例如，利用远程监控技术可随时、随地建立一个专用的监控或图像系统，并可随时改变和撤销，利用网络技术可以把许多图像服务项目提供给用户。所有这些将导致监控系统模式和应用发生巨大变化，也将促进安全服务业的发展和完善。

以上所谈的“三化”是在监控技术的应用层面上正在发生或即将发生的变化，是有目共睹的，但又是当今各种技术发展的共同趋势，并不是视频监控技术所独具的东西。当今，技术的融合是一个大趋势，在信息技术这个箭头技术的带动下，许多不同的专业都在向着一个共同的目标发展，许多学科和技术走上异途同归的路。多种技术可能在一个共同的关键点上实现突破，如现代信息技术将是计算机技术、通信技术和电视技术融合的产物。图像压缩技术是数字视频的核心，视频监控技术正是利用这一核心带来的资源节省得以发展和应用，在当今的技术环境下，也牺牲了一定的图像质量。如何在占用资源和图像质量之间作出合理的折衷是视频技术研究人员要做的选择，随着技术的进步选择也可能是多样的。

项目七 视频监控系统的设计

一、视频监控系统设计的技术依据及原则

（一）视频监控系统的技术依据

视频监控系统的技术依据是指与系统设计有关的具体技术要求，在设计中根据系统功能要求的基础上，对一些具体技术问题加以了解、考察甚至实际测试得出的技术结论，是设计的前提和基础。任何系统的设计都必须把技术依据落实到设计中去，才能使设计更具生命力，系统设计的技术依据来自以下五个方面：

1. 国家有关的标准与规范

任何设计首先都必须以国家有关的标准与规范为最根本依据。所设计的系统首先应符合被防护目标的风险等级、防护级别的要求和保卫工作的要求，同时也要符合有关的技术标准。如《GB 50198 民用闭路电视系统工程技术规范》、《GB 50200 有线电视系统工程技术规范》等，只有严格依照标准和规范从事设计工作，才会使设计方案先进、系统布局配套合理、设备选型准确。

2. 设计任务书

设计任务书是指建设单位根据国家有关部门的规定和管理要求以及本身的需要，将设防目的和技术要求以文字和图表形式写出的文件。设计任务书的内容包括：设防目的、系统应具有的总体功能、技术性能指标、工作环境情况、传输距离、控制方式以及建设工期、工程投资控制数额、建成后应达到的预期效果等。设计任务书是设计者必要的技术依据，无能力独立完成设计任务书的建设单位，设计者可协助其完成。

3. 工程现场勘察

工程现场勘察是非常重要的一个环节。测量、测试视频监控系统在实际安装与使用中所需的各种有关数据，收集有关资料，包括地形条件、气候、温度、光照变化情况，传输距离和条件，各种设施，供电状况，建筑物图纸和其他一些需要说明的情况等。不通过现场勘察就进行设计的情况，可以说是没有的。现场勘察对设备的配置、安装位置、传输距离、工作环境、传输方式等诸多方面都是决定性因素。所以必须非常重视，在现场勘察时，应做记录、画草图等，以备设计时作为依据。

4. 所用设备的性能指标

设备的性能指标，是对各设备功能和特性的定量描述，一般在设备的说明书中予以表述。性能指标中的参数都是经权威检验机构检验、测试和计算得来的具有科学依据的数值，因此，在设计和施工中具有重要的参考和指导价值。设计中，设计人员必须首先了解该设备的技术参数和特性，再依据实际情况和客观要求，才能选择出最适合的产品类型和型号，以防使用过程中的盲目性。

5. 其他必要的技术依据

任何监控系统的设计都要充分考虑使用单位、部门的特点和要求、监控的目的以

及客观因素和技术条件，从而决定如何设计视频监控系统。

（二）视频监控系统设计的原则

技术依据的收集是工程设计的前期工作，经过上述各项准备工作，将以上各种资料数据进行系统的归纳整理之后，就可以确定具体的系统设计方案，进行工程设计。监控工程设计中应在力求技术先进、经济合理、安全适用和质量优良的总思想的指导下，遵循以下原则：

（1）设计应在满足使用功能和运行可靠的前提下，努力降低工程造价和维护费用。

（2）设计方案应便于施工、维护及操作，同时根据扩建和改建的可能，应给系统留有一定的扩充余地。

（3）系统制式应该与通用型应用电视制式一致。

（4）系统一般采用彩色制式。因为，现在彩色摄像机技术、产品质量比较成熟，彩色制式可以提供更丰富的信息资源。

（5）设计中应采用符合国家和专业有关技术标准的定型产品。未经产品定型鉴定合格的主要设备和部件不得采用。另外，要优先采用国内产品，如选用国外产品，其性能指标必须优于国内产品。进口产品至少应有商检合格证书。

（6）系统选用的各配套设备的性能及技术要求应协调一致，并应符合系统设计要求。

二、摄像部分设计

（1）摄像机均宜采用寿命长、重量轻、体积小、不受磁场干扰、抗震动、图像延迟小、灵敏度高的黑白或彩色固体摄像机。

（2）应根据监视现场和目标的照度来选用不同灵敏度的摄像机。经验表明，监视目标的最低环境照度应高于摄像机最低照度的10倍。

（3）摄像机镜头焦距应根据视场大小和镜头到监视目标的距离而定。

（4）绝大多数摄像机生产厂家的温度指标是－10℃～50℃，如使用地区的温度、湿度变化较大应加特别防护。由于国内摄像机交流电压适应范围一般是200～240伏，抗电源电压变化能力较弱，在系统中使用时需添加稳压电源。

（5）若允许设置照明设备时，可根据照明环境选择相应照度的摄像机。当摄像机需要隐蔽时，可装置在天花板内或墙壁内，镜头可采用针孔镜头或棱镜镜头。对于防盗用的系统，还可装置附加的外部传感器与系统组合，进行联动报警。

（6）应周密选择摄像机的安装位置、摄像方向及照明条件，力求得到最好的监视效果。

（7）一般摄像镜头应从光源方向对准监视目标，应避免逆光安装；必须进行逆光安装的地方，应将监视区域的对比度压缩在最低限度范围内。

（8）根据工作环境选配相应的摄像机防护罩，防护罩根据需要可加调温控制系统和遥控雨刷等。水下作业时，应选择密闭的耐压、防水防护罩，还应有渗水报警装置。

三、传输部分设计

（1）传输距离较近的，可采用同轴电缆传输视频基带信号，这种传输方式的成本低、设备简单。

(2) 传输距离较远，监视点分布范围广，或需进入电缆电视网时，应采用同轴电缆传输射频调制信号的射频传输方式。

(3) 长距离传输或为避免强电磁场的干扰，宜采用光缆传输方式。当有防雷要求时，可采用无金属光缆。

(4) 对传输距离较远、监视点分布范围广或流动性较大的场合，宜采用无线传输方式。

(5) 传输电（光）缆的选择应在满足衰减、屏蔽、弯曲及防潮性能等要求的前提下，优先选用线径较细、容易施工的同轴电缆。

(6) 当传输的黑白电视基带信号在5兆赫兹点的不平坦度大于3分贝时，应加电缆均衡器；当大于6分贝时，应加电缆均衡放大器。当传输的彩色电视基带信号在5.5兆赫兹点的不平坦度大于3分贝时，应加电缆均衡器；当大于6分贝时，应加电缆均衡放大器。

(7) 电（光）缆敷设的路径，在满足方便施工和维修的前提下一定要尽可能简短、安全可靠。

(8) 敷设电缆时，应避开恶劣环境条件或易使管线损伤的地段，如具有强电磁场（如发电机、动力电缆等）、重压、水浸、高温、鼠咬及腐蚀性强的地段。如果实在避不开，应对其电缆采取相应的保护措施。在难于避开与动力电缆平行或交叉敷设时，相间距离不得小于0.3米；在难于避开与通信电缆（线）平行或交叉时，其间距不得小于0.1米，否则应采取屏蔽措施，尤其要特别注意平行走向的情况。

四、控制中心的设计

应根据系统的大小、监控点的多少来设计控制中心，其布局与要求如下：

(1) 应选择环境噪声较小的场所为控制中心。

(2) 根据设备的数量、体积及布局格式来确定控制中心的使用面积，一般可选择12～50平方米。

(3) 控制中心房间内的设备布局，应便于维护及操作，并满足安全、消防等的规定要求。

(4) 控制中心内的电缆和控制线的敷设宜以地槽为好，根据机柜与控制台等设备的相应位置，设置电缆槽和进线孔，槽高、槽宽应满足敷设电缆的需要和电缆弯曲半径的要求。

(5) 控制中心内能控制摄像机、监视器及其他设备所需电源的通断，用于保卫的监控系统应留有接口，便于与安全报警装置联动。

(6) 主监视器一般选用金属外壳的监视器，便于屏蔽；在射频传输方式中，可采用电视接收机作为监视器；有特殊要求时，可采用大屏幕监视器或投影电视。

(7) 在同一系统中，录像机的制式和磁带规格应一致；录像机输入、输出信号，视、音频指标均应与整个系统的技术指标适应；当长时间记录监视画面时，可采用长时间记录的录像机；对于数字监控系统可选用硬盘录像机。

(8) 控制中心距监视现场较近时，对控制点可采用多线直接控制方式。当控制点较远和控制点较多时，可采用间接控制方式或脉冲编码的微机控制方式。

(9) 控制系统的运行控制和功能操作宜在控制台上进行，操作部分应方便、灵活和可靠。控制台装机容量应留有扩充余地。

（10）控制台的设置应便于操作和维修。正面与墙的净距离不应小于1.2米，两侧面与墙或其他设备的净距离不应小于1.5米，通道不应小于0.8米，监视器架的背面与侧面离墙面的净距离不应小于0.8米。控制中心内温度宜为16℃～30℃，相对湿度为30%～75%。

（11）系统的供电电源应采用220伏、50赫兹的单相交流电源，并应配置专门的配电箱。当电压波动超出－10%～5%范围时，应设稳压电源装置。稳压装置的标称功率不得小于系统使用功率的1.5倍。

（12）系统的接地应采用一点接地方式，以避免由于接地电位差而混入交流杂波等干扰。接地母线应采用铜质线，不得与强电的电网零线短接或混接。系统采用专用接地装置时，其接地电阻不得大于4欧姆；采用综合接地网时，其接地电阻不得大于1欧姆。

项目八　视频监控系统的维护及故障排除

一、视频监控系统日常维护的基本要求

（一）防护罩的维护

定期对防护罩的玻璃进行擦洗，可用水冲洗后再用干净的棉纱擦干；在恶劣环境下（如煤码头、化工品库等）应选用密封良好的防护罩，但再好的密封也难免进灰尘，因此，还需定期对其内部清理擦洗；高空安装的带有雨刷的防护罩在下雨时，可转动云台将防护罩玻璃朝向天空，然后启动雨刷进行刷洗。雨刷的橡皮在日晒雨淋下极易发生老化，雨刷橡皮老化脱落将会磨损防护罩的玻璃，所以，要在老化前更换雨刷的橡皮（一般雨刷的橡皮使用期限为1～2年）。

（二）镜头的维护

镜头是摄像机的“心灵之窗”，良好的镜头可以保证拍摄到高保真、高对比度的图像，所以，保持镜头的清洁十分重要。摄像机的镜头在密封好的防护罩中一般不用进行清扫，镜头上有少许的尘土并不会影响影像的质量，但如果在恶劣环境中使用，难免会沾上灰尘等脏东西，如果镜头上的污渍比较多，则需定期对镜头进行除尘清洁。

正确的除尘方法应该是先用吹气球吹净镜头表面的灰尘，但要注意尽量不要使用压缩空气罐，因为压缩空气压力过高，可能会把灰尘吹进镜头的缝隙中；也不要直接用嘴去吹，这样会有很多的唾液微粒吹到镜头表面，那就更难处理了。

如果使用吹气球没有去除镜头表面的灰尘，可使用类似毛笔的软刷清洁镜头，这样可以清除灰尘等脏东西，但对于顽固的污渍，如指痕等要使用鹿皮、镜头清洗布或镜头纸再配合镜头清洗液来进行清洁。在擦洗时，注意不要用力挤压镜头表面，因为镜头表面覆盖有一层易受损的镀膜，很容易因为用力清洁而被擦去。

在购买镜头纸时，一定要到正规的专业摄影商店去买，千万不要贪图便宜而购买劣质的镜头纸，这种镜头纸里往往含有一定量的木质纸浆，会损坏摄像机镜头上的镀膜。

关于是否采用镜头清洗液清洁镜头的争论很多，有一些劣质的杂牌清洗液也会对镜头造成损伤。因此，如果单纯使用鹿皮等工具能够清除掉镜头上的顽固污渍，就不必使用清洗液，万不得已使用时也一定要注意使用的量不宜过多，而且不要把清洗液沾到镜头之外的地方，因为有的清洗液的成分是丙酮，很容易使黑色的镜头边缘掉色，严重的还会使镜头周围变形。另外，每次清洁镜头的时间最好不要超过30秒，因为过长时间的擦拭也会造成镜头不必要的磨损。总之，清洁镜头是一项精细的工作，一定要小心翼翼地进行。

（三）转动云台的维护

定期对云台和防护罩之间的电缆是否松动或脱落进行检查；定期对大型转动云台（如防爆型云台）的齿轮加润滑油，注意在严寒地区应使用在低温下不会凝固的枪炮油。

二、视频监控系统前端设备的常见故障与排除

（一）视频监控系统故障分类

1. 电源引发的故障

电源引发的故障大致有如下几种可能：供电线路或供电电压不正确，功率不够或某供电线路的线径不够、压降过大等；供电系统的传输线路出现短路、断路、瞬间过压等。特别是因供电错误或电涌而导致设备损坏的情况时有发生。

2. 设备连线引起的故障

系统设备的连线很多，若处理不好，就会出现断路、短路、线间绝缘不良、误接线等将会导致设备损坏、性能下降的问题。在这种情况下，应根据故障现象冷静地进行分析，判断是何种错误连接导致的故障现象。特别值得指出的是，带云台的摄像机由于全方位的运动，时间长了会导致连线的脱落、挣断。因此，要特别注意这种工作，性质的设备与各种线路的连接应符合长时间运转的要求。

3. 设备调整不当产生的问题

设备调整不当是最常见的问题之一，例如，摄像机镜头后截距的调整是非常细致和精确的工作，如不认真调整，就会出现聚焦不好或在对三可变镜头进行各种操作时使之发生散焦等问题。另外，摄像机的一些开关和调整旋钮的位置或菜单的设置是否正确、是否符合系统的技术要求，解码器编码开关或其他可调部位设置的正确与否都会直接影响设备本身的正常使用或影响整个系统的性能。

4. 设备或部件本身的质量问题

从理论上说，各种设备和部件都有可能发生质量问题，但从经验上看，纯属产品本身的质量问题多发生在矩阵输入/输出板、解码器、转动云台、传输部件等设备上。值得指出的是，某些设备从整体上讲，质量上可能没有出现不能使用的问题，但从某些技术指标上来说却达不到产品说明书上给出的指标要求。因此，必须对部件进行必要的检测。当确属产品质量问题时，最好的办法是更换该产品，如摄像机、光端机、嵌入数字硬盘录像机等，一般不应自行拆卸修理。

5. 设备（或部件）与设备（或部件）之间连接不正确产生的问题

（1）阻抗不匹配。摄像机的输出端既连接了矩阵主机，又连接了硬盘录像机，即造成了阻抗不匹配的问题，这使摄像机的负载过大，从而影响了图像的质量。将矩阵

主机或硬盘录像机两者之一的输入端接成高阻抗状态或使用视频分配器可解决上述问题（使用视频分配器的办法往往会增加非线性失真，且增加一台有源设备不但增加了投资还降低了系统的可靠性）。

（2）通信接口或通信方式不对应。这种情况多数发生在控制主机与解码器或控制键盘与解码器等有通信控制关系的设备之间，也就是说，选用了控制主机与解码器或控制键盘与解码器等编码不一致的产品。因此，对于矩阵主机、解码器、控制键盘等最好选用同一厂家的产品。

（二）视频监控系统前端设备故障的排除方法

1. 故障现象一——视频矩阵控制主机开机无反应

（1）检查主机供电是否正确。

（2）检查电源插头与插座是否接触良好。

（3）检查主机电源熔丝是否松动或熔断。

2. 故障现象二——视频矩阵控制主机不受控

（1）检查键盘通信是否正常。

（2）检查键盘是否进入编程状态。

（3）检查系统的“自检”状态是否正常。

3. 故障现象三——视频矩阵控制主机无视频输出或视频输出不正常

（1）检查视频信号线是否短路或断路。

（2）检查视频信号是否被屏蔽。

（3）检查视频信号是否太弱。

（4）检查视频信号电缆接头是否接触良好。

（5）检查是否有电源干扰视频。

（6）检查摄像机供电电压是否正确（建议每个摄像机使用独立的电源，不提倡多个摄像机使用同一个稳压电源）。

（7）检查彩色显示的制式选择是否正确，如 PLA 制、NTSC 制等。

（8）检查阻抗是否匹配。一个视频输出端口只能接一个 75 欧姆负载，接两个或两个 75 欧姆以上负载时需加视频分配器，也可将一个负载设置在高阻抗工作状态。否则，将引起阻抗失配、信号衰减，从而影响图像质量，甚至不能正常显示。

（9）检查、调整行同步和场同步。

4. 故障现象四——图像清晰度不高、细节部分丢失、严重时会出现彩色信号丢失或色饱和度过小

上述故障现象是由于图像信号的高频端损耗过大，图像信号中频率为 4 兆赫兹以上的信号丢失造成的。出现这种情况可能是因为传输距离过远，中间又无放大补偿装置；或因视频传输电缆分布电容过大；或因传输环节中在传输线的芯线与屏蔽线之间出现了集中分布的等效电容造成的。排除故障的对策如下：

（1）根据传输距离的远近，参照规范规定的规格选择同轴电缆。

（2）若传输距离远可增设电缆补偿放大器。

（3）距离更远时可选用光缆传输。

5. 故障现象五——操作键盘失灵

这种现象在检查连线无问题时，基本上可确定是操作键盘“死机”造成的。操作

使用说明一般都有解决“死机”的方法，如“整机复位”方式等。

如果通过上述方式仍无法解决，就可能是键盘本身的故障了。

6. 故障现象六——键盘不能选择监视器

（1）检查键盘对这个监视器是否有控制权。

（2）检查监视器的连线是否稳定可靠。

7. 故障现象七——矩阵控制主机键盘不能选择摄像机

（1）检查键盘对这个摄像机是否有控制权。

（2）检查摄像机的连线是否稳定可靠。

8. 故障现象八——矩阵控制主机键盘无法操作摄像机云台和镜头

（1）检查键盘对这个摄像机是否有控制权。

（2）检查解码器的连线是否稳定可靠。

（3）检查解码器的地址码与摄像机号是否一致。

9. 故障现象九——矩阵控制主机键盘操作云台和镜头时有时不稳定

（1）检查解码器的控制总线是否用了屏蔽双绞线。

（2）检查控制总线的长度是否超过了 1 300 米。

（3）检查控制总线两端点是否加有匹配电阻。

（4）检查控制总线上设备是否过多。

（5）检查控制总线等弱电信号线与动力电源线是否分离布线。

（6）检查解码器或云台是否损坏。若解码器或云台损坏，则应更换解码器或云台。

10. 故障现象十——由传输线引入的空间辐射干扰

这种干扰现象的产生，多数是因为在传输系统、系统前端或监控中心的附近有较强的、频率较高的空间辐射源。这种情况的解决办法如下：

（1）在建立系统时，应对周边环境有所了解，尽量设法避开或远离辐射源。

（2）在无法避开辐射源时，对前端及中心设备加强屏蔽。

（3）对传输线采用在钢管内敷设并使钢管良好接地。

11. 故障现象十一——云台在使用后不久就运转不灵或根本不能转动

这种情况的出现除去产品质量的因素外，一般由以下原因造成：

（1）只允许将摄像机正装的云台，采用了吊装的方式。吊装方式导致了云台运转负荷加大，使用不久就会导致云台的传动机构损坏，甚至烧毁电动机。

（2）摄像机及其防护罩等总质量超过了云台的承载能力。特别是在室外使用的云台，往往由于防护罩的质量过大，常会出现云台转不动，特别是垂直方向转不动的问题。

（3）室外云台因环境温度过高、过低或防水、防冻措施不良而出现故障，甚至损坏。

（4）云台水平方向的限位开关或垂直方向的限位开关损坏。

12. 故障现象十二——距离过远时，操作键盘无法通过解码器对摄像机镜头和云台进行遥控

这主要是因为摄像机安装距离过远时控制信号衰减太大，解码器接收到的控制信号太弱引起的，应该在一定距离的位置加装中继盒以放大控制信号。

13. 故障现象十三——主机对图像的切换不干净

这种故障现象的表现是在选切后的画面上，叠加有其他画面的干扰，或有其他图像的同步信号的干扰。这是由控制主机矩阵切换开关的隔离度不高造成的，严重时需更换主机的输入或输出插板。

14. 故障现象十四——摄像机出现聚焦不好或在对三可变镜头进行各种操作时使之发生散焦等现象，从而使图像模糊不清

（1）摄像机镜头后截距的调整未到位。这时应仔细将摄像机镜头后截距调整到位，在足够的照度条件下认真仔细地进行“后靶面”调整和聚焦调整，使清晰度和灰度等级等达到系统技术指标。

（2）检查摄像机上一些开关（如解码器编码开关）和调整旋钮的位置或可调部位设置的正确与否，是否符合系统的技术要求，这些都可能会影响到设备或系统的正常运行。

（3）自动光圈控制的插头焊接不良，造成虚焊、脱焊。

15. 故障现象十五——带三可变镜头的摄像机镜头及云台无法控制

云台与摄像机防护罩之间的各种连线不符合长时间运转的要求，发生断线，应按要求重新更换连线。

16. 故障现象十六——矩阵控制主机能控制系统中多数云台转动，但其中某台不能转动

（1）检查解码控制器电源线是否脱落而使电源未加到接线端子；检查电源线是否断线。排除方法分别是将电源线连接到接线柱和接通折断的电源线。

（2）检查解码器的编码开关所拨的地址、比特率是否正确。

（3）打开解码器外壳，用鼻子闻，是否有烧焦的气味，检查变压器、电容器及电阻器等器件。排除方法是更换明显损坏的元器件，然后进行调试，如不能排除故障可更换解码控制器，所更换的解码控制器必须与原解码控制器是同型号的，且具有相同的工作电压。

17. 故障现象十七——解码控制器接通电源，电源指示灯不亮

（1）打开解码器外壳检查电源线有否断线，若电源线断线则接通折断的电源线。

（2）检查电源熔丝是否熔断，若电源熔丝熔断，则更换相同型号规格的熔丝。

（3）检测解码器供电电源电压是否正确。如果检测不到供电电源电压，则将电源线从连接端子取下，再测量；如果检测有电压还需检查传输系统和监控中心供电电源输出是否正确。

18. 故障现象十八——解码控制器通电即烧熔丝

（1）检查负载是否短路，接线端子的公共端（COM）有没有错接，若有，则排除负载短路点，纠正错接部位。

（2）检查云台输入电压是否选对。选择解码器的工作电压与云台相匹配的电压。

19. 故障现象十九——解码控制器电源灯亮但无法控制

（1）检查测试相关设备是否正常。

（2）检查通信线的接线端子是否接触良好；通信指示灯是否闪亮；通信线是否接反。排除方法是将通信线的接线端子固定，使其接触良好，若故障仍未排除，可将通信线接头对换进行反接试验，直到通信指示灯亮。

(3) 检查地址码开关设置是否与主机控制的摄像机一致。排除方法是对照说明书检查是否设置错误。

(4) 检查解码控制器通信线的累加长度是否超过了规定的1 300米，若超过则必须加通信放大器。

(5) 检查解码控制器与矩阵控制主机的编码和通信协议是否正确，解除方法是选用与矩阵控制主机的编码和通信协议相匹配的解码控制器。

用上述方法对故障现象十七到十九进行排除后，若故障现象仍未消除，即可更换解码控制器。

20. 故障现象二十——对云台的控制不灵，云台乱转

(1) 检查解码控制器信号线是否为标准屏蔽双绞线。

(2) 检查同一条信号控制线是否过长。

(3) 检查同一条信号线是否串（并）联过多的解码器。

(4) 检查通信线有无干扰。

21. 故障现象二十一——矩阵主机自检功能不正常

(1) 检查控制自检按键时，相应的功能指示灯是否亮，若不亮则说明该解码器已损坏。

(2) 检查外部设备（云台、镜头）接线是否正确。

(3) 检查外部设备是否符合解码器的工作要求。

(4) 检查外部设备是否损坏。

22. 故障现象二十二——云台卡在某一位置不转动或不转动但有抖动现象

检查转动云台的各方位限位开关是否损坏，若限位开关损坏则更换限位开关。

23. 故障现象二十三——一体化快速球形摄像机（简称球机）在夏季控制失灵，甚至表现为死机，白天尤为明显

(1) 球机在运行中发出的热量是球机机芯温度上升的主要因素。夏天中午，摄像机球罩的内部升温很快时，可能是风扇电动机不转造成上述故障现象，排除方法是用同型号的风扇电动机进行更换。

(2) 球机内部需要的电源和信号是通过滑环和外部连接的，滑环品质好可以避免因滑环某个接触头接触不良而引起死机断电、图像频繁闪烁、色彩偏移等不良现象，在选购产品时不应图便宜而购置低档产品。

24. 故障现象二十四——球机无图像

(1) 球机24伏的电源未加上。

(2) 视频线连接不好，检查电源及球机视频端子及监视器输入端子之间的连接线。

25. 故障现象二十五——球机输出图像模糊不清

(1) 检查镜头玻璃有无污物。

(2) 透明罩污浊不洁净。

(3) 75欧姆阻抗不匹配。

(4) 接地环路接触不良。

处理方法是用软布清洁镜头以及透明罩，同时检查阻抗环路配置和接地线路连接是否正确。

26. 故障现象二十六——分球机无法控制

（1）控制线连接不好。

（2）比特率调整有误。

（3）控制协议有误、地址不正确。

（4）矩阵主机或控制键盘控制端与解码器的通信协议不致。

处理方法是检查控制线连接线，按要求重新调整比特率和通信协议。

27. 故障现象二十七——球机无视频、无自检、无控制

在检查输入电源正常的情况下，故障点可能发生在解码板电源电路上，这时需要更换电源板。

28. 故障现象二十八——球机输出视频图像雪花大

（1）视频电缆接头虚焊。

（2）解码板视频放大电路有故障，此时需更换放大芯片。

（3）景物照度低，自动光圈未打开或光圈锁死，检查摄像机自动光圈控制输出是否正确。

29. 故障现象二十九——球机加电后不受控制，不停地自转

出现这种现象一般是由于提供的24伏交流变压器功率不能满足球机的要求所引起的，另外，矩阵控制主机发出“乱码”信号也易出现以上现象。

30. 故障现象三十——球机存在的其他常见问题

（1）透明罩的问题，许多球机采用低档透明罩（材质不好），透光性差，屈光现象和光线反射的现象经常发生。

（2）“预置位”的设置问题，设置的“预置位”在执行时有跑偏的现象，即“预置位”不准确。

（3）“球罩”容易进水，在球机安装时“球罩”没有安装好或安装时忘记加密封胶，下雨时水容易进入球机内部，球机底部变成个“盛水容器”，严重时将烧毁球机。

（4）透明防护罩非常薄，容易遭受外界破坏。

（5）散热性不好且发热的电子器件较多，散热风扇工作两年后转速变慢或不转，无法散热，引起死机，因此需定期更换风扇。

（6）电路集成度高，损坏后维修换件只能整块电路板或整机更换，维修成本高。

（7）摄像机焦距有限，由于体积小，无法安装“长焦距”镜头，因此，不宜观察远距离景物。

三、视频监控系统显示设备的维护与故障排除

（一）视频监控系统显示设备的日常维护

显示设备主要是指监视器（显示器），长期处在各种复杂环境中，容易受到包括温度、静电、湿度、灰尘、电磁干扰、电源不稳定等因素的影响。监视器保养的好坏直接关系到监视器的使用寿命，所以监视器的保养十分重要。据不完全统计，监视器发生的故障50%是由于环境条件差引起的，另外，操作不当或使用不善而引起的故障也占30%，而真正属于品质问题或故障引起损坏的只占20%。可见，环境条件和人为因素是造成监视器故障的主要原因。因此，了解和掌握显示设备一般的维护和保养方法非常必要。

1. 温度对显示设备的影响

监视器是视频安全监控系统的一大热源，电源部分、行输出、高压包、IC 模块、各种大电流驱动线圈、显像管等都是工作热量很高的部件。大多数用户都知道，长时间在过高的环境温度下工作，不仅会使很多元件的性能和使用寿命大打折扣，而且还可能导致个别虚焊点脱落造成开路，使监视器在工作中出现故障，同时元器件也会加速老化，轻则导致监视器不工作，重则可能烧毁元件。因此，注意散热是降低监视器温度最重要的环节，也就是说在监视器周围必须留下足够的空间。在炎热的夏季，要是条件允许，最好把监视器放在有空调的房间中，或用电风扇进行强制散热。

2. 湿度对显示设备的影响

当室内的湿度保持在 30% ~80% 之间时，监视器能正常工作，但是一旦湿度长时间高于 80%，监视器内部就可能产生结露现象。其内部的电源变压器和其他线圈受潮后容易产生漏电，导致绝缘性能下降，甚至有可能被腐蚀出现断线，而监视器的高压部件则极易产生放电现象，出现干扰跳火等现象，严重时会导致因绝缘性能被破坏而烧毁。此外，机内的其他元件、线路亦会受影响。可见，室内湿度过大对监视器正常工作会产生致命影响，监视器注意防潮的关键时期是在梅雨季节，对于长时间不用的监视器也一定要定时通电使其工作一段时间，让监视器工作产生的热量将机内的潮气驱散出去。

3. 强光照射对显示设备的影响

监视器的荧光屏受阳光或其他强光照射时间长时，易加速显像管老化，降低发光效率。另外，强光照射也容易使长时间使用监视器的用户的眼睛受到损伤。建议不要把监视器放在阳光照射强烈的地方，必要时用深色窗帘减轻光照强度，但光线也不能过低，否则也会对使用者的眼睛造成伤害。

4. 灰尘对显示设备的影响

应尽量避免灰尘进入监视器（显示器），但在使用时不能用物品将监视器遮盖，否则热量散发不出去，会导致显示器内部温度过高而损坏机器。

由于监视器内部具有高达 20 ~33 千伏的高压，这样高的电压极易吸引空气中的尘埃粒子，而灰尘对监视器构成的威胁不容忽视。从大量的监视器维修可以看出，在灰尘比较大的环境中工作，印制电路板会吸附灰尘，而灰尘的沉积会影响电子元器件的热量散发，这将导致元件温度上升，进而出现热稳定性下降，甚至产生漏电，严重时将导致元件被烧毁。另外，灰尘也会吸收水分，腐蚀显示器内部的电子线路，造成一些莫名其妙的短路问题。所以，灰尘体积虽小，但对监视器的危害性却不可低估。防止灰尘最有效的办法就是将显示器放置在干净清洁的环境中。定期对监视器内部进行除尘处理，尤其是高压包、高压帽的周围，一般 2 ~3 年应该清除一次。

5. 安放位置对显示设备的影响

显示器的放置应尽量远离强磁场，如高压电线、音箱、指针式万用表等，否则显像管容易被磁化。摆放监视器时应注意防止外加磁场造成的干扰。

有很多物体带有磁场而且不易被发现，当你发现显示器出现莫名其妙的抖动或偏色等现象，而显示器设置又没有问题时，就很可能是磁场在作怪，要尽快予以处理。显示器本身具有消磁功能，一般的偏色现象在下次开机时会自然消失。显示器本身的消磁功能对一般偶然性的磁化有较好的作用。但是对于强磁场干扰造成的深度磁化则作用不大，可使用专门的消磁工具，如消磁棒和消磁线圈等。使用时，手持消磁棒在显示器屏幕前，以屏幕中心点为圆心做半径逐渐扩大的圆周运动，直至消磁完毕，如果一次的效果不明显可多做几次。如果显像管磁化现象很严重，用消磁棒还不能消除偏色现象，可用消磁线圈进行消磁。消磁时，手持消磁线圈从屏幕某边缘开始向屏幕中心缓缓地做圆周运动，到达屏幕中心后再翻过来往外圈旋转，如此反复多次，直至结束操作时，将线圈置于屏幕中心，并使其与屏幕表面呈90°角，保持垂直慢慢后退到显示器1米以外，然后关闭线圈电源，可反复进行多次，一直到完全消除显示器因为磁化造成的不正常现象。消磁线圈的优点是效果较为明显，缺点是操作过程略微复杂一些。

6. 擦拭屏幕表面需注意的问题

大尺寸的监视器，特别是新型产品，在显像管屏幕表面都涂有一层极薄的防眩光、抗静电的化学物质涂层。因此，在擦拭屏幕表面灰尘的时候，禁止使用酒精类化学溶液；不要用粗糙的布或是纸类物品，因为这类物质不够柔软，容易在屏幕上产生划痕；另外，不能用力擦拭，这同样会损坏涂层；再者，不要将水等液体直接喷到屏幕上，以免水汽侵入显示器内部腐蚀电路和元件。正确的方法是用脱脂棉或镜头纸从屏幕内圈向外呈放射状轻轻擦拭，如果屏幕表面较脏，可以用少量的水把脱脂棉或镜头纸浸湿后擦拭。监视器的外壳，可使用蘸水的湿布抹擦。切记，严禁在显像管加电工作时用湿布擦抹荧光屏，以免发生危险。

注意事项：

（1）所有显示器面板上的调节功能按键要缓慢稳定地下按，不可用力过猛以防止人为损坏。

（2）应在微机上安装屏幕保护程序，以防止显示器长时间在等待状态下工作，加速显像管荧光粉的老化。

（3）虽然显示器的工作电压适应范围比较大，但还是可能受到瞬间高压冲击而造成元器件的损坏，所以，还是应使用带熔丝的防雷插座。应配备UPS电源以防止突然断电带来的冲击。

（4）正常使用中，应适当降低显示亮度，这样可以缓解显像管的灯丝和荧光粉的老化速度。

（5）如果影像发生晃动，可能的原因是外界磁场的干扰，如果是变压器产生的磁场，应排除干扰或是使显示器远离干扰源。

（6）当遇到电源电压突然过高，或是频率过低时，也可能会导致屏幕突然无法显示，这是因为显示器处于高压保护状态，此时应该立刻关机，等几分钟后，待电压稳定后再开机即可重新工作。

（7）调换或搬动显示器时，不要忘记将电源线和信号电缆线断开，在断开信号线前应先关电源，以免损坏端口电路的元件。

（8）对比度可设置得比较大，但亮度最好设置为最大值的70%～80%，亮度太高对眼睛不利，且会缩短显示器的使用寿命。

（9）关机时屏幕中心有亮点，应立即送维修中心修理。这种现象是由于显示器电路或显像管本身的问题造成的，虽然当时不影响使用，但时间长了，显像管会被灼伤，待中央出现黑斑时，就已是致命伤害了。

（10）监视器在切断电源后不要立刻重新启动电源，避免损坏监视器。

（二）显示设备常见故障及排除方法

1. 故障现象一——无光栅

（1）电源部分故障。电源进线开路；电源开关接触不良、电源熔丝熔断；直流稳压 110 伏无电压输出；电源部分元件损坏。

（2）显像管部分故障。显像管灯丝断、漏气、极间短路等。

（3）亮度通道电路，显像管各极的电压故障。显像管的加速极电压未加上；栅、阴极之间电压不正常。

（4）扫描部分。检查行输出变压器显像管灯丝绕组之间电压是否正常；检查行扫描电路集成块有无输出信号；检查行输出变压器是否有短路或开路；检查显像管插座是否接触良好；高压管、阻尼管损坏；亮度电位器损坏。

2. 故障现象二——屏幕上有条垂直亮带（行幅小）

（1）行幅调整部分。行幅度电位器损坏。

（2）行频部分。行频频率不正确；行稳频电路开路。

（3）由行推动造成的原因。110 伏电压太低；行偏转线圈短路，电网使行幅减小；行输出级 S 校正电容漏电。

3. 故障现象三——屏幕上有一条水平亮线

（1）检查场振荡电路电压和波形，场振荡级输出部分开路或对地短路。

（2）垂直偏转线圈开路或短路；连接垂直偏转线圈的引线断或器件短路。

4. 故障现象四——光栅边缘弯曲显现波纹状

（1）检查市电交流电压值是否在监视器出厂说明书上的电源电压指标范围之内。

（2）机内的直流稳压电源（110 伏）电压不稳，偏高（130 伏左右）或偏低（85 伏左右）。调整管、推动管、比较放大管、稳压管、保护管损坏或连接线断开。

（3）整流管中有一只或两只开路；滤波电容失效或开路。

（4）行振荡频率不对、AFC 电路故障、高压打火。

5. 故障现象五——网纹状干扰

（1）机外干扰，如高频加热设备干扰等。可以通过观察干扰网纹的疏密程度来估计干扰频率的高低。网纹越密，干扰频率越高，反之频率越低。

（2）机内干扰，这是由于机内公共通道自激引起的。机内干扰有下列一些原因：稳压电源内部有自激现象，这种干扰频率较低，在画面上表现为较大的黑圈圈花纹；有时候由于电源部分故障，纹波系数增大也会引起网状干扰；视频电路有自激时，干扰频率较高，画面上干扰网纹较粗。这样依画面干扰症状，可以估计自激的大体部位，然后再细心逐级检查电路，寻找自激的地方，加以消除。

6. 故障现象六——在监视器上产生较深、较乱的大面积网纹干扰，以至图像全部被破坏，形不成图像和同步信号

上述故障是由于视频电缆的芯线与屏蔽网短路、断路造成的故障。这种情况多出现在 BNC 接头或其他类型的视频接头上。即这种故障现象出现时，往往不会是整个系统的各路信号均出现问题，而仅仅出现在那些接头不好的线路上。只要认真逐个检查这些接头，就可以解决。例如，BNC 接头或其他类型的视频接头未安装焊接好；在室外安装的 BNC 接头在严寒酷暑风吹的长期作用下造成脱焊、虚焊等均会造成上述故障。

7. 故障现象七——黑横带干扰，监视器的画面上出现一条黑杠或白杠，并且或向上或向下慢慢滚动

（1）画面上有一两条横道很暗的干扰条纹及该处的色彩变暗；若收看黑白图像时为黑横带干扰。该故障是由于电网频率的交流干扰造成的。一般市电频率是标准的50赫兹，场同步脉冲频率与电网频率不同步，结果，干扰黑横条缓慢地沿垂直方向滚动。出现这种故障应尽量减少机内电源的波纹系数。

（2）要分清是电源的问题还是接地环路的问题。一种简易的方法是在控制主机上，接入一台没有电源问题的摄像机，输出信号，如果在监视器上没有出现上述的干扰现象，则说明控制主机没有问题。用一台便携式监视器就近接在前端摄像机的视频输出端，并逐个检查每台摄像机。若有故障摄像机，则进行处理；若无，则干扰是由接地环路等其他原因造成的，如果由接地环路造成，可将前端视频地线悬浮起来，还可采用光电隔离的办法来解决（早期曾经采用变压器进行隔离）。

（3）前端设备的电源应和监控中心设备所用的交流电源的相序同相。

8. 故障现象八——图像呈枕形失真

（1）枕形校正不起作用，场输出抛物波未加到偏转线圈上，这是由枕形校正故障造成的。

（2）电源滤波部分滤波电容开路引起电源纹波电压太高。

9. 故障现象九——图像出现横的一条跳火亮线

图像良好，可是有时由于短暂的干扰脉冲存在，且干扰脉冲宽度很窄，所以，画面上会看到一闪一闪的亮线或黑线干扰。出现该现象时不要急于维修，先排除外界干扰的因素。外界有电钻、马达等工作产生电火花，从而引起干扰；汽车、电器设备打火等也会引起干扰。机外干扰是暂时的，干扰源消失时，干扰也就跟着消失。

机内某些元件或引线接触不良引起高压打火也会产生该故障，容易产生打火的部位有高压包、高压帽和第二阳极等处。此外，监视器使用时间长后容易引起灰尘积累，在天气潮湿时使某些元件与机壳间的绝缘性能变差引起跳火，所以要定期进行清洁，同时应注意监视器的防潮。另外，高压包的内部打火、水平偏转线圈局部短路、显像管极间跳火或高压帽破损及高压帽与显像管电极接触不良都可引起打火，产生上述故障现象。

10. 故障现象十——显像管屏幕部分位置色彩不正常

（1）消磁线圈烧坏，可更换同型号消磁线圈。

（2）消磁线圈插头接触不良，重新可靠插接后，用消磁器在显像管前方均匀旋转即可消除。

11. 故障现象十一——光栅暗淡

这种故障症状为画面显示彩色图像良好，但是整个图像较暗淡，即使亮度开到最大也是如此，光栅变淡有两个因素：

（1）荧光粉衰老。

（2）阴极电子发射率减低。三枪阴极发射能力同时减退也会出现光栅暗淡。若某一枪或两枪阴极发射能力衰退的话，会产生假彩色现象。为了寻找故障，可拔下彩色显像管的高压帽及管座，只加上灯丝电压，而其他各电极都不供电，将万用表拨到测量电阻挡，电表的正表笔（正极）接阴极，负表笔（负极）接栅极，通过测量彩色显

像管在灯丝加热下，栅—阴极间的热态电阻来判断阴极发射率的强弱。若测量栅—阴极间热态电阻在10欧姆以下，表示阴极发射能力正常；如果阻值在10～100欧姆之间，表明阴极发射能力减退了，尚能发光但亮度下降；如果阻值大于100欧姆，则表明阴极发射能力大减，光栅非常暗淡，甚至无光，应更换彩色显像管。此外，阴极发射能力也可通过测量阴极电流大小来判别。

引起光栅暗淡的外部原因是显像管各极供电电压不正常。因为，即使显像管及灯丝供电正常，而其他电极供电有故障时，阴极发射的电子束也无足够速度去轰击荧光粉。具体原因如下：

①栅—阴极间电位差不正常，三枪阴极电位同时偏高造成光栅暗淡，若仅某一枪或两枪栅—阴极之间电位不正常的话，会引起假彩色。

②聚焦极的电压不足会引起散焦，也会产生光栅暗淡。

③加速极的电压偏低。

④高压偏低，这时候不仅光栅暗淡，而且还使光栅偏大。

12. 故障现象十二——光栅边缘弯曲呈现波纹状

图像良好，只是图像左右两边缘有波纹状弯曲。这种故障多半由纹波电压太大引起。由于电源纹波电压太大，当进入亮度信号通道后，使光栅产生明暗条纹干扰；进入场扫描电路时，使扫描线有疏密变化；如果串入行扫描电路，会引起光栅扭动，光栅边缘出现S形弯曲，一般对电源的纹波系数要求应低于0.05%。

13. 故障现象十三——监视器上出现木纹状干扰

这种现象轻微时不会淹没正常图像，而严重时会破坏同步。

(1) 这种故障现象产生的原因较多也较复杂，原因之一是视频传输线的质量不好，特别是屏蔽性能差（屏蔽网所用的铜线质量不好，或屏蔽网部分在施工牵引时部分折断，起不到屏蔽作用）。与此同时，这类视频线的环阻大，因而造成信号产生较大衰减，这也是使干扰加重的原因。此外，这类视频线的特性阻抗不是75欧姆、参数设置超出规定也是产生故障的原因。

(2) 由于上述的干扰现象不一定就是视频电缆质量不好产生的，因此，这种故障产生的原因在判断时要准确和慎重。只有在排除了其他的可能原因后，才能从视频电缆质量不好的角度考虑。若真是电缆质量问题，最好的办法是将这种电缆全部换掉，换成符合要求的视频同轴电缆是彻底解决问题的最好办法。

(3) 施工不规范，使用的电缆接头特性阻抗不匹配，不是75欧姆，分布参数超过规定，将这种电缆接头全部换掉。

(4) 错误地用射频同轴电缆代替视频同轴电缆，应将这种电缆全部换掉。

(5) 由于供电系统的电源不“洁净”而引起的，即50赫兹正弦波电源与干扰信号叠加，而这种电源上的干扰信号，多来自本身电网中使用的大功率可控硅调频调速装置、可控硅整流装置、可控硅交直流变换装置等，这些装置都会对电源产生污染。若对整个系统采用净化电源或在线式UPS供电就基本上可以解决这个问题了。

(6) 系统附近有很强的干扰源。可以通过调查和了解来加以判断，解决的办法是加强摄像机的屏蔽，将视频电缆在钢管内敷设并将管道进行良好的接地处理。

14. 故障现象十四——在监视器的画面上产生若干条间距相等的竖条干扰，干扰信号的频率基本上是行频的整数倍

这是由于视频传输线的特性阻抗不是75欧姆而导致阻抗失配造成的。也可以说，这种干扰现象是由视频电缆的特性阻抗和分布参数都不符合要求而引起的。一般可以通过“始端串接电阻”或“终端并接电阻”的方法解决。另外，值得注意的是，在视频传输距离很短时（一般为150米以内），使用上述失配阻抗和分布参数过大的视频电缆不一定会出现上述的干扰现象。

解决上述问题的根本办法是选购能保证质量的视频电缆，必要时应对电缆进行抽样检测。

15. 故障现象十五——图像同步不稳定，图像左右扭曲

（1）系统所用的交流220伏电源中，采用了不同相序供电方式。系统应尽量采用同一相序的电源供电。

（2）在使用备用发电机时，造成电源的频率偏离50赫兹，超过了摄像机、监视器的允许值。

（3）调整摄像机的同步范围或同步方式。

（4）临时断电尽量采用UPS做备用电源，备用电源采用发电机时不要超负荷运行造成工频不稳定。

16. 故障现象十六——监视器上图像摇曳或滚动，一分钟内重复多次，扰乱观看，甚至使系统不能使用

（1）视频监控系统通常使用多台摄像机摄取图像，再通过必要的开关，系统将选定的图像信号输入既定的监视器。但是，来自两台或两台以上的摄像机的信号下同步或同步不好。因此，在切换图像的瞬间，要显示的图像可能处于不同的扫描位置，造成图像摇曳或滚动。

（2）由于地线接触不良引起同步不良。排除方法：一般用“同步耦合”的办法来解决，即为每台摄像机分配一个共用的同步信号，因此要增加电缆，甚至还要增加放大器；另一种办法是在开关设备中加入一个数字存储器，把输入的信号数字化，并循环取样存储，这样就能在显示器上同步读出显示；如果因地线接触不良引起同步不良，应检查地线，保证连接可靠。

17. 故障现象十七——南方某工程40台34英寸监视器有10多台短期内出现无图像故障

（1）此40台监视器分为四层，有故障的10多台监视器均分布在顶层，故障出现在夏季的几个月。分析原因为控制台通风散热不良造成，因热量是向上扩散的，虽然监控中心内有良好的空调也不能有效地使机柜内部降温。解决办法是对大型的电视墙应增加排风扇，使机柜内部设备的热量能有效地排出。

（2）此10多台监视器的故障多出现在电源模块上，更换电源模块后多数故障消除。

18. 故障现象十八——屏幕偏色故障，屏幕偏红（或偏蓝、偏绿）

（1）显像管电子枪内部碰极。轻微的可用电击，严重的可重绕灯丝供电绕组。电子枪内部碰极（有时仅为漏电）的故障应由专业维修人员进行维修。

（2）一色电子枪的视放供电电阻虚焊或呈断路性损坏或阻值变大。规律性偏色故

障通常只要把相关电子枪的视放供电电阻及周边元件补焊一下即可。供电电阻呈断路损坏造成的故障现象和电子枪的内部有碰极的情况一样，故障现象为满屏带回扫线，其中某一颜色极亮，但其并不会导致保护性关机，解决方法是更换同阻值的电阻。

（3）轻微极间漏电。通常不用维修，只是在开机时有瞬间偏色，几秒钟后即可正常。

（4）在潮湿的季节应考虑显像管管座的管脚氧化。排除方法是清洁显像管管座的管脚。

（5）屏幕灰尘过多，导致屏幕显示白色时偏红，此类故障多发生在色温偏暖的显示器中。排除方法是先清洁一下显示屏，再进行其他的检查。

（6）电子枪老化导致的偏色故障。排除方法是如果上面的所有方法均无效且显示器使用的年限超过 5 年（视频监控系统是 24 小时连续开机的，只能保证 2 ~ 3 万小时的寿命），需要更换显像管。

19. 故障现象十九——开机时图像模糊

（1）开机时图像比较模糊，虽然使用一段时间后就逐渐正常了，但在关机一段时间后再开机时，故障又会再次出现，而且是一天不如一天，故障越来越严重。

（2）开机后图像一直模糊，使用很长时间也不见好转。通常使用两年以上的彩色显示器才会出现这种故障（多发生在南方潮湿地区），故障原因多数情况下是显像管管座受潮氧化所致。排除方法是更换一个正品新管座就能排除故障，注意更换时要小心操作，避免显像管漏气。

20. 故障现象二十——使用过程图像模糊

故障现象具体表现为在刚开机时图像清晰，但随着使用时间的延长而越来越模糊；在使用中图像偶尔变模糊，但很快就可恢复正常，不过使用几天或几个月后会变得越来越严重、越来越频繁。

此类故障可能是由于高压包聚焦极的电位器老化，如果使用年头较长可能是显像管老化造成的，也可能是显像管管座质量不好所致。排除方法是先更换一个高压包试试，如果使用时间不长又出现上述故障，可清洁或更换显像管管座；若判断为显像管老化，则更换显像管。

21. 故障现象二十一——屏幕闪烁

屏幕闪烁故障具体表现为屏幕边缘有闪烁现象；或整个屏幕有闪烁现象；或屏幕的某一角有闪烁现象。

（1）通常是由于行电路部分元件虚焊或电源的滤波电容容量减小所致。

（2）视放供电部分的电路比较特殊，有时该部分的某一元件虚焊也会造成此故障现象。

（3）把显示器的分辨率和刷新率设置得偏高或过低也可能造成此类故障。

（4）如果以上处理均无效，可重点检查一下高压包产生的加速极电压和高压是否正常，因为有时这两个电压异常也会导致此类故障现象。

（5）有时一些带磁物品（如一些低档电源盒）放在显示器附近会造成屏幕的某一个角闪烁，所以，遇到此现象要先试着清除显示器周围的物品，通常问题都能得到解决。

22. 故障现象二十二——屏幕上有水波纹

几乎所有的CRT显示器都有水波纹，只是程度有轻有重。通常，只要显示器分辨率在800×600以上就没有水波纹，只有在640×480的分辨率下才有水波纹就属于正常情况（屏幕全白时会比较明显），说明并无硬件故障。

如果显示器在800×600以上的分辨率下仍有水波纹，可先更换一个电源滤波电容，如果无效，就要交付专业维修部门。

23. 故障现象二十三——屏幕上存在干扰故障，屏幕上总有无规律干扰杂波或细黑线条，并伴有“啪啪”的杂音

（1）通常是显像管高压嘴和高压帽之间出现了打火现象，最好是使用“高压硅脂”进行修复。在添加高压硅脂之前要先用无水酒精将高压嘴、高压帽清洁干净，并用电吹风烘干，如有高压帽锈蚀，还要除锈或换新高压帽。

（2）有时显像管的管座出现打火现象也会出现此故障现象，只是同时伴有图像清晰度的时好时坏，这时只要更换正品管座即可。

24. 故障现象二十四——显示器亮度过亮且无法调暗

（1）绝大多数情况下，此故障是视放的供电滤波电容容量减小或虚焊所致，可先补焊一下，如果故障还存在，则更换滤波电容。

（2）检查视放供电回路中是否有断路的地方。

（3）亮度自动控制电路故障（可能性甚微）。

（4）存储器故障也会造成这一现象，不过概率非常低。

25. 故障现象二十五——颜色显示异常，屏幕上多处有色块或屏幕边缘处颜色异常

这是比较典型的显像管磁化的故障现象，但该故障现象通常是由于显示器附近放有高磁产品或消磁电路存在故障所致。如果不是由于高磁产品的原因，可手动进行次消磁，如果在消磁时图像没有明显的晃动就说明消磁电路异常，应检查消磁电路。

26. 故障现象二十六——对比度偏低，对比度低就使层次感下降，色彩也不如以前艳丽

（1）多数情况下是由于显示屏上的灰尘太多造成的，对显示屏进行清洗无效后最好找专业电器维修人员进行维修。

（2）对比度控制电路部分出了问题，但其可能性非常小。

27. 故障现象二十七——黑屏

开机后，主机对显示器没有任何报错指示，而且显示器的状态指示灯显示正常，电源开关也正常，但图像呈黑屏，有时拍打下彩显机壳或偶尔开机时又能正常显示，不过使用一段时间后情况会越来越严重。此类故障的排除方法如下：

（1）先检查灯丝供电回路中是否有虚焊的元件或焊点。

（2）有时由于主机的原因也会造成黑屏现象，但拍打彩显机壳也不会有所好转，可将显示器接到另一台确定无故障的主机上试验。

（3）有很多显示器在拔掉连在显卡上的信号线后就会出现自检显示功能，如果显示正常就说明显示器基本无故障，故障点在信号线或显卡上。

28. 故障现象二十八——无法开机，彩显在通电后没有任何反应，指示灯不亮

由于彩显的保险管是延时保险管，即允许瞬间流过的电流远大于额定电流，所以，通常只有存在短路性故障才会烧毁此保险管，这时即使换上新保险管也会再次熔断的。

先检查电源线、电源插座和插头，有时会接触不良、短路、断线等，将此类故障排除后，如果指示灯仍不亮，可能是显示器内部的元器件被击穿或短路等因素造成的，这时，需找专业维修人员进行维修。

29. 故障现象二十九——刚开机什么图像也没见到就保护性关机了

将彩显进入自检显示或接到另一台主机上试验，如果还没有图像，证明电路存在故障了；如果有图像，说明是主机问题，诸如显卡和主板及 CPU 等，可用替换法做相应的检查。

30. 故障现象三十——分辨率或刷新率上不去

此故障多数情况下是使用问题所致。先检查显卡及显示器的驱动程序是否已安装（如果厂家提供的话），然后根据使用说明书检查显卡及显示器是否可以达到所要求的性能。如果一切正常，说明是显示器故障，这种情况只能联系维修中心解决。

监视器和显示器的区别主要是监视器只要输入视频信号就可以独立地工作，而显示器通常与微机或硬盘录像机连用，输入的视频信号分为 R、G、B 和亮度信号；显示器的视频放大器带宽远比监视器的视频放大器带宽宽得多；显示器的光点要比监视器小得多。监视器和显示器的偏转电路、扫描电路、高压电路等有相似的地方。因此，监视器和显示器的故障有相似或相同之处，在维修时可相互参照。

31. 故障现象三十一——液晶显示屏（LCD）局部损坏

LCD 损坏表现为开机后图像、伴音、色彩均正常，只是在屏幕某一部位出现无光区（即黑块）。检查时，先关机断电，用 10 倍放大镜对屏幕进行仔细观察，看屏幕的无光区是否有轻微的裂纹痕迹。若有，则可判断该 LCD 因受外力冲击造成局部损坏。LCD 损坏不可修复，只有更换新屏。LCD 拆卸或装配时，使用的旋具必须符合规格，拆卸时用力不能过大，以防止 LCD 损坏；焊接 LCD 时，应使用无漏电的电烙铁在关机断电的状态下进行。由于机内采用多层印刷电路板，在焊接时要尽量缩短焊接时间，以防止因电路板过热而造成永久性损坏。

32. 故障现象三十二——液晶显示器屏幕黑屏、指示灯不亮

首先检查控制信号是否正常，若正常，检查逆变器电源 12 伏、5 伏电压是否正常。若无电源电压，一般是 12 伏保险电阻开路；若有电源，灯管仍不亮，则可能是逆变器损坏。

33. 故障现象三十三——液晶显示器无光栅、无图像、无伴音

液晶显示器出现“三无”故障的原因是因为主开关电源未能输出 12 伏直流电压，检查时，先通电开机，通过观察红色指示灯是否发亮和发光强弱来判断主电源的工作状态。

（1）LED（发光二极管）不发光。LED 不发光，一般是电源集成电路损坏或未能起振所致。应先检查熔断器是否熔断，若已熔断，则检测整流滤波电路有无元器件损坏、开关变压器是否存在短路。若经更换损坏的元器件后，故障仍不能排除，则可能是电源集成电路内部损坏，应用同型号的集成电路进行更换。

（2）LED 发光正常。LED 发光正常，可在电源集成电路中加上 16 伏维修电压，看电源能否起振。若电源不能起振，则检查电源电路中的开关管、启动电阻是否损坏；若电源仍不能起振，则可判断为电源厚膜集成电路本身损坏，应用同型号的集成电路进行更换。

（3）LED 发光很暗。LED 发光很暗，应先检查电源 12 伏输出是否正常，若低于正常值，则说明开关电源工作在窄脉冲激励状态。应重点检测光耦合器和误差放大器是否不良，若光耦合器、误差放大器均无异常，则可能是放大电路中的某一电阻变值，应用同型号的电阻进行更换。

34. 故障现象三十四——液晶显示器“白屏”，白屏是指整个屏幕呈现很亮的白光栅

先检查液晶屏与信号板之间的连接插件接触是否良好，可拔下插头，清除污物后重新插牢，再试验。若仍为“白屏”，检查 A/D 转换器工作电源（3.3 伏）是否正常，若不正常，则可能是模拟 R、G、B 信号转换电路未工作，无 R、G、B 数字信号输出或液晶屏信号电极无工作电压。此时，应对模拟信号转换电路的相关元件进行检测，常见原因多是电感失效，检修时应作为重点。

35. 故障现象三十五——等离子显示器的“电源板”故障检查与更换

（1）在拆机后，对电源板进行直观检查，查看“电源板”上有无烧焦的痕迹和电容凸起的现象。若有，则可判断电源板已损坏。

（2）等离子电视机使用交流 220 伏电源，其电源板输出电压应根据具体机型的电路而定。在通电状态下用三用表检测，可根据有关资料或电路板上所标注的数值与实测数值进行比较，即可判断该电源板是否损坏。

（3）目前电源板尚无法自行维修，厂家也不提供维修材料。电源板损坏后，只有用原生产厂家的组件进行更换。

（4）从实际维修中发现，当电源板损坏后，即使使用原生产厂家同型号的电源板更换，也有可能出现输出电压偏差。这时，虽然机器能正常工作，但如果某组输出电压偏差太大，也会给显示器的正常工作留下隐患，因此，在更换新的电源板后必须进行调整。方法如下：用数字三用表（指针式三用表的精度达不到要求）找到对应组输出电压的可调电阻器，对照资料上或屏幕上所标注的电压值进行调整，使三用表上数值与标注值相一致。

36. 故障现象三十六——等离子显示器的 Y 驱动板故障检查与更换

等离子显示器中的 Y 驱动板主要为驱动电路提供工作电压，并按逻辑电路要求进行工作。在 Y 驱动板上有很多可调电阻，调整这些可调电阻可改变 Y 驱动板的输出波形，对逻辑板的时序产生直接影响。因此，Y 驱动板损坏后也只有向原生产厂家购买组件进行更换。

一般情况下，Y 驱动板的各项数据是由厂家调定的，但在实际维修中发现，有些厂家并没有进行调整，更换后显示器还是不能正常工作。因此，对于没有调整过的 Y 驱动板在上机后，还需要进行调整，否则，会导致 Y 驱动板，甚至是显示器损坏。

37. 故障现象三十七——等离子显示器图像异常、白场黑白相间、字符异常、绿场蓝场闪烁、菜单和字符抖动等

（1）首先应更换 VSC 板，如果故障仍不能排除则可能是逻辑板或与逻辑板相连的线路有故障。

（2）各个电路板组件都是在逻辑电路的时序下进行工作的。因此，如果逻辑板组件出现故障，将会导致显示器显示紊乱或根本不显示的故障。

应首先检查连线是否断路或接触不良，若正常，则更换逻辑板，一般可以查找到

故障点。

逻辑板组件损坏有两种情况：

①一般情况下，只是逻辑板出现故障，但其存储器并没有损坏。在更换新的逻辑板时，可以将旧逻辑板上的存储器取下安装到新逻辑板上使用，因为存储器内部存储着很多有关显示器能正常工作和最佳工作状态的数据，换上新逻辑板后，显示器就能正常工作。

②另一种情况是逻辑板损坏后，同时导致存储器也损坏。这种情况只有将逻辑板连同存储器一起更换。但更换后必须对显示器的一些工作数据进行调整。

38. 故障现象三十八——等离子显示器无视频信号

（1）先排除线路存在短路或断路的故障原因。

（2）排除上述故障原因后，绝大多数是由于 VSC 板损坏所致，换板后故障即可排除。

（3）在更换 VSC 板后，若仍无视频信号，再进一步检查连线。

39. 故障现象三十九——背投彩色显示器屏幕出现色斑

（1）三只投影管中的一只或两只荧光粉被烧伤，导致电子束轰击此处的荧光粉时发光弱，而引起暗斑。

（2）反射屏对应的发光点有杂质，投影管发出的光到达此处时不能反射到投影屏。

（3）投影屏对应的发光点有杂质污染。检查时，可拆开后盖，用一块不透光的纸板分别遮住三只投影管，并观察屏幕光栅的变化情况，若此时色斑已消失，则判断为被遮住的这只投影管已烧伤损坏，或投影管表面有杂质污染；若此时色斑仍不能消除，则可判断为反射镜或投影屏表面有污物。可用干净的丝绸布擦拭屏幕及反射镜，使色斑消除。若投影管烧伤，不能修复，则只能更换新管。

40. 故障现象四十——背投彩色显示器投影管的发光性能变差

背投彩色显示器投影管的寿命在 5 000 ~ 10 000 小时，极易老化。检查投影管的发光性能是否良好，可通过调整亮度或进入 I2C 维修状态调整来判断。当电视屏幕光栅突然变弱，通过调整亮度或进入 I2C 维修状态调整都不能使光线的亮度发生变化，则说明投影管发射能力已严重变弱；当屏幕亮度发生变化，则说明投影管聚焦能力变差。

投影管的发射能力严重变弱或聚焦能力变差，均应更换新管。

41. 故障现象四十一——背投彩色显示器投影管损坏

背投彩色显示器投影管的故障表现是二次开机时，瞬间能听到机内的行启动声音，但随后行扫描电路停止工作，测量开关电源各路输出工作电压均为待机电压。这是由于投影管失效，有漏气或打火现象，使行扫描电路工作电流增加、行过电流检测电路或总线被控电路中的过电流启动、触发待机控制电路或微处理器内部待机控制单元启动，使整机处于待机状态。

为准确判断，可分别将三个投影管的高压引线从高压分压组件中拔出后再开机，若行扫描电路能工作，则可判断为投影管已损坏。

背投彩色显示器更换投影管后应进行会聚调试，当更换了背投彩色显示器三只投影管中的一只后，必须进行会聚调试。因为如果三只投影管的摆放位置稍有改变，三幅单色画面经反射屏反射到屏幕后，将可能出现色彩失真现象。会聚调试就是使三基色画面重合，形成一幅完整的图像。

背投彩色显示器进行会聚调试的方法有两种：

（1）调整三只投影管的偏转位置，尽量使红、绿、蓝三束光在屏幕中心部位进行重合。

（2）通过设置专用的数字会聚调整电路，使垂直方向和水平方向的行场会聚信号加到投影管会聚线圈上，通过调整六路数字脉冲信号的幅度和相位，改变电子束的轨迹，从而使三基色光在屏幕上完全重合。

背投彩色显示器会聚调试与电视制式及各机型的具体电路有关，下面介绍一种三光栅重合的快速调试方法。

一般背投显示器都自带调试方格图，红、绿、蓝三枪中绿枪调整项目最少，所以先调绿枪，找两个镜头盖或两张比镜头略大一点的纸，将红枪和蓝枪盖住，调整好绿枪后，把红枪镜头盖取下，调整红枪，使红枪与绿枪相重合，最后把蓝枪的镜头盖取下，使蓝枪和红、绿枪相重合即可。这种调试方法可减少许多环节，加快调试速度。

42. 故障现象四十二——液晶背投彩色显示器灯泡损坏

液晶背投彩色显示器灯泡是否损坏，可采用观察法进行判断，一般有以下两种情况：

（1）机器电路正常，且在电路启动时可听到“啪啪”的响声，但灯泡不能点亮，可在开机时从镜头向内看，若看不见任何的闪光，则说明灯泡已损坏。

（2）卸下灯泡观察，若灯泡中间的发光管比正常的灯泡大，或有黑点、龟裂和畸变的现象，则说明该灯泡已损坏。

液晶背投彩色显示器灯泡老化或损坏后，不能修复，只有更换新灯泡。由于该灯泡在配件厂家目前还无法单独生产，所以价格十分昂贵。因此，在更换灯泡时，应注意以下几点，以免造成不应有的经济损失：①先关机，并拔掉电源，待灯泡充分散热冷却后再更换。②拆卸时，先卸下有关塑料盖及铁盒的螺母，再小心卸下已损坏的灯泡。③更换的灯泡一定要符合技术要求，否则会损坏电路或根本不能点亮。对于不符合技术要求的灯泡，即使能点亮也会降低亮度，最终会影响灯泡的使用寿命。④要正确连接灯泡的两根连线，不能接反。⑤塑料盖上设置有一个开关保护装置，不盖上塑料盖，灯泡电路不工作。因此，在盖上塑料盖后才能开机。

四、视频监控系统硬盘录像机的常见故障与排除方法

（一）硬盘录像机的维护

（1）电路板上的灰尘在受潮后会引起短路，为了使硬盘录像机能长期正常工作，应该定期用刷子对电路板、接插件、机箱风机和机箱等进行除尘。

（2）保持硬盘录像机电源插座上的接地端接地良好，以避免视频、音频信号受到干扰，避免硬盘录像机被静电损坏。

（3）视频、音频信号线以及 RS－232、RS－485 等接口，都不能带电插拔，否则容易损坏这些端口。

（4）硬盘录像机关机时，不要直接关闭电源开关，应使用菜单中的关机功能或面板上的关机按钮，使硬盘录像机自动关掉电源，以免损坏硬盘。

（5）保持硬盘录像机机箱周围空气流通，以利于散热。

（二）影响硬盘寿命的因素

1. 震动和碰撞对硬盘的影响

对硬盘过度的震动和碰撞会损坏其内部的读写头和存储介质，造成磁头组件或扇区物理性损坏。通常这种损坏不是一两天形成的，而是硬盘在经过长时间的轻微震动或碰撞后，其内部读写磁头和存储介质才会被损坏，因此，需要注意以下几个方面：

（1）一定不能将硬盘设备或硬盘组件掉落在地上，并且在操作过程中尽量避免碰撞。

（2）在通电状态下以及断电后30秒内，硬盘被损坏的风险很高，禁止在通电状态下和断电后30秒的时间内搬运或拍打硬盘设备。

（3）在运输硬盘设备或硬盘组件过程中，一定要用生产厂家提供的包装材料、包装设备以及硬盘组件，即使原包装已经损坏，也要采用能够保护硬盘不被震动和碰撞的包装。

（4）在安装硬盘设备时，机架应该稳固，视频服务器或硬盘录像机应该水平放置，并且要尽量固定在机架上。

2. 温度和湿度对硬盘的影响

在超过产品规定的运行温度的环境中使用硬盘会加速硬盘及其组件的磨损，而且即使环境的温度和湿度都在规定的范围之内，其剧烈变化也会造成硬盘内部故障，例如，结露。因此，使用中要注意以下两点：

（1）当设备电源开启时，硬盘会自动启动，在开启设备电源时要保证符合设备要求的温度和湿度环境。

（2）当硬盘组件或设备从寒冷的户外搬移到温暖的室内时，在3小时内不要将硬盘从包装材料或运输设备中取出，并且不要立即开机，最好在3小时之后再开机。

3. 静电对硬盘的影响

静电主要会损坏硬盘上的控制电路。尤其是在北方干燥地区，静电可能会达到几千伏的高压，在瞬间可烧毁硬盘上的电路板。因此要注意在触摸硬盘之前，要先接触金属物品或其他接地装置，将身体所带静电释放，如果条件允许的话，最好带上防静电腕带。

4. 灰尘对硬盘的影响

（1）现在硬盘的记录密度越来越大，如果微小的灰尘颗粒吸附在磁盘的盘面上，就会形成磁盘坏点，影响磁头的读写甚至造成磁头的损坏。

（2）虽然硬盘的密封性非常好，但是如果环境中有过多的灰尘，加之在运行过程中硬盘具有较大的静电吸附力，难免会有微小灰尘颗粒进入硬盘内部并吸附在磁盘上，影响硬盘的使用寿命，要注意保持硬盘使用环境的清洁，最好是定期对硬盘录像机进行除尘等清洁保养工作。

以上对硬盘使用过程中如何延长其寿命作了简要介绍，如果我们在使用时注意了上面提到的事项，并且定期对硬盘录像机等硬盘设备进行保养，就能使其更加稳定地运转，并有效地延长其使用寿命，如有故障隐患应及时报告请求维修。

（三）视频监控系统终端设备故障的排除方法

1. 故障现象一——硬盘录像机接通220伏电源后，打开电源开关，面板“电源”灯不亮，机箱风扇不转

(1) 开关电源损坏。

(2) 电源线断线。

2. 故障现象二——硬盘录像机出现“嘀嘀嘀……”的报警声音

(1) 视频丢失报警。

(2) 视频遮挡报警。

(3) 移动侦测报警。

(4) 硬盘未格式化或硬盘损坏报警。

3. 故障现象三——硬盘录像机接通220伏电源后，打开电源开关，“电源”指示灯亮，但是机箱风扇不转

(1) 风扇电源没插好。

(2) 风扇本身故障。

4. 故障现象四——硬盘录像机遥控器不受控

(1) 没装遥控器电池或电池没电。

(2) 设备编号输入不正确。

(3) 遥控器损坏。

5. 故障现象五——硬盘录像机无法控制解码器

(1) 硬盘录像机和解码器的通信协议不致。

(2) 信号线没连接正确。

(3) 地址设置错位。

6. 故障现象六——硬盘录像机的计算机重新启动

(1) 开机重启。先从环境、机器周边及外观检查：观察CPU风扇的转速是否不够、过慢或不稳定；倾听驱动器工作时是否有异响。通过重新插拔部件（包括CPU和内存），检查故障现象是否消失，重新插拔前，应该先做除尘和清洁工作，包括插槽。如果总是通过重新插拔来解决，应检查部件安装时，是否过松、后挡板的尺寸是否不合适、插座是否太紧以致插不到位或被挤出。

(2) 硬件本身的故障。使用排除法逐一排除微机所插的其他硬件，如微机所使用的各种类型的板卡、压缩卡、报警卡和切换卡等。此外，硬盘线、电源本身的故障也经常会造成系统的重启死机。用替换法把其他微机的好的硬件替换到这台微机进行检查，逐一排除，查找故障硬件。

(3) 系统运行中重启。刚进入Windows 2000系统之后，如果没有多长时间且没有进行任何操作系统就重启，出现这种现象一般是因为内存有问题。

(4) 操作软件时重启。检查软件本身是否有问题，另外可以卸载，重新安装软件，检查软件的设置是否有问题。检查软件所使用的板卡，可以用排除法、替换法以及其他的一些方法来排除板卡的问题。注意底板的插槽有问题也会造成微机的死机以及重启，在维修工作中经发现有底板插槽损坏的情况应及时更换，以免造成不必要的损失。

7. 故障现象七——开机黑屏（硬盘录像机开机后，监视器上无图像）

(1) 检查电源线是否插好，能否给主机供电，显示器是否打开。

(2) 检查机箱面板上的插头线，如硬盘线、喇叭线、重启线、电源线、键盘锁线、视频线等是否插对、插好；并检查信号线的接插口是否有插针折断、弯曲。

(3) 检查电源插头与底板（主板）插槽是否插好。电源接触好的话，PC的主板应

该有电源灯亮，如电源灯不亮则检查电源，看电源风扇是否转动、转好。根据现场情况看微机所接的设备的功率总和是否超出电源功率。

（4）如果以上都好，则使用最小系统法或排除法。黑屏现象一般都为硬件故障，可以先逐一拔掉所使用的压缩卡、解码卡、声卡，最后只剩主板、CPU、内存、电源（PC 机再加块显卡）进行检查。如果还不能排除故障，则拔掉内存看是否报警，根据报警声音判断，若有报警，一般情况下可说明主板、CPU 都正常。

8. 故障现象八——硬盘录像机在启动时，找不到硬盘

（1）检查硬盘电源线有没有插好。

（2）检查硬盘电缆线是否损坏。

（3）检查硬盘是否损坏。

9. 故障现象九——死机，微机启动、运行过程中、运行软件中键盘鼠标不能控制

（1）查看微机是否有异味，元器件的温度是否偏高；观察 CPU 风扇的转速是否过慢或不稳定。

（2）刚启动就死机。倾听驱动器工作时是否有异响，拔除硬件，运用以上几种方法，逐一进行排除。硬盘、硬盘线、面板控制线、内存、CPU、主板、底板、压缩卡以及微机所插的其他类型卡都有可能造成死机。

（3）运行中死机，一般也为硬件故障。长时间运行一般都在一定时间内死机。这种情况下需要查看 CPU 温度是否过高，CPU 风扇是否工作正常。有时是假死，一段时间内鼠标键盘不能控制，这时要打开任务管理器查看 CPU 使用率如何，看是否中毒，有没有新装什么软件或与其他软件相冲突（如两个杀毒软件）。

（4）运行软件就死机。首先卸载软件，重新安装软件，重新配置。若还是死机，可逐拔掉软件所使用的板卡，重新配置，重新进入，先将压缩卡拔起后再拔其他卡，例如，报警卡、切换卡、通信卡、扩展卡等。可采用替换法用其他微机所使用的正常卡进行替换。（注：已坏的微机最好先不要接扩展硬盘，只留系统盘）

（5）运行软件一段时间后，基本有个固定的时间段死机。首先检查微机周围的环境是否温度过高；微机本身的风扇是否损坏，造成微机温度过热；微机灰尘是否过多，不利于微机的排风散热。微机周边散热定要好，否则严重者会使硬件被烧毁。

10. 故障现象十——开机后于 S－232 串口在字符终端界面上无输出，或于 S－232 串口输出正常，但是在按键盘时，终端界面上无响应

（1）串口比特率设置不对。

（2）于 S－232 串口电缆损坏。

（3）PC 机的串口损坏。

（4）主板的于 S－232 串口损坏。

11. 故障现象十一——硬盘录像机控制云台没有动作或动作不流畅

（1）首先查看解码器的 485 信号线是否接好（注意正负极），在确保前端设备没有问题的情况下，查看设置选项的端口、协议、比特率、地址是否和前端设备致。云台的动作不流畅，则查看 485 信号线是否连接牢固、正负极有无短路现象。

（2）云台解码器类型不对。

（3）主板的于 S－485 接口损坏。

12. 故障现象十二——硬盘录像机启动后主板报错或长时间才能启动

这种情况一般都是由硬件造成的。启动报错，一般是在运输中，由于主机剧烈的震动造成配件松动而产生的。很长时间才能启动主要是硬件自身的原因造成的，也有可能是工作现场环境比较恶劣，灰尘较多且长期堆积在硬件上造成了短路，这种情况在清理主机灰尘后都可以很好地解决。

13. 故障现象十三——硬盘录像机软件启动立即报错

软件启动提示出错的情况，首先考虑板卡驱动程序是否正确安装。确认驱动程序已正确安装的前提下重新启动系统，确保系统对硬件进行初始化。

14. 故障现象十四——软件运行段时间后报错

在确保软件没有问题的情况下，考虑板卡驱动是否完全安装，再有就是在安装完成后，机器是否重新启动过。排除这些问题后，如还出现类似问题，则考虑重新安装板卡。

15. 故障现象十五——硬盘录像机回放过程中反应迟钝或速度不正常

此故障一般是由于图像打包文件比较大，在回放过程中需要缓冲，所以在刚进入回放界面时不要进行拖拽、改变回放速度的操作，尽量将录像打包时间缩短。另外，考虑是否更换过软件，更换软件后的录像文件和原来的录像文件可能存在差异，有可能造成回放速度不正常。

16. 故障现象十六——硬盘录像机硬件报警没有反应

首先检查报警箱，看是否已经通电，与录像机之间的数据线是否连接正确，报警箱的地址是否设置正确，探头的信号线是否连接。确保以上没有问题的情况下，查看软件报警方式设置中的探头侦测是否正常，探头和图像的联动是否正确。

17. 故障现象十七——硬盘录像机显示器花屏：显示偏色、抖动或滚动、发虚、花格等，在某种应用或配置下花格、发暗（甚至黑屏）、重影

（1）首先，检查现场环境，看有没有强电压、强磁干扰或其他设备干扰。其次，根据出现花屏的时间判断。开机花屏，一般为显示卡损坏，可更换显示卡；进入系统后花屏，检查显示器或显示卡的驱动是否与显示设备匹配、版本是否恰当，最好使用厂家的驱动程序。

（2）检查显示属性和资源。首先检查设备管理器中是否有与显示卡有资源冲突的其他设备，如有，则先去除这些冲突的设备；其次检查显示属性的设置是否恰当，不正确的监视器类型、刷新速率、分辨率和颜色深度等，均会引起重影、模糊、花格和抖动现象，甚至黑屏的现象。

五、UPS 电源主机的日常维护

UPS 不间断电源主机为电子元器件，一般没有太多的维护和保养工作，主要是经常观察电源电压指示应该在标称电压 ±5% 以内，超出范围应作适当调整（有的工程中由于有远距离的前端设备，为补偿线路压降而有意将输出电压调高，但必须有记录并有明确的标示）。

六、蓄电池的日常维护

（一）UPS 常用电池的种类

影响电池寿命的因素及不同种类电池的优、缺点。在 UPS 中常用的电池有三种：开放型液体铅酸电池、免维护铅酸电池和铬镍电池，下面介绍这三种电池的特点：

1. 开放型液体铅酸电池

此类电池寿命按结构可分为 8 ~ 10 年、15 ~ 20 年两种。由于此电池硫酸电解会产生腐蚀性气体，电池必须安装在通风并远离精密电子设备的房间，且安放电池的房间应铺设防腐蚀瓷砖。由于蒸发的原因，开放型液体铅酸电池需定期测量比重，加酸、加水。此电池可忍受高温高压和深放电，安放电池的房间应禁烟火，并用开放型电池架。此电池充电后不能运输，因而必须在现场安装后充电，初次充电一般需要 55 ~ 90 小时。正常每节电压为 2 伏，初充电电压为 2.6 ~ 2.7 伏，此类电池在 UPS 中很少使用。

2. 免维护铅酸电池

免维护铅酸电池又名阀控式铅酸蓄电池，俗称密封电池。现在 UPS 厂家所配的电池一般为免维护铅酸电池，在使用和维护中需遵循下列原则：

（1）密封电池在 20℃ ~ 25℃范围内使用将获得最高寿命。电池在低温运行将获得长寿命，容量较低；在高温运行将获得较高容量，寿命较短。温度超过 25℃后，温度每升高 10℃电池寿命将减一半。

（2）免维护电池的设计浮充电压为 2.3 伏/节（建议每节 2.25 ~ 2.3 伏），12 伏的电池的浮充电压为 13.8 伏。在 120 节电池串联的情况下，温度高于 25℃后，温度每升高 1℃，浮充电压应该下调 3 毫伏。同样温度每降低 1℃，为避免充电不足，浮充电压应上调 3 毫伏。放电终止，电压在满负荷情况下为 1.67 伏/节。

（3）放电结束后，电池若在 72 小时内没有再次充电，硫酸盐将附着在极板上阻碍充电，这将会损坏电池。

（4）电池在浮充或均充时，电池内部产生的气体在负极板电解成水，从而保持电池的容量，且不必外加水，但电池极板的腐蚀将减低电池容量。

（5）电池隔板寿命在环境温度为 30℃ ~ 40℃时仅为 5 ~ 6 个月，长时间存放的电池每 6 个月必须充电一次，电池必须存放在干燥凉爽的环境。在 20℃的环境下，免维护电池的自放电率为每个月 3% ~ 4%，并随温度变化。

（6）免维护电池都配有安全阀，当电池内部气压升高到一定程度时，安全阀可自动排除过剩气体；在内部气压恢复时，安全阀会自动恢复。

（7）电池的周期寿命（充放电次数寿命）取决于放电率、放电深度和恢复性充电的方式，其中最重要的因素是放电深度。在放电率和时间一定时，放电深度越浅，电池周期寿命越长。免维护电池在 25℃、100% 深放电情况下，周期寿命约为 200 次。

（8）电池在到达寿命末期时，表现为容量衰减、内部短路、外壳变形、极板腐蚀及开路电压降低等。

（9）“电池寿命终止”为容量不足标称容量 H 的 80%。标称容量和实际后备时间呈非线性关系，容量减低 20%，相应后备时间会减低很多。一些 UPS 厂家定义“电池的寿命终止”为容量降至标称容量的 50% ~ 60%。

（10）禁止不同容量和不同厂家的电池混用，否则会降低电池寿命。

（11）若两组电池并联使用，应保证电池连线汇流排阻抗相同。免维护电池意味着可以不用加液，但定期检查外壳有无裂缝，电解液有无渗漏等仍是必要的。

3. 铬镍电池

铬镍电池不同于铅酸电池，铬镍电池电解时产生氢和氧而不产生腐蚀性气体，因而可安装在电子设备的旁边。铬镍电池水的消耗很少，一般不需维护，正常寿命为20～25年，但价格远比前面两类电池昂贵，初始安装的费用约为铅酸电池的三倍。铬镍电池不会因环境温度高而影响电池寿命，也不会因环境温度低而影响电池容量。一般每节电压为1.2伏，UPS若应用此类电池，需设计较高的充电器电压。

（二）蓄电池具体维护措施

UPS不间断稳压电源的维护和保养工作，主要是针对蓄电池的维护和保养，在使用系统的过程中，人们往往片面地认为蓄电池是免维护的，而不加重视。然而有资料显示，因蓄电池故障而引起UPS电源故障的比例大约为1/3。由此可见，加强对UPS电池的正确使用与维护，对延长蓄电池的使用寿命和降低UPS电源故障率有着重要的意义。除了选配正规品牌蓄电池以外，还应从以下四个方面入手正确地使用与维护蓄电池：

1. 保持适宜的环境温度

影响蓄电池寿命的主要因素是环境温度，一般电池生产厂家要求的最佳环境温度是20℃～25℃。虽然温度的升高对电池放电能力有所提高，但付出的代价却是电池的寿命大大缩短。目前UPS所用的蓄电池一般都是免维护的密封铅酸蓄电池，设计寿命普遍是5年，这在电池生产厂家要求的环境下才能达到。达不到规定的环境要求，其寿命的长短就有很大的差异。另外，环境温度的提高，会导致电池内部化学活性增强，从而产生大量的热能，这又会反过来促使周围环境温度升高，这种恶性循环，会加速缩短电池的寿命。

2. 定期充电放电

UPS电源中的浮充电压和放电电压，在出厂时均已调试到额定值，而放电电流的大小是随着负载的增大而增加的，使用中应合理调节负载，比如控制微机等电子设备的使用台数。一般情况下，负载不宜超过UPS额定负载的60%，在这个范围内，蓄电池的放电电流就不会出现过度放电。UPS电源长期与市电相连，在供电质量高、很少发生市电停电的使用环境中，蓄电池会长期处于浮充电状态，日久就会导致电池化学能与电能相互转化的活性降低，加速老化而缩短使用寿命。因此，一般每隔2～3个月应完全放电一次，放电时间可根据蓄电池的容量和负载大小确定。一次全负荷放电完毕后，按规定再充电8小时以上。安全防范系统中所用的UPS电源系统运行中定时放电工作往往会被忽视，因此，在不常断电的地方应定期将市电切断使UPS电源放电，直到系统不能正常工作时再恢复市电。

3. 充分利用通信功能

目前，绝大多数大、中型UPS都具备与微机通信和程序控制等可操作性能。在微机上安装相应的软件，通过串/并口连接UPS电源，运行该程序，就可以利用微机与

UPS进行通信。通信功能一般包括信息查询、参数设置、定时设定、自动关机和报警等功能。通过信息查询，可以获取市电输入电压、UPS输出电压、负载利用率、电池容量利用率、机内温度和市电频率等信息；通过参数设置，可以设定UPS基本特性、电池可维持时间和电池用完告警等。通过这些智能化的操作，大大方便了UPS电源及其蓄电池的使用管理。

4. 及时更换废旧电池

目前，大中型UPS电源配备的蓄电池数量，从3~80只不等，甚至更多。多个单体电池构成电池组，以满足UPS直流供电的需要。在UPS连续不断的运行使用中，因性能和质量上的差别，个别电池性能下降、储电容量达不到要求而损坏是难免的。当电池组中某个电池出现损坏时，维护人员应当对每只电池进行检查测试，排除损坏的电池。更换新的电池时，应该力求购买同厂家同型号的电池，禁止防酸电池和密封电池以及不同规格的电池混合使用。

（三）蓄电池在储存过程中的注意事项

（1）蓄电池在安装使用前，可在0℃~35℃环境下储存，储存期不应超过六个月。超过六个月储存期的电池应按照使用维护说明书进行补充电，即使可以进行补充电，但最长保存时间也不能超过18个月。

（2）存放地点应清洁、通风、干燥，并对电池有防尘、防潮、防碰撞等防护措施，严禁将电池置于封闭容器中。

（3）使用过的电池需存放时，应在存放前充足电，然后按储存要求存放。

（四）蓄电池安装环境的注意事项

电池室需通风良好。电池的安装环境应避免阳光直接照射，距离热辐射源至少要有1.5米以上，以确保一个电池组内不存在外界条件造成电池间的温差。

（五）蓄电池使用的注意事项

（1）建议电池在5℃~30℃（最好25℃）温度条件下使用。高温会缩短寿命，低温会使电池容量降低。

（2）不同品牌、不同容量、新旧程度不同的电池严禁混合使用。

（3）电池使用中会产生氢气，所以要远离火源，保持通风，防止爆炸。

（4）保持环境清洁，过多的灰尘可导致蓄电池短路。

（5）蓄电池放电后应及时再充电，未充饱和的电池再放电，会导致电池容量降低，甚至损坏，所以必须配置适宜的充电器。

（6）应尽量避免UPS带过轻的负载（如1千伏·安的UPS带150伏·安负载）。

（7）适当的放电，有助于电池的激活，如长期不停市电，应人工将电池放电，每年应放电4~6次，可利用现有负载放电，时间为1/4~1/3后备时间；长期停用的电池（UPS）应充电后储存，而且每半年需要对电池进行充放电一次，一般对电池进行浮充4~10小时，并在电池逆变状态下工作2~3分钟。

（8）确定电池的浮充电压。使用浮充时，蓄电池的充电电压必须保持一个恒定值，在该电压下，充入的电量应足以补偿蓄电池由于自放电而损失的电量和氧循环的需要，还要保证在相对较短的时间内使放过电的电池充足电，这样就可以使蓄电池长期处于充足电状态。同时，该电压的选择应使蓄电池因过充电而造成的损坏达到最低程度。

七、视频监控系统传输设备的维护

（一）传输电缆、光缆的维护

（1）架空电缆杆路的维护。对杆路应每月进行一次巡视，在刮风下雨和大雪后应随时检查，每年还应对电缆、光缆杆路进行全面维护。要求做到杆身牢靠、电杆基础稳固、拉线及地锚强度可靠。

（2）配线维护。检查吊线终结、吊线保护装置及吊线的锈蚀情况，严重锈蚀的部分应予以更换；检查吊线垂度，发现明显下落或吊线过紧时，应及时调整螺栓来调节垂度。

（3）电缆、光缆维护。检查电缆、光缆有无明显下垂，杆上预留电缆及保护套管安装是否牢靠，电缆外护层有无明显异常现象，若发现电缆明显下垂或外护层发生异常现象应及时处理，整理、添补或更换缺损、锈蚀的挂钩；检查接续盒、预留架安装是否牢固、有无锈蚀、损伤，发现问题应及时处理。

（4）检查电缆进入建筑物前的防水弯和进入建筑物的进入孔有无渗漏雨水的可能。

（5）定期检查架空电缆，及时增补电缆托钩及线卡。尤其在刮大风后挂钩距离可能产生较大的位移，故应重点检查电缆挂钩的间距，如有变化，需及时予以调整。

（6）清理外力影响，剪除影响电缆、光缆的树枝，清除传输线缆及吊线上的杂物。检查光缆、吊线与电力线、电信线路及其他建筑物平行接近或交叉的间距是否符合相关规定，对不符合相关要求的部位应及时进行调整。

（7）在大雨后应及时检查电缆井内有无积水，发现电缆头被水浸泡，需及时排除积水。

（8）及时检查地埋电缆沿线路而有无塌陷，有情况及时排除。

（9）定期检查电缆接头的防水、密封、屏蔽和牢靠度，发现问题应及时解决。

（10）定期检查电缆传输系统的安全情况，如防雷措施与接地措施是否有效。

（二）电缆补偿放大器的日常维护

视频监控系统所用的电缆补偿放大器一般安装在监控中心内，少数的远距离视频监控系统需在线路中间加一级或多级电缆补偿放大器，采用射频传输系统的视频监控系统中需采用干线放大器。这些放大器可能安装在电缆井中，有的安装在线杆上，有的安装在墙上的防雨设备箱中。

这些设备都需要定期检查维护，及时检查排除防雨设备箱中的积水。在监控中心内的电缆补偿放大器应按照监控中心内常规设备来维护。

（三）光端机的日常维护

前端的光端机安装在防雨设备箱中，需要定期检查维护，特别是大雨后应及时检查，排除防雨设备箱中的积水。安装在监控中心内的光端机，可按照监控中心内的其他常规设备的维护方法来进行维护。

思考练习

1. 视频技术的主要特点有哪些？

2. 简述视频监控在安全防范领域的应用。

3. 简述视频监控系统的基本模式。

4. 集总式监控系统的主要特点是什么？

5. 简述彩色电视的基本原理。

6. CCD 的基本功能是什么？

7. 摄像机完成的主要变换是什么？

8. 评价摄像机的主要指标有哪些？

9. 简述黑白摄像机的基本构成。

10. 图像显示设备完成的基本变换是什么？

11. 彩色图像显示设备的混色是如何实现的？

12. 简述几种主要平板显示设备的工作原理。

13. 简述数字视频记录设备的基本功能及在监控系统中的作用。

14. 简述视频矩阵的构成及其在安防系统中的作用。

15. 简述视频信号字符叠加的基本原理。

16. 图像识别的主要应用方式有哪些？

17. 简述视频监控技术的发展趋势。

18. 视频监控系统，在监控中心的视频矩阵主机输入端口测量，有一台安装在室外高杆上的摄像机没有视频信号，试分析此故障可能是由哪些原因造成的？

19. 摄像机出现聚焦不好，在进行三可变镜头的各种操作时发生散焦等现象，使图像模糊不清是什么原因造成的？

20. 云台在使用后不久就运转不灵或根本不能转动是什么原因引起的？

21. 在监视器上产生较深、较乱的大面积网纹干扰，以致图像全部被破坏，形不成图像和同步信号是什么原因引起的？

22. 如何对摄像机的镜头进行维护？擦拭各种显示屏幕表面要注意哪些问题？

23. 引起电缆传输线路故障的原因有哪些？

24. 蓄电池使用的环境温度与电池的寿命是什么关系？

25. 试述 UPS 电源使用的蓄电池使用时应注意的事项。

26. 电缆、光缆传输系统的维护要注意哪些问题？

【实训部分】

【实训任务】

通过本项目的学习，了解电视监控系统的组成和基本工作原理，熟悉各种常用监控设备的作用和种类。

1. 能操作视频矩阵系统，并在控制室指定显示设备上调用或切换指定的前端摄像机的图像。

2. 能对前端摄像机进行全方位遥控，能对摄像机镜头的变焦、聚焦以及防护罩内受控部件进行远程控制。

3. 能在指定的显示设备上运行视频时序程序。

4. 能对重要视频图像进行记录、回放和提取。

5. 能对摄像机的位置编码（或中文地址）和时间进行设置和修改。

6. 能设置报警联动功能。

【实训内容】

实训任务一　认识小型视频监控系统

【实训目的】

认识视频监控系统的基本组成及各自的功能。

【实训对象】

小型视频监控系统

【实训步骤】

说出小型视频监控系统的基本组成和各自的功能。

1. 前端设备：信息采集设备，把被监控场所的图像光信息转换为视频图像电信息，安装于监控现场及其附近，设备有摄像机及其配套设备（镜头、云台、摄像机防护罩和解码器等）。

2. 传输设备：将前端图像视频信号、音频信号和各种报警信号传送至中心控制室，并把控制中心的控制指令传送到前端信息采集设备。

3. 终端设备：还原、记录、控制等功能。设备有控制台、操作键盘、监视器、图像和声音记录设备等，其结构图如下：

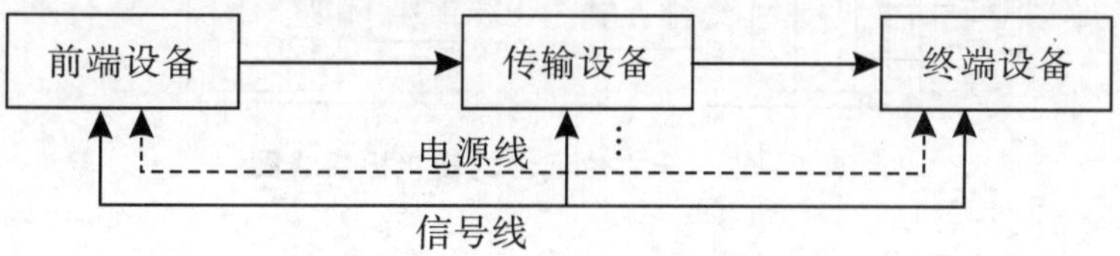

图 4-60　小型视频监控系统结构图

实训任务二　视频监控系统设备的相关示意图（背板认识）

【实训目的】

认识视频监控系统的摄像机后背板的结构和功能。

【实训对象】

摄像机的后背板、全方位云台的转接板、视频分配器的后背板、视频分配器的后背板

【实训步骤】

1. 摄像机的后背板。

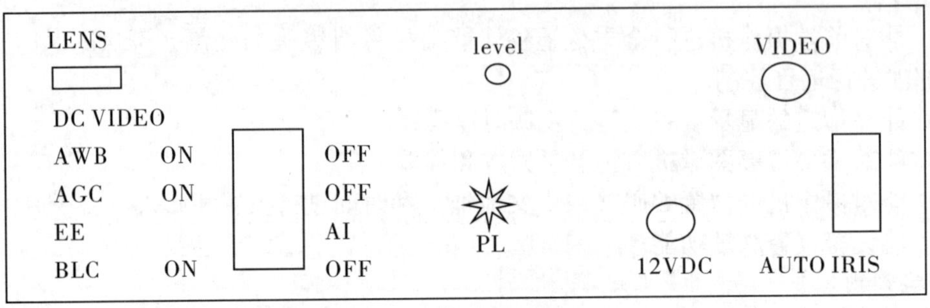

图 4－61　摄像机的后背板

说明："12 伏 DC IN" 为摄像机的电源输入端，应接 12 伏直流电源适配器。"VIDEO" 为摄像机的视频输出端口，应接至视频分配器等相应的设备的视频输入端。"AUTO IRIS" 为摄像机自动光圈的输出信号，应与自动光圈镜头的控制线相接。

2. 全方位云台的转接板接线图。

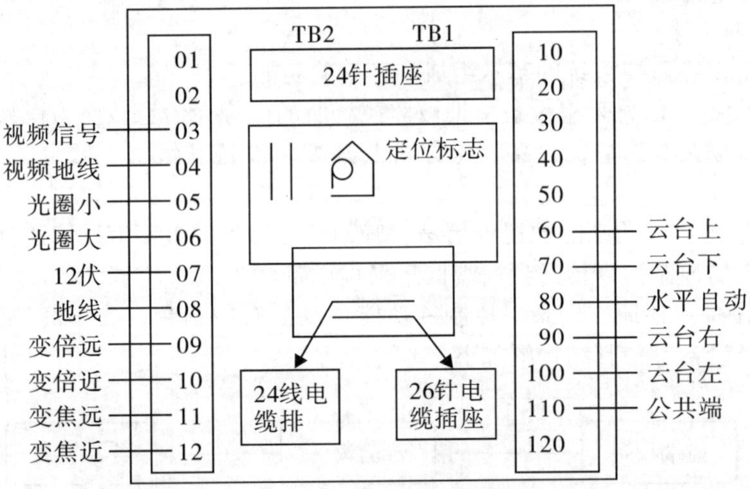

图 4－62　全方位云台的转接板接线图

3. 视频分配器的后背板示意图。

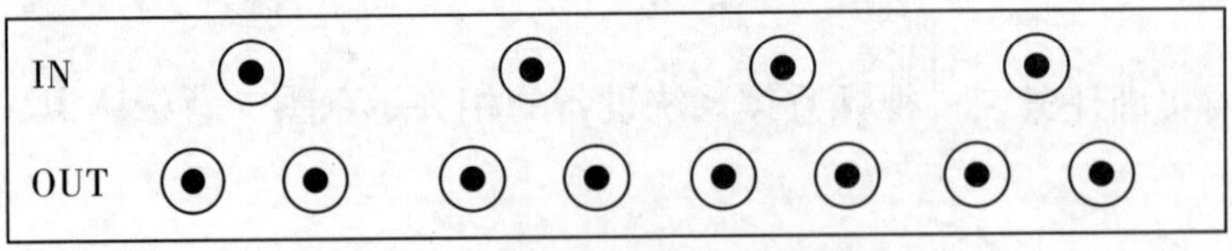

图 4－63　视频分配器的后背板示意图

说明：各路视频输入线缆接入上面一排输入端子，下面一排端子为各路分配后的相应端子，可接到监视器或画面分割器等的输入端。

4. 画面处理器连接示意图。

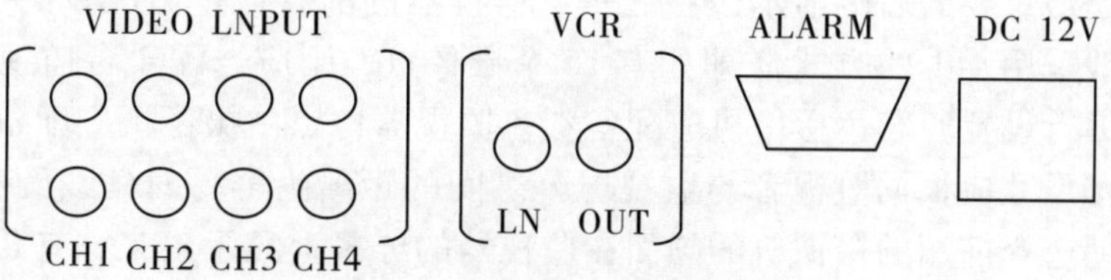

4－64 画面处理器连接示意图

说明：连接时，摄像机的视频信号接入 VIDEO INPUT CH1－4 端口中的上面的一排，下面的一排为环路输出端口，即摄像机的视频信号经此转接后再送至视频切换器等其他设备中。监视器端口输出的监控图像信号接入监视器的视频输入端。VCR OUT 端口输出的记录图像信号接至录像机的视频输入端。VCR IN（录像机输入）端口接入录像机视频输出端输出的录像回放图像信号。ALARM（报警）端口接报警输入或输出信号。

5. 监视器的连接。

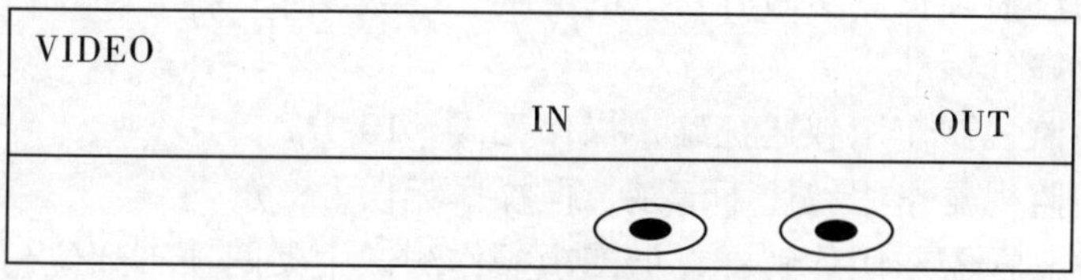

4－65 监视器的连接

说明：VIDEO IN 端子接摄像机、画面处理器或录像机输出的视频信号，VIDEO OUT 端子接录像机的视频输入端子。

6. 小型数字视频监控系统的连接。

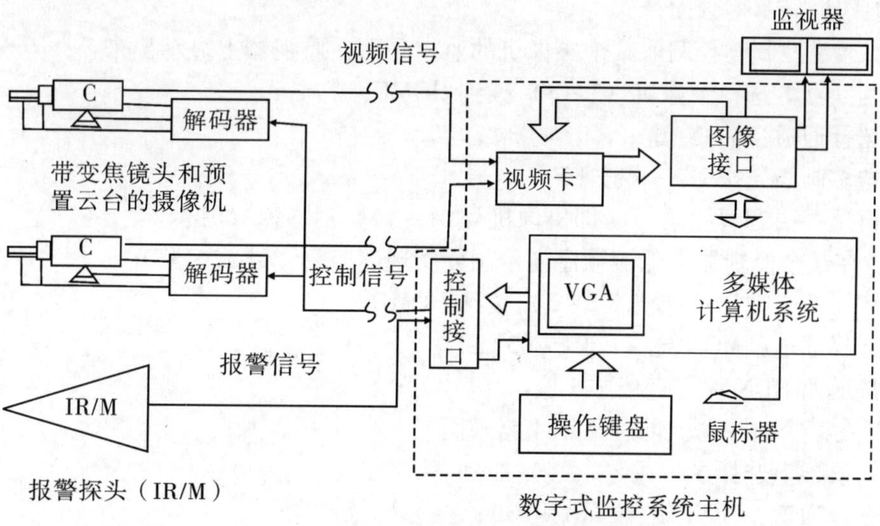

4－66 小型数字视频监控系统的连接

实训测试一　监视器的操作

监视器是最重要的后端显示设备之一，监视器的配置数量由配置的摄像机的数量来决定，一般采用4∶1的方式（即如有16个摄像点，则应选配4台监视器），录像专用监视器可另行设置。彩色摄像机应配备彩色监视器；黑白摄像机应配备黑白监视器。监视器的屏幕尺寸应根据监视者与监视屏幕之间的距离为屏幕对角线的4～6倍的关系来选定。如何选择前端的摄像机的画面在监视器的屏幕上显示出来，有几种显示方式？（要求在5分钟内完成）

【测试办法及考核要求】

一、测试要点：明确监视器的作用，掌握通过监视器显示画面的方式

1. 通过控制键盘调取某个摄像机的监控画面在监视器上显示出来；
2. 在某个监视器上轮流顺序显示16路画面；
3. 在某个监视器上同屏显示4路画面；
4. 在两个尺寸不同的监视器上同时显示同一路视频画面。

二、测试方法：单人操作和口试

三、需要的仪器设备：实验分台上的电脑、键盘、操作杆和监视器

四、配分及评分标准

监控系统中监视器作用叙述正确，操作无误，10分；

监控系统中监视器作用叙述不清楚，但操作无误，8分；

监控系统中监视器作用能解释，但四项操作测试中某两项不到位，6分；

监控系统中监视器作用叙述不清楚，且四项操作测试中某三项不到位，4分；

监控系统中监视器作用不懂，操作都不会，2分。

（10分——优；8分——良；6分——中；4分——及格；2分——不及格）

【参考答案】

监视器在监控系统中是重要的后端显示图像的设备，其可通过画面分割器在监视器屏幕上同屏显示多画面。

一、通过控制键盘调取某个摄像机的监控画面在监视器上显示出来

1. 切换器上选择录像机（1～3）拨到HOME；
2. 选择通道：MON键+（01～03）；
3. 选多画面先按F4，再按F5；
4. 再选择要调看的画面（即摄像机号01～16）后按CAM键。

二、在某个监视器上轮流顺序显示画面实现巡监（单路或多路）

1. 切换器上选择录像机（1～3）拨到HOME；
2. 选择通道：MON键+（01～03）；
3. 按巡监RUN键，直接按3遍。

三、在某个监视器上同屏显示4路画面

1. 切换器上选择录像机（1～4）拨到AUTO；
2. 选择通道：MON键+（01～03）；
3. 按巡监F4键进入多画面，选择4/9路。

四、在两个尺寸不同的监视器上同时显示同一路视频画面

1. 将切换器上 4 开关拨到 HOME；

2. 选摄像机号码（01 ~58、60、61）再按 CAM 键。

实训测试二　控制台的操作

控制台一般由视频切换控制器、遥控器、时间/日期/地址信号发生器、附加传输部件等部分组成，通过对控制台上键盘和操作杆操作可以对前端的设备云台、镜头的动作加以控制。掌握如何确定监视场所的视场角的放大与缩小？云台的水平及垂直旋转？（要求在 5 分钟内完成）

【测试办法及考核要求】

一、测试要点：确定云台、镜头的种类，掌握对镜头和云台的控制方法

1. 通过控制键盘操作杆操作某个摄像机镜头聚焦；

2. 控制镜头的拉伸，使监视器的画面放大或缩小；

3. 选择对应的云台；

4. 通过控制键盘操作杆操作某个摄像机云台的水平或全方位运转。

二、测试方法：单人操作和口试

三、需要的仪器设备：实验分台、云台、镜头、摄像机和监视器

四、配分及评分标准

云台、镜头的种类叙述正确，操作无误，5 分；

云台、镜头的种类叙述不清楚，但操作无误，4 分；

云台、镜头的种类能解释，但四项操作测试中某二项不到位，3 分；

云台、镜头的种类叙述不清楚，且四项操作测试中某三项不到位，2 分；

云台、镜头的种类不懂，操作都不会，1 分。

（5 分——优；4 分——良；3 分——中；2 分——及格；1 分——不及格）

【参考答案】

云台的种类：分水平云台和全方位云台

镜头的种类：固定光圈定焦镜头、手动光圈定焦镜头、自动光圈定焦镜头、手动变焦镜头、自动光圈电动变焦镜头、电动三可变镜头、针孔镜头等。

一、通过控制键盘操作杆操作某个摄像机镜头聚焦

1. 将切换器上 4 开关拨到 HOME；

2. 选摄像机号码（01 ~11、34 ~45、61）再按 CAM 键；

3. 将 ZOOM 标志下的 FAR 键调到最大，FOURS（ + ）和 FOURS（ - ）—微调。

二、控制镜头的拉伸，使监视器的画面放大或缩小

1. 将切换器上 4 开关拨到 HOME；

2. 选摄像机号码（01 ~11、34 ~45、61）再按 CAM 键；

3. 按 ZOOM + 画面放大；按 ZOOM - 缩小。

三、选择对应的云台和解码器

1. 将切换器上 4 开关拨到 HOME；

2. 选用带有云台和解码器的摄像机号码（01 ~11、34 ~45、61）再按 CAM 键。

四、通过控制键盘操作杆操作某个摄像机云台的水平或全方位运转

1. 将切换器上 4 开关拨到 HOME；

2. 选摄像机号码（01～11、34～45、61）再按 CAM 键；

3. 方向控制：如要实现上下移动，则将操作杆上下移动；左右移动同理。

实训测试三　录像机的操作

录像机是很重要的后端设备，是用来记录监视器上图像信号的一种设备。对于防范要求高的特殊监控点，可采用普通录像机直接录像方式；对于普通监视点，当图像实时性要求不很高时，可采用时滞录像。现在普遍采用硬盘录像，录像图像的回放如何实现？录像软件如何使用？（要求在 5 分钟内完成）

【测试办法及考核要求】

一、测试要点：确定录像机的种类及功能

1. 录像图像回放的实现；

2. 硬盘录像软件的使用。

二、测试方法和形式：单人操作和口试

三、需要的仪器设备情况：实验分台、云台、镜头、摄像机和监视器

四、配分及评分标准

录像机的种类及功能叙述正确，操作无误，5 分；

录像机的种类及功能叙述不清楚，但操作无误，4 分；

录像机的种类及功能能解释，但操作中某一项不到位，3 分；

录像机的种类及功能叙述不清楚，且操作测试中某两项不到位，2 分；

录像机的种类及功能不懂，操作都不会，1 分。

（5 分——优；4 分——良；3 分——中；2 分——及格；1 分——不及格）

【参考答案】

一、功能叙述：是用来记录监视器上图像信号的一种设备

二、种类：普通录像机、时滞录像机、硬盘录像机

三、录像图像回放的实现

1. 切换器上选择录像机（1～4）拨到 AUTO；

2. 选择通道：MON 键 +（01～03）；

3. 按 F1 键 + 密码（12345）；

4. 按 ACK 键，由操作杆移动光标；

5. 按 PAN－A（+）和 PAN－B（－）选择通道和时间；

6. 选好要回放的画面再按 ACK（Enter）键。

四、硬盘录像软件的使用

1. 打开远程监控软件，点击视频回放；

2. 选择硬盘录像机号 DVR（1～4）；

3. 选择要回放的通道（1～16 或全部）；

4. 选择要回放的时间：起始时间至终止时间；

5. 点击查找，播放调取的回放图像。

学习单元五

出入口控制系统

【原理部分】

【知识目标】

了解出入口控制系统常用设备及其功能

了解出入口控制系统的连接与设置

了解出入口控制系统的发展方向

【能力目标】

具备操作界面上显示的门禁设备的各种状态及动作信息能力

具备对新用户进行分级授权并制定黑名单的能力

具备手动对前端执行机构进行控制的能力

具备正确维护出入口控制系统的能力

具备使用必要工具，检测、排除出入口控制系统简单故障的能力

【知识内容】

项目一　出入口控制系统概述

出入口控制系统是安全防范技术领域的重要组成部分，是现代信息科技发展的产物，是人们对社会公共安全与日常管理的双重需要，是发展最快的新应用技术之一。《安全防范工程技术规范》（GB 50348）中对出入口控制系统的定义为：利用自定义符识别或/和模式识别技术对出入口目标进行识别并控制出入口执行机构启闭的电子系统或网络。

出入口控制系统主要由识读设备、传输设备、管理/控制设备和执行设备以及相应的系统软件组成（如图5－1所示）。系统有多种构建模式，可根据系统规模、现场情况和安全管理要求等来合理选择。

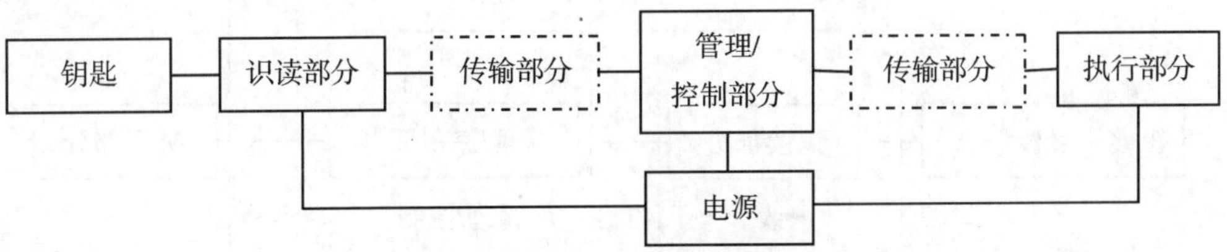

图5－1　出入口控制系统示意图

一、按硬件构成模式划分

出入口控制系统按其硬件构成模式划分可分为一体型和分体型。

（一）一体型

出入口控制系统的各个组成设备通过内部连接、组合集成在一起，实现出入口控制的所有功能（如图5－2所示）。一体型产品如图5－3所示。

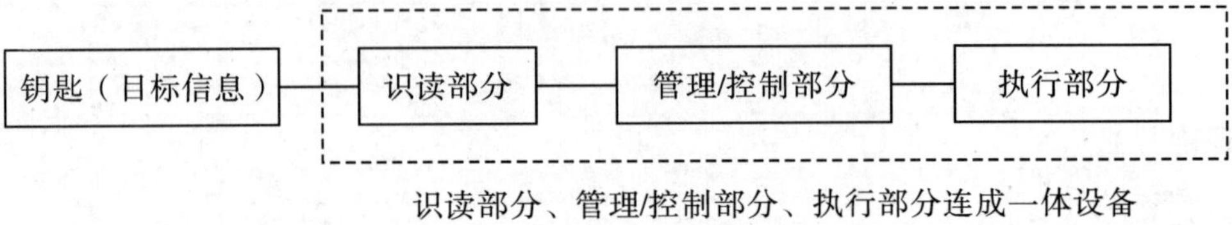

图5－2　一体型系统功能示意图

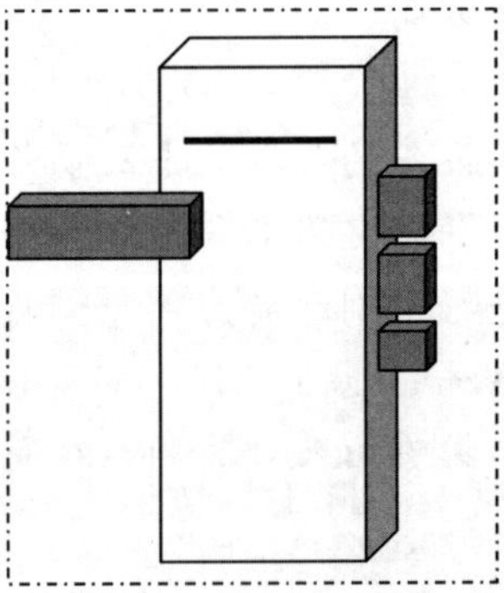

图5－3　一体型产品示意图

（二）分体型

出入口控制系统的各个组成设备，在结构上有分开的设备，也有通过不同方式组合的设备。分开设备与组合设备之间通过电子、机电等手段连成为一个系统，实现出入口控制的所有功能（如图5－4所示）。分体型产品如图5－5所示。

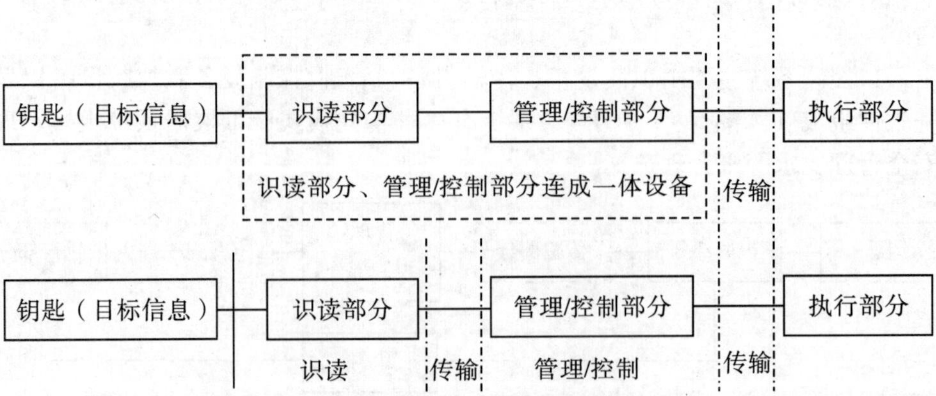

图5－4　分体型系统功能示意图

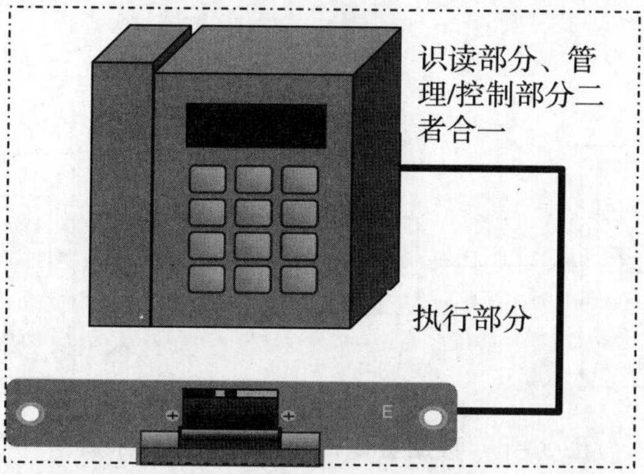

图 5－5　分体型产品示意图

二、按管理/控制方式划分

出入口控制系统按其管理/控制方式划分可分为独立控制型、联网控制型和数据载体传输控制型。

（一）独立控制型

独立控制型出入口控制系统的管理与控制设备的全部显示、编程、管理、控制等功能均在一个设备（出入口控制器）内完成（如图 5－6 所示）。

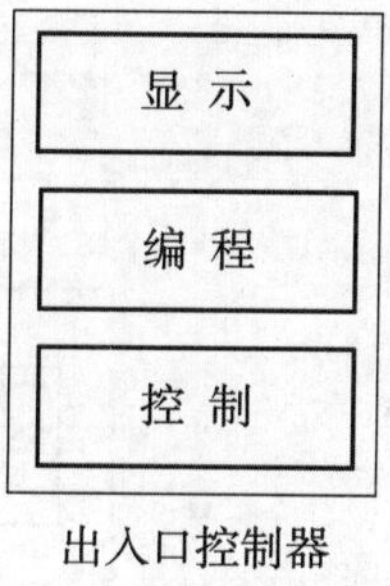

图 5－6　独立控制型结构示意图

（二）联网控制型

联网控制型出入口控制系统的管理与控制设备的全部显示、编程、管理、控制功能不在一个设备（出入口控制器）内完成。

其中，显示、编程功能由另外的设备完成，设备之间的数据传输通过有线或无线数据通道及网络设备实现（如图 5－7 所示）。

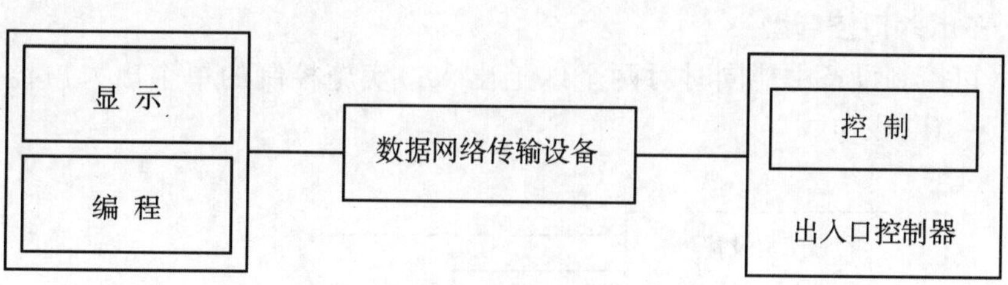

图 5－7　联网控制型结构示意图

（三）数据载体传输控制型

数据载体传输控制型出入口控制系统与联网控制型出入口控制系统的区别仅在于数据传输的方式不同，其管理与控制设备的全部显示、编程、管理、控制等功能不是在一个设备（出入口控制器）内完成。显示、编程工作由另外的设备完成。设备之间的数据传输通过对可移动的、可读写的数据载体的输入或导出操作完成（如图 5－8

所示)。

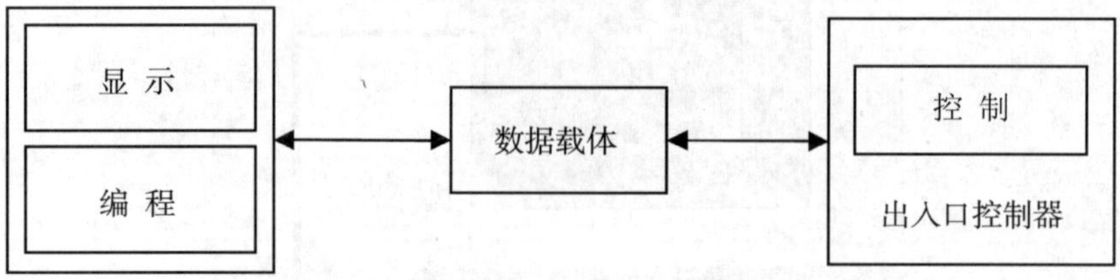

图 5-8　数据载体传输控制型结构示意图

三、按连接方式划分

出入口现场设备按其连接方式可划分为单出入口控制设备(单门控制器)和多出入口控制设备(多门控制器)。

(一)单出入口控制型

单出入口控制设备由仅能对单个出入口实施控制的单个出入口控制器所构成(如图 5-9 所示)。

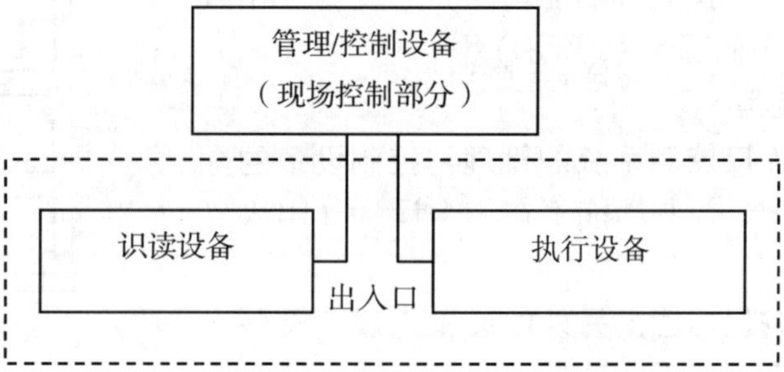

图 5-9　单出入口控制型结构示意图

(二)多出入口控制型

多出入口控制设备由能同时对两个以上出入口实施控制的单个出入口控制器所构成(如图 5-10 所示)。

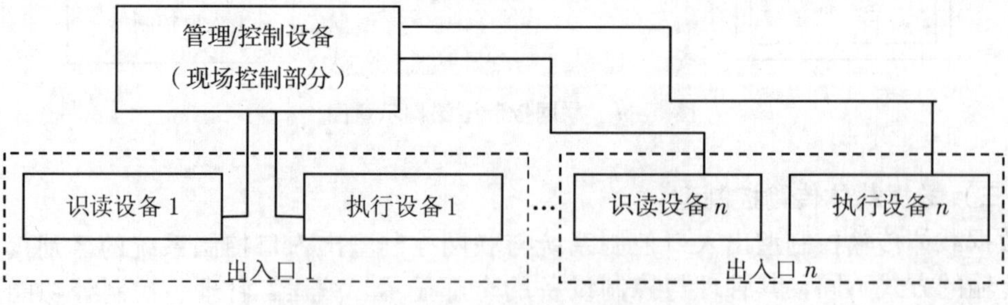

图 5-10　多出入口控制型结构示意图

四、按联网模式划分

出入口控制系统按其联网模式划分可分为总线制、环线制、单级网和多级网。

（一）总线制

总线制出入口控制系统的现场控制设备通过联网数据总线与出入口管理中心的显示、编程设备相连，每条总线在出入口管理中心只有一个网络接口（如图 5 - 11 所示）。

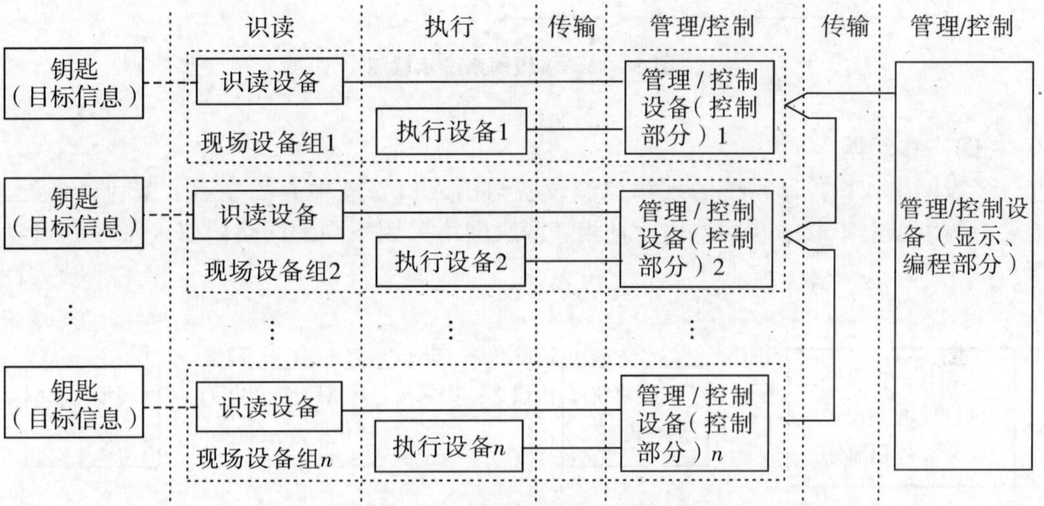

图 5 - 11　总线制系统示意图

（二）环线制

环线制出入口控制系统的现场控制设备通过联网数据总线与出入口管理中心的显示、编程设备相连，每条总线在出入口管理中心有两个网络接口，当总线有一处发生断线故障时，系统仍能正常工作，并可探测到故障的地点（如图 5 - 12 所示）。

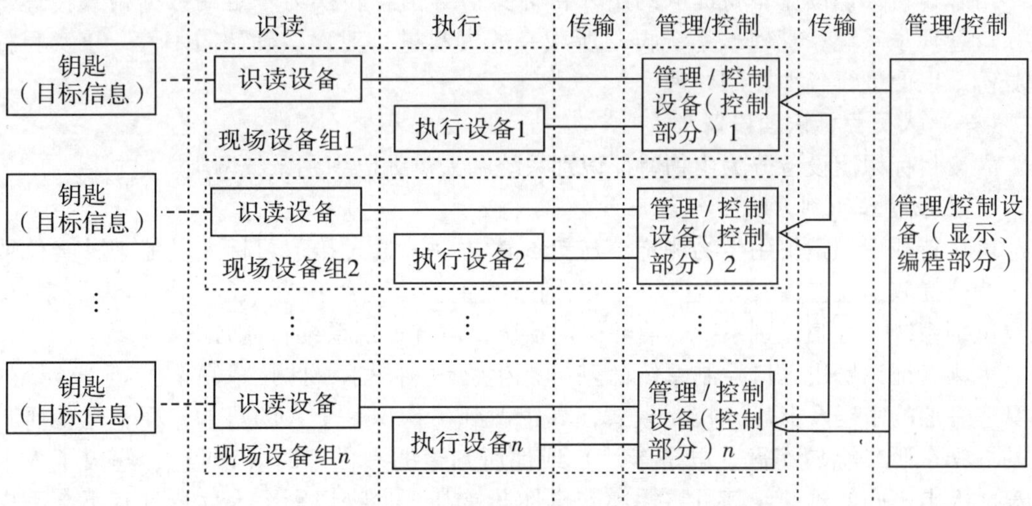

图 5 - 12　环线制系统示意图

（三）单级网

单级网出入口控制系统的现场控制设备与出入口管理中心的显示、编程设备的连接采用单一联网结构（如图 5－13 所示）。

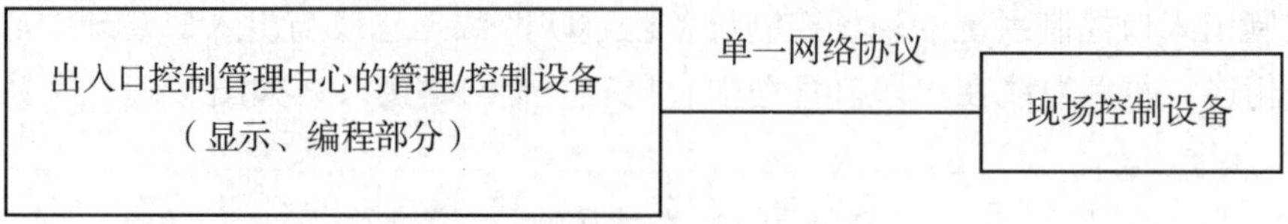

图 5－13　单级网系统示意图

（四）多级网

多级网出入口控制系统的现场控制设备与出入口管理中心的显示、编程设备的连接采用两级以上串联的联网结构，且相邻两级网络采用不同的网络协议（如图5－14所示）。

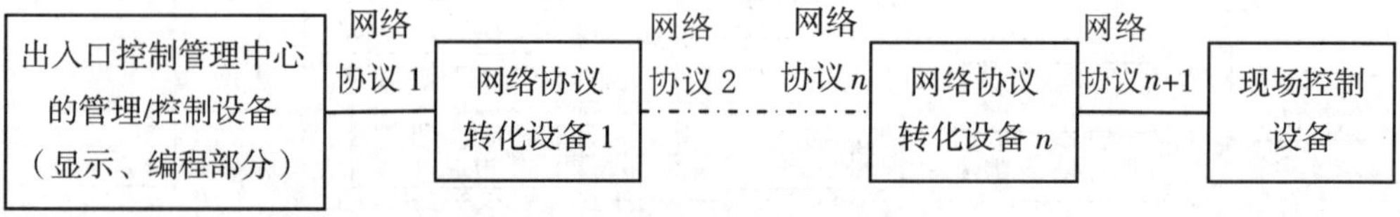

图 5－14　多级网系统示意图

项目二　出入口控制系统的主要设备和特点

一、出入口识读设备

出入口目标识读设备将提取的出入目标身份等信息转换为一定的数据格式传递给出入口管理子系统；管理子系统再与所载有的资料进行对比，确认同一性，核实目标的身份，以便进行各种控制处理。

（一）人员目标识读设备

人员目标识读设备分为生物特征识别系统和人员编码识别系统两类。

1. 生物特征识别系统

生物特征识别是采用生物测定（统计）学方法，通过拾取目标人员的某种身体或行为特征提取信息。常见的生物特征识别系统主要有指纹识别系统、掌形识别系统、眼纹识别系统、虹膜识别系统、面部识别系统、声音识别系统和签名识别系统。

生物特征识别出入口控制系统的基础是生物识别技术，此技术完全抛弃了传统的锁具、一般的密码及卡片式控制模式，真正做到了认识一个人的目的，而不是他所具有的一样东西（金属钥匙、电子卡片）或他所知道的一样东西（密码），解决了人卡分离、人卡不同的难题，其可靠性和安全性非常高。生物识别个人信息具有不会丢失（如卡片）、不会遗忘（如密码）、不会被窃、不用携带、不能借用、无法伪造等特点，从而增加了生物识别出入口控制系统的安全性和方便性。生物特征识别有两大特点，即安全性和方便性。

（1）指纹识别系统。指纹是每个人特有的且终生不变，比其他生物识别技术更容易实现，指纹识别是目前使用最多的生物特征识别技术，包括指纹图像获取、提取特征和原存储的特征信息比对。指纹识别设备小、使用方便、识别速度较快，但操作时需人体接触识读设备，配合程度要求较高（如图5－15所示）。指纹识别仪工作的程序是指纹获取、提取特征和比对。指纹比对通常采用特征点法，抽出指纹上山状曲线的分歧点或指纹中切断的部分（端点）等特征来识别。特征点是一个三维向量，包含了位置和方向等信息。法律上规定拥有12个相同特征点的两个指纹为同一指纹。但是为了安全起见，实用装置采集比对的特征点甚至超过100个。在特征点法的识别中，手指按压或流汗、指纹线的愈合和伤痕对识别影响不大。登录指纹数为2 000枚左右的指纹机，在与输入者个人标识码并用时，读取判定时间在1秒以内，误判率在0.1%以下。

（2）掌形识别系统。掌形识别是通过测试手掌的形状、手指的长度、手掌的宽度及厚度、各个手指两个关节的宽度与高度等，将数据综合为特征值存储在用户模板中（如图5－16所示）。目前的掌形识别设备识别速度较高、误识率较低，操作时需人体接触识读设备，配合程度要求较高。每个人的手形都不一样，以三维空间测试手掌的形状、四指的长度、手掌的宽度及厚度、各指的两个关节部分的宽与高等进行识别。

美国肯尼迪机场入境检查和亚特兰大奥运会时的出入口控制系统都采用了掌形机装置，比对时只要符合手掌的长、宽、高、指关节、手指间距等8个特征点即可确定。掌形识别机在登记掌形约2万个时，读取判定时间1.2秒，误判率在0.1%以下。

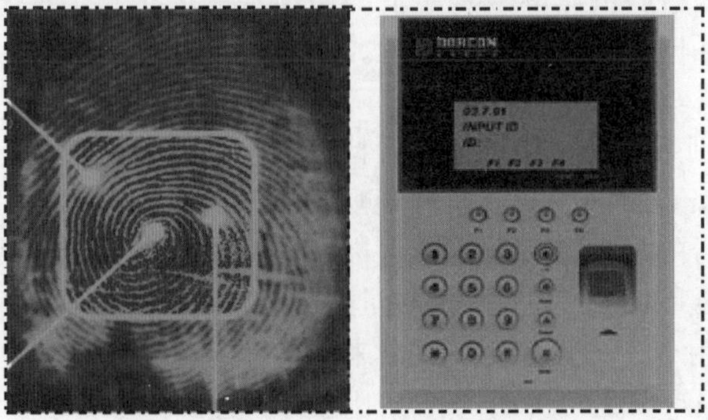

图5－15　指纹识别仪

图5－16　掌形识别仪

（3）眼纹识别系统。视网膜识别系统是由一个特殊装置发出一束强度极低的红外光，透过人眼对视网膜血管进行扫描，获得有关图像信息。然后将这些信息转换成数字信息，由计算机将它们同存贮在数据库里的信息进行比较，如相符即准许进入，否则，会发出报警。睡眠不足导致视网膜充血、糖尿病性视网膜病变或视网膜剥离时，无法正确比对；红外光光源对眼睛会有不同程度的侵害。

（4）虹膜识别系统。虹膜特征是每个人特有的，一个人的虹膜在发育成熟后终生不变，存在于眼的表面（角膜下部），是瞳孔周围的有色环行薄膜，眼球的颜色由虹膜决定，不受眼球内部疾病的影响。读取装置主要是通过摄像机，只要眼睛正视摄像头就可完成信息读取，不需要接触识读设备，但需人体配合才能识别，误识率很低（如图5－17所示）。

另外，摄像机在距离1厘米左右拍摄，比照时的阻碍非常少，个人资料256位，可达到误判率为1‰以下的高精确度。在眼睛上贴眼球相片的伪造者，也会在眼线转动测试中被发现。

图5－17 虹膜识别仪

图5－18 面部识别仪

（5）面部识别系统。面部识别是最常用的识别他人的方法，面部识别系统通过现代信息技术，对摄像机捕捉到的人脸图像进行分析，抽取特征。采用主动方法，使要求目标配合的程度降到最低；非接触的信息，采集相对于指纹、掌形等接触式采集系统更易被使用者接受，更安全、卫生（如图5－18所示）。脸是分辨人有效的方法之一，识别的特征有眼、鼻、口、眉、脸的轮廓（头、下巴、颊）的形状和位置关系以及脸的轮廓阴影等。但在实际运用时，要朝着正面拍摄，用两台摄像机提供一个立体面貌影像，可防止用照片进行仿冒。

（6）声音识别系统。声音识别系统是利用每个人所特有的声音为识别条件。声音中可用于识别的特征包括声波包络、声调周期、相对振幅和声带的谐振频率等，将被检测人的声音特征与事先早已注册的样本进行对比即可进行识别。但声音特征会受感冒及环境噪声等的影响而发生错误判断，另外有可能质量好的录音也可以蒙骗该系统。

（7）签名识别系统。对于信用卡，一般都使用签名来确认持卡人身份，只判别笔迹关系来判别是否伪造签名会有困难。生物辨识系统利用笔顺、笔运、笔压等来识别，已被实际运用，比照一个签名的时间为0.1秒。

2. 人员编码识别系统

人员编码识别系统是通过编码识别装置，直接提取目标人员的个人编码信息，常见的人员编码识别系统有普通编码键盘、乱序编码键盘、条码卡识别、磁条卡识别、接触式IC卡识别、非接触式IC卡（感应卡）识别等。

（1）条码卡。将黑白相间的组成的一维或二维条码印刷在PVC或纸制卡基上就构成条码卡，就像商品上贴的条码一样，成本低廉，但条码易被复印机等设备轻易复制、条码图像易褪色和污损，一般不用在安全要求高的场所（如图5－19所示）。

（2）磁条卡。将磁条粘贴在PVC卡基上就构成磁条卡，其成本低廉，但易被复制、消磁和污损、磁条读卡机磁头易磨损、对使用环境要求较高，常与密码键盘联合使用来提高安全性（如图 5 - 20 所示）。

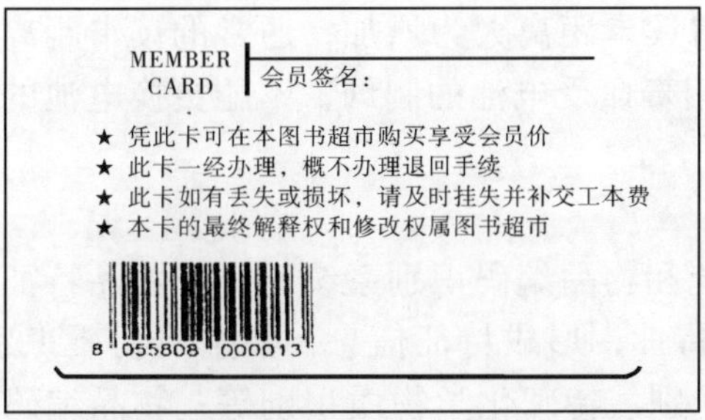

图 5 - 19　条码卡

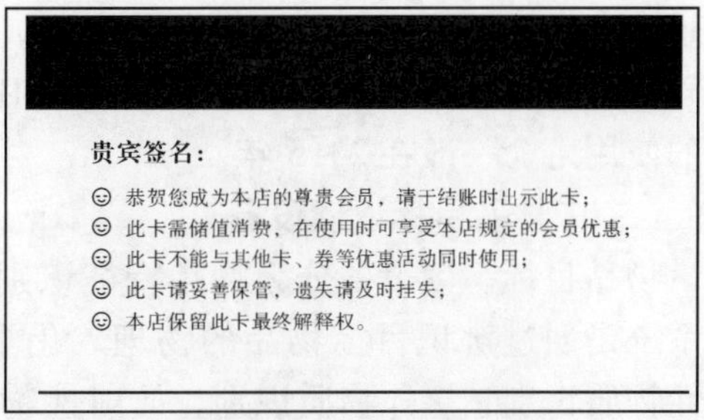

图 5 - 20　磁条卡

（3）威根卡（wigand card）。威根卡又称铁码卡，是曾在国外流行的一种卡片。卡片中间用特殊的方法将极细的金属线排列编码，其读卡机和操作方式与磁条卡基本相同，但原理不同，具有防磁、防水等能力，环境适应性较强。卡片本身遭破坏后金属线排列即遭破坏，不好仿制，但可利用读卡机将卡信息读出，容易复制一张相同卡片，在国内较少使用。

（4）接触式 IC 卡。接触式 IC 卡广泛应用在各种领域，在出入口系统中，主要用存储卡和逻辑加密卡，它们是带有 CPU 的智能卡。其优点是安全性较高，但接触式操作容易使卡片和读卡器磨损，必须经常对设备进行维护（如图 5 - 21 所示）。

图 5 - 21　接触式 IC 卡

图 5 - 22　无源感应卡

（5）无源感应卡。无源感应卡是在接触式 IC 卡的基础上采用射频识别技术（RFID—Radio Frequency Identification）而来的，也称无源射频卡。卡片与读卡器之间的数据采用射频方式传递，卡片的能量来自读卡器的射频辐射场。当卡片靠近读卡器，其感应积累的能量足以使其内部电路工作并向读卡器无线传送数据。无源感应卡主要有感应式 ID 卡和可读写的感应式 IC 卡两种形式。感应式 ID 卡在工作时只向读卡器发送卡片本身的 ID 号码；可读写的感应式 IC 卡能在“读卡”过程中交互读写信息与验证，安全性更高。由于无源感应卡的能量获取来自读卡器的射频辐射场，能量较小，所以读卡距离较近，常见的读卡距离为 4 ~ 80 厘米。无源感应卡在识读过程中不需接触读卡器，对粉尘、潮湿等环境的适应性远高于上述卡片系统，因此使用起来较方便

（如不用从手提包中取出就能使用），目前已成为出入口控制系统识读产品的主流（如图5-22所示）。

（6）有源感应卡。有源感应卡与无源感应卡的技术特点基本相同，有源感应卡的能量来自卡内的电池，由于能量的增强，使得读卡距离大为增加，通常的读卡距离为3.5～5米，常用于对机动车的识别。卡片使用寿命受电池的制约，不能更换电池的卡片的使用寿命一般在2～5年。

（二）物品目标识读设备

物品目标识读设备分为物品特征识别系统和物品编码识别系统两类。物品特征识别系统是通过辨识目标物品的物理、化学等特性，形成特征信息，如金属物质识别、磁性物质识别、爆炸物质识别、放射性物质识别、特殊化学物质识别等；物品编码识别系统通过编码识别装置，提取附着在目标物品上的编码载体所含的编码信息，包括一件物品一码及一类物品一码两种方式。

常见的是应用于超市防盗的电子EAS防盗标签、RFID识别标签等。

1. EAS系统的组成及其工作原理

EAS系统由电子感应牌（或标签）、解码器（或拔除器）和探测器三部分构成。电子感应牌被预先附加于商品上，解码器是用来使附在商品上的电子感应牌失效的装置，而探测器则是安装在商场各出口通道处的电子传感装置。

特制的防盗软、硬标签分别安放在被保护的商品上，检测门安装于顾客通道出口。付款时，解码器自动解码，使标签失效。未付款的商品通过出口处的检测门时，未经解码，系统会发出报警声。

（1）磁化材料EAS系统。声磁系统采用机械振荡原理，在检测门产生强磁场，由商品标签内的金属簧片震动引起的特殊振荡频率来判别商品是否付款。已付款的商品充磁使簧片相吸而无法振荡。

磁性标签在顾客交款后，与专用的磁垫接触，使标签消磁，出口探测器不会发出报警信号。而对于未被消磁的磁性标签，出口探测器会发出报警信号。

（2）微波EAS系统和射频EAS系统。采用无线射频技术，防盗标签通过电场产生谐振波，系统通过检波来识别标签产生的谐振波而报警。检测门（检测器）由发射机、发射天线、接收机和接收天线所组成。发射与接收两部分以适当的间距被固定在出口的两边。已付款商品的硬标签取下，纸标签失效，不会发出报警；未付款的商品在通过检测门时，就会触发报警。该系统具有以下特点：①检测率高、灵敏度极高，检测率接近100%；②隐蔽性好、伪装性强；③使用方便、工作效率高，解码采用非接触式脉冲技术，能在0.4秒之内击穿标签的介质层，和收款机的激光扫描器结合使用，标签解码与商品读码、计价同步进行，解码、读码、计价一次完成；④安装容易。

二、出入口管理/控制设备

出入口管理/控制设备是出入口控制系统的核心。

（一）出入口管理/控制设备功能

（1）出入口控制系统人机界面。

（2）负责接收从出入口识别装置发来的目标身份等信息。

（3）指挥、驱动出入口控制执行机构的动作。

（4）出入目标的授权管理（对目标的出入行为能力进行设定），如出入目标的访问级别、出入目标某时可出入某个出入口、出入目标可出入的次数等信息。

（5）出入目标的出入行为鉴别及核准，把从识别子系统传来的信息与预先存储、设定的信息进行比较、判断，对符合出入授权的出入行为予以放行。

（6）出入事件、操作事件、报警事件等的记录、存储及报表的生成，事件通常采用4W 的格式，即 When（什么时间）、Who（谁）、Where（什么地方）、What（干什么）。

（7）系统操作员的授权管理，设定操作员级别管理，使不同级别的操作员对系统有不同的操作能力，还有操作员登录核准管理等。

（8）出入口控制方式的设定及系统维护，单或多识别方式选择，输出控制信号设定等。

（9）出入口的非法侵入、系统故障的报警处理。

（10）扩展的处理功能及与其他控制及管理系统的连接，如考勤、巡更等功能，与入侵报警、视频监控和消防等系统的连动。

（二）出入口管理/控制设备技术特点

1. 管理/控制设备的硬件结构

联网型出入口控制系统普遍采用中心管理计算机对系统进行授权与设置，前端现场控制器实施执行管理控制功能。简单功能的现场控制器主要采用 8 位单片处理器进行管理，复杂一些的采用 16 位单片机甚至 32 位 RTSC 指令的高速 CPU。为保证控制器断电时信息不丢失，普遍采用静态存储器 SRAM 存储授权和事件信息，并由 3 伏锂电池提供应急数据保持，也有个别小系统是采用 EEPROM 存储的。硬件看门狗电路是标准配置，其作用是保证工作异常时不死机。一般内置有时钟计时电路。所有外围接口都设计有保护电路，以适应复杂的安装和使用环境。供电系统有时设计为两个，其中一个提供给控制器主板工作使用，另一个提供给电控锁等大电流电感部件使用，使电磁冲击干扰降到最低程度。在大型系统中，一般还有网络控制器负责连接、管理下层的多台现场控制器，以减少管理电脑对设备的轮巡时间。

2. 信息及控制接口

识读设备接口的主要形式为 RS－232/RS－485，目前被大多数感应式读卡器和现场控制器所采用的是威根（wigand）接口。现场控制器与出入口管理服务端的数据接口的形式以 RS－485/RS－422 为主，也有采用以太网接口的现场控制器。大多数现场控制器与执行设备的接口采用继电器干接点的方式，方便大电流执行部件的控制操作。

3. 软件特点

在联网型出入口控制系统中，运行在中心计算机上的管理软件提供人/机界面，负责授权、管理及实施远程控制，其客户端有 C/S 结构部署的，也有 B/S 部署的。大型系统还设置双机备份模式，以提高可靠性。有些软件不但能实现电子地图、门禁、停车场、考勤、在线巡更、报警等功能，还能与 DVR 等视频设备实现联动。支持远程、多组团、跨时区的出入口管理软件已经出现，出入口控制系统的软件正朝着安防集成平台迈进。

三、出入口控制执行设备

出入口控制执行机构接收从出入口管理子系统发来的控制命令，在出入口作出相应的动作，实现出入口控制系统的拒绝与放行操作，主要有闭锁部件、阻挡部件和出入准许指示部件三类产品。闭锁部件主要指各种电控和电动锁具；阻挡部件主要指各种电动门、升降式地挡（阻止车辆通行的装置）等设备；通行或禁止指示灯等属于出入准许指示部件。

项目三　出入口控制系统的主要技术要求和指标

一、防护级别

出入口控制系统的防护等级可根据《防盗报警控制器通用技术条件》（GB 12663）、《外壳防护等级（IP 代码）》（GB 4208）和《机械防盗锁》（GA/T73）的相关技术要求，分为普通防护级别（A 级）、中等防护级别（B 级）和高级防护级别（C 级）三级。

二、授权

通过设置，可对每个出入目标能通过的出入口、通过的时间段以及通行次数进行严格管理，使有通行权限的目标在通过出入口时系统予以放行，否则予以拒绝并向系统发出报警信息。目标的授权既可单独进行，也可成批量进行，还可以对目标的有效期进行设置，当超过有效期时，系统自动禁止该目标通行。

三、误识与拒认

误识和拒认是两个完全不同的概念。误识是指系统把一个目标的信息识别为另外一个目标的信息，误识的结果可能是误识进入，也可能是误识拒绝，误识常用误识率来表示。拒认是指系统对系统的目标识别时不能得到目标信息，而造成识别失败，拒认通常用拒认率来表示。

假设某出入口对 A、B 和 C 三个目标进行识别，A 和 C 目标有通过的权限而 B 目标没有通过的权限。

图 5－23　误识拒绝

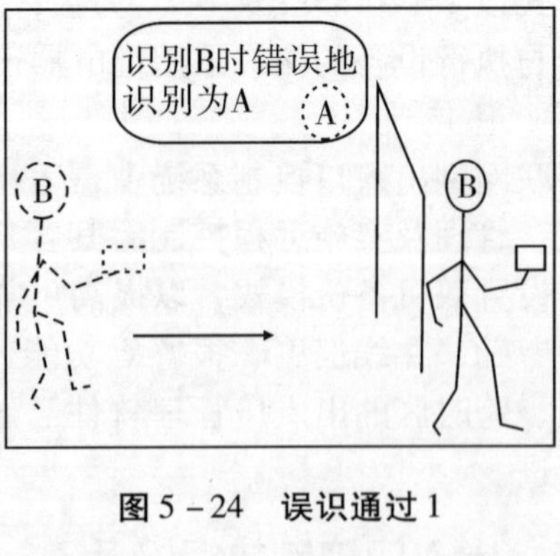

图 5－24　误识通过 1

图 5－25　误识通过 2

图 5－26　拒认

若系统识别 A 时错误地识别为 B，使 A 不能通过，就叫误识拒绝，如图 5－23 所示。

若系统识别 B 时错误地识别为 A，使 B 通过，就叫误识通过，如图 5－24 所示。

若系统识别 A 时错误地识别为 C，使 A 通过，也叫误识通过，如图 5－25 所示。

若系统识别 A 时识别不出目标信息，使 A 不能通过，就叫拒认，如图 5－26 所示。

四、响应时间与计时

（一）响应时间

（1）系统的下列主要操作响应时间应不大于 2 秒。在单级网络的情况下，现场报警信息传输到出入口管理中心的响应时间；除工作在异地核准控制模式外，从识读设备获取一个目标的完整信息始至执行设备开始启闭出入口动作的时间；在单级网络的情况下，操作（管理）员从出入口管理中心发出启闭指令始至执行设备开始启闭出入口动作的时间；在单级网络的情况下，从执行异地核准控制后到执行设备开始启闭出入口动作的时间。

（2）现场事件信息经非公共网络传输到出入口管理中心的响应时间应不大于 5 秒。

（二）系统计时的问题

1. 系统计时

系统中与事件记录、显示及识别信息有关的计时部件应有计时功能。在网络型系统中，运行于中央管理主机的系统管理软件每天都会向其他的现场控制器等与事件记录、显示及识别信息有关的各计时部件自动计时。

2. 计时精度

非网络型系统的计时精度不低于 5 秒；网络型系统的中央管理主机的计时精度不低于 5 秒；其他的与事件记录、显示及识别信息有关的各计时部件的计时精度不低于 10 秒。

绝对计时的准确性代表了系统时间与标准时间（如北京时间）误差的大小。相对计时的一致性体现了一个系统中多个带有独立计时设备之间的计时差异。因为各个能独立计时的设备在采集某一个目标的出入事件信息时，会将其时间信息附加在该信息上，这样会形成该目标在系统内的行动轨迹。一旦相对计时的一致性存在差异，系统就会给出错误的结果。

五、信息的保存

出入口控制系统除能保存各授权目标的信息外，还能对各种系统操作信息、操作员授权信息、事件信息等进行保存。对于联网型出入口控制系统，信息不但保存在出入口管理主机上，而且在前端出入口现场控制器中也会保存对应出入口目标的授权信息及出入事件、报警等信息。

事件记录应包括时间、目标、位置和行为，其中时间信息应包含年、月、日、时、分、秒，年应采用千年记法。现场控制设备中的每个出入口记录总数规则：A 级不小于 32 条，B、C 级不小于 1 000 条。中央管理主机的事件存储载体，应至少能存储不少于 180 天的事件记录，存储的记录应保持最新的记录值。经授权的操作（管理）员可对授权范围内的事件记录、存储于系统相关载体中的事件信息进行检索、显示和打印，并可生成报表。

与视频监控系统联动的出入口控制系统，应在事件查询的同时，能回放与该出入口相关联的视频图像。

六、出入口控制系统的防护能力

出入口控制系统的防护能力由所用设备的防护面外壳的防护能力、防破坏能力、防技术开启能力以及系统的控制能力、保密性等因素决定，但要特别注意下列问题：

（一）关于“执行设备”的类型及防护要求问题

不同的管理要求、安全要求、现场环境以及需要控制的出入目标种类、通过率指标等要求的不同，使得“执行设备”的产品形式、结构也有很大的差异。要注意“执行设备”的多样性特点，不要认为“执行设备”就一定是“电控锁具”，这是很片面的理解。

在停车库（场）出入口使用的电动栏杆机是常见的阻挡指示部件，仅能起到阻挡指示作用，不能起到对其控制的出入目标——机动车起到阻止作用，要想达到阻止普通车辆非法闯入的安全要求高的场合，必须使用有足够抗撞击能力的挡车设备。

（二）关于“识读现场设备、防护面”及其应用的意义

出入口控制系统的主要作用就是使有出入授权的目标快速通行，阻止未经授权的目标通过。受控区是出入口控制系统提出的基本概念，在犯罪分子欲实施技术开启和破坏时，安装在受控区内的系统设备（如控制器、管理电脑）相对于安装在受控区外的设备（如读卡器）要安全得多（如图 5－27 所示）。

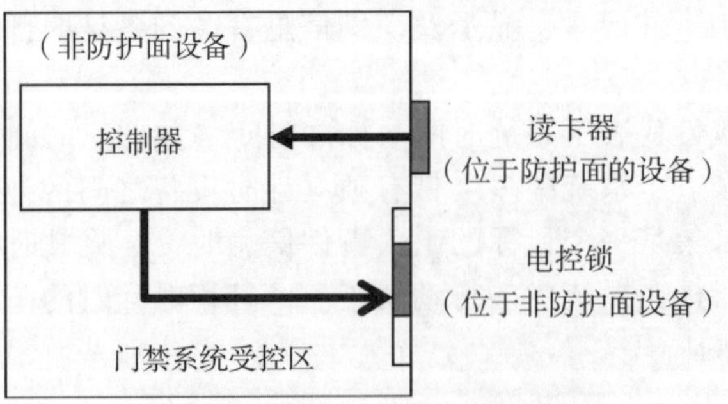

图 5－27　门禁系统受控区图

出入口控制系统的特点决定了在大多数情况下，设备暴露在受控区之外，在实际应用中仅强调对于“防护面”设备的防破坏、防技术开启等方面的要求，而忽略了对于“非防护面”设备的保护。

项目四　出入口控制系统信息与系统能力

一、出入口控制系统信息的保密性

对于系统信息的保密性应从下述三方面考虑：

（1）对目标识别设备应加大密钥量，加强防止密码被扫描、被空间截获的措施。对于特征识别系统应加大特征信息的密钥差异，降低误识率。对于使用目标信息载体的识别系统应提高防复制的能力。

（2）对于管理与控制设备，应采取措施防非法调阅管理与控制程序、防当场复制与操作管理和控制程序，确保信息安全。

（3）对数据传输信道，应采取物理隔离、数据加密等措施，防止信息被窃取和盗用。

二、系统鉴别与控制能力

系统从识读设备得到目标信息后与事先存储的该目标授权信息比对，完成对该目标的鉴别工作，对符合放行的目标，系统还将进一步根据该出入口的控制模式再次判定，驱动执行设备工作，完成起、闭动作。不同的控制模式代表不同程度的控制能力，下面介绍几种常见的控制模式，它们可以单独使用，也可以联合设置。

（一）目标防重入控制

目标防重入有时也称防返传（anti pass-back），启用该功能时，目标被严格限制为按规定顺序出入，防止一张卡（编码介质）带多个目标通行的可能。

（二）多重识别控制

多重识别控制是在一个出入口必须对两个或两个以上的具有通行权限的目标同时（或短时间内按顺序）进行识别后方能通行的一种控制模式，常用于库房等需要多人同时进入的特殊场所。

（三）复合识别控制

复合识别控制就是对单一目标采用两种或两种以上的识别方法识别后才能通行的一种控制模式，例如，读卡输入 + 个人密码、读卡 + 指纹等，这样能避免因卡（编码介质）丢失带来的安全隐患，提高了安全性。

（四）异地核准控制

异地核准控制就是在远离被控出入口的地方（通常是控制室）增加二次复核开启机制。当目标在该出入口正常识别后，出入口并不开启，而是将该目标请求开启的信息显示在远端的出入口控制显示屏上，由远端的操作员借助其他复核手段（如视频监控画面）进行二次复核，给出放行或拒绝的控制指令。采用该种控制模式，增加了犯罪分子的作案难度（起码必须攻破两个点），提高了安全性，常被用于银行、金库等场所。

三、系统控制出入能力

（一）通过率

通过率也就是出入口在单位时间内允许通过目标数量的能力，不仅与系统对目标的鉴别时间、执行部件的响应速度有关，还与识别方式、被控对象（如门体等）的起闭速度、通道宽度及形式等因素有关，单一从系统鉴别目标的时间来衡量通过率是很不完全的。

（二）防非法目标闯入的能力

出入口控制系统的一个最重要的功能就是对非经授权目标的拒绝，对于不同的安全与管理要求，应采用不同的手段，各防护级别对应的执行设备的防护等级要求。

（三）防尾随能力

尾随是指当已被授权的目标通过出入口时，其他的未经识别目标跟随其通过的一种行为。当系统在应用中确实需要防尾随功能时，可根据现场的实际情况和工作性质选择系统配置方案。如在银行的重要场所设置联动互锁门（防尾随门），当授权目标通过第一道门后，必须将其关闭才能打开第二道门；在人员通行量较多的地铁通道、超高层写字楼的大堂设置多台速通闸机，保证一次读卡开闸只能通过一个人。

（四）防破坏与防技术开启能力

“防破坏”不能视为“防设备被破坏”，而应是防护面的设备遭到破坏性攻击时，出入口不被开启的能力。

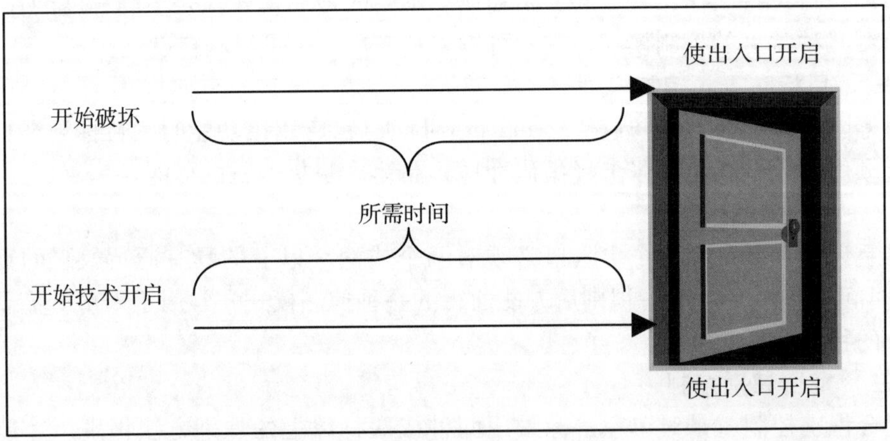

图 5-28　防破坏与防技术开启能力

例 1：位于某出入口防护面的读卡器在遭到破坏性攻击 1 分钟后，该读卡器已完全损坏，但犯罪分子在随后的 40 分钟内一直未能将出入口打开。

$$T_1 = 1 + 40 = 41 \text{ 分钟}$$

例 2：位于另一个出入口防护面的一体化门禁机设计得非常坚固，犯罪分子用了 8 分钟才把它弄坏，但在随后的 1 分钟内就把出入口打开了。

$$T_2 = 8 + 1 = 9 \text{ 分钟}$$

在这两个例子中，由于 $T_1 > T_2$，因此例 1 中的读卡器的防破坏能力要强于例 2 中的一体化门禁机的防破坏能力。

项目五　出入口控制系统应用的注意问题

在出入口控制系统中，应特别注意受控区域及其级别，以及现场设备安装位置和连接线缆的防护措施等因素对安全的影响。

在某种意义上来说，出入口控制等安全技术防范系统好比设置了一个技术迷宫，增加了非法入侵者的作案难度，延迟作案时间，并能提早报警以便及时出警。但在实际应用中，非法入侵者在初步了解安全技术防范系统后，并不直接去解开迷宫通路而是寻找系统的薄弱点进行攻击从而到达犯罪目的。在出入口控制系统中，执行设备的输入线缆及其连接端，就是一个易于被攻击的薄弱点。为此，针对出入口控制系统特别提出了“受控区”等概念和对执行设备输入电缆的端接与防护要求，以便指导系统设计、施工安装、检测验收等工作。

如图 5 – 29 所示，这是一个管理了从 A ~ G 共 7 个受控区域的出入口控制系统。

其中，A、B、E 三个区域为同级别受控区，即对目标的授权是一致的，能进入 A 区的目标也可进入 B、E 区，能进入 B、E 区的目标同样也能进入 A 区。G 区是相对于 F 区的高级别受控区，即能进入 G 区的目标一定能进入 F 区，而能进入 F 区的目标不一定能进入 G 区。C 区和 D 区分别是相对于其他受控区的非同级别受控区，即能进入该区的目标不一定能进入其他区，而能进入其他区的目标也不一定能进入该区。若能进入 G 区的目标也能进入其他任何区的话，那么 G 区就是该出入口控制系统的最高级别受控区。

该例子倘若是某公司的多门联网门禁系统的话，那么就有许多问题值得探讨：

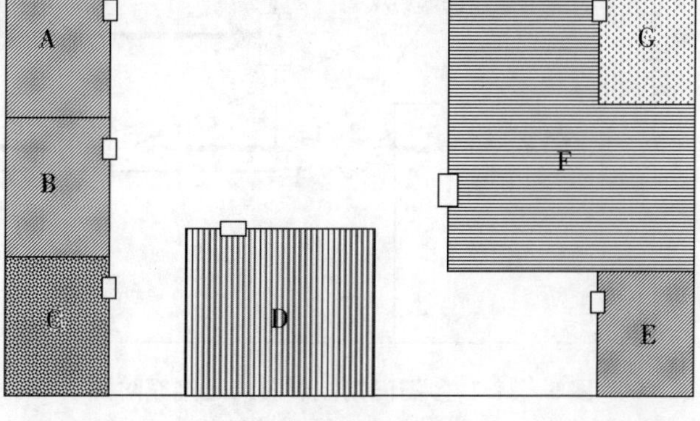

图 5 – 29　某个公司的多个办公室出入口控制系统

问题一：采用多门门禁控制器应如何选择安装位置？

目前，采用直流或脉冲信号等非编码信号直接驱动电控锁具的门禁控制器占很大比例，在本例中采用双门控制器控制 A 和 B 两个门是合理的。若仍选用双门控制器控制 B 和 C 门就存在问题，控制器安装在 B 区内，则 C 区就不安全；控制器安装在 C 区内，则 B 区就不安全（如图 5－30a、b 所示）。

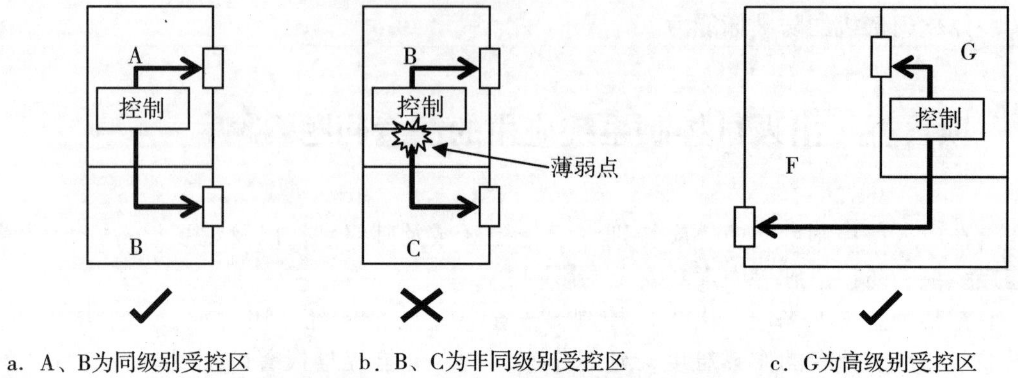

图 5－30　a b c 多门门禁控制器安装位置

安装在 G 区的双门控制器控制 G 和 F 两个门是否合理呢？

答案是肯定的（如图 5－30c 所示）。

问题二：采用多门门禁控制器如何对连接线防护？

当电控锁的连接线必须离开本受控区、同级别受控区、高级别受控区敷设时，有可能使其成为被实施攻击的薄弱点，因此必须对其严格防护（如图 5－31 所示）。

在多出入口系统中要想提高安全性和可靠性，减少工程施工带来的安全隐患，建议尽量采用联网控制的单出入口控制器。若必须采用多出入口控制器，则应安装在高级别防区内并做好对执行设备输入线缆的防护。

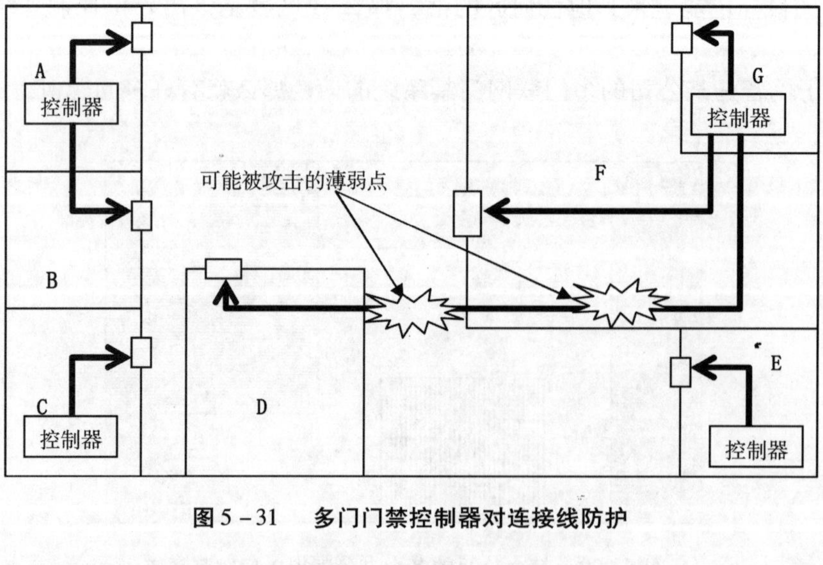

图 5－31　多门门禁控制器对连接线防护

项目六　出入口控制系统的发展趋势

一、RFID 推动出入口控制识别技术的发展

感应式识别技术应用于出入口控制系统已经历了十多年的时间。在低频 ID 感应式编码识别系统成为当前出入口控制系统应用的主流之后，编码识别系统正向注重安全性与多应用性（一卡通）的目标发展，具有远距离识别、目标防冲撞机制的感应式编码识别系统将有很大的发展空间。

虽然，相关的技术标准如 ISO/IEC 14443、ISO/IEC 15693 为该技术的应用起到了一定的积极作用，但仍满足不了技术进步及应用发展的需要。不同频率的 RFID 系统都有各自的应用优势，难分伯仲、难以统一，这与应用领域、成本、安全要求等诸多问题息息相关。

第二代身份证已采用了 RFID 技术，全民数字化的时代已经到来，若在技术、法律、法规等条件允许的情况下，将读取二代证唯一码等信息的技术开放，必将引致出入口控制系统编码识读设备的技术统一。

二、生物特征识别技术产品日趋成熟

在常用的生物特征识别系统中，指纹识别应用最多，掌形识别、虹膜识别的产品也已步入成熟阶段，面部识别最具发展潜力。生物特征识别已应用于信息安全、金融、出入口控制、证照等领域。其中，出入口控制系统是最为成熟的应用领域之一。

出入口控制系统就是对流动目标的数字化管理，编码识别系统是利用编码介质（编码卡等）将目标数字化，而生物特征系统是直接把目标特征数字化。因此，采用生物特征识别技术可以为使用者带来更多方便，使用者无需携带编码介质，就能得到识别与认证，也不用担心编码介质丢失带来的麻烦。生物识别系统要关注降低误识率、提高识别速度、提高通过率等问题。

生物特征识别技术在出入口控制系统中主要有两种应用形式：独立应用形式与编码识别系统结合识别的形式。独立应用形式采用 $1:N$ 的比对模式，是识别“我是谁”的过程，具有无须携带编码介质、直接识读等优点，但为了降低误识率，会使拒认率增大，当 N 变大时，识别速度也会变慢。而基于与编码识别系统结合的生物特征识别形式采用 1:1 的比对模式，是验证“我是我”的过程。通过编码 ID 直接指向比对数据，实现 $1:N$ 到 1:1 的转换，优点是提高了识别准确率与速度，且识别速度与 N 的大小无关，但依赖于编码介质，使用不方便。

面部识别是未来最受欢迎的识别技术之一，采用主动方法，使要求目标配合的程度降到最低。非接触的信息采集相对于指纹、掌形等接触式采集系统，易被使用者所接受，最具友好性和非侵犯性，更安全、卫生。目前，有不少企业和研究机构在这一领域已取得了研究成果，也有设备应用的实例。

三、一卡通成为发展趋势

对于一卡通目前还没有一个统一的定义，这里所说的一卡通是指持卡者用一张卡

能同时在两种或两种以上系统中正常操作的总称。

仅在安防领域，使用卡的系统就有出入口控制（门禁）、停车库（场）管理、在线式电子巡查等系统。在一些大城市，由于公交系统已使用了某种感应卡，使得这些地区的许多门禁系统也采用该卡，做到公交、门禁一卡通。还有一些地区，由于每辆车都已安装了远距离感应式过桥收费卡，该区域的停车库（场）也就直接使用该卡，做到路桥、车库一卡通。

其实，卡就是一个标志，就是一个持卡人的个性化数字代码，随着数字化进程的进一步深入，一卡通的应用必将迎来辉煌时期。

需要注意的是，由于安防系统应独立运行，与其他系统共享的卡片信息（卡片库）在很多情况下都是分别设置的，要想得到高效的管理效果，必须要求系统提供卡片数据同步接口，这也是出入口控制技术发展的必然趋势。

四、数字化管理与集成平台控制

（一）联动平台，安防系统集成的解决方案

系统集成是在安防工程项目中经常遇到的问题，不单是要求监控、报警、门禁、停车场管理等安防系统集成，还要和其他管理系统集成。以往通常的做法是各安防子系统独立工作、集中监视、人工干预控制，即在中控室实现“物理集成”。稍好一点的做法是前端设备能够实现安防各子系统之间的设备硬件联动。虽然，许多视频监控设备厂家已将报警功能集成其中，门禁产品也大多具有报警接口，但仍然满足不了设备集成商应付最终用户千差万别、极富个性化的应用需求。在实际应用中，要么降低或修订使用标准，要么降低技术指标，临时拼凑、搭配。这为今后的使用、维护、系统升级带来诸多隐患和不便。另一方面，安防系统的各子系统应能独立运行，当一个用户系统发生问题时，不应影响其他系统正常工作，确保可靠。因此，各子系统之间不应过分依赖或粘连。最好的方式是在安防监控中心把各子系统的数据资源、控制资源等信息通过集成联动平台的方式组合起来，最大限度地利用整体资源，做到优势组合，满足应用的需要。

构成平台的技术基础是数字化、网络化、标准化。随着信息技术的飞速发展，安防各子系统的信息化、网络化的进展也十分迅速，以出入口控制、数字视频监控系统为首的 IT 产品迅速成为市场的宠儿，传统产品面临新的革命。

（二）出入口控制系统，数字化安防技术的代表，已踏入集成平台的第一方阵

“数字化安防”从流动目标个体的数字化信息入手，以识别目标的数字化编码信息、数字化特征信息为技术核心，采用主动的方法，从加强日常事务管理入手，对目标流动自动进行监控管理，并快速进行判断。它对符合条件的流动请求予以放行，对不符合条件的流动请求予以拒绝，并发出报警信息，还进行全方位的记录，并以数字方式存储各种流动与报警信息。相对于传统安防而言，数字化安防是主动管理与被动报警的关系，是智能监控与人工监视的关系，是全面安防与设备安防的关系。

目标探测→传输→处理→监视→控制，一直是安全技术防范系统主要的技术应用模式，无论是报警、监控还是出入口控制系统，个性化目标探测始终是安全技术防范系统追求的目标之一，出入口控制系统率先全面实现个性化目标探测，推动着数字化安防技术的发展。出入口控制系统已从独立控制走向联网管理，从单一的专用控制网

络协议向通用的TCP/IP协议迈进，新一代出入口控制系统不但能支持C/S结构，也同样支持B/S应用，用户可通过网络以浏览网页的方式进行管理与控制。强大的数据库管理与事件记录查询系统，丰富多样的个性化客户管理应用需要，长期与视频监控及报警系统的联动实践，已培养了一批善于研发、设计数字化系统的专家和企业，数字化安防集成平台已具备必要的研发基础及技术优势，已经取得一定的应用成果，集成平台正在发展之中。

项目七　楼宇（访客）对讲系统

在所有小区智能化系统建设中，最为普及并与居民生活紧密相关的应该是楼宇对讲系统和家庭防盗报警及紧急求助系统。在早期的智能小区建设中，由于楼宇对讲系统和防盗报警系统的生产厂家都较为独立，系统也没有考虑太多的集成，基本上都采用的是多个厂家的产品，而目前市面上多种带报警功能的楼宇对讲系统已经面世。由于报警系统无论在技术复杂程度、可靠性、可操作性和作用上都有特殊性，传统的报警器应与楼宇对讲系统统一设计，并结合在一起在智能小区中大批量推广使用。

一、楼宇（访客）对讲系统的设备功能

根据安全管理的需要，楼宇（访客）对讲系统的功能可分为基本功能和扩展功能。

（一）基本功能

选呼功能：门口机和中心管理机应能正确地选呼相应的室内机，并能听到应答提示音。

呼叫功能：门口机应能正确地呼叫中心管理机，并能听到应答提示音。室内机应能正确地呼叫中心管理机，并能听到应答提示音。

通话功能：经选呼或呼叫后，能实现双向通话。

电控开锁功能：经操作，室内机和中心管理机能控制门口机实施开锁。

可视功能：可视门口机呼叫可视室内机后，在可视室内机的显示器上能看到由可视门口机摄取的图像；可视门口机呼叫中心管理机后，在中心管理机的显示器上也能看到由可视门口机摄取的图像。

夜间摄像头补光及操作功能：可视门口机能提供摄像补光、键盘照明，以便来访者夜间操作和用户识别来访者。

（二）扩展功能

报警功能：具有报警功能的产品或系统，能将门磁、空间移动探测器等接入室内机，实现报警功能。报警信号可在室内机以及中心管理机上得到响应。有报警功能的系统有设置警戒和解除警戒的功能、对接入的报警探测器发出的报警信号提供瞬时报警、有防拆防破坏报警功能。

图像录放功能：系统可拍摄并存储访客的图像，在可视室内机和中心管理机的显示器上可查看拍摄存储的访客图像。

留言功能：系统能对访客进行留言存储，在室内机上可提取访客的留言。

信息发布功能：系统可提供中心管理机向可视室内机发送图文信息，在可视室内

机上可查看相应的图文信息。

门禁识别控制功能：在门口机上可通过对卡片特征信息、生物特征信息的识别，实现对人员出入的控制管理。

二、典型报警系统的联网方式

目前，市面上的报警系统有采用电话线、总线、网络、电力线、专线、无线等多种方式联网的系统。

（一）电话线联网方式优缺点之比较

家庭中的报警主机与管理中心之间通过普通电话线路进行联网。这种联网方式在早期的智能小区中应用较多，目前国外的厂家都采用这种方式。

电话线联网方式具有的优点：

（1）适合分布式报警要求。

（2）无需布线。

（3）由于采用普通电话线路联网，与管理中心无需布线，适合旧小区改造。

（4）带语音通信报警功能。

（5）可以拨打手机、电话进行语音通信报警。

电话线联网方式具有的缺点：

（1）容量小，报警速度慢。

（2）由于报警中心也采用电话线路，在多家报警同时会出现通信堵塞现象，一般从报警触发—拨号上报—中心接警成功需要 8 ~ 20 秒时间，考虑到报警系统每天都有一定的状态（撤防、布防、自检等）信号上报，不适合在大中型小区使用。

（3）通信费用高。

（4）由于采用电话线路通信，每次与报警中心通信都要付一次电话费。

综合评价：

电话线联网报警系统比较适合分散型报警的要求，语音通信、无需布线功能是其特色，尤其适合旧小区报警改造。但是在具有一定规模的新建小区中通信速度慢、容量小、造价高是影响其推广使用的缺点，同时与对讲系统联网方式不同，也导致其无法与对讲系统进行有效的结合使用。

（二）总线制联网方式

家庭中的报警主机与管理中心之间通过专门数据线路（2 芯）进行联网，每个报警主机都有对立的地址码，通过地址码来识别警情。这种联网方式在智能小区中应用较多，目前国内专业总线制报警主机、楼宇对讲报警主机都采用这种联网方式。

总线制联网方式具有的优点：

（1）通信速度快、容量大。

（2）采用 485 总线方式，上报一条警情信息仅为 0.1 ~ 0.3 秒，中心基本不占线，适合大容量小区使用。

（3）双向通信方式。

（4）采用总线制不仅报警器可以上报，中心还可以迅速下载信息。

（5）由于小区采用自己的通信线路，报警通信是不需要费用的，可以降低住户的负担，费用低。

（6）集成性能好。

（7）大多数智能化系统都采用总线制通信方式，便于与其他系统进行集成，降低工程费用，增强中心通信控制功能。

（8）总线制报警系统省去了电话线报警系统中的拨号模块，成本下降很多，便于普及。

总线制联网方式具有的缺点：

（1）工程施工要求高。

（2）对于线路铺设、总线隔离有较高的技术要求。

（3）没有语音通信功能。

（4）只适合联网使用，不适合住户独家独户使用，缺乏有效手段通知报警用户。

（5）一般报警器与中心通信距离不能超过1 200米，不适合长距离报警用户。

综合评价：

总线制联网报警系统具有速度快、容量大、成本低的突出优点，又由于可以和楼宇对讲系统统一布线，非常适合在新建的尤其是大、中型小区中使用，是一种家庭普及型产品。

三、楼宇对讲报警系统设计要点

目前，市面上有多种带报警功能的楼宇对讲系统，专业报警系统已从“旧时王谢堂前燕，飞入寻常百姓家”，其在普通居民中得到认可，是智能化领域多年来推广的成果。但并非一个具有报警功能的主机就可以真正满足所有住户的报警要求。楼宇对讲报警系统设计，要充分考虑到不同的使用对象、不同的使用环境，在技术设计上要吸收专业报警器的许多重要功能，才能保证报警系统大量的使用，而不只是功能上的摆设。

（一）可靠的通信保障

楼宇对讲报警模块接收到报警信号必须可靠地上报管理中心，不能出现误报，尤其是漏报状况，确保报警成功。

（二）报警信息确认

楼宇对讲的报警部分接收到报警信号不仅要上发管理中心，而且需建立中心报警信息确认机制，管理中心接收到报警信息后，应对报警主机下发确认信号，表示中心已接收，当楼宇对讲报警主机在没有收到确认信号时，应重发；报警信息校验报警信息与楼宇对讲通信信息共用数据线路与管理中心联网，复杂的线路问题、通信冲突（报警与楼宇对讲信息）都有可能导致报警信息出错，必须对通信信息采用校验，管理中心对信息进行校验，错误重发；通信侦听，报警信息采用主动发送模式，发送之前对通信线路进行侦听，避免出现数据追尾现象，确保一次通信成功。

（三）丰富的通信协议

好的报警主机必须拥有丰富科学的通信协议，一个只能报警才通信的主机离实用要求还有很大的距离。例如，目前国际流行的报警通信协议就制定得比较完善和科学。

（四）主机撤、布防功能

住户对楼宇对讲报警器撤、布防时，报警器应该将状态上报给管理中心记录，这有着特别的意义。住户使用报警器可能会产生纠纷，例如，没有对系统布防而外出，导致财物损失时，可能会诬告报警系统失灵，要求索赔。管理中心可以查询该用户撤、布防记录进行确认，这种案例在现实中出现过多起；管理中心还可以及时对重要用户主机状态进行监控，甚至还可以由管理中心替住户主动撤、布防。

（五）自检功能

报警系统属于“不怕一万，就怕万一”的产品，在正常使用中看不出其在工作，只有在出现警情的时候，才能知道其能否报警成功。因此，住户很难知道报警器是否正常，报警器设计应有自我检查功能，并将自检结果定时上报给管理中心，接受管理中心监控，出现故障立即维护。

（六）中心主动撤、布防功能

当住户外出忘记布防时，管理中心在授权的情况下，可以发送指令替住户主机进行布防，避免出现不必要的损失，减少住户的麻烦。

四、楼宇（访客）对讲系统与其他系统的关系

楼宇（访客）对讲系统也是出入口控制系统的一种应用形式，综合了话音复合、视频监控、入侵报警系统的技术成果，强调了对门口机所在通道口的出入管理，是智能化居民小区等领域必备的安全技术防范手段。报警主机与室内楼宇对讲主机进行一体化设计，保证了用户操作使用更加方便，集成度高，工程施工也得到简化，但是以下几个事项在设计中应值得重视：

（一）模块化设计

进行模块化设计不仅可以给生产厂家带来方便，还非常适合实际中的需要。作为基本构件，楼宇对讲在居民家中都有安装，一般是一次到位，而报警模块根据用户要求再具体安装。模块化设计可以灵活地适用这种模式，减少智能化投入，工程商也愿意接受；统一布线楼宇对讲与报警系统，并接入到住户室内楼宇对讲主机的接线盘中，从非可视—可视—报警无须再布线，便于系统升级。

（二）一线通设计

楼宇对讲和报警系统可以共用同一个数据线（两芯 485 总线），减少布线量，便于中心系统集成。但要圆满解决大量楼宇对讲信息与报警信息在一条线路上共同通信带来冲突的问题，必须统一制定合理的通信协议。

（三）人性化操作设计

报警系统的日常操作（撤防、布防、紧急报警等）要面向各个层次的用户。例如，尽量采用按键式操作，要有明确的指示灯和喇叭提示，在可以的情况下使用遥控器，将日常操作集中在遥控器上，而报警主机对使用者来说是完全透明的。

项目八　出入口控制系统的故障排除

一、出入口控制系统的日常维护

出入口控制系统日常需检查读卡器、门锁、闭门器等部件是否有松动现象，如发现有松动，需及时紧固。应对电磁锁的功效进行定期检查，读卡器应定期用比较干的

湿抹布擦拭。出入口控制系统专用微机，应严格规定不许使用专用微机玩微机游戏。

二、出入口控制系统及其设备的常见故障与排除

（一）故障现象一——在独立出入口系统中，经常出现的故障是无法开门及刷卡或按密码后无法开锁

首先，确定卡或密码的有效性，在正常情况下卡或密码不会丢失。如果打不开锁，且情况紧急，直接把出入口电源断掉，锁就会打开（一般的出入口锁为断电开）。

其次，一些质量不好的电控锁，经长时间工作后，外界原因会造成机械卡死，如果轻轻震动锁部还不能开锁，就直接断电，然后轻轻震动或拨动锁部，直到开锁。

（1）重新启动系统，检查开锁是否正常。

（2）检查线路连接是否牢固。

（3）检查软件系统工作是否正常，刷卡数据是否显示正常，数据有无丢失的现象。

（4）检查控制器供电和连线状况。

（5）控制主机检查完毕并正常后，再检查前端锁具有无卡锁情况；供电是否正常；开门按钮工作是否正常。

（6）以上情况检查完毕后，如还不能开锁，应询问用户是否在近期有过装修或线路上的改造，是否有线路断开或屏蔽层被破坏的情况发生。

（7）检查磁卡情况是否正常，若不正常，可更换新磁卡试之。

（8）检查密码输入是否正确，重新输入试之。

对以上情况逐个进行排除，直至故障排除，门锁工作正常。

（二）故障现象二——在独立出入口系统中，卡或密码可以开门，内部出门开关却打不开门

（1）拆开出门开关，查看后面的接线是否正常，如断线或接线脱落，将其焊接好。

（2）如系统使用的是出入口专用电源，还要检查电源的好坏。

（3）独立出入口控制器本身也有可能出问题，需逐个排查解决。

（三）故障现象三——在联网出入口系统中，无法开门；刷卡或紧急开门后，锁打不开

（1）检查出入口电源的好坏。

（2）检查出入口控制器主板保险管的好坏。

（3）检查出入口控制器里的信息是否丢失，若丢失，重新下载信息。

（4）检查锁的电源。

如以上几点逐个排查还不能够开门，可判断为主板损坏，需与厂家联系更换或维修主板。

（四）故障现象四——在联网出入口系统中，刷卡后，锁打不开，但紧急开门可以开锁

（1）先确认卡是否有效。

（2）检查读卡器的连线有无虚接或断路。

（3）检查出入口控制器及卡内的信息是否丢失，若丢失，可重新下载信息。

如以上几点逐个排查还不能够开门，可判断为读卡器损坏，需与厂家联系更换或维修读卡器。

（五）故障现象五——数据丢失

数据丢失时应先检查系统工作情况、刷卡显示状况、系统记录状况，并询问有无断电情况（有时断电后，控制器里的数据没能及时传输到微机里造成数据丢失）。再检查线路上使用的电缆是不是厂家所规定的线材，如线材不符合规定，可能会被其他线路干扰造成数据丢失，此时需更换为规定的线材，重新设置系统，观察更换后的情况。

（六）故障现象六——刷卡不正常

检查软件运行是否正常，检查刷卡后的显示情况。重新启动后再次刷卡观察状况，如不正常则有可能是软件故障，需重新安装软件，安装软件后再次刷卡查看情况是否正常。如果是磁卡，还要检查磁卡是否被磁化或损坏，若是，则更换新的磁卡，重新设置直至正常。

（七）故障现象七——控制器工作不正常

控制器不能正常工作时需查看控制器内部连线情况及各部件工作是否正常，先断电再重新启动查看运行状况，如仍不能正常运行，重复故障现象一、二的排除方法，直至控制器工作正常。

（八）故障现象八——读卡器不工作

检查读卡器连线是否正确、供电是否正常、读卡器是否正常、电源连接是否完好、传输线路是否正常，直至故障排除。

（九）故障现象九——读卡器控制部分故障，导致无法开锁

检查磁卡情况是否正常，若不正常则更换磁卡；检查密码输入是否正确，若不正确，重新输入正确的密码。

（十）故障现象十——将卡片靠近读卡器，蜂鸣器不响，指示灯也没有反应，但通信正常

（1）读卡器与控制器之间的连线不正确，解决办法是纠正不正确连线。

（2）读卡器至控制器的线路长度超过了有效长度（120 米），设计时应充分考虑传输线的线径。

（十一）故障现象十一——将有效卡靠近读卡器，蜂鸣器响声，LED 指示灯无变化，不能开门

（1）读卡器与控制器之间的连线不正确，解决办法是纠正不正确连线。

（2）线路严重干扰，读卡器的数据无法传至控制器。解决办法是排除线路干扰源或采取屏蔽措施。

（十二）故障现象十二——出入口控制系统使用一直正常，某天突然出现所有的有效卡均不能开门（变为无效卡的情况）

（1）操作人员将出入口控制器设置了休息日（在休息日所有的卡都不能开门）。

（2）操作人员将出入口控制器进行了初始化操作或其他原因导致控制器执行了初始化命令。

（十三）故障现象十三——将有效卡靠近读卡器，蜂鸣器响声，LED 指示灯变绿，但门锁未打开

（1）控制器与电控锁之间的连线不正确。

（2）检查给电控锁供电的电源是否正常（电控锁应该配置独立电源）。

（3）电控锁故障。

(4) 锁舌与锁扣发生机械性卡死。

(十四) 故障现象十四——将有效卡靠近读卡器，蜂鸣器响声，门锁打开，但读卡器指示灯灭

(1) 控制器与电控锁共用一个电源，电控锁工作时反向电势干扰，导致控制器复位，解决办法是配置独立电源给电控锁供电。

(2) 电源功率不够，致使控制器、读卡器不能正常工作，解决办法是更换容量足够的电源。

(十五) 故障现象十五——开、闭锁不良

检查闭门器工作情况，看其是否回位至正常闭锁的位置，开锁时锁孔是否卡锁头，调整锁孔位置使其开、闭锁正常。

(十六) 故障现象十六——出入口控制系统设备连接好以后，用软件测试不能与微机通信

(1) 采用S-422通信方式时故障产生的原因。控制器与网络扩展器之间的接线不正确；控制器上跳线开关处于闭合状态（通信方式为S-232）；控制器至网络扩展器的距离超过了有效长度（1 200 米）；软件设置中，设备地址号与设置、连接不对应；线路干扰，不能正常通信。应检查微机的串口是否正常，有无正常连接或被其他程序占用，排除这些原因后再测试。

(2) 采用S-232通信方式时故障产生的原因。控制器与微机串口之间的接线不正确；控制器上跳线开关处于断开状态（通信方式为S-422）；控制器至微机的距离超过了有效长度（15 米）；软件设置中，设备地址号与实际设置、连接不对应。此外，检查微机的串口是否正常，有无正常连接或被其他程序占用，排除这些原因后再测试。

(十七) 故障现象十七——用户指纹识别经常无法验证通过

以下的一些情况可能会导致有的员工难于使用或根本不能够使用指纹进行出入口管理。

(1) 一些手指上的指纹被磨平。

(2) 手指上褶皱太多，经常变化。

(3) 手指上脱皮严重。

指纹无法识别的用户，可将其指纹删除后再重新登记，或登记另一枚手指指纹。这种用户在登记指纹时，需要选择使用质量较好的指纹（褶皱少、不起皮、指纹清晰），尽量使手指接触指纹采集头面积大一些，登记完成后做下对比测试，并建议多注册几枚备份手指指纹。

(十八) 故障现象十八——指纹识别系统不能通信

(1) 通信端口设置不正确，选择连接的通信端口不是实际所用的COM口。

(2) 微机的通信端口比特率与考勤机的比特率设置值不同。

(3) 门禁门口机未接电源或未与微机连接。

(4) 门禁门口机已连接但未开机。

(5) 连接的终端机号不正确。

(6) 数据线或转换器不能通信。

(7) 微机的COM口坏掉。

（十九）故障现象十九——门禁门口机在接上电源开机后，液晶显示不完整，有时只显示一半，有时花屏

（1）主板损坏。

（2）液晶的内部特性问题，需要与供应商联系，退回维修。

（二十）故障现象二十——门禁门口机打开后一直反复显示“请重按（离开）手指”

（1）使用久了，采集头表面变得不清洁，或有划痕，会使采集头误认为表面有按手指，而不能通过，所以出现此问题，须清洁采集头，去除表面脏物。

（2）指纹采集头的连线松脱或已松掉。

（3）主板芯片损坏。

若是第（2）、（3）项两个原因，则需要与供应商联系，申请保修。

（二十一）故障现象二十一——在对出入口管理机进行操作时，下载指纹及密码数据都没有问题，但在读取出入口记录时却提示失败或中途出错

这种情况可能与数据线或转换器或微机的 COM 口有关，这时可以降低出入口机与微机的通信比特率，再进行读取。

思考练习

1. 简述出入口控制系统的构成、原理、功能及分类。
2. 出入口控制系统的卡片有哪些种类，各采用了什么制作技术？
3. 出入口控制系统有哪几种应用方式？其应用要求是什么？

【实训部分】

【实训任务】

通过本项目的学习，熟悉各种出入口凭证的种类、出入口系统设备的操作。

1. 对前端执行机构的开、闭状态进行控制。

2. 对不同通行对象在不同区域、不同时段的准入级别和通行能力进行实时控制。

3. 对每次有效进入，都应自动存储该进入人员的进入时间等相关信息，并进行有效统计和记录存档。

4. 对出入口数据进行统计、筛选等数据处理。

5. 出现非授权进入、超时开启或当识读装置和执行机构被破坏时发出报警信号，显示出非授权进入、超时开启发生的时间、区域或部位，与授权进入显示有明显区别。

【实训内容】

实训任务一　磁卡式门禁系统设备

【实训目的】

认识卡片式门禁系统设备，了解磁卡、磁卡锁等设备的作用和使用方法。

【实训对象】

磁卡式门禁系统设备

【实训步骤】

1. 观察磁卡、磁卡读卡机与磁卡锁的外观。

2. 将磁卡滑过磁卡读卡机读卡口，观察读卡机是否发出“嘀”的一声且指示灯亮；

3. 将磁卡插入磁卡锁读卡口，观察门锁的动作。

实训任务二　接触式 IC 卡门禁系统设备

【实训目的】

了解接触式 IC 卡、接触式 IC 卡锁等设备的作用和使用方法。

【实训对象】

接触式 IC 卡门禁系统设备

【实训步骤】

1. 观察接触式 IC 卡、IC 卡锁的外观。

2. 将接触式 IC 卡靠近读卡机读卡口，观察读卡机是否发出“嘀”的一声且指示灯亮。

3. 将 IC 卡插入接触式 IC 卡读卡口内，观察门锁的动作。

实训任务三　TM 卡门禁系统设备

【实训目的】

了解 TM、TM 卡锁等设备的作用和使用方法。

【实训对象】

TM 卡门禁系统设备

【实训步骤】

1. 观察 TM 卡、TM 卡锁的外观。

2. 将 TM 卡靠近 TM 读卡机读卡口，观察读卡机是否发出“嘀”的一声且指示灯亮。

3. 将 TM 卡的信息钮对准 TM 卡锁的读卡口，观察门锁的动作。

实训任务四　感应式 IC 卡门禁系统设备

【实训目的】

了解感应式 IC 卡、感应式门锁、感应式 IC 读卡机、感应式门禁管理器等设备的作用和使用方法。

【实训对象】

感应式 IC 卡门禁系统设备

【实训步骤】

1. 将感应式 IC 卡在感应式 IC 卡读卡机的感应区域内晃动一下，观察读卡机有无发出“嘀”的一声且指示灯亮，观察门锁有无动作。

2. 在感应式门禁管理器上按“#”键并输入管理员密码进入菜单设置：按“0”键至“CARD SETTING”项，按“#”键进入“Normal Card”子项目中，连续按“0”键，选择“DEL A11”，并按“#”键确认，按“＊”键退出菜单设置。

3. 再次将感应式 IC 卡在感应式 IC 卡读卡机的感应区域内晃动一下，观察读卡机有无发出“嘀”的一声且指示灯亮，观察门锁有无动作。

实训任务五　固定键盘式门禁系统设备

【实训目的】

了解固定键盘式门禁机、锁具等设备的作用和使用方法。

【实训对象】

固定键盘式门禁系统设备

【实训步骤】

1. 在固定键盘式门禁机上输入密码，观察门锁的动作。

2. 将感应式 IC 卡在固定键盘加刷卡式门禁机的感应区域内晃动一下，观察门锁动作。

3. 在固定键盘加刷卡式门禁机上输入密码，再观察门锁的动作。

实训任务六　乱序键盘式门禁系统设备

【实训目的】

了解乱序键盘式门禁机、锁具等设备的作用和使用方法。

【实训对象】

乱序键盘式门禁系统设备

【实训步骤】

1. 观察乱序键盘式门禁机上各数字在键盘上的排列顺序。

2. 在门禁机上输入密码，观察门锁的动作。

3. 再次观察乱序键盘式门禁机上各数字在键盘上的排列顺序，比较与上一次的排列顺序是否相同。

实训任务七　指纹识别系统设备

【实训目的】

了解指纹识别系统设备的作用和使用方法。

【实训对象】

指纹识别系统设备

【实训步骤】

1. 观察指纹门禁系统设备的外观。在初始状态下，按“ADD”键进行添加用户操作。

2. 在指纹采集窗口放置管理员手指。

3. 指纹完整通过后，在“输入用户 ID”提示下输入新用户的标志号 1234。

4. 连续按“OK”键，不修改默认的门禁出入时间。

5. 在“［1］指纹、［2］密码”提示下，按“［1］”键选择指纹。

6. 在指纹采集窗口防止新增用户的手指，连续两次，完成新用户的添加。

7. 在初始状态下，输入新添加用户的标志号 1234。

8. 将新添加的用户手指置于指纹采集窗口，观察锁具是否开锁以验证用户是否添加成功。

学习单元六

停车库（场）安全管理系统

【原理部分】

【知识目标】

使用停车库（场）安全系统常用设备及其功能

了解停车库（场）安全系统发展的方向

【能力目标】

具备查询停车库（场）系统的各项数据信息的能力

具备通过系统查看停车场内各车位状态的能力

具备不损害出入目标，手动控制出入挡车器的能力

具备正确维护停车库（场）系统的能力

具备使用必要工具，检测、排除停车库（场）系统简单故障的能力

【知识内容】

停车库（场）安全管理系统是安全技术防范领域的重要组成部分，是对进、出停车库（场）的车辆进行自动登录、监控和管理的电子系统或网络，综合了视频监控、报警等其他安防技术，也是出入口控制系统的一种应用模式，是满足人们对车辆的出入等安全需要以及人们对车辆停车引导、计费、驻车等管理需要的双重要求的产物。停车库（场）管理系统的组成如图 6－1 所示。

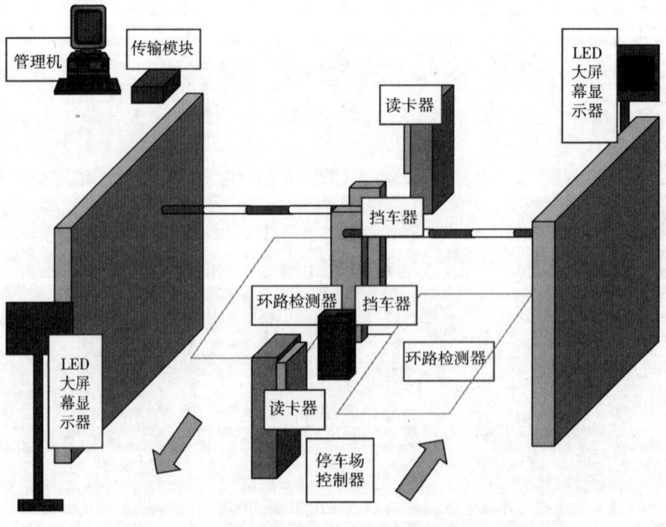

图 6－1　停车库（场）管理系统组成图

一、停车库（场）管理系统组成

停车库（场）安全管理系统主要由入口控制部分、出口控制部分、库（场）内监控部分、中心管理/控制部分组成。简单的系统不设置库（场）内监控部分（如图6－2所示）。

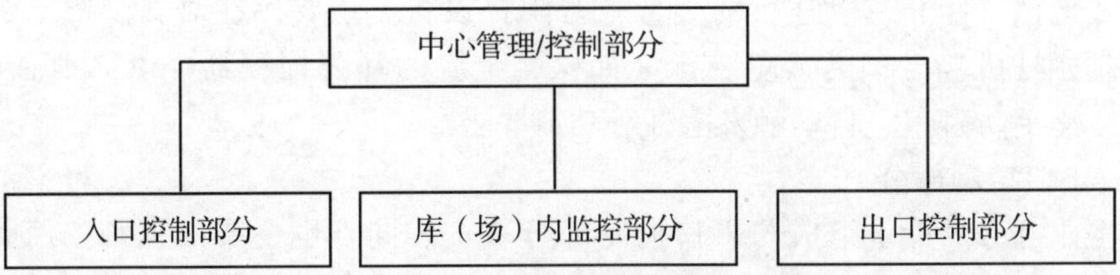

图6－2　停车库（场）管理系统组成图

（一）入口控制部分

入口控制部分主要由识读、控制和执行这三部分组成。可根据安全与管理的需要扩充自动发卡设备、识读或引导指示装置、复核用图像获取设备、对讲设备等（如图6－3所示）。

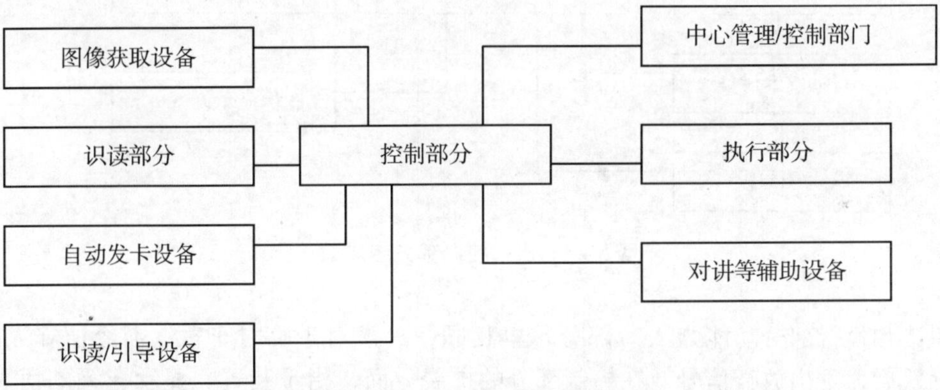

图6－3　入口控制部分组成图

1. 识读部分

识读部分可采用编码设备或特征识别方式，最常见的编码识别是感应卡识别，最常用的特征识别是对车辆牌照的识别。

识别可采用单一识别方式，也可采用多种手段复合识别。在应用中，复合识别可以是对单一目标（驾驶员或车）的识别，也可以是对双重目标（驾驶员和车）的识别。

2. 控制部分

控制部分获取从识读部分发来的目标身份信息，经核实处理向执行部分发出指令，对符合放行的车辆予以放行，拒绝非法侵入。有些系统还能驱动指示装置，显示进入车辆的信息及库（场）内的车位等信息。为方便临时车辆入场，有的系统还增设无人值守的自动出卡设备、与中心值班人员通话的对讲设备等。复核用图像获取设备（如摄像机）主要用于对安全要求高的场所，其常与库（场）内监控系统联合设置。

3. 执行部分

根据安全和管理需要，执行设备可采用出入准许指示装置或阻挡设备。电动栏杆机是应用最为广泛的停车库（场）执行设备。其阻挡能力有限，且有诸多防砸车等对机动车的保护设计，不能起到阻止犯罪分子驾车闯关的作用，也属于出入准许指示部件。升降式地挡（阻止车辆通行的装置）等阻挡设备，主要用在对安全要求较高的场所中，电动栏杆机常与车辆感应装置（如探测金属的环路检测器，也称地感控制器）一起使用，满足防砸车、自动触发落杆等功能要求。

（二）出口控制部分

出口控制部分的设备组成与入口控制部分基本相同，也主要由识别、控制和执行三部分组成。但其扩充设备有所不同，主要有自动收卡设备、识读或收费指示装置、复核用图像获取设备和图像显示设备等。其具有图像复核和对临时车辆收费的系统，在出口处需有值班人员值守（如图6－4所示）。

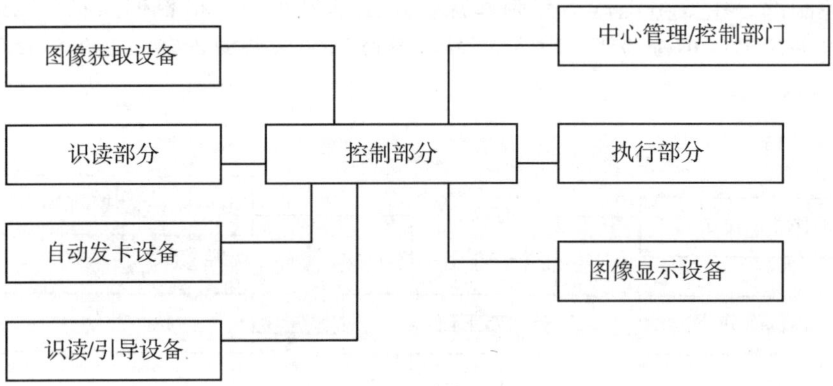

图6－4　出口控制部分组成图

识读和执行部分功能与入口部分基本相同，只是对于临时车辆，需经值守人员收费、确认后才发出放行信号。在控制部分的扩展方面，指示装置除显示车辆的信息外，还显示临时车辆应收费的信息、储值卡余额信息、固定车辆（或常租车辆）卡将到期等信息。自动收卡设备杜绝了值守人员的舞弊行为，在有图像复核（图像对比）的系统中，系统自动调出对应车辆的入场图像，显示在图像显示设备上，由值守人员复核。

（三）库（场）内监控部分

在安全与管理要求较高的场所，如大型专用停车库（场）应设置视频监控，对行车道与停车区域进行监控管理。

（四）中心管理/控制部分

中心管理/控制部分是停车库（场）安全管理系统的管理与控制中心，根据系统产品的具体形式不同，其功能的涵盖范围也不同。有的系统其中心部分承担的功能多，前端部分承担的功能少；另一些系统其中心部分承担的功能少，前端部分承担的功能多，其系统综合的功能如下：

（1）停车库（场）安全管理系统人机界面。

（2）出入目标的授权管理（对目标的出入行为能力进行设定），如对固定车辆（或常租用户车辆）、临时车辆和储值卡进行授权。

（3）出入事件、操作事件、报警事件等的记录、存储及报表的生成。事件通常采用4W 的格式，即 When（什么时间）、Who（谁）、Where（什么地方）、What（干什么），对于有图像复核的系统，还把在出入口抓拍到的图像与出入事件信息进行关联记录。

（4）出入目标的出入行为鉴别及核准。把从识别部分传来的信息与预先存储、设定的信息进行比较、判断，对符合出入授权的出入行为予以放行。

（5）系统操作员的授权管理。设定操作员级别管理，使不同级别的操作员对系统有不同的操作权限，还有操作员登录核准管理等。

（6）出入口控制方式的设定及系统维护，单或多识别方式选择，输出控制信号设定等。

（7）出入口的非法侵入、系统故障的报警处理。

（8）对有收费的系统，设定各出入口值守人员的管理、操作与收费权限，并能设置与记录详尽的班次与值守人员登录情况，确保收费安全，防止内盗。

（9）对于已设置库（场）内监控的系统，中心管理/控制部分承担了视频监控中心的任务。

（10）对于一些大型的、临时车位较多、出入口较繁忙、需收费的系统，可设立一个或多个收费中心，车主先在中心结算，在规定时间内出库（场），只需验证通过，不再收费，大大提高了出入口的通过率。

（11）扩展的管理功能及与其他控制及管理系统的连接，如与门禁、电子巡查、入侵报警、视频监控、消防等系统的联动。

二、常见停车库（场）安全管理系统构建模式

停车库（场）安全管理系统按出入口管理功能可分为不计费模式、计费模式和图像对比模式；按联网模式可分为不联网模式和联网模式；按出入口数量和层次可分为单出入口模式、单区域多出入口模式、多区域或嵌套区域多出入口模式。

（一）按出入口管理功能分

（1）不计费模式。主要针对固定车辆（或常租用户车辆），没有或较少有临时车辆的停车库（场），其收费采用纯人工的方法。

（2）计费模式。适用于需收费（包括固定车辆、临时车辆、储值车辆混合型）的停车库（场）。

（3）图像对比模式。适用于对安全管理要求较高的场所，利用对车辆出入图像的复核，减少正常持卡开错车的可能，防止车辆被盗。

（二）按联网模式分

（1）不联网模式，针对固定车辆（或常租用户车辆）的停车场，可采用一次性授权方法，平时不联网即可工作。对于有计费功能的不联网系统往往采用可读写的感应 IC 卡技术，将入库（场）信息存储于卡上，出库（场）时根据读出的数据自动计算出入时间差得出应收费值。

（2）联网模式，将入口部分、出口部分和中心管理/控制部分通过数据网络连接在

一起，由中心管理软件统一授权、管理、计算、发布信息。

（三）按出入口数量和层次分

（1）单出入口模式，即单入单出模式。

（2）单区域多出入口模式，在单出入口模式的基础上，通过中心管理/控制部分连接多个出入口，所有入口和出口都对应同一个核算或管理区域。

（3）多区域或嵌套区域多出入口模式，在单区域多出入口模式的基础上，通过中心管理/控制部分连接多个出入口，系统分为多个核算/管理区域，各区域可独立也可包容嵌套，每个区域的入口和出口（组）相对应独立完成出入控制、计费工作，对于有嵌套区域的系统，计费应考虑嵌套因素，使其设置满足要求。

三、停车库（场）安全管理系统功能分类

停车库（场）安全管理系统的需求，体现在安全与管理这两个层面。

库（场）出入口控制、库（场）内监控功能满足的是安全需求，而停车库（场）的计费、引导等功能满足的是管理需求。作为安防从业者，更应注意安防的需求。

（一）停车库（场）的出入口控制功能

停车库（场）作为出入口控制系统的一种应用模式，在识读、控制、执行等技术功能要求和指标方面，首先应符合出入口控制的相关规定。在通道功能设置方面要与其他停车场设施（通道形式、车位布置、标志标线）以及所针对的车辆种类（小型车辆、大型车辆等）、性质（固定车辆、临时车辆、储值车辆等）、流量（通行能力）等相协调、配套，使不同的出入口设备配置能满足不同的应用需求。

（二）库（场）内监控功能

库（场）内监控是对行车道与停车区域进行监控管理，其技术功能要求和指标首先应符合视频监控系统的规定。

（三）停车库（场）的计费、引导等管理功能

计费停车场能根据管理和使用要求设置费率，常见的对临时车辆计费的方法有昼夜模式和时段模式。昼夜模式可设置早晚时间间隔点，并对白天和夜间使用不同的收费标准，在同一车库（场）同一时间对不同车型（大车、小车等）也可按不同费率收费。

车位引导功能可由最简单的入场时库（场）内剩余车位数及满位指示，到分区域车位数指示引导，直至每个车位的指示引导。常采用车辆检测装置，对车辆通过及在位情况进行检测，系统根据通过计数及在位结果计算出库（场）内或各区域甚至各车位的停泊情况，将结果发布到车位指示装置上，供驾驶员和管理人员使用（如图6－5所示）。

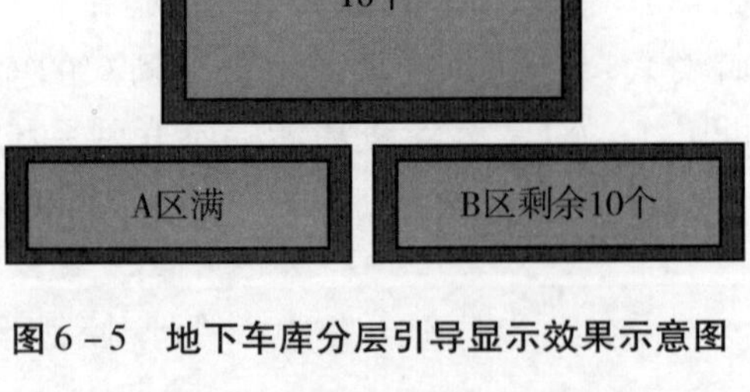

图6－5　地下车库分层引导显示效果示意图

四、停车库（场）管理系统常用设备

停车库（场）的现场设备有分离和集中等多种表现形式。如有的入口现场设备把识读、控制和车辆检测集中为一台设备称为“入口机”，出口亦然。

（一）识读设备

停车库（场）采用的识读设备的基本原理与出入口控制系统相同。

对于固定车辆和储值车辆常采用读卡距离在0.5～1米的无源卡识读设备，或采用3～10米的远距离有源卡识读设备，实现不停车控制，使用远距离识读时要注意防止非授权车辆提前通过的问题。对于临时车辆常采用出卡机和收卡机等设备，把识读设备集成其中。出卡机出卡的同时完成读卡操作。用于无人值守的入口，出卡机常备对讲功能，当有应急情况时可与中心值班人员通话，出卡机外观尺寸，如图6－6所示。收卡机执行收卡操作时先自动读卡，系统判断有效性及类别，再决定是否自动收卡，不符合收卡条件的卡片将自动退出。

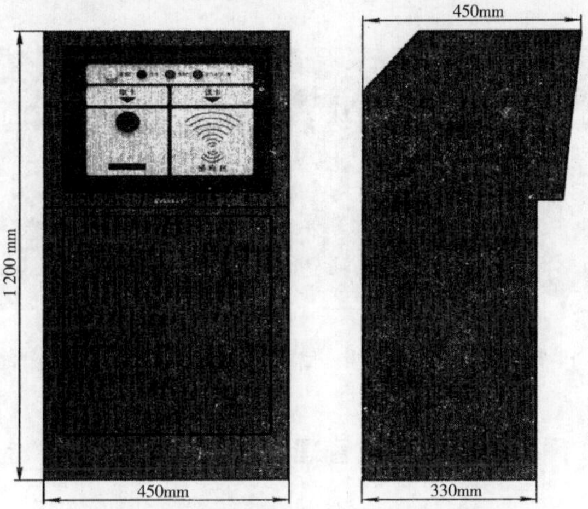

图6－6　某出卡机外观尺寸示意图

（二）车辆探测设备

车辆探测设备是停车库（场）的常用设备，主要用于预防栏杆机误砸车辆、触发自动落杆信号、车辆通过计数等，也可用在出卡机及收卡机旁，保证有车时才能操作设备。常用的车辆检测设备是探测金属的环路检测器，也称地感控制器。它是一种外接环状大线圈的金属探测设备，环路检测器工作时，线圈与内部电路构成似LC回路振荡器，通常的工作频率在200～400千赫兹。当车辆通过时，车辆的金属靠近线圈，改变了L（电感）值，使振荡器频率发生变化，环路检测器的内部电路检测到这种变化，输出有无车辆的信息。

1. 主要技术指标

（1）适用于车辆通行道口，检测车辆通行、防止电动栏杆机的栏杆砸车、触发落杆等动作。

（2）探测灵敏度可调。

（3）对外界环境温度及传感线圈能自动适应。

2. 注意事项

（1）线圈附近，特别是线圈正下方不能有大量的金属物质，否则工作不正常甚至不能工作。

（2）相邻安装的线圈间，其线圈边缘应至少离开30厘米以上。

（3）绕制好的线圈铺设应牢固，不能因车辆驶过等外界因素使其晃动、变形，否则也会工作不正常甚至不能工作。

（三）执行设备

电动栏杆机是最常见的停车库（场）出入口执行设备，起到对机动车的放行与拒绝作用。它常与车辆检测装置一起使用，对于有限高的地下车库，其栏杆采用折臂方式。

（四）现场显示设备

现场显示设备主要有放行拒绝指示用红绿信号灯、多功能入或出信息及车位引导显示用LED显示器、多功能信息及复核图像用PC显示（如图6－7所示）。

图6－7　自动引导指示牌

（五）管理控制、图像复核设备及管理软件

1. 现场控制器

现场控制器是重要的管理控制装置，在系统中，现场控制器通常安装在入口和出口部分内，与现场的识读设备和执行设备相连接，控制器内可存储该出入口可通行的目标权限信息、控制模式信息及现场事件信息。

2. 图像复核设备及管理软件

图像复核设备具有图像对比功能的系统，其出口应设置图像复核显示设备，通常由PC机、视频采集卡及管理软件组成。

五、停车库（场）管理系统的主要技术指标

停车库（场）的管理系统功能结构如图6－8所示。

（1）车辆信息识读功能，应能通过车辆信息识别装置识读车辆身份编码信息。

（2）车辆感应功能，应能通过车辆感应装置，感知车辆。

（3）信息保存，在场车辆信息永久保存；出/入场信息（包括车辆信息，车主信息，出/入场时间信息等）保存时间至少为1年；出/入场图片信息保存时间大于15天。

（4）声光提示，系统各部分应对工作状态、操作与结果、出入准许、发生事件等给出可见的、发生的指示。

（5）挡车功能，应能通过挡车装置，允许/禁止车辆的通行。

（6）应急开启，在停电或系统不能正常工作时，应可以手动开启和关闭挡车装置。

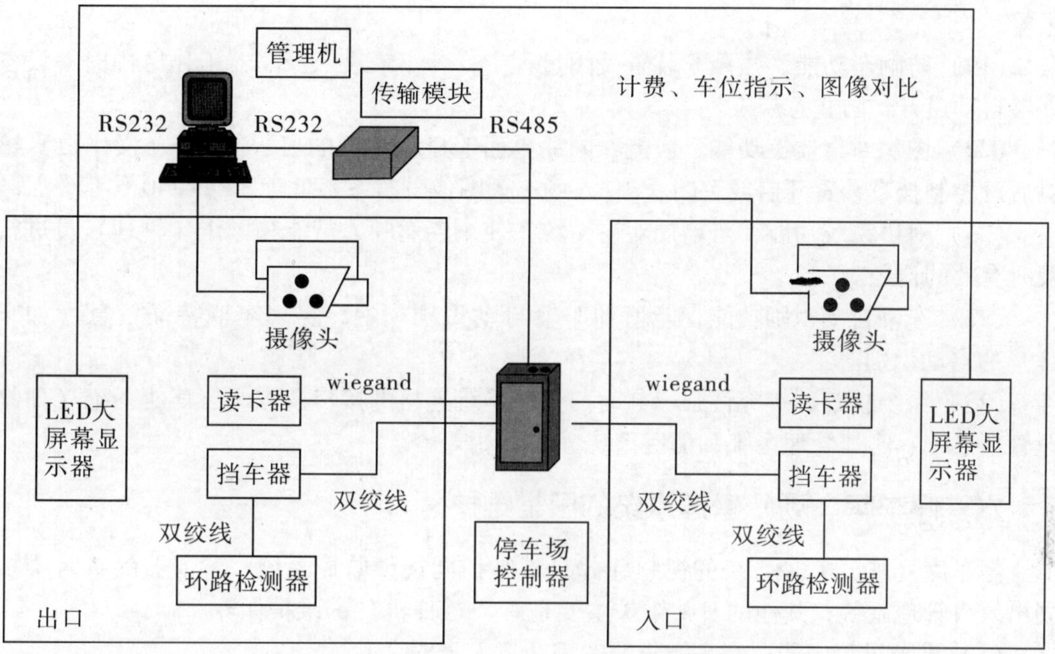

图6-8　停车库（场）管理系统功能结构

（7）防重入、重出功能，防止车辆利用同一车辆身份编码信息多次进出停车场的功能。

（8）脱机运行功能，在脱离中央管理装置的情况下，系统能实现车辆的出入控制。

（9）系统自检，系统自检时间小于10秒；自检内容包括：出/入口控制单元状态、挡车装置状态（异常、正常）、网络状态等。

（10）权限管理功能，对系统操作（管理）员的授权管理和登录核准进行管理，应设定操作权限，使不同级别的操作（管理）员对系统有不同的操作能力。

（11）车辆身份编码信息管理功能，应能对车辆身份编码信息进行管理并通过系统控制该信息对应车辆的进出。

（12）收费管理功能，对车辆停车费用的设定、计算和管理功能。

（13）事件记录功能，将出入事件、操作事件、报警事件等记录存储于系统的相关载体中，并能形成报表以备查看。

（14）事件阅读、打印与报表生成功能，经授权的操作（管理）员可将授权范围内的事件记录、存储于系统相关载体中的事件信息，进行检索、显示和打印，并可生成报表。

（15）自动发出/回收车辆身份编码信息，在需要的情况下，能自动发出/回收车辆身份编码信息。

（16）异常开启记录，异常开启时，出/入口控制设备自行记录（发生时间、出/入通道号、操作员）并上传到管理机记录。

（17）备用电源，系统停电后，应自动切换后备电源并能够维持系统正常运行不少于15分钟。

（18）报警，出/入口控制设备、网络、挡车装置等设备出现异常时应有声光提示报警。

（19）防砸车功能，当挡车装置关闭过程中，若车辆进入挡车器工作区内时，设备能够自动避开，防止意外发生。

（20）图像对比监控功能，应能在同一界面上显示车辆的出入图片，（操作员）核对后可控制挡车装置开启或关闭，出/入场车辆图像分辨率不低于320×240像素。

（21）对讲系统功能，可增加对讲系统，使车辆驾驶人员能和操作（管理）员进行及时有效的沟通。

（22）车辆自动识别功能，能增加车辆自动识别模块，实现车辆特征信息（如车牌）的自动识别。

（23）系统接口，扩充性强，留有与其他系统连接的接口，方便与其他系统（如物业管理系统、门禁管理系统和消费系统等）互相兼容。

六、停车库（场）管理系统的日常维护

停车库（场）管理系统的视频部分日常维护同视频监控系统；读卡器的日常维护同出入口管理系统；其他的日常维护主要是对“栏杆机”的维护保养。

（1）维护过程中若遇有高空作业时需注意人身安全。

（2）维护摄像机镜头时要注意操作规程，避免磨损镜头。

思考练习

1. 停车库（场）管理系统由哪些部分组成，各部分的功能如何？
2. 停车库（场）管理系统的主要技术指标有哪些？

【实训部分】

【实训任务】

通过本项目的学习，已经了解了停车库（场）管理系统的组成和基本工作原理，在此基础上熟悉各种软、硬件设备的作用和种类，熟悉停车库（场）管理系统的基本操作。

1. 对进出车辆的车型和车号进行识别。

2. 当有非正常出入或意外情况发生时，可以报警。

【实训内容】

实训任务一　停车库（场）管理的硬件设备

【实训目的】

认识、熟悉停车库（场）管理的硬件构成。

【实训对象】

停车库（场）管理系统的刷卡机、服务控制器、连接电缆

【实训步骤】

1. 刷卡机（确认使用卡片类型，可查阅附录）。

2. 服务控制器（了解工作原理、使用说明）。

3. 连接电缆。

实训任务二　停车库（场）管理的软件设备

【实训目的】

了解、熟悉停车库（场）管理系统的软件使用。

【实训对象】

停车库（场）管理系统控制软件

【实训步骤】

认识停车库（场）管理控制器的菜单结构。

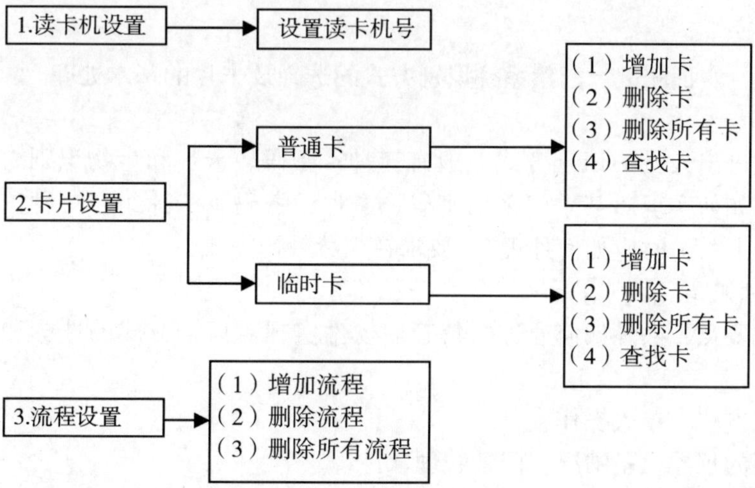

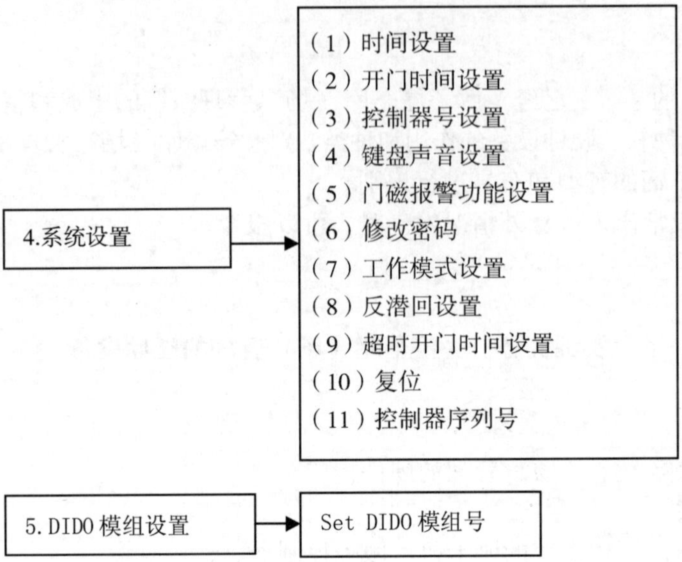

实训任务三　停车库（场）管理的安装并使用

【实训目的】

了解停车库（场）管理系统的正确安装以及调试使用方法。

【实训对象】

停车库（场）管理系统软件、硬件

【实训步骤】

1. 观察构造，正确安装停车库（场）管理硬件设备。
2. 调试软件，实现具体功能。
3. 查找出入记录、时间等。
4. 结合视频监控、探测器等设备查找对应记录。

实训测试　门禁系统识别方式的选择及卡片的基本处理

门禁系统进出人员的识别方式一般有三种：密码、卡片和生物识别。在现有的门禁管理软件中如何实现对某个门采用密码、卡片、密码＋卡片组合三种识别方式，并完成操作，当卡丢失时应如何处理？（要求在5分钟内完成）

【测试办法及考核要求】

一、测试要点：熟悉如何通过门禁管理软件实现对识别方式的选择和对卡的基本操作

二、测试方法：单人操作

三、需要的仪器设备情况：门禁管理软件

四、配分及评分标准

四项操作全部正确，5 分；

其中任意三项正确，4 分；

其中任意两项正确，3 分；

其中任意一项正确，2 分；

无一项正确，1 分。

（5 分——优；4 分——良；3 分——中；2 分——及格；1 分——不及格）

【参考答案】

以 PPD 门禁系统为例：

1. 密码识别

在门禁系统管理软件中选择相应需要被控制的门对象的属性窗口“基本设定”一栏中，“安全级别”选择“通用密码（GIN）”控制即可，GIN 在本窗口中的 GIN 一栏中设定。

2. 卡片识别

以 PPD 门禁系统为例，在门禁系统管理软件中选择相应需要被控制的门对象的属性窗口“基本设定”一栏中，“安全级别”选择“卡”控制即可。

3. 密码 + 卡片识别

以 PPD 门禁系统为例，在门禁系统管理软件中相应需要被控制的门对象的属性窗口中，“基本设定”一栏中，“安全级别”选择“卡 + 密码（PIN）”控制即可。在管理软件中找到需要的卡对象后，双击打开，跳出的窗口中“密码”后的显示即为 PIN，也可根据个人情况修改之。

4. 卡丢失处理

在管理软件中找到丢失的某个卡对象后，在属性“基本设定”中选择“丢失”标记即可。

学习单元七

电子巡查系统

【原理部分】

【知识目标】

了解电子巡查系统的设备及其功能

了解电子巡查系统的发展方向

【能力目标】

具备编制巡查预案（巡查路线、巡查点顺序、时间间隔等）的能力

具备设置多级系统管理密码、系统进行管理的能力

具备读取、查验、打印巡查记录的能力

具备正确维护电子巡查系统的能力

具备对电子巡查系统故障判断及排除的能力

【知识内容】

电子巡查系统是安全技术防范领域的重要组成部分，是对巡查人员的巡查路线、方式及过程进行管理和控制的电子系统。在巡更点安装巡更开关或读卡机，巡查人员应按巡更规定的路线和时间到达指定巡更点，每抵达一个巡更点，用专门的钥匙开启巡更开关，向管理中心发出“巡更到位”的信号，管理中心记录时间、巡更点编号等。如果在规定时间内，指定巡更点未发出“巡更到位”信号，系统就会发出报警。

电子巡查系统主要由信息标志、数据采集、数据转换传输及管理软件等部分组成，依照巡查信息是否能即时传输到管理终端，电子巡查系统一般分为离线式和在线式两大类。

一、离线式电子巡查系统

（一）离线式电子巡查系统的组成

巡查人员采集到的巡查信息不能即时传输到管理终端的电子巡查系统称为离线式电子巡查系统，又称为无线巡查系统。此系统由信息装置和采集装置、信息转换装置和管理终端等部分构成，其原理框架如图 7－1 所示。

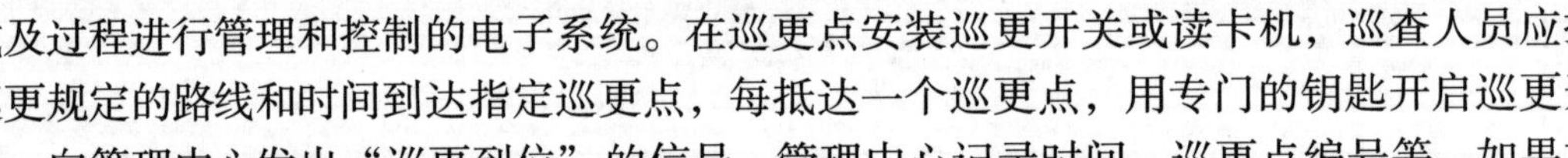

图 7－1　离线式电子巡查系统原理框架图

离线式电子巡查系统仅能对巡查方式、路线、人员、时间进行事先约定、设置，也只能在事后采集结果并进行分析统计，不能对进行中的巡查过程实施监管，实质是仅对巡查人员是否执行正常巡查进行管理。

离线式电子巡查系统具有灵活、方便，不需布线，系统价格低廉等优点，但同时具有不能够实时了解巡更人员的巡逻情况、操作不便等缺点。

（二）离线式电子巡查系统的组成

由信息装置、采集装置、信息转换装置及其电源、智能终端及管理软件等组成的离线式电子巡查系统，其结构简单、施工容易、使用方便，应用最为广泛。

1. 信息装置

信息装置由储存有 ID 信息的载体介质组成，最常见的是接触式信息钮，体积小巧，方便安装（如图 7－2 所示），也有采用感应卡作为信息装置的。系统以信息装置的 ID 信息表征地址信息，由采集装置收集信息后再做处理，信息装置的安装要牢固，方便采集装置采集信息。

图 7－2　信息装置

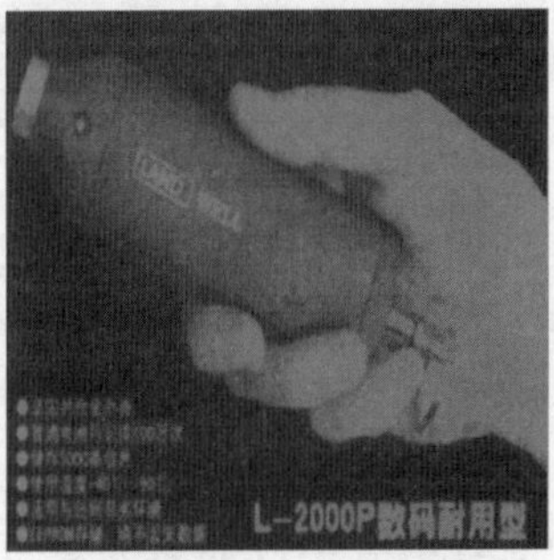

图 7－3　采集装置

2. 采集装置

采集装置内置识读电路和存储单元，是用于采集、存储巡查信息的设备。巡查信息包含时间和地点以及人员信息。为方便巡查人员日常握持使用，采集装置常设计成外形为棒状、枪柄状等体积、大小适中，具有一定防水、防尘能力，内置电池的设备，如图 7－3 所示。

3. 信息转换装置

在离线式电子巡查系统中，信息转换装置用于采集装置与智能终端之间进行信号转换及通信。信息转换装置和智能终端之间常采用 RS－232 接口连接（如图 7－4 所示）。

图 7－4　信息转换装置

4. 智能终端

在离线式电子巡查系统中，智能终端由专用智能终端设备、PC 及其管理软件组成，是电子巡查系统的管理中心，负责基本设置、生成数据报表、巡查统计等功能。

美国 DAIIAS 信息钮技术，通过巡更机（巡更棒）与信息钮的接触读取信息，再把巡更棒内存储的信息传到电脑，读取或打印出来，成为离线式电子巡查系统的主流产品。电子巡更棒（touch probe）内有 9 伏锂电池供电的 128 千 RAM 存储器，内置时间和防水外壳。信息钮是不锈钢封装的存储器芯片，注册了一个唯一性的序列 ID，固定在巡更点上。巡更棒靠近信息钮时，鸣声，信息钮中的数据存入巡更探头中，巡更探头数据发送器插入巡更探头后，读出其中的巡更记录。

二、在线式电子巡查系统

（一）在线式电子巡查系统的组成

识读装置通过有线或无线方式与管理终端通信，使采集到的巡查信息能即时传输到管理终端的电子巡查系统称为在线式电子巡查系统，由识别物、识读装置和管理终端等部分构成，其原理框架如图 7－5 所示。

图 7－5　在线式电子巡查系统原理框架图

在线式电子巡查系统不仅能对巡查方式、路线、人员、时间进行事先约定、设置，并在事后采集结果和进行分析统计，还能对进行中的巡查过程实施监控管理，对在巡查过程中出现的未按规定时间、轨迹巡查的行为发出报警信息。在满足离线式电子巡查系统的所有功能外，还采取主动的方式实时监管，其实质不仅对巡查人员是否执行正常巡查进行管理，而且通过及时发现不正常的巡查行为（时间、轨迹不正常）情况，减少巡查人员的失误，在一定程度上保护了巡查人员的安全（如巡查过程中发生被劫持、伤害、突发事件等）。在线式电子巡查系统需要布设通信线路，系统复杂，投资大，现在用得不多。

（二）在线式电子巡查系统的组成、功能及信号传输

在线式电子巡查系统较离线式复杂，成本较高，常与出入口控制系统联合设置。

1. 识别物

识别物就是在在线式电子巡查系统中，供现场识读装置识别巡查人员等信息的载体，可分为编码识别物和特征识别物。感应式 ID 卡、信息钮都是常见的编码识别物，也有用指纹等生物特征信息作为识别物的。识别物的作用就是让系统知道是谁（巡查人员）在操作，以便与时间和地点等数据组成电子巡查信息。

2. 识读装置

在在线式电子巡查系统中，现场识读装置就是安装在巡查现场的表征地址、时间信息并通过对识别物的识读，实现巡查信息的采集、存储及与智能终端进行通信的设备。不同的识别物有不同的识读前端相对应。在应用时，巡查人员到达巡查现场，经

操作，使现场识读装置采集到表征巡查人员信息的识别物，再由现场识读装置中的处理部分将时间信息和位置信息一起生成一条巡查记录，并暂存于现场识读装置的存储单元中，以便通过传输部分实时传递给智能终端。

3. 智能终端

在线式电子巡查系统的智能终端，除能完成离线式电子巡查系统智能终端的基本设置、生成数据报表、巡查统计等功能外，还能监控巡更过程，对非正常的行为及时报警，常与出入口控制系统的管理中心联合设置。

4. 信号的传输

在线式电子巡查系统现场识读装置与智能终端的信号常用 RS－485 传输，也有通过以太网、电话线传输的。与出入口控制系统联合设置的在线式电子巡查系统，一般不单独采用其他传输方式。

三、电子巡查系统的主要技术指标

（一）一般要求

1. 巡查信息采集

巡查人员在通过巡查地点时，按正常的操作方式，采集装置或识读装置应采集到巡查信息，采集装置应具有防复读功能。

2. 巡查信息存储

采集装置应能存储不少于 4 000 条的巡查信息；识读装置宜具有巡查信息存储功能，存储容量由产品标准规定；采集装置在换电池或掉电时，所存储的巡查信息不应丢失，保存时间不应少于 10 天。

3. 识读响应

采集装置或现场识读装置在识读时应有声、光或振动等指示。采集装置或现场识读装置的识读响应时间应小于 1 秒。采集装置或现场识读装置采用非接触方式的识读距离应大于 2 厘米，在线式电子巡查系统采用本地管理模式时，现场巡查信息传输到管理终端的响应时间不应大于 5 秒；采用电话网管理模式时，现场巡查信息传输到管理终端的响应时间不应大于 20 秒。

4. 计时

管理终端（管理中心）应能通过授权或自动方式对采集装置或识读装置进行校时；采集装置或识读装置计时误差每天应小于 10 秒；管理终端（管理中心）宜每天对采集装置或识读装置进行校时。

5. 传输故障监测

电子巡查系统在传输数据时如发生传送中断或传送失败等故障，应有提示信息。

6. 数据输出

采集装置或识读装置内的巡查信息应能直接输出打印或通过信息转换装置下载到管理终端输出打印。

（二）管理软件要求

1. 基本要求

软件应采用中文界面，根据智能终端的配置选择相应的通信协议及其接口，设置登录和操作权限，软件应有操作日志，更新（升级）时应保留并维持原有的参数（如操作权限、密码、预设功能）、巡查记录、操作日志等信息。在线式电子巡查系统能通过管理终端向各识读装置发出自检查询信号并显示正常或故障的设备编号或代码，软件应能编制巡查计划。除能设置多条不同的巡查路线外，还能对预定的巡查区域、路线进行巡查时间、地点、人员等信息的设置，并有校时功能，信息在管理终端（管理中心）中保存应不少于30天。

2. 巡查记录

每条巡查记录应正确反映时间（精确到秒）、地点、人员信息。巡查记录应正确反映正常巡查的时间、地点、人员；异常巡查迟到、早到、漏巡、错巡、人员班次错误等详细记录。

3. 查询统计

在授权下可按时间、地点、路线、区域、人员、班次等方式对巡查记录查询、统计，也可按专项要求（迟到、早到、错巡、漏巡或系统故障等）对巡查记录查询、统计。

4. 脱机和联机

在线式电子巡查系统在管理终端关机、故障或通信中断时，识读装置宜独立实现对该点巡查信息的记录，当管理终端开机、故障修复或通信恢复后能自动将巡查信息输送到管理终端。

5. 警示

在在线式电子巡查系统中，管理终端在巡查计划时间内没有收到巡查信息以及收到不符合巡查计划的巡查信息时应有警情显示。同样，管理终端在收到设备故障或不正常报告时也应有警情显示，并且，当巡查人员发生意外时还应具备向管理终端紧急报警的功能。

四、在线式电子巡查系统与出入口控制系统的关系

在线式电子巡查系统常与出入口控制系统联合设置，联网控制型出入口控制系统大多拥有电子巡查管理模块。如某出入口控制系统将识别的感应卡片设置为出入卡和巡更卡（巡更：电子巡查的一种通俗称谓），应用系统中所有的出入口识读点都可设置为巡查点。还可根据安全管理需要，在某些点仅设置巡查点而不设置出入口识读点，巡查现场的现场识读装置可以是出入口控制系统的识读控制器，也可以是电子巡查系统的专用设备。

五、电子巡查系统的日常维护

电子巡查系统需维护的设备不多，在线式电子巡查系统的日常维护主要是定期检查安装在室外的信息钮，看其安装是否牢固。

六、电子巡更技术的发展趋势

无线式电子巡更系统，有效距离长达2～10米或更远。

新型的在线式电子巡更系统，采用RFID技术，具有LPS（Local Position System）本地定位系统功能。巡查时，不必找安装在建筑物上的设备去“报到”，系统能够自动探测记录。

七、电子巡更系统的应用

多层次、多功能的综合性安防系统应用广泛。第一层对防范区周界进行防护；第二层设立电子巡更系统；第三层控制门禁；第四层在重要部位实施闭路电视监控，声音监听。

思考练习

1. 电子巡查系统大致分为几种？各自具有怎样的特点？
2. 电子巡查系统的主要技术指标有哪些？

学习单元八

防爆安全检查

【原理部分】

【知识目标】

了解防爆安全检查系统的基本组成及其功能

认识防爆安全检查的主要设备

【能力目标】

具备利用现有设备，对规定的爆炸物和武器等违禁物品进行探测、显示的能力

具备通过安全检查设备，对规定的爆炸物和武器等违禁物品进行记录、报警的能力

具备防爆安全检查设备的故障判断及排除能力

【知识内容】

项目一　安全检查以及防爆技术概述

一、安全检查

随着国家各方面综合实力的增强，危险物品被越来越多地应用于社会生产及生活的各个方面，它们既是人们在生产、生活中不可或缺的物品，同时又是具有危险性和破坏性的物品。危险物品一旦落入犯罪分子手中将会造成非常严重的后果，不仅会危及广大人民群众的人身和财物安全，甚至会波及社会，影响社会安全，影响国家政治声誉。

公安机关对危险物品的安全检查，其根本目的是为了减少和避免治安灾害事故和利用危险物品进行犯罪活动的发生，保障公共安全，创造良好社会秩序，为构建和谐社会提供一个良好的治安环境。

二、安全检查的范围

对于安全检查中的危险物品的界定有广义和狭义之分。广义的危险物品，通常是指在人们的生产、生活中，一切能够引起人畜伤亡、财产损毁的物品。狭义的危险物品，就是指公安机关依法实施管理范围内的危险物品。目前，我国列入公安机关管理范围的危险物品有以下六大类：

(1) 枪支、弹药；

(2) 管制刀具；

(3) 民用爆炸物品；

(4) 剧毒物品；

(5) 放射性物品；

(6) 易燃易爆化学物品。

三、安全检查的一般方法

(1) 一般检查法。依靠个人的生理感觉和经验来搜寻检查目标（包括人员、物体、场所等），从而发现爆炸物品的方法。

(2) 仪器检查法。借助一定的安全检查仪器设备，既凭借感官触觉，又凭借专用器材的提示，运用掌握的爆炸知识，搜寻检查目标，从而发现爆炸物品的方法。

(3) 利用某些生物或动物对炸药的特殊反应来搜寻检查目标。

四、防爆技术

在以上属于安全检查范围的六大类物品中，对爆炸物品的检测是非常重要的一项工作。在国外的恐怖袭击中，最主要、危害最大的一种手段就是采用爆炸物品进行恐怖活动，由于利用爆炸物进行恐怖活动具有隐蔽性好、危害性大、影响面广、突发性强，便于实施和不易防范等特点，现已成为各类恐怖分子的首选作案手段。

资料显示：从 1968 年到 1976 年，国际上发生了近 1 200 起恐怖活动，其中西欧 451 起，居首位；拉美 217 起，次之；最后是中东、北美和亚洲等地。20 世纪 80 年代，爆炸恐怖事件处于增长趋势，爆炸破坏造成的损失更加惨重。西欧各国每年发生的爆炸案件在 500 起左右，美国发生的爆炸案件每年 2 000 多起。近 10 年来，有近 50 个国家的元首和政府首脑遭受过恐怖分子炸弹的袭击，在法国、美国和意大利等，每年都会发生数百起，甚至上千起爆炸事件。

科学技术的发展在给人类带来绚丽多彩的生活的同时，也携带了许多“副产品”—— 爆破器材和爆破技术的更新使犯罪分子使用的爆炸装置趋向多样化、技术化和智能化，作案手段不断变化，行动更加诡秘。犯罪分子使用的爆炸物品的种类，既有制式的，也有非制式的；既有土造的，也有科技含量较高的，可谓名目繁多、种类复杂。

20 世纪 80 年代，国际恐怖分子主要制造并使用“汽车炸弹”、“人体炸弹” 等各种爆炸物进行恐怖活动。90 年代以来，因为炸药或爆炸装置的起爆方法技术上的进步，使得犯罪分子由过去的导火索直接点火起爆发展成为电能起爆、机械能起爆和化学能起爆，甚至用无线电遥控、有线电遥控、温控、光控、声控引爆以及机械定时、化学定时等起爆方法引爆炸药或爆炸装置。目前，国际恐怖分子甚至已掌握和使用了电子定时数码控制、电脑控制多元功能起爆系统等先进技术。犯罪分子为了使其阴谋得逞，逃避打击，在进行爆炸恐怖活动时，通常采用秘密手段，隐蔽地设置爆炸装置，选择的时机、场合无所不至，使其突然爆炸，防不胜防，并且，犯罪分子使用的爆炸器材都进行过严密伪装。如将爆炸器材隐藏在罐头、书籍、邮件、包裹、纸盒和日用品内；或将爆炸器材仿制成牙膏、肥皂、糖果、蛋糕、饼干、药品、玩具等；或把雷管炸药夹在面包、水果、香烟等日用品内，给识别和排除爆炸物增加了相当大的难度。

为了有效地维护社会公共安全，人们使用了现代化技术来防止爆炸和排除爆炸，开展和研制了对各种爆炸物、金属武器的检测和鉴定装置。如通过式金属武器探测门、微剂量X射线安全检查设备、排爆机器人、便携式X射线检查仪、信件炸弹检查仪、爆炸物销毁器、手持金属探测器等。这些技术在重要集会场所、重要排爆现场的排爆、防爆和安全检查中发挥了重要作用。

防爆安全检查设备指能有效地防范和阻止武器、炸药、违禁品和危险物进入安全区域、重要部门以及公共场所可能引发的爆炸、劫持等恐怖事件的发生，保证国家财产和人民群众的生命安全，是保证区域安全的第一道防线。

防爆安全检查设备按使用技术的不同可分为X射线检查设备、中子探测设备、核四极矩谐振分析探测设备、质谱分析设备、毫米波探测设备、金属探测设备等。

按探测客体的不同，这些检查设备可分为金属探测设备、大量炸药探测设备、微量炸药探测设备以及液体炸药探测设备等，金属探测设备包括常用的通过式的金属探测门和手持金属探测器。大量炸药探测设备是指机场对旅客检查的X射线设备，而微量炸药探测设备是指质谱及离子迁移探测设备等。

项目二　X射线安全检查

X射线又叫伦琴射线，因波长很短，穿透力很强，对人体有伤害，所以，仅可采用微剂量X射线源进行安全检查工作，常采用不连续的X射线检查系统。X射线有较强穿透物质的能力，根据穿透的程度，可获得良好的空间分辨率，对多数物质又能激发出可见荧光，再运用光电效应能得到透射图像，进而转变成为电视图像，根据X射线的这些特性，制造出了多种探测用的X射线安全检查设备。每次检查X射线的剂量不应超过1毫伦，这样不仅可以保证工作人员的安全，而且也保证了被检物的安全，不会导致照相胶卷等感光材料曝光而报废。

一、X射线安全检查设备概述

X射线检查设备按使用的X射线能量谱可分为单能和双能的X射线检查设备；双能X射线检查设备又分为传统的双能量X射线探测设备和AT（先进）技术的X射线探测设备；按使用射线源的投影方式可分为单视角、双视角和多视角X射线设备；按射线源射束的出射方向可分为侧照、底照和顶照式的X射线设备；按成像原理可分为点扫描、线扫描、CT检以及便携式X射线设备，X射线CT设备分为单能和双能CT；按X射线的利用原理可分为双能透射式、背散射式、衍射式设备；按设备的用途可分为手提（小件物品）行李检查设备、托运行李检查设备、货物以及集装箱检查设备、人体扫描检查设备；集装箱检查设备按工作方式不同，可分为固定式和移动式的检查设备，按使用的放射源不同又可分为X射线（450千伏）、X射线加速器和同位素放射源的集装箱检查设备。X射线安全检查设备是利用X射线和被检物相互作用时发生的光电吸收、康普顿散射、瑞利散射和电子对效应而得到被检物的特征信息。

早期使用的安检设备一般是透射式的单能X射线设备，只能得到被检物按密度及原子序数衰减的黑白图像，物质的密度及原子序数越大，对X射线的衰减就越大，穿过被检物到达探测器的X射线光子数就越少，图像就暗。反之，密度及原子序数小的物质对射线的衰减就小，图像就越亮，这种设备对探测隐藏的金属武器特别有效。

随着科学技术的不断发展，塑料手枪以及陶瓷刀具和炸药逐步成为恐怖分子进行破坏的工具，随之出现的双能X射线检查设备成为探测此类威胁物的有利工具。双能设备利用了两个或多个X射线能谱和物质相互作用，从不同的高、低能谱信号中得到有关被检物原子序数的信息，从而得到被检物的物质组成信息，有效地区分有机物和无机物，并给出不同的颜色，此类设备被广泛用于机场、铁路、港口、海关以及重要部门。

由于传统的X射线检查设备都采用了透射方法，得到被检物质的穿透图像由于多种物质的重叠，准确地探测混在不同类物质中的炸药，特别是从有机物中识别出炸药是非常困难的事情，探测薄片形物质和无规则的炸药对于传统的双能系统来说也是不可能的。射线穿过薄片形物质所得到的信息作为整个图像的背景信息而不易被识别出来，因此，利用散射X射线的设备显示了独特的优越性。利用康普顿散射的X射线设备可以用来探测片状炸药以及低原子序数的物质，特别是探测碳、氢、氧成分丰富的物质。利用X射线相干散射原理的X射线衍射设备，可以准确地探测物质的晶格常数，但由于检查速度慢以及探测器对温度的要求，目前只是作为第二级安全检查使用。

X射线CT设备不仅能得到被检物的透视图像，还可以得到被检物断层图像以及三维图像。单能X射线CT设备通过X射线被检物体的密度信息去识别物质，双能X射线CT通过测量被检物的有效原子序数和密度两个信息去识别物质，这样就提高了设备的探测率，降低了误报率。

X射线探测设备以计算机为平台，采用了计算机图像处理、存储和显示等技术的诸多优点，为用户提供了高质量图像和多种服务功能，如超级图像增强、多种组合控制、危险品图像自动插入、数据报告的浏览和打印输出、图像存储和图像转储、图像回放、网络接口、操作员培训、系统自诊断等功能。设备使用了折弯型高效半导体探测器，可以对被检物进行无死角检查。设备不仅提供反映被检物吸收特性的X射线透视图像，还可以提供有关被检物质化学组成的信息，并对不同物质赋予不同的颜色，对于行李中某些过厚而穿不透或者密度较大的物品或区域自动给出提示。设备也能识别某些特定危险物，如炸药和毒品等，并赋予不同的颜色。设备装备了输送带系统，被检物可以快速地通过X射线检测区域，检查效率大大提高。设备采用线扫描或点扫描工作原理，单次检查泄漏射线的剂量较低，一般不需要再加特殊防护设备，高能X射线以及加速器系统主要用于对集装箱等大型货物的检查。

二、X射线双能量探测设备

（一）传统双能量X射线检查设备

传统双能量X射线检查设备使用层叠型能量探测器，射线源的工作高压一般为140千伏。射线穿过被检物后首先到达低能探测器，低能探测器吸收衰减了的低能X射线。在低能和高能探测器之间有一个低能滤波器，穿过低能探测器和低能滤波器的高能射线被高能探测器吸收。探测器一般采用半导体探测器，将强度变化的X射线信号转换成可处理的电信号，专用处理电路把每一像素的模拟信号转换为数字信号，并对每个像素进行偏移和增益校正，然后将校正的信号送到计算机进行存储和多种图像处理，并在显示器上显示彩色的能量型 X 射线图像。典型的顶照式 X 射线检查设备的外形图及其工作原理，如图 8－1 和图 8－2 所示。

图 8－1　顶照式 X 射线检查设备外形图

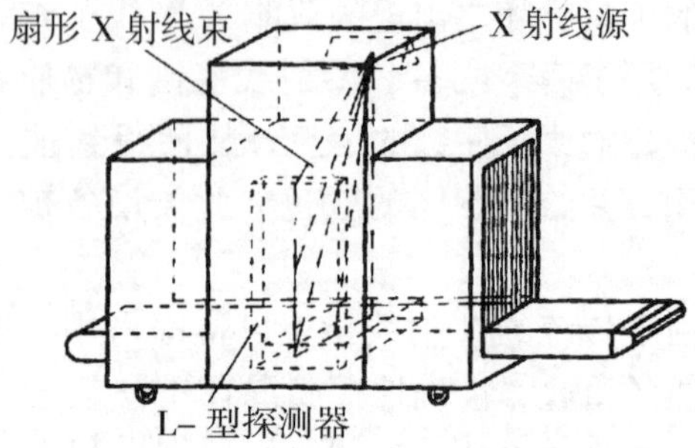

图 8－2　顶照式 X 射线检查设备工作原理图

（二）AT（先进）技术的双能量型 X 射线探测设备

AT 技术的双能量 X 射线检查设备通常使用两个 X 射线源和两套独立的探测器，通常低能 X 射线源的工作电压为 75 千伏，高能 X 射线源的工作电压为 150 千伏，滤波器滤除了高能源的低能射线，低、高能射线可以很好地分离。低能探测器吸收低能源发出的低能 X 射线，得到被检物的低能信息；高能探测器吸收高能源发出的高能 X 射线，得到被检物的高能信息，然后再计算出被检物组成物质的有效原子序数信息。这种先进的双能量设备探测物质的有效原子序数精度高，其炸药探测率要高于传统的双能量设备，此设备也称为炸药自动探测设备。其工作示意图如图 8－3 和图 8－4 所示。

图 8－3　AT 技术的双能量 X 射线检查设备图

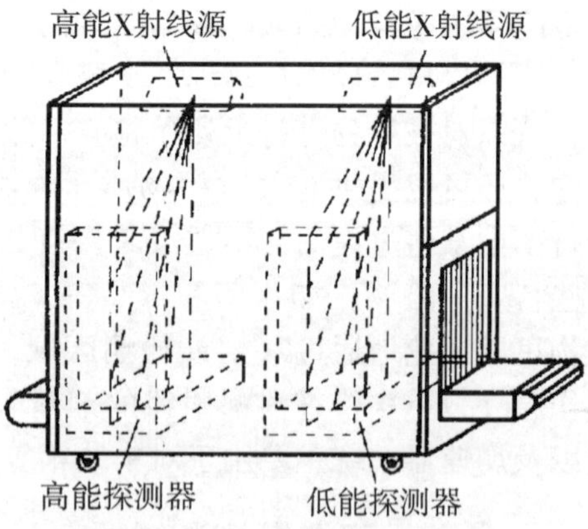

图 8－4　AT 技术的双能量 X 射线检查设备工作原理图

（三）TRX 设备

TRX（TIP Ready X-ray Machine）设备是指具有 TIP 功能的 X 射线检查设备。TIP（Threat Image Projection）功能是指危险品图像的注入功能。当旅客的行李包裹正在被检查时，TIP 能自动注入虚拟的危险品图像（FTI），或在旅客包裹队列中注入一个完全虚拟的包裹图像（CTI），如图 8－5 至图 8－8 所示。

TIP 功能主要是为了训练操作人员，提高他们识别危险品的能力，操作人员需要对他们看见的每件行李作出决定，如果行李图像中注入了危险品，应立即作出反应。当操作人员知道操作的设备具有 TIP 功能时，他们始终会意识到屏幕上随时有可能出现危险，这样可以使操作人员时刻保持警惕性，提高辨识图像的能力和质量。

TRX 设备区别于其他设备的明显标志是，所有 TRX 都必须安装有指示危险品报警的警示杆装置。

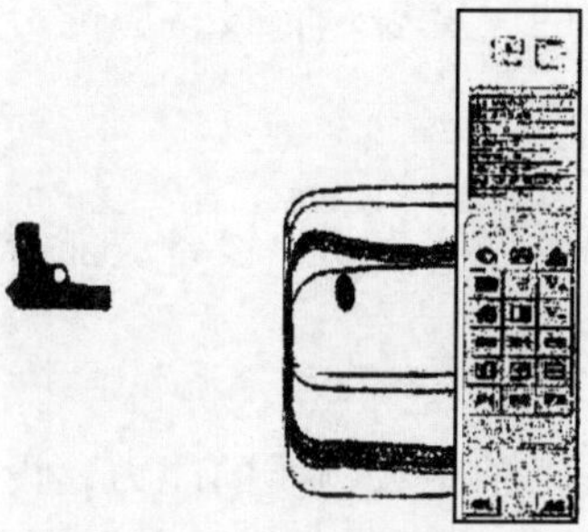

图 8－5　虚拟手枪图像

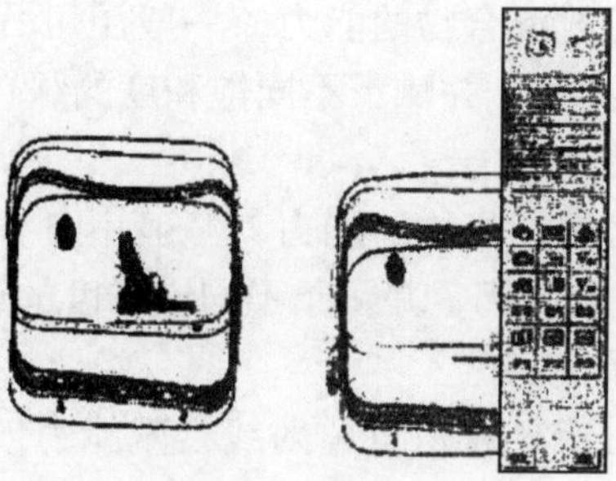

图 8－6　注入虚拟危险品的 FTI 图像

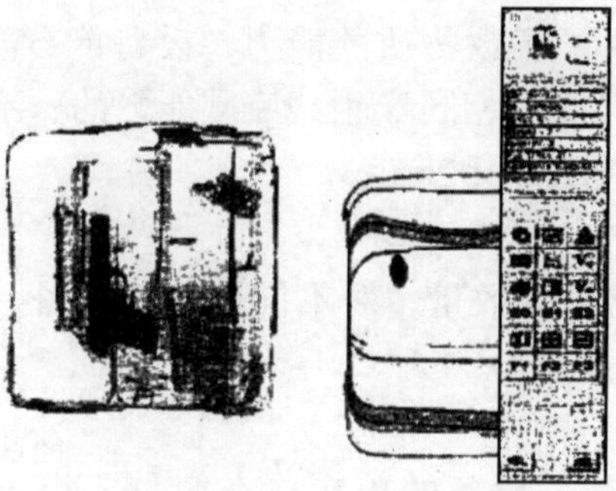

图 8－7　设备注入 CTI 的图像

图 8－8　TRI 设备

（四）能量型 X 射线检查设备的主要技术指标

1. *线分辨力*

设备应能分辨单根实芯铜线的能力，一般用线的标称直径（毫米）或对应线号（AWG）来表示。设备应能分辨标称直径为 0.202 毫米（AWG32）的单根实芯铜线。

2. *穿透分辨力*

设备应能分辨规定厚度合金铝阶梯下单根实芯铜线的能力，一般用铜线的标称直径（毫米）或对应线号（AWG）来表示。

3. *空间分辨力*

设备分辨金属线对的能力，一般用线的标称直径（毫米）表示，设备应能分辨直径为 2.0 毫米的线对。

4. *穿透力*

设备穿透被检物品的能力，一般用钢板的厚度（毫米）表示，设备的穿透力和 X

射线源的工作电压有关，电压越高，穿透能力就越强。

5. 灰度分辨

设备分辨同种材料、不同厚度被检物品的能力。一般用合金铝阶梯的阶梯数表示，设备应能分辨厚度为1～60毫米、厚度差不小于1毫米的铝阶梯。

6. 有机物分辨

设备分辨有机物的能力，一般用可分辨有机物阶梯的厚度表示，设备应能分辨厚度为1～120毫米的聚甲基丙烯酸甲酯，并赋予不同饱和度的橙色。

7. 混合物分辨

设备分辨混合物的能力，一般用可分辨铝阶梯的厚度表示，设备应能分辨厚度为1～60毫米的铝，并赋予不同饱和度的绿色。

8. 无机物分辨

设备分辨无机物的能力，一般用可分辨钢阶梯的厚度表示，设备应能分辨厚度为0.2～14毫米的钢，并赋予不同饱和度的蓝色。

9. 材料分辨

设备分辨具有相同X射线衰减能力、不同等效原子序数物质的能力，设备应能分辨具有相同X射线衰减能力、不同等效原子序数的三种材料样本，并赋予PVC板绿色，赋予模拟物板和尼龙板橙色。

10. 有效材料分辨

设备分辨规定厚度钢阶梯下具有不同等效原子序数物质的能力，设备能分辨1.5毫米、2.0毫米和2.5毫米三种厚度钢板后面的、具有相同X射线衰减能力的、不同等效原子序数的三种材料样本，并分别赋予绿色、蓝绿色和蓝色。

11. 通过率

设备在1小时内能检查长度为1米的被检物品的数量，对不同用途的设备，通过率会有不同的要求。

12. 单次检查剂量

被检物品接受一次检查所吸收的X射线剂量，设备的单次检查剂量应小于2微戈瑞。

13. 泄漏射线剂量率

单位时间内穿过辐射屏蔽防护泄漏到设备外部的电离辐射强度。在距设备外表面5厘米的任意处（包括设备的入口和出口），X射线泄漏剂量率应小于2.5微戈瑞/时。

14. 设备噪声

在距设备外表面1米的任意处，设备噪声应不大于65分贝。

三、多视角X射线探测设备

多视角X射线探测就是X射线束从多个方位和角度穿过被检物，得到不同投影角度的X射线图像。操作员通过观察多个不同投影角度的被检物图像，分辨出行李内部重叠的物体，准确地从复杂的背景物体中识别炸药以及其他危险物和违禁物，常用的多视角设备有两（双）视角、三视角和五视角设备等。

1. 双视角X射线探测设备

传统双视角设备使用了两个射线源和两套能量探测器，射线从水平和垂直两个方向穿过被检物，得到被检物的水平和垂直投影 X 射线图像（如图 8－9 至图 8－12 所示）。

图 8－9　双视角 X 射线探测设备图

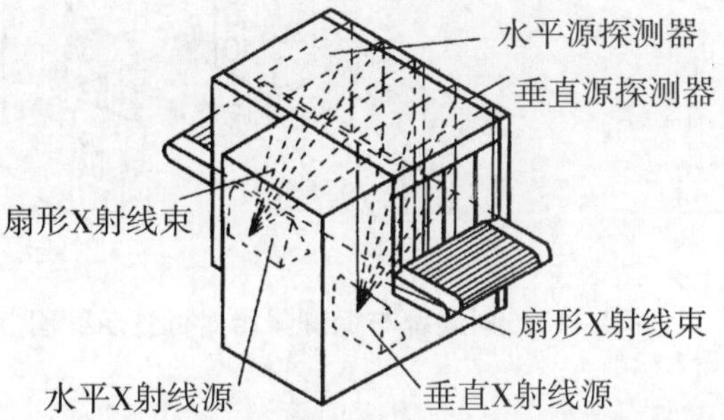

图 8－10　双视角 X 射线探测设备工作原理示意图

图 8－11　水平投影图像

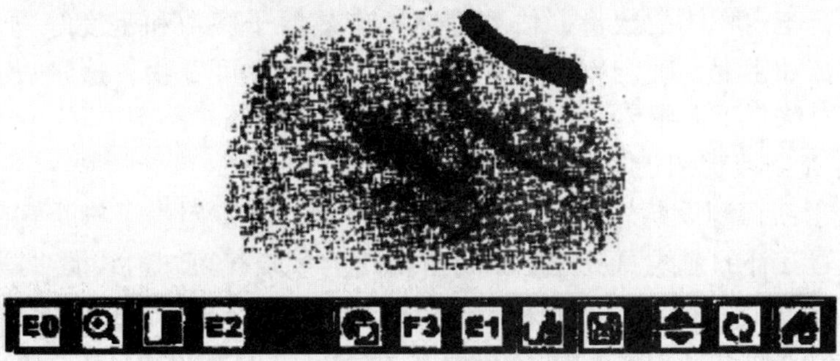

图 8－12　垂直投影图像

设备的显示界面显示了同一个被检物水平和垂直两个方向的投影图像，操作人员借助于两个不同的图像，可以更容易地从重叠的物体中识别出可疑物。图 8－11 和图 8－12中的手枪从水平投影图像中可以很清楚地被辨识，而在垂直投影图像中却不易被发现。

2. 三视角 X 射线探测设备

设备从三个方位和角度对被检物进行检查，射线源和探测器的相对位置示意图及设备外形如图 8－13 和图 8－14 所示。

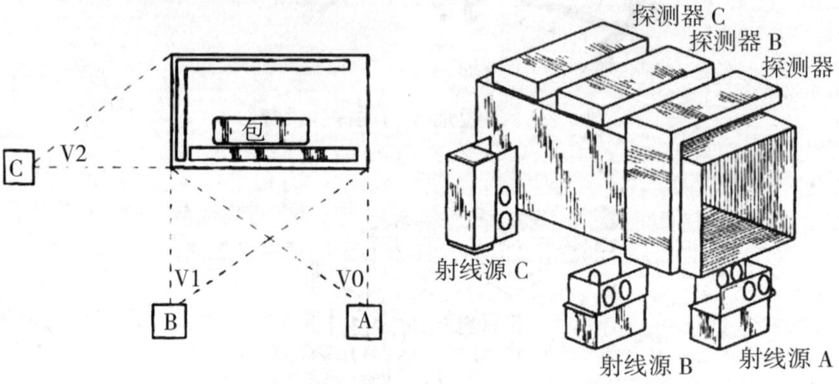

图 8－13　射线源与探测器相对位置示意图

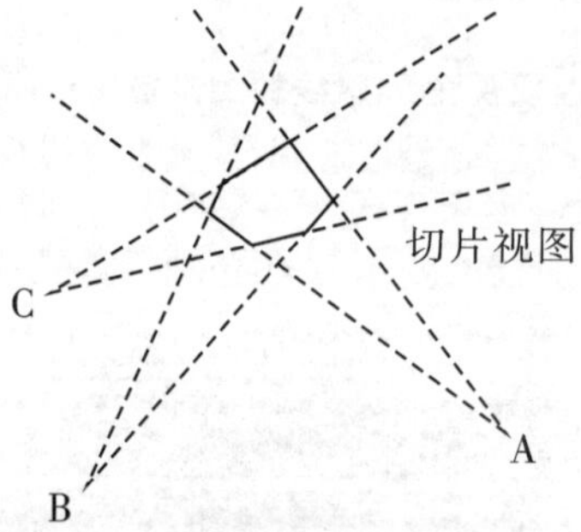

图 8－14　三视角 X 射线设备生成的被检物的二维截面图

设备的两个底照源的扇形射束从两个不同的投影角度穿过被检测的行李，第三个射线源水平照射被检行李，这样就得到了三个角度的行李图像信息。设备采用断层成像二维分析技术，对行李内的物体进行三维重组，提取物体的二维截面图像。这样设备就可以测量行李内物体的数量，估算物体的有效原子序数和密度等物理特征量。根据有效原子序数和密度，确定物质的种类，从而识别出可疑物，这种设备不仅改进了炸药探测率而且降低了误报率。

3. 多视角 X 射线探测设备

多视角 X 射线探测设备外形图如图 8－16 所示。设备使用了三个射线源和五套探测器，三个位置互补的射线源从五个不同角度产生 X 射线束，射线源 X1 通过准直器产生两个扇形射线束，由下向上打到探测器 A 和 B 上，射线源 X2 也通过准直器产生两个扇形射线束，由下向上打到探测器 C 和 D 上，第三个射线源 X3 只产生 1 个扇形射线束，由侧上向下打到探测器 E 上，这样设备就提供了五个不同角度的被检物的透射图像信息（如图 8－15 所示）。设备通过使用所谓静态断层成像算法计算出被检物组成物质的有效原子序数和密度值，根据原子序数和密度建立物质识别平面。这种设备比传统的只能得到有效原子序数信息设备的炸药探测率和探测精度都要高。

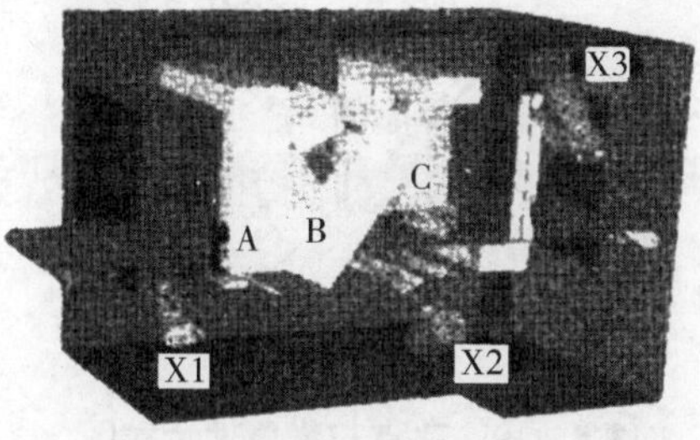

图 8－15　多视角 X 射线探测设备射线源与探测器的相对位置

图 8－16　多视角 X 射线探测设备外形图

四、X 射线康普顿散射设备

X 射线康普顿散射设备是利用射线和物质相互作用发生的非相干散射效应，采集被检物散射的 X 射线，生成被检物的散射 X 射线图像。

散射一般分为前散射和背散射。散射射线的角度小于 90°的叫做前散射，散射角度大于 90°的叫做背散射（如图 8－17 所示）。

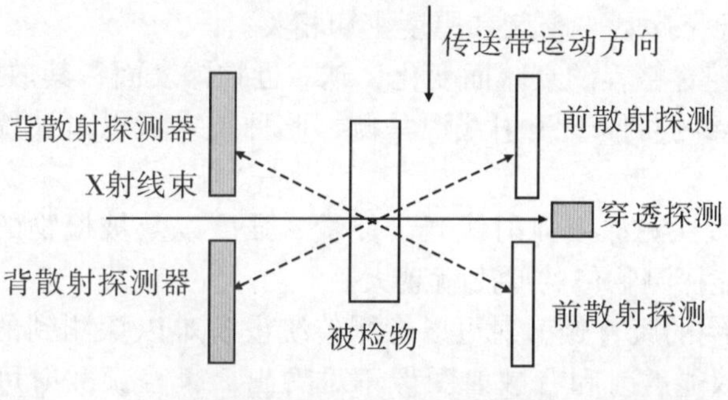

图 8－17　X 射线康普顿散射设备探测器相对位置示意图

由于背散射探测器位于 X 射线源一侧，可以使设备结构紧凑，使用方便。尤其是在射线穿不透被检物的情况下，可对被检物实施两次扫描检查，通过得到两个侧面的散射图像来看清楚一定深度内的物质，这种技术被广泛用于移动检查设备或人体检查设备中。

X 射线康普顿散射设备通常采用飞点扫描原理，设备使用一个笔束状的 X 射线束对被检物进行扫描，在每一时刻，只有一个 X 射线的光点穿过被检物。一个专用的机械斩波系统将扇形 X 射线射束斩成笔束状的 X 射线飞点，飞点 X 射线飞快地从下到上或从上到下往复运动，当被检物体移动时，X 射线飞点就一行一行地扫过被检物，这样，就得到了完整的被检物的二维散射图像。飞点扫描 X 射线检查系统主要是由探测器部件（透射探测器和散射探测器）、斩波系统、X 射线产生系统、图像数据的传输与控制系统以及计算机系统组成。背散射设备以及飞点扫描原理示意图如图 8－18 和图 8－19所示。

图 8－18　背散射设备显示界面

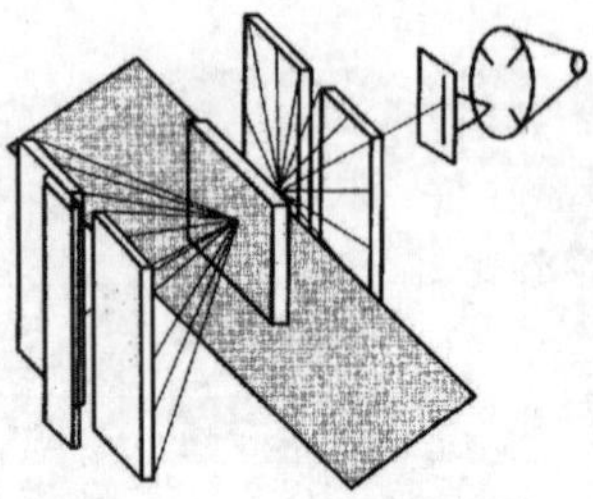

图 8－19　飞点扫描原理示意图

（一）飞点扫描成像系统的特点

（1）可以同时得到清晰的被检物的 X 射线透射图像、前散射和背散射图像。

（2）X 射线透射图像反映了被检物的总衰减效应，较好地显示了高密度和高原子序数的物质，如枪支和匕首等。散射信号直接反映了物质的组成，易发现毒品和炸药。

（3）点扫描 X 射线检查设备的检查剂量特别低，只有传统线扫描系统检查剂量的 1/10 或者更低，此种设备的射线防护比较容易，即使用飞点扫描设备检查大型集装箱，也不需要构筑很厚的水泥防护墙。

（二）康普顿散射成像的特点

（1）康普顿散射效应和物质的厚度、组成有直接关系，也就是说，散射强度和构成被检物的元素的原子序数、密度和厚度密切相关。

（2）散射射线随着路程的衰减而变化，越靠近物体表面，其散射信号也越强。

（3）背散射线探测器位于 X 射线源一侧，此种技术可以对被检测物体实施一定厚度范围的检查。

（4）系统的有效探测深度与射线光子能量、强度以及被检物的组成密切相关。射线的能量越高，所能探测物体的厚度就越大。

（5）利用 X 射线的康普顿散射可以探测传统设备难以探测到的薄片型炸药或违禁品。比较被检物的双能透射和背散射图像不难看出，康普顿散射可以有效探测片状炸药低原子序数的物质（如图 8－20 所示）。

a　　b　　c　　d

a. c. 为双能投射图像　　b. d. 为散射图像

图 8－20　X 射线康普顿散射设备图像

五、X 射线衍射（相干散射）设备

X 射线衍射设备不是测量 X 射线的辐射吸收，而是测量物质的特殊弹性的 X 射线散射，这种广泛用于结晶学领域鉴别物质的方法适合用于识别隐藏在行李物品中的炸药、塑性炸药等危险品。被测物体的晶格结构引起辐射射束的 X 射线衍射谱，即物质的特殊图谱。

X 射线相干散射设备通过使用比标准 X 射线衍射仪的典型能量要高得多的能谱区域的 X 射线相干散射中出现的特有布拉格特性来识别物质。设备分析这些频谱，一旦确认某种可疑物质是炸药或毒品等违禁品时，就会给出报警信号。

这种 X 射线衍射设备也存在一些问题，如检查速度慢，只能作为安全检查的第二级或第三级设备。如果行李中存有高原子序数的物质，此对应区域的射线衰减大，探测到的光子数太少，就会影响到相干散射峰值的形成。为避免出现被检物的漏检区域，被检物或探测器需要往复移动。如果多种物质重叠，在单元体积内会出现很多能谱峰值，只要其中含有某种违禁品的能量峰就会出现报警信号，特征量的探测会引起误探测。

六、便携式 X 射线探测设备

便携式 X 射线探测设备由于体积小、重量轻、操作灵活方便，广泛用于公共安全领域，进行邮包、信件、小件行李中隐藏的金属武器、爆炸物和毒品等违禁品的探测。

早期的便携式 X 射线探测设备一般是直接观察式的设备，工作原理和早期的医用胸透 X 射线设备相同。在整个检测过程中，射线需要连续照射被检物，荧光屏把 X 射线信号转换成光信号，摄像机再把光信号转换成视频信号，最终在显示器显示模拟图像。这种设备没有图像存储功能，射线发射时间长，检查剂量大，为了改进图像质量和减小剂量，有些设备使用了图像增强器，但由于图像增强器的尺寸以及价格问题，限制了设备的使用范围，这种设备主要用于人体小范围的检查。

在半导体存储器发明之后，便携式 X 射线探测设备增加了图像信息存储部件，X 射线源可在脉冲状态下工作，瞬间发射 X 射线，射线脉冲时间只有几毫秒，甚至几十微秒。在控制电路的控制下，摄像机和系统瞬间捕捉图像，并将模拟信号转换成数字信号进行存储。被存储信息在进行必要的处理后显示在显示器上，如边缘的补偿和校正等。这种设备的单次检查剂量大大降低，而图像质量有了较大的提高。

七、人体内外隐藏违禁品探测设备

目前，机场使用的快速通过的人体探测设备主要有金属探测器、线扫描透射式或点扫描背散射 X 射线设备、毫米波以及离子飘移人体探测设备。由于 X 射线检查设备和毫米波成像设备能生成并显示出比较清晰的、反映被检查人身体形状的图像，因此，检查过程或多或少会暴露个人隐私，目前采取的办法是用图像处理技术遮盖隐私部位，或用同性别的检查人员判读图像等办法予以解决，这类设备的检查速度虽然比安全门要慢，需要数秒钟，但成像直观，是检查人体携带危险品和违禁品的适用设备。

1. 通过式金属探测器以及手持金属探测器

通过式金属探测器主要用于对人体携带金属物品的探测，广泛用在机场和监狱等重要部门的安全检查，以及贵重金属生产部门。前者主要是检查枪支、弹药以及匕首等，而后者主要用来检查贵重金属的携带。这种设备使用简单，只要被检人员以正常速度穿过大门，如果其携带了金属物品，那么，设备就会自动报警，并能指示出金属物品隐藏在人体的部位（如图 8－21 所示）。

手持金属探测器主要是用于对人体的局部检查，其工作原理是使用磁谐振或核四极矩谐振探测金属物品。

图 8－21　通过式金属探测器及手持金属探测器示意图

2. 微剂量、线扫描、双能量 X 射线检查设备

传统的线扫描、双能量 X 射线探测技术为了使设备有较高的穿透力和分辨率，设备使用了一个较高能量的 X 射线源和小像素阵列探测器。借助设备的移动平台，被检人员通过设备检测区后，设备就完成了对被检人员的一次扫描检查。利用 X 射线对人体不同部位呈现出的不同衰减系数，以及体外、体内物体边缘的特殊轮廓特性，可以确定体内外是否藏有危险品、毒品或其他违禁品。利用计算机技术建立体内外携带危险品和违禁品数据库，并采用先进的图像处理技术，对人体透射图像进行特殊的图像处理，可有效地突出毒品及其他违禁品，使操作人员能够更好地辨别体内外携带的危险品和违禁品。

设备由射线源、阵列探测器、控制机柜（图像处理与控制单元、射线源控制器、计算机系统）、移动平台、操作台等部件组成。每分钟可对 5～6 人实施检查，设备占地面积小，检查剂量低。设备的外形以及人体透射 X 射线图像，如图 8－22 所示。

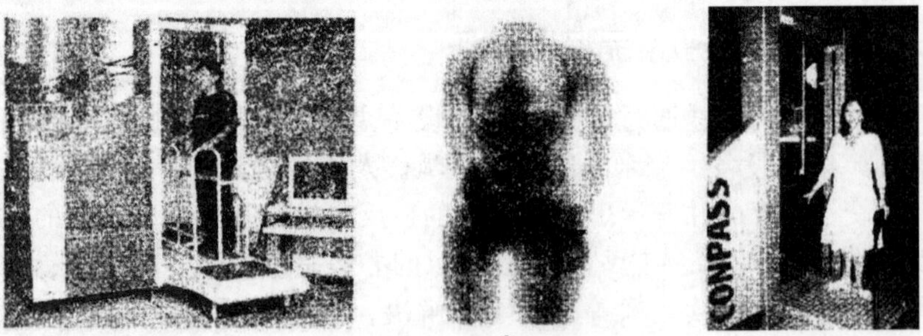

a　　b　　c

a．人体检查设备　　b. 透射图像　　c. 人体检查设备

图 8－22　X 射线透射人体检查设备

3. 背散射人体携带违禁品探测设备

设备利用了康普顿散射飞点扫描成像原理，即依据 X 射线和物质相互作用的康普顿散射效应，测量被检物靠近射线源一侧不同位置的散射射线强度，得到被测物质电子密度的信息。设备的图像系统重建了被检物的二维图像（如图 8－23 所示）。

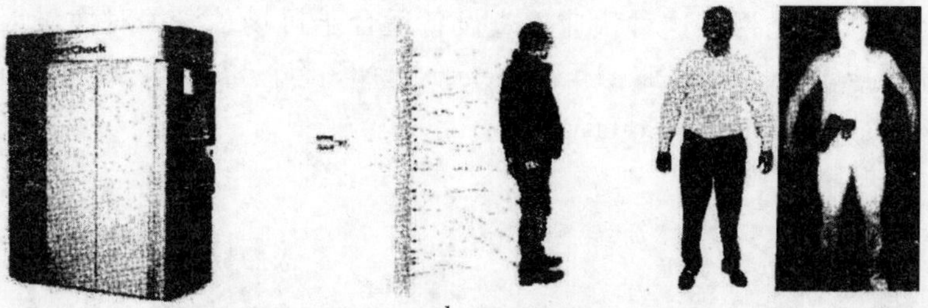

a　　　b　　　c

a. 设备外形图　　b. 设备工作原理示意图　　c. 人体背散射 X 射线图像

图 8－23　背散射 X 射线人体检查设备

系统工作时，被检人站立不动，在机械传送装置的帮助下，飞点 X 射线从上到下或从下到上扫描被检人，完成对整个人体的扫描，从而得到人体的散射图像，由于不同物质的散射强度不同，原子序数大的物质，如金属物品、手枪、匕首的散射信号弱，图像灰度低；原子序数小的物质，如炸药、毒品等有机物的散射强度大，图像较亮，这样就很容易探测出人体携带的危险物和违禁品。

背散射人体探测设备已开始用于机场、海关、边防和重要部门的安全检查，主要是用于体外携带违禁品的检查。机场和重要部门侧重于武器和危险品的检查，而海关、边防侧重于毒品的检查。

4. 毫米波人体探测设备

毫米波人体探测设备的微波装置发射毫米波对人体进行扫描检查。特殊设计的探测器提供了优良的灵敏度和分辨率。毫米波成像原理类似于红外线成像。不同的是毫米波可以穿透衣服，看到衣服里面隐藏的东西，揭示衣服里面隐藏的金属、陶瓷、塑料武器和刀具以及炸药、毒品等物。探测设备使用主动毫米波，人体反射低功率的无线电波，这种电波强度比手机使用的无线电波弱几千倍。探测设备使用全息三维成像技术，生成被检人体图像。此种设备无电离，是一种安全的设备图像（如图 8－24 所示）。

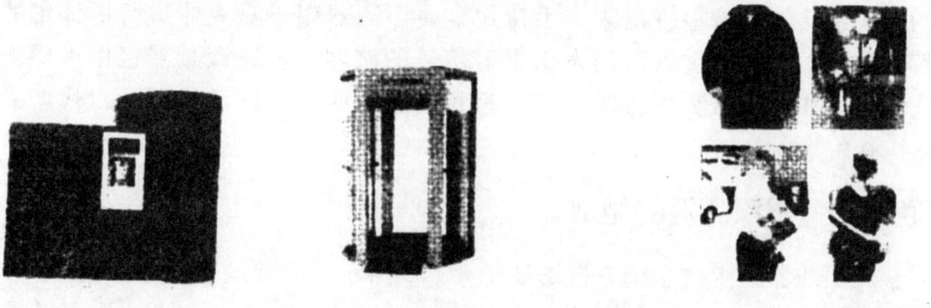

a. 设备外形图　　b. 设备外形图　　c. 图像（左为普通图像，右为毫米波图像）

图 8－24　毫米波人体探测设备

5. 通过式离子飘移人体检查设备

通过式离子飘移（质谱分析技术）人体检查设备可对被检人员从头到脚实施非接触检查，以探测人体携带的微量炸药和毒品等。当被检人员通过检测区域时，设备会发出一股风，吹掉藏在头发、人体、衣服、鞋子上的粒子，依靠重力以及向下的气流，粒子直接进入分析室（如图 8 - 25 所示）。设备可以检测多种炸药和毒品，而且在几秒钟的时间内就可以给出结果。这种快速检查设备适合于机场、海关对大量人员的检查，可探测的炸药包括 RDX、PETN、TNT、Semtex、NG 等，毒品包括 Cocaine、Heroin、PCP、THC、Methamphetamine、Ecstasy 等。

a　　b　　c

图 8 - 25　不同品牌的通过式离子飘移人体检查设备

项目三　通道式金属探测器

金属探测器已成为一种重要的安全检查设备，可以有效地检测出人体携带的枪支和匕首等金属武器。

由于金属探测器能够检查出具有一定量金属成分的物品，包括磁性材料和非磁性材料。这种金属探测器除广泛用于民航、港口、银行和监狱等安全检查外，还用于工业生产中，如木材加工、棉花加工、食品加工、防止贵重金属的丢失等。如美国的核工厂就装备有金属探测器；在我国的造币厂、卷烟厂等也使用金属探测器。此外，它在探测地下管道和勘探矿床资源方面也获得了广泛应用。

用于人体检查的金属探测器分为通道式和手持式两大类。通道式有立柱式、平板式和门框式等多种形式，通道式的金属探测器也称为安全门。当人通过安全门时，其随身携带的金属物品就会被检查出来。手持式金属探测器用于对人体进行更详细的局部检查，特别是针对那些经过安全门发出报警信号的旅客。金属探测器也用来探测地雷等金属物，通道式金属探测器技术的发展是相当迅速的，大约已经历了六代产品的更新。

一、通道式金属探测器的组成

通道式金属探测器的组成系统方框图如图 8 - 26 所示，主要的电子部件包括：

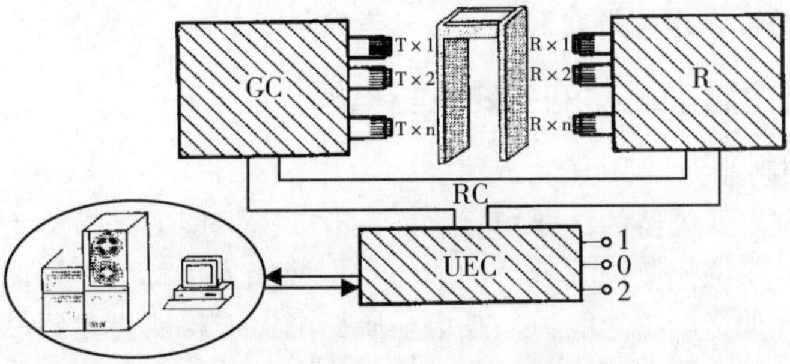

GC 可变磁场发生器　R 接受器　RC 通信网络　UEC 处理和控制单元

图 8－26　通道式金属探测器的组成系统方框图

（1）低压电源模块，为系统提供电子部件需要的各种直流电压。

（2）交流供电和稳压系统，以及电池供电，系统能自动切换。

（3）输出电路，包括指示、报警和遥控等。

（4）发射电路（TX），产生对金属物体敏感而对人和其他非金属物质免疫的可变电磁场。

（5）接收电路（RX），宽动态范围和低噪声的放大电路，放大了系统探测出的微弱差值信号。

（6）控制电路，完成接收的信号和阈值进行比较，提供可在任何可能的电磁环境干扰情况下工作的适用滤波器，有自诊断功能，显示和编程以及和外部单元的串行通信等功能。

（7）外部天线（发射和接收天线），指探测门的发射和接收侧板。

二、通道式金属探测器（或称探测门）的技术术语

（1）探测区。探测门人行通道内的空间范围。

（2）探测平面。探测区内一个虚拟的平面，垂直于人行通过方向，如图 8－27 所示的平面 ABCD，Y 方向为被检人通过的方向。

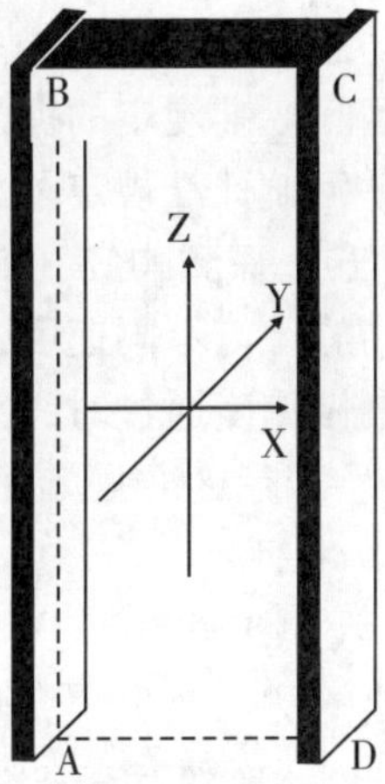

图 8－27　探测区和探测平面

（3）报警。当超过限定量的金属物体穿过时，探测门用指定的显示或声音发出报警信号。

（4）漏报警。当应该报警的金属物体穿过时，探测门没有报警。

（5）误报警。尚未进行检测或不应报警的各类物体穿过时，探测门却错误地报警。

（6）测试物。用来检验探测门性能的特制金属物体，分为大、中、小尺寸的报警测试物和不报警测试物。

（7）检测等级。用于描述探测门对金属物体的检测能力，国际标准将其分为 A、B、C 三级。

（8）标准测试人。身高 1.55～1.85 米，体重 50～90 千克，不携带任何金属或导电物，体内也没有任何金属嵌入物的人。

（9）检测位置。在探测平面上选定的一些检测位点。

三、通道式金属探测器的主要性能指标

（一）系统识别能力

识别能力是金属探测器的重要指标之一，有效探测能力是指给定测试物品通过通道内的任何位置，系统探测识别物品的能力。探测能力也称为识别能力，就是金属探测器区分武器和其他金属物的能力，是指金属探测器能检测出达到足以构成武器的金属，而忽略较小金属物品（指人体携带的饰物）的能力，也是指系统区别金属和人体及其他物品的能力。在机场应用中，金属探测器能可靠地检测出武器，同时对人体携带的各种小金属物品，如皮带扣，但拉链、眼镜和手表等不产生报警信号。

（二）系统探测均匀性

系统探测均匀性是指在整个探测区域内，系统对同一个给定测试物品探测的一致性程度。这个参数和探测器内部磁场的线性有关，设备通过使用多个线圈来保证磁场的线性。线圈的排列也必须考虑两个重要因素：①为了得到最佳探测，系统产生的磁场必须是均匀的；②系统对来自周围环境的电磁干扰有最小的敏感度。

以上两个限制因素是互相制约的，要得到均匀的磁场，线圈需要设计成大回路，这使得系统对外部干扰的抑制性降低；高干扰抑制性线圈的排列，又会使磁场的均匀性变差。

侧板宽可改进水平方向的磁场均匀度，增加绕组并进行特别的排列，可改进垂直方向的磁场均匀度。

（三）噪声抑制能力

指的是系统排除或忽略外界电磁和机械噪声干扰的能力，也就是指系统对不同使用环境的适应性。

（四）探测灵敏度

指的是系统探测金属物体的敏感度，对于不同的使用需求，系统的灵敏度可在较宽的动态范围内改变，系统有多个可供设置和选择的灵敏度范围。

国际标准规定的探测灵敏度范围应能从低到高方便地调节，并至少覆盖一个检测等级，民航标准规定了高灵敏度和低灵敏度的测试。

（五）探测响应（或通行速度）

指旅客以不同速度通过金属探测门时系统自动作出的反应。最重要的是旅客以最快和最慢速度通过时，系统都应作出响应。有的系统穿越速度的范围可达到 0.15～15 米/秒。国际标准规定的通行速度范围应不小于 0.4 米/秒，民航标准规定的范围为 0.1～8 米/秒。

（六）工作频率

指探测门产生交变磁场所施加的脉冲信号的频率。

（七）报警方式

系统可产生可视报警和声音报警。

（八）其他性能指标

（1）可调性。指系统可使用的发射通道和接收灵敏度的范围。

（2）安全性。指系统的磁场发射的磁场强度很弱，对各种被检查人员的健康没有

影响，特别是对于使用心脏起搏器和体弱的病人。

（3）同步性。指多台金属探测门在给定的有限区域内，相互距离为5厘米时，互不干扰，达到同步工作的程度。

（4）供电的灵活性。指系统可使用的、宽范围的输入电压。

（5）设置和校准。根据周围环境的不同，系统可选择设置不同的探测灵敏度并自动完成校准。

（6）可维护性。指系统的自诊断功能，能对系统的故障给出提示。

四、影响通道式金属探测器探测的主要因素

（一）通道式金属探测器本身的特征

探测场的场强、探测方法（连续场与脉冲场）和工作频率是影响探测的重要因素。对连续波金属探测器来说，频率越高，探测灵敏度就越高。频率的提高增加了误报警的可能性。造成这种情况的主要原因是集肤效应，频率越高，集肤深度越小，有更多的场能变成了涡流，从而引起更大的场损失。对于脉冲场金属探测器，改变脉冲速率与连续波金属探测器改变频率的情况相类似。脉冲场金属探测器还可以通过改变脉冲待续时间和发射机电流断开与接收机打开之间的延迟时间得到较好的探测效果。

无论是连续波还是脉冲波金属探测器，其探测能力都与导体内产生的涡流大小有关。因此，决定涡流大小的因素是影响探测器的主要因素。

（二）测试物的特征

1. 测试物的质量和形状

不同种类的金属或不同成分的合金或测试物进入探测场方式的不同都会影响探测效果。两个材料相同、质量不同的金属球，一个是实心的，一个是空心的，当通过金属探测器时，响应是一样的。若这两个球的形状大小一样，只是质量不同，如果空心球的壁厚大于5倍的集肤深度，以同样的条件进入探测场，产生的涡流基本相同。如果空心球的壁厚小于5倍的集肤深度，金属探测器的响应就会有差别。这说明，测试物的大小比其质量对探测器的影响更大。

另外，具有相同质量但形状不同的物体，通过探测器的结果也不一样。用两块厚度和面积相同的铝板做试验，一块是边长为3英寸的正方形，另一块是1英寸×9英寸的矩形，分别以相同的方式进入探测区。发现正方形铝板产生的响应大于矩形的。这是因为正方形铝板与矩形铝板包围磁力线的面积相等，产生的感应电压相等，但前者的周长小于后者的周长，因而，电阻小、涡流大。在表面积相同的情况下，具有较小周长的物体产生的涡流较大，也最容易被探测到。

2. 测试物的材料特性

由于金属和合金的种类很多，电磁特性和导电特性也不尽相同。实践证明，在导电率相同的情况下，铁磁金属比非铁磁金属容易被探测到，而导电率很高的非铁磁金属比导电率很低的铁磁金属容易被探测到。

3. 探测方向

当一个非球形的物体，如薄板形的铝板，以不同的方位通过探测器时，探测响应是不同的，铝板的大平面与磁场方向垂直时比其沿磁场方向切割时会产生更大的涡流。

（三）有关测试者的因素

测试者通过金属探测器的速度以及测试物在测试者身上的部位的不同都会对探测结果带来影响。一般说来，测试物通过探测器速度过快或过慢都会影响探测效果，现代金属探测器对以正常速度通过探测器的被探测物有很好的探测结果，因为那种极慢的挪动或飞奔而过的动作会受到安检人员的制止。由于任何一个金属探测器在整个探测区内都不可能提供一个绝对一致的探测灵敏度，所以当同一个测试物通过探测区不同部位时，探测结果可能是有差别的，但以最低灵敏度为设置标准，可以解决因整个探测区灵敏度不一致导致漏报的问题。

（四）周围环境的影响

在使用环境中，存在一些金属构件，如金属家具、旅客携带的大件金属物品等会随时发生变化，因而对背景噪声和探测灵敏度都会产生影响。此外，环境温度和周围电磁场的变化也会影响探测器的性能。探测场的强度是重要的影响因素，有关金属探测器的标准对其强度的大小已有严格的限制。

五、产生误报警的原因分析

引起通道式金属探测器误报警的原因有很多，如旅客身上携带的金属装饰物和其他零星装饰物超过设置的上限值，通道附近有移动的大型金属物，各种原因引起的震动或摆动的金属部件，雷达、收发信机等发射的强电磁场，通道式金属探测器供电线路上的波动，电网中的各种噪声，天气变化以及通道式金属探测器之间的相互干扰等，都可能引起误报警。

项目四　手持金属探测器

手持金属探测器广泛用于机场、港口、海关、铁路、监狱、重要出入口及各类公共场所、大型活动的安全检查，它能快速准确地检查人体和小件包裹中是否含有不允许携带的各种金属武器及贵重金属，是防止犯罪必要而理想的器材。

手持金属探测器使用对人体无害的微弱低频电磁场，长期工作对人体无任何伤害，对被测物中的胶卷及磁性物质（磁带、信用卡、磁盘等）无任何不良影响。

手持金属探测器的工作原理和金属探测门的基本相同，都是仪器本身建立了一个平衡的电磁场。当有金属物品接近时，就破坏了磁场的平衡，电磁场参数发生变化，导致探测场发生变化而引起探测器本身频率、相位和幅度的变化，检测出这些相应的变化量以用于报警信号。

手持金属探测器分为外差式、相位变化式和幅度变化式。外差式受外界因素影响较大，稳定性和灵敏度都不理想，操作使用也较麻烦。而后两者克服了外差式的不足，能适应各种条件下的环境，而且本身也具有自平衡的功能，操作极为方便。

相位变化式手持金属探测器在接触到金属物品时，相位发生了变化，利用相位检测技术，检测出相位的变化量作为报警电路的驱动信号。相位检测的核心就是相敏检波电路，其需要两路信号，一路是探测信号，二路是参考信号。根据两者之间的变化量，相敏检波电路输出一个相应的直流信号，作为报警驱动信号。

相位变化式手持金属探测器一般是由振荡器、待测信号放大器、相敏检波器、比较放大器和报警信号发生器组成的。振荡器产生恒定正弦波电压，形成探测场，同时也作为相敏检波器的参考信号。待测信号放大器把由振荡器次极耦合来的微弱信号放大后，送到相敏检波器上，相敏检波器的输出送往比较放大器以驱动报警信号电路。无金属物进入探测区域时，待测信号和参考信号的相位保持在特定值上，此时相敏检波器的输出无法驱动比较放大器，故不会产生报警信号。当有金属进入探测区域时，待测信号和参考信号之间的特定相位关系受到破坏，于是相敏检波器将变化的输出信号，经比较放大后驱动报警电路。

幅度变化式手持金属探测器的电路比较简单，是由振荡器、幅度检波器、比较级和报警驱动电路组成的。振荡器产生恒定正弦波电压，形成探测场。当有金属进入探测区域时，造成回路损耗增加，引起振荡器振荡幅度下降，幅度检波器检测出这一变化量作为报警信号。无金属物进入探测场时，振荡器振荡幅度不会改变，检波器的输出信号无法驱动报警电路。几种不同形状的手持金属探测器如图 8－28 和图 8－29 所示。

图 8－28　手持金属探测器

图 8－29　地雷探测器

项目五　气相色谱探测技术

气相色谱探测技术，就是用气相色谱法对爆炸物品进行探测的技术。气相色谱法，又称为气体色谱法、气相层析法，是以气体作为流动相的色谱法。

常见的设备有气相色谱仪、质谱仪、等离子色谱仪、电子俘获检测器等。根据仪器的使用目的不同，可分为分析用气相色谱仪、制备用气相色谱仪和工艺过程控制监测用气相色谱仪三大类。但无论哪一类色谱仪，其组成都大体相同，总是包括五大基本部分（如图 8－30 所示）。

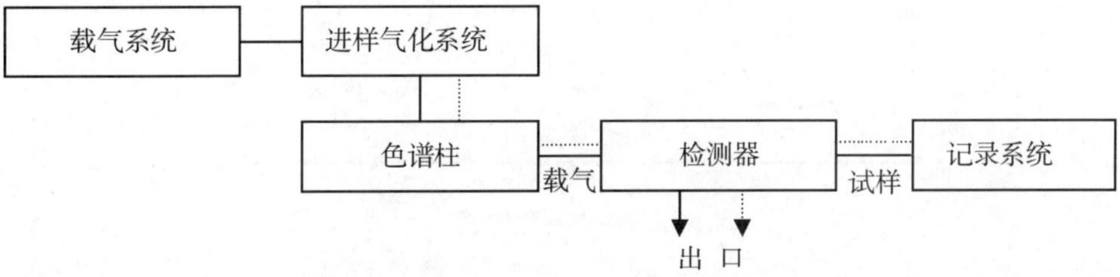

图 8－30　气相色谱仪基本组成示意图

（1）载气系统。要求提供纯净、稳定、能被计量的载气。载气携带试样通过色谱柱，载气在柱内形成压力梯度，压力与压力梯度是试样在柱内运行的动力，一般由气源钢瓶、减压阀和流量计等组成。

（2）进样气化系统。起到引入试样与使试样瞬间气化的作用。

（3）色谱柱。是实现试样色谱分离的场所。由色谱柱管、柱内填充物等组成。

（4）检测器。对已被分离的组分别进行鉴定与测量。

（5）记录系统。记录由检测器产生的信号，以便对试样进行定性、定量分析工作。

下面以热导检测器为例，说明如何使试样进入仪器系统，进入检测器转变成电信号的原理如图 8－31 所示。

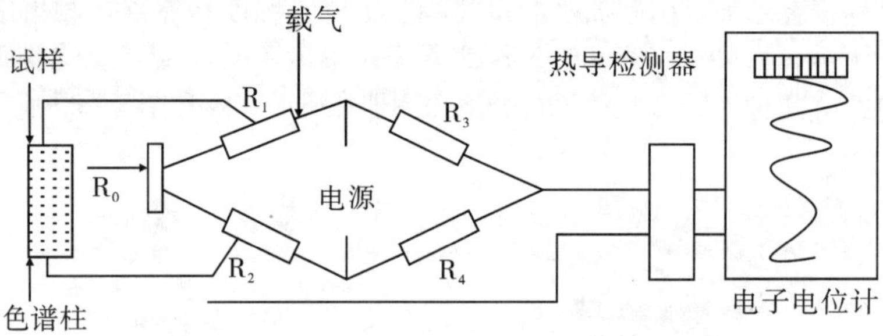

图 8－31　色谱仪原理示意图

由图 8－31 可见，在试样加入色谱柱之前，使柱内不断通过载气（N_2）并通过向热导检测器中的池槽（图 8－31 中的 R_1、R_2），这两个池槽内装有两根通电钨丝，并与其他两个匹配固定电阻（R_3、R_4）构成电桥。调节可变电阻 R_0 使电桥两端输出电压为零。此时仪器稳定，从记录仪上得到的电压随时间变化的曲线（又称基线）为直线。此时，使试样进入色谱柱，从柱后流出的各组分蒸气进入池槽内，由于组分蒸气的导热性与载体的导热性不同，使得池槽内钨丝的温度发生变化，从而引起池槽内金属丝的电阻值发生变化。阻值变化必然会引起电桥两端输出电压的变化，反映到记录仪上就出现电压（信号）随时间变化的曲线——色谱图，典型的色谱图如图 8－32 所示。

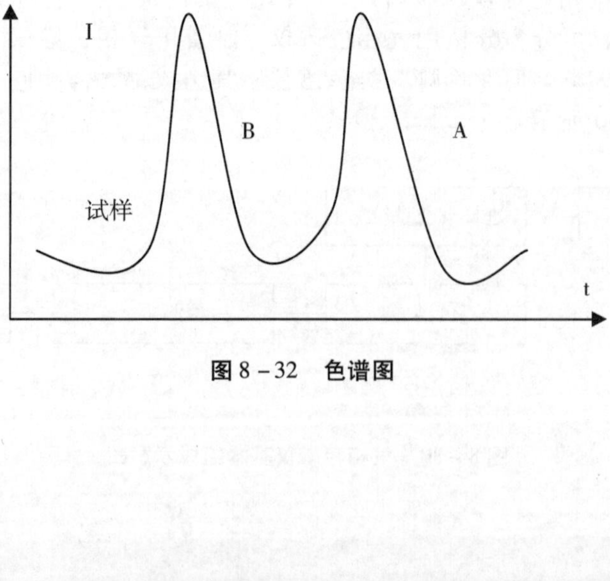

图 8－32　色谱图

根据气相层析技术原理可制成各种检测仪器对爆炸物进行检测，目前常见的有热导检测器、氢焰离子化检测器、电子捕获检测器、火焰光度检测器等，这些检测器可分析爆炸物品的性质。

项目六　热中子探测技术

一、热中子探测器

英国 CDSE 公司制造了 L31AI 型热中子炸药探测器。它是利用热中子源，通过对被检物的透射，分析炸药与其包装材料不同的含氢量来检测炸药。对大量使用的民用炸药——硝铵炸药有很好的灵敏度，而这种无机盐类炸药是一般有机分析仪器所不能解决的。

二、热中子活化探测器

热中子活化探测器是利用炸药中的 ^{14}N 原子俘获一个中子成为激活态 ^{15}N 原子时，会放射 γ 射线，而 γ 射线可用塑料闪烁探测器检出的原理制成，巴特柯研制的以及美国威斯豪公司制造的热中子炸药探测器都属于这类产品。

值得注意的是，热中子活化分析技术设备庞大笨重、检查时间长、价格昂贵，并且存在由于改变物质特性所带来的一系列后遗症。

项目七　蒸气探测技术

一、蒸气炸药探测器

该探测器是近年最新研制出来的，典型的有 PD4C 型蒸气炸药探测仪，整套仪器一体化，体积仅 337×67×50 立方厘米，重 750 克，可放在公文包内，一只手独立操作，开机预热 10 秒钟后，发出低频声，同时从喷嘴吸入采样空气，当采用空气中的炸药蒸气含量体积达十亿分之一时，仪器即发出高频呼声报警，能方便地检测出人体与物质中所藏的爆炸物。

二、快速自动检测器

此设备呈矩形，2 米高，面板是一层吸收气体的网络，当人通过时，人体周围的空气被吸入网络后的气体分析系统，并被快速分析，3 秒钟后即可作出反应，如吸入空气中含有炸药蒸气，仪器就会发出声/光的报警信号。

三、化学发光技术

通过化学反应方法发出的可见光来检测炸药蒸气的存在，如硝基、亚硝基和硝酸酯类的炸药蒸气可热分解产生氧化氮，与臭氧反应，可发出蓝绿色可见光。

项目八　其他探测技术

一、核磁共振探测技术

在不同物质的分子结构中，其氢核具有不同的共振特性，这种核磁共振信号强度与物质的含氢量成正比，因此，可利用核磁共振技术来区别炸药和非炸药。美国西南研究所研制了三种不同用途的试验性设备，可探测埋于地下、藏于信件或邮包中的炸药。

二、生物检测法

警犬具有灵敏的嗅觉和听觉，鼠类对炸药有灵敏反应，有的昆虫遇到炸药会发光，有的昆虫遇到炸药会大量非正常死亡，有的微生物在炸药周围其光强会发生变化。因此，近年来，人们利用一些动物和其他生物的感觉灵敏性来进行炸药探测，创造了生物检测炸药的一些方法。

项目九　排爆工作

一、排爆现场的组织指挥

爆炸装置一经发现，就要立即进行处置。为了使爆炸装置的处置工作顺利进行，应设置精干的现场指挥人员，精心组织、科学指挥、保证安全、顺利地完成爆炸装置的处置工作，处置工作的组织与指挥包括以下内容：

（一）划定安全范围

要根据爆炸装置的体积、所处位置以及周围的环境来划定安全范围。一般情况下，安全距离半径不应小于100米，即以爆炸物为中心，以100米为半径，确定危险区。如果爆炸物较大，或爆炸物附近有较硬物品、易燃易爆物品等，划定的危险区范围还应更大一些，可扩至半径200米为危险区。有时还可以根据需要设置两层安全圈，第一层为工作圈；第二层为封锁圈。

（二）组织撤离

在划定安全范围的同时，应尽快组织危险区范围内的人员疏散撤离现场，不准在附近逗留。撤离时，行走路线应尽可能远离爆炸装置，特别要组织好危险区范围内老、弱、病、残者的撤离。组织撤离的工作人员既要沉着冷静，又要果断迅速，同时不要给撤离人员造成过重的心理负担和精神压力。

（三）划出警戒

工作人员进入现场后，应尽快划出警戒，无关人员不得留在现场；封锁交通路口，警戒线内不准吸烟、明火，必要时可切断电源、水源、关掉煤气管道；如怀疑爆炸物可能使用无线遥控装置，在现场附近不要使用对讲机（包括车台）。

（四）明确分工

现场工作人员不宜太多，有关人员要明确分工，做到定范围、定任务、定要求，各负其责，互相协调。

（五）准备救护与消防

安排医护人员到场，以备发生伤亡之后的救护；安排消防人员到场，以备爆炸起火而进行扑救。

（六）组织调查

安排有关人员进行走访调查，了解与爆炸装置有关的情况，爆炸物周围情况，可疑人员情况等，为制订处置方案和侦破案件提供有价值的线索。

（七）制订方案

指挥人员要头脑清醒，不要让没有经过训练和不具备专门技能的人员排爆，不要轻易表态，不要同意或默许愚蠢的英雄主义行为发生，必须与亲身处理爆炸物的人员充分合作。处置方法应经过充分讨论，只要时间允许，要让较多的人发表意见。在制订方案时，要始终贯彻“人是最宝贵”的思想，能不用人时，尽可能不用人，并考虑以下几个问题：

（1）爆炸装置是否需要保留回收。

（2）是否必须采用人工排除方式。

（3）是否可远距离排除。

（4）如果引爆，其危害可能有多大。

（5）是否需要外请专家和技术人员。

（6）在可移动的情况下，尽量移至安全地带处理。

（7）不可移动的，在拆除之前应将附近贵重物品转移到安全地带，对不便移动的应进行遮挡、防护，一旦发生爆炸则可减少损失。在制订各种方案时，应有应急措施。

（八）实施方案

方案制订好后，应由经过组织培训的、有经验的、有技术的排爆人员实施。直接处置爆炸物的人员不宜过多，一般以1~2人为好。两个人中，应确定第一排爆手和第二排爆手。主要操作由第一排爆手进行，第二排爆手协助。在方案实施过程中，不论职务高低，一切由第一排爆手说了算。各级人员都要把所有信息和看法提供给第一排爆手，由第一排爆手根据具体情况作出判断。在排爆过程中因指挥不利造成伤亡的事件，在国内外均有发生。第一排爆手有权拒绝不切合实际的指挥。

（九）安全转移

在转运爆炸装置时，应避开密集型人群和重要建筑物，避开有易燃易爆物品的地方。转运途中不能停留，以最短的距离、最少的时间、最安全的方式到达目的地。绝不能把城外的运到城内来，把室外的运到室内来研究或处置。

（十）爆炸后的处置

爆炸物一旦爆炸，应注意保护现场。先不要忙于让物证提取人员入场，应抓紧时间抢救伤员，同时应立即对现场进行搜查，检查是否还有其他爆炸装置。

二、排除爆炸装置的基本程序

排爆是一项细致、复杂、危险性高的工作，只有按照一定的程序，才能有条不紊、紧张有序地完成这项工作。

（一）排爆前的准备工作

1. 预侦查

排爆人员到达现场后，首先要进行预侦查。预侦查的主要任务是查清以下情况：

（1）爆炸装置设置的具体位置、放置的方法和有无支承物。

（2）爆炸装置的外形、体积、外包装材料和爆炸装置的外表有无连线。

（3）爆炸装置的周围环境及发生爆炸后可能波及的范围和造成的损失。

（4）排爆机器人能否进入现场及其驶入的路线。

（5）可能发生的险情和需要采取的安全措施。

2. 现场固定

现场固定就是用照相、录像和笔录的方式，对现场进行固定和记录。

3. 现场清理

排爆人员应对爆炸装置周围的物品进行初步清理，以防其他物品妨碍排爆工作的进行。

（1）清理爆炸装置周围无关的物品，如车辆和金属物品等。

（2）清理爆炸装置周围易燃易爆的物品，如汽油和煤气罐等。

（3）清理出排爆人员快速撤离的路线以及爆炸物转运的路线。

（4）在爆炸装置周围准备好可掩护排爆人员身体的掩体。

4. 拟订排除方案

方案的主要内容应包括：编制排爆作业规程；设计操作程序；所需工具、装备和防护器材；具体实施方法；作业人员的分工及职责；险情的紧急处置措施；注意事项等。

5. 准备执行排爆

在排爆方案经讨论确定后，排爆手应穿戴好防护服和防护用具，准备好排爆工具，确定好联络方式，等待进入排爆中心的命令。

（二）排爆工作的实施

1. 预处理

通过预侦查后，为进一步查清爆炸装置的设置情况，可通过预处理爆炸物，为排爆工作提供直接的安全保证。预处理要判断爆炸物能否触动和移动，可在远处用绳索拉动，使其改变位置、状态，如果不发生爆炸，则认为是可以移动的；对于较小的爆炸装置，也可以借助于防爆挡板、防爆盾牌的防护，用带钩子的长杆去触动或拉动爆炸物。经过预处理后确认可以触动和转移的爆炸装置，才能将其转移。

2. 爆炸装置的临时转移

在市区和城镇等人员稠密地区和重要场所发现可以转移的爆炸装置，在没有专用储运设备时，可将爆炸装置临时转移到洞穴、深沟、枯井或窑坑内，以及附近其他空旷场地，将突然发生爆炸时的损失尽可能地减少。但必须远离供热、供气、通信、电力、输油等管线，同时还要考虑到便于提取和运送。

3. 人工解体

经过检查后确认爆炸装置可以进行人工解体时，必须依照以下程序进行：

（1）取证，提取爆炸装置表面的痕迹和其他物证。

（2）外观检查，发现有碍解体的可疑物和有价值的物品。

（3）用仪器探测或化学喷显，以便认定炸药种类。

（4）透视和拍摄 X 照片。

（5）分析爆炸装置的结构和发火顺序。

（6）设计解体实施步骤。

（7）实施解体。

（三）排爆后的工作

爆炸装置被排除后，排爆人员应协助侦查人员侦破该案，主要是提供爆炸犯罪痕迹物证，复原爆炸装置，为侦查人员提供线索。

三、排除爆炸装置的基本方法

排除爆炸装置，要针对爆炸装置的性质、特点以及周围环境的情况，选用切实可行的排爆方法。这些方法应当由专职排爆人员进行，其他人员不得轻举妄动，以免发生爆炸，造成人员伤亡和物资损毁。

（一）固定法

有些爆炸装置可以加入石膏水、糖浆和黏稠油等来固定其内部的活动部分或可活动部分，如倾斜式、机械定时式等都可采用这种方法加以固定，然后再进行排除。

（二）溶解法

利用某些炸药遇到某些溶剂能够与其相互作用，失去爆炸性质这一原理，将溶剂注入爆炸装置，使爆炸装置失去爆炸能力。如黑火药、自制炸药等遇水失去爆炸性能；TNT、RDX、硝铵、太安等遇有机溶剂丙酮失去爆炸性能等。利用此法排除爆炸装置必须首先准确判明爆炸装置内为何种炸药，否则不能使用此法。

（三）冷却法

在爆炸装置内贮入液氮，或将整个爆炸装置置入液氮中，液氮在常压下为 -196℃，这样的低温通常会使电池失效、机件失灵、炸药失去爆炸性能，从而破坏爆炸装置，避免发生爆炸。

（四）分离法

分离法就是设法将雷管与炸药分离，火雷管与导火索分离，电雷管与电源分离等，使爆炸装置不能引爆。

（五）盛装法

盛装法是将爆炸装置置入防爆箱、防爆罐内。这种箱、罐可安全地承受一定量炸药的爆炸作用。

（六）掩盖法

掩盖法是用防爆毯盖住爆炸装置。这种防爆毯能够屏蔽或减少爆炸破坏作用。

（七）切断法

切断法是指切断电雷管电路。使用这种方法需注意爆炸装置是否是防断路型，如果是则不宜使用此方法。

（八）销毁法

销毁法可分为两种，一种是现场条件允许，可将其引爆销毁；另一种是现场条件不允许，可用水枪法等进行销毁。所谓水枪法就是使用专门销毁爆炸装置的水枪，用高压水为弹头，其速度高达400米/秒，可击毁爆炸装置，且不发生爆炸。

（九）机器人法

机器人法是指使用机器人销毁或转移爆炸装置。

（十）转移法

转移法是指根据情况，将爆炸装置移至安全地带，予以销毁。

以上介绍的为排除爆炸装置的几种基本方法，实际工作中究竟选用何种方法，应视具体情况而定。但是无论采用什么方法销毁爆炸物品，都有一定的危险性。因此，在销毁爆炸物品时，必须作充分的研究，周密的考虑，既果断又谨慎，持“英雄主义”态度或犹豫不决的作风均是不可取的。

四、排除爆炸装置的注意事项

（一）人工排除时的注意事项

为了确保排爆人员的安全，在进行人工排除时必须注意以下事项：

（1）必须由专业排爆技术人员操作，并有可靠的人体防护用具。

（2）必须查清爆炸装置的基本结构和发火方式。

（3）要有可靠的医疗救护保证，以便抢救排爆人员。

（4）切勿将遥控炸弹误认为定时炸弹，严防设置者在排爆人员作业时将炸弹起爆。

（5）排爆现场只允许设一个指挥员，而且必须是懂专业的官员，指挥员要对排爆作业全权负责。

（6）排爆人员要严守操作规程，并按照现场专业指挥员设计的程序和命令操作，在任何情况下，排爆人员都不要受非专业人员的干扰。

（7）采取有效的防护措施，有可能转移的爆炸装置，也可临时构筑排爆坑，在坑内排除。

（8）检查爆炸装置时，不要轻易触动起爆装置，必须查清起爆装置的发火方式，才能确定处置方式。

（9）处理带有外包装的爆炸装置时，切忌直接打开，或将捆绑物直接解开，防止拉发、松发起爆装置发火。

（10）发现爆炸装置带有导线、绳、带等与其他物体相连时，要在查清与爆炸装置的相互关系后，才能决定能否剪断或解开。

（11）有的爆炸装置还设有附属装置，即在同一组合体内有两个或两个以上的单独爆炸体或起爆系统，也有的爆炸装置的起爆系统和炸药不在同一组合体内，排除时应注意发现。

（二）综合提示

根据排爆作业实践中经常遇到的主要问题进行总结，综合提示如下：

（1）排爆工作要由持有公安部颁发的排爆专业证书的人员进行。

（2）具体排爆时，应最大限度地减少直接操作人员，能用一人，就绝对不用两人。

（3）排爆作业人员在操作时，要在作业过程中随时将手直接触摸地面或其他接地导体，以导出自身的静电。

（4）排爆人员尽量不穿化纤和羽绒制品的衣物，穿戴的专用防护装具也要考虑带有接地装置，以防静电积累。

（5）排爆作业现场和存放爆炸物品的场所，要考虑防止感应电流、射频电流的入侵。

（6）作业时要考虑防止带有毒剂和化学液的爆炸装置中的毒剂泄露和化学液喷溅。

（7）排爆作业人员要配带小型录音机，对操作方法、步骤和现场工作情况及所见随时录音，以便事后留作资料。

（8）不要对某个物体进行猜测和假定，必须是有根据地、科学地和实事求是地分析。

（9）不要做出愚蠢的行为，既要有英勇果断的革命精神，又要有实事求是的科学态度。

（10）不要轻易相信可疑物品上的标志和说明。

（11）对可疑物品上的反动字句、淫秽物品及贵重的附加物，不要轻易撕动，防止诱人发生误操作。

（12）不要轻易相信定时爆炸装置上所指示的时间。

（13）不要只根据爆炸装置的外形尺寸判断其威力，因为体积大的爆炸装置所装炸药不一定多，体积小的爆炸装置所装炸药不一定少，爆炸威力的大小决定于炸药量及其品种和质量。

（14）不要企图用常规的方法开启盒、筒、罐、箱袋和包等。

（15）不要轻易断开或解开物体上的绳和带。

（16）排除爆炸装置前，要先在远距离将其振动、拉动或移位后，再近前作业，以防爆炸装置有反能动起爆装置。

（17）可疑物品无人翻动前，不要轻易触动。

（18）尽量不使用一般的工具作业，宜选用防磁、不发火和不导电的工具。

（19）不要在同一部车上运送爆炸装置和可疑物品。

（20）起爆装置和炸药不能混在一起装运，如用车运输时，要将起爆装置单独装在保险箱内，与炸药隔离。

（21）运输爆炸物品的车辆不能搭乘无关人员。

（22）不要在存有易燃易爆、有毒、放射性物品的场所和供电、供气、石油等重要管线附近存放爆炸物品。

（23）不要把排除爆炸装置的方法和案情告诉无关人员，以防泄密。

项目十　防爆安全检查设备的选择

防爆安全检查是安全防范系统的一个重要组成部分，在系统的设计与评估工作中，首先要明确检查任务的性质及对象，并在此基础上考察设备的选型、组合以及数量、场地和工作环境等因素。不同的检查任务要求检查出违禁物品的重点是不一样的，比如在监狱的检查中，重点是各类刀具。在贵金属加工厂的检查中，重点在于体积较小的原材料及成品。在大型体育比赛的检查中，还需要查出各种软硬包装的饮料，以及裁判员使用的哨子等。在民航安检中，针对交运行李以及货物的检查重点是各类爆炸物品；针对随身物品检查的重点则十分广泛。不同的检查对象对于设备在检测过程中释放物理能量的形式、剂量以及显示的形式等也有各自的要求，检查人体时，一方面通常首选没有伤害作用的低能电磁场探测设备，另一方面成像显示的设备在检查人体时往往会遇到可接受性的困难。在检查各种物品时，使用的能量以及物理过程不同，得到被检物质的信息也不同，从而影响到检查效果。

适于检查人员的设备包括金属探测设备、离子飘移质谱分析炸药探测设备、毫米波成像设备和微剂量 X 射线设备等。目前，金属探测设备是国内检查人员的首选设备，其中以安全门加手持金属探测器为最常见的配置。安全门具有灵敏度高、检查效率高、成本低的特点，配合手持金属探测器对可疑人物和重点部位的复检，可实现较好的检查效果与流量。这类设备的缺点是不能对非金属物品产生报警，但通过对被检查人员的要求，以及检查人员细致的观察、巧妙的手法配合，仍然可以检测出体积稍大的非金属物品。毫米波成像设备以及微剂量的背散射 X 射线检查设备可以实现对非金属物品的检查。毫米波成像设备有多种不同的外形，使用毫米波穿透衣物，探测人体表面不同物质对微波的反射信号，可以反映出金属和非金属物体的轮廓。这类设备不便于推广使用的一个重要因素在于，它可以比较清晰地反映出被检查人的身体形状，因此，检查的过程也是一个或多或少地暴露个人隐私的过程，目前采取的办法是采用图像处理技术遮盖隐私部位，以及由同性别的检查人员判读图像等办法予以解决，这类设备的检查速度比安全门要慢，需要数秒钟，但便于迅速地决定放行或有针对性地进行复检，总体的速度未必比安全门加手持金属探测器慢。X 射线人体检查设备使用剂量极低的射线进行检查，这类设备的推出得益于现代射线探测技术的进步，仅需要很低的剂量就可以得到满足需要的信号，因此，被检查人受到照射的剂量水平达到了可接受的程度。这类设备的主要特点是成像细致，其中背散射设备明显地涉及个人隐私的问题，目前解决的办法仍然以采用图像处理技术为主，但努力方向是以隐去人体形成的信号为主，仅将人体的轮廓显示出来，而对人体表面的附着物则给出清晰、完整的显示。

广泛用于第一级安全检查的设备是各种不同通道尺寸的 X 射线成像设备，主要探测隐藏在行李物品中的爆炸物以及危险物和违禁物。设备包括单能量、多能量、单视角、多视角以及 AT 机，主要通过人工判读图像识别其中的危险物和违禁物品。此类 X 射线检查设备是通过计算被检物品的有效原子序数去识别不同物质，虽然可以可靠地识别出有机物和无机物，但不能可靠地从有机物中识别出炸药，这些不能确定的图像信息被送到第二级安全检查系统。第二级安全检查使用的设备有 X 射线衍射设备以及 CT 设备。由于第二级设备通常可以得到被检物品的有效原子序数和密度信息，炸药和一般常见有机物相比具有密度大的特点，因此，可以从有机物中识别出炸药。

思考练习

1. 安全检查的目的和范围是什么？
2. 防爆安全检查的任务主要有哪些方面？
3. 防爆安全检查的一般方法是什么？
4. 脉冲式 X 射线检测系统相对于传统的 X 射线检查技术而言，进步在哪里？
5. 排除爆炸装置的基本方法有哪些？

6. 你认为在排除爆炸装置的注意事项中还有哪些应注意的问题？
7. 在制订排爆方案时，必须注意哪些问题？
8. 试辨析不同类型的金属武器探测器的优缺点。
9. 常见的炸药探测技术有哪几类？

学习单元九

实体防护

【原理部分】

【知识目标】

了解实体防护的基本组成

了解实体防护的发展

熟悉实体防护系统的功能

【能力目标】

具备根据不同的防护对象和实际需要，科学选择实体防护设备之能力

具备实体防护简单故障判断及排除之能力

【知识内容】

项目一　实体防护概述

一、实体防护的历史

在安全防范体系中，涉及三个重要的基本因素，即对目标进行警戒、报警和电视监控的电子系统，对入侵、抢劫和恐怖等犯罪行为进行人为干预的警卫系统，以及阻滞犯罪行为、有效延迟犯罪活动进展的实体防护系统。

实体防护装置远在电子技术出现之前就已经存在了，战争中使用的盔甲、挖的壕沟、建筑的城市围墙、中国的万里长城、住宅四周的栅栏、门闩、锁、陷阱等装置，都是人类为了生存和安全所采取的防护措施。

二、实体防护的作用不可取代

在电子技术高度发展的现代社会，在安全防范领域中，入侵报警和电视监控系统还不能取代实体防护这一古老系统达到同样的甚至是更高的防范效果，因为电视监控系统对入侵和抢劫等行为不能起到任何直接的阻挡和延迟作用。入侵报警和电视监控系统能起到的主要作用是准确识别事件是否发生并且及时传递、记录发生事件区域的相关信息。入侵报警、出入口识别和电视监控系统的技术发展方向是准确识别事件，记录相关情况，及时、可靠、高速地传递信息三大主要功能方面，以及如何提高其技术指标或开拓新的工作原理等原创技术方面。现在的安全防范工程主要为一个电子工程，但安防电子三系统不能具有的功能，恰恰就是实体防护的主要功能，可以说没有

实体防护的安防工程是一个不完整的、有安全隐患的工程。

三、实体防护前景远大

实体防护技术理论研究是客观存在的，在国外不仅有这个领域的专著，而且是国际原子能机构管理核设施安全的重要专业领域。核设施具备防范小股武装力量进攻的阻挡、延迟防护能力，实体设施的系统设备与装备是核设施安防工程的重要组成部分，国内关于这方面的设计经验和系统的设计规范还很缺乏。我国的高等院校还没有关于安全防范领域实体防护这方面的专业，其实际应用也处于初期水平。

阻挡、延迟和保护是实体防护系统的三大功能，它们构成了安全防范体系中的一个重要技术领域。实体防护装置组成的防入侵系统，防暴力破坏、攻击系统，防爆炸冲击系统，防止骚乱阻挡系统，在安全防范系统工程中与报警、监控、出入控制等电子系统具体结合，形成了一个完整的安全防范系统工程。

项目二　实体设计

一、实体设计知识介绍

实体设计就是在入侵者的入侵路径上设置实体防护装置，阻滞其前进的速度，达到依据风险程度提出的延迟时间的要求，在一定时间内保护防护目标安全的一种技术设计。实体设计就是实体防护与安防电子的具体结合，改变电子工程中的报警、视频监控、出入控制方面的具体安排，与报警系统紧密结合以实现更好的防范效果并强化系统的安全性。实体装置是各种探测器、摄像机、出入控制器的安装平台，同时也为这些电子器材提供了物理保护。现阶段的安防工程设计方案，主要集中描述与电子工程有关的报警、视频监控、出入控制方面的内容，大多数方案没有实体设计的具体内容，而安防工程标准中对延迟时间的要求也是十分明确的，但如何落实延迟时间，实际上处于空白状态。

二、实体设计原则

（一）延迟前要先探测

为了在可预见的位置援助被入侵目标，截击入侵者，在实体障碍直接面对入侵者之前，探测器应能探测到入侵者的行动，入侵探测系统与实体防护系统之间有机的整体联系有利于提高防范效果。可移动的实体障碍往往是在探测到敌情之后采取的加强措施，是一种主动、灵活的防范行为。入侵探测系统、电视监控系统的作用范围需要与固定实体防护装置的位置相协调，探测在前，实体障碍要固定在适当的具体位置上。

（二）均衡设计

为了确保实体障碍结构的每一个方位都能够提供等效的延迟能力，即实体障碍结构不应该有薄弱环节。例如，入侵者试图穿越一个通道门，当门的铰链与锁具非常容易被破坏开启时，而门扇却做得很结实，需要使用火焰切割焊枪才能割出仅容一个人能够爬出的洞口，这就是典型的不均衡设计。要做到均衡设计，必须了解各种实体防护装置的结构特点、材料特性、破坏使用的各种工具的使用性能和工作效率，需要通过一系列试验，找到实体防护装置在特定条件下的有效防护时间。

（三）纵深防护

加强纵深防护是在入侵者前进的每一条可能的路径上，选择适当的位置设置一系列实体障碍，实体障碍要设置到被保护区域或被保护目标为止。不同的位置，配置的实体装置可能不相同，而且也存在重复设置的必要性。要设想到入侵者可能具有很高的技术能力，而且配备了一定破坏技术强的装备，随着入侵深度的不断增强，实体障碍的防范能力和结构强度也要不断加强。

三、阻挡

在安全防范领域，阻挡是一种强制性行为，表现形式是有形的物理屏障。当入侵者通过地面爬行、从高处越过，或从周围绕过障碍物时，将被视为穿透。周界障碍通常利用原有的建筑物作为屏障，当没有建筑物或原有的建筑物不适合或不满足使用要求时，需要设计新的周界障碍。

墙是实体屏障的一种形式，墙体结构抵御车辆的冲击能力高于栅栏，高度一般不应小于760毫米。考虑到抵抗炸药的爆破能力，墙体不仅要采用钢筋混凝土结构，而且厚度不应小于460毫米。钢筋混凝土结构被爆炸后产生的碎片又形成了新的障碍。抵抗车辆冲击可以设置多层墙体，墙与墙之间的距离要大于墙高。在条件允许的地方，在墙之前设置路障或在入口之处设置路障都是阻挡车辆冲击的具体措施。由于防弹、防刺轮胎技术的发展，路障与墙体综合使用会更为有效。车载式移动墙可以设置在通道附近，发现入侵车辆以后，可以机动设置在关键路段处阻挡入侵车辆。

以建筑物作为周界屏障时，其最薄弱的环节就是玻璃，通常的防范技术措施是采用玻璃破碎报警器或振动探测器。但是，玻璃被打破而产生的风险依然存在，而在玻璃外侧安装钢制栅栏则既不美观，也没有解决玻璃破碎的问题。因此，安装防砸玻璃是最好的防护措施。

防砸玻璃是一种由单层或多层透明材料复合而成的产品，能够承受一定工具的攻击，不会产生615平方毫米的洞口，也不会出现脱离玻璃框架的现象，这是防砸玻璃的基本特性。根据不同的使用场合，防砸玻璃也有几种不同的防护级别供用户选择，包括能抵御普通机械手工工具、大锤、尖镐、撬棍的攻击。防砸玻璃在内周界防护方面也有具体可用之处，建筑物内部可以使用防砸玻璃作为屏障对入侵路径进行隔离，使用防砸玻璃制作玻璃展柜，对展出文物的保护会更加完善。阻挡的目的是为了保护重要目标不受到入侵者伤害，其实际体现就是延迟入侵的时间和降低遭受破坏的程度。

四、延迟

在实体防护中需要计算每一条到达保护目标的路径可能需要的延迟时间。根据入侵者需要做的每个动作所要花费的时间，计算出入侵的总时间。当总时间大于工程设计任务书中的最低延迟时间时则符合设计要求。任何一个入侵者在实施犯罪活动时，在心理上都有一定的压力，这个压力来自对作案时间的承受能力。心理学研究表明，当作案时间达10分钟左右时，如果不能成功，入侵者则可能要放弃作案。因此，采用增加破坏难度的技术措施，对于增加延迟时间具有直接的作用。例如，入侵者穿越一道门可能首先采用技术开启的方式开启锁具，这种作案方式动静小、动作快，是常用的盗窃技术手段。如果5分钟内不能奏效，则将是破坏性开启。如果10分钟内还不能成功，则可能选择退却。所以防盗门的抵抗能力应该在10~15分钟的范围内，视入侵者能力和作案工具而异。延迟时间超过10分钟时，报警系统、巡更系统应该能够发现警情，发出报警信号，这样会促使入侵者退却。文物系统、博物馆安全防范工程设计规范规定一级防范的入侵延迟时间不应小于10分钟，出警响应时间小于3分钟，这两项指标已经预示了要进行实体防护系统的设计，确保延迟时间符合要求。当进行实体防护系统的设计时，要进行现场勘察。现场勘察应该研究入侵通道，找出各种可能的入侵通道，测量每条通道的实际距离，描述通道上的环境现状，分析风险程度及寻找薄弱环节。依据响应力量到达现场的最慢时间，确定应有的延迟时间，根据对防护能力的需求，设置必要的实体阻挡装置，确定其具体位置。

在一个具体的安防工程中，入侵者到达入侵目标，完成预定目的，再回到入侵起点位置所需要的时间被称为“入侵时间”。入侵路径往往不止一条，防护目标也不仅仅是一个，路径的环境条件也可能不相同，所以，需要对所有路径进行分析、计算，评估出各条路径的入侵时间。在路径上具有阻挡入侵作用的实体装置通常有周界栅栏、墙体、联动门、旋转门、防盗门、金库门、防盗窗、锁具传动机构、保险柜、组合式金库、防砸玻璃、防弹玻璃展柜、防暴车辆、各种路障、出入口控制执行机构、自动控制闭锁机构等。路径环境条件通常具有一些共同的特点，即从通道到门，从门到通道，如此重复，最终到达具体防护门或具体目标。对于野外的防护目标，如文物雕刻、壁画、佛像、古建筑等，主要依赖自然环境形成的屏障。在多数情况下，也需要设计一些人工屏障，以改善和加强入侵路径的实体防护能力。设计的主要依据就是安防标准和设计任务书中对延迟时间的要求。银行营业场所柜台现在已经普遍使用防弹玻璃，通往营业场所的路径使用防尾随门，其直接目的是为了阻止入侵者进入工作区，同时使得银行工作人员与入侵者有一定的安全距离，这种安全需求只能依靠实体防护装置才能实现。特别是防弹、防爆炸方面的安全需求呈上升趋势，任何一个重要部门都不能不认真考虑恐怖、爆炸的威胁，从而采取相应的安全技术防范措施。

五、阻挡与响应

任何一种人为制造的实体防护设备，在不受人为干预的前提下，最终都会被摧毁。有限阻挡与有限时间延迟在某种程度上说是为了给警卫力量赶到现场争取尽可能多的时间。安全需要依赖警卫力量在掌握了入侵信息以后采取行动去干预和制止入侵者。但是，在警卫力量到达之前的这一段时间里，如果破坏或者抢劫已经成功，则说明阻挡与延迟是不成功的，如果根本没有阻挡，势必形成安防工程的薄弱环节。在现代化的城市里，警察接到报警后到达现场的响应时间为3~5分钟；在其他的中小城市或郊区，警察到达现场的响应时间为5~30分钟；在一个建筑物体内，警察到达现场的响应时间为1~3分钟。这些响应时间的数据只能作为参考，实用的数据应在现场的条件下通过测试取得。任何一个作案集团都会考虑作案地点与警察驻地或与内部保安值勤地点的距离是否给作案留有一定的安全时间，实体防护设计人员也必须要了解在不同的区域和地点，警察到达现场的具体时间。入侵时间、延迟时间、响应时间的相互关系是体现防范效果的核心内容，应该有明确的、基本可靠的数据来说明相关问题。入侵者的体能、经验、携带工具的种类对入侵时间的长短都有直接的影响，实体防护装置的直接阻挡时间是入侵时间的组成部分，而直接阻挡时间也是延迟时间的组成部分，响应力量对入侵过程的干预产生了新的延迟效果，客观上增加了延迟时间。在逻辑上可以确定：$T_{探测}+T_{反应}\leqslant T_{延迟}$。响应力量的干预效果，在一般情况下都是立竿见影的，所以尽可能缩短响应时间是重要的选择思路，同时也应注意不可能做到零时间反应。

项目三　实体防护产品

在安全防范体系中，实体防护系统始终要研究和面对的问题是：要根据被侵犯对象的具体特点、攻击手段、犯罪工具、入侵者的素质和技巧，从而设计和制造出有很强针对性的实体装备，实现不同程度和级别的延迟、阻止犯罪行为，有效保护人的生命和财产安全。在不同的使用条件下，有七类设备和装置发挥着实体防护作用。

锁类：机械防盗锁、电子密码锁、防盗指纹锁、机械密码锁和汽车防盗锁。

门类：防盗安全门、金库门和防尾随门。

柜类：防盗保险柜、防砸玻璃展柜、ATM 提款机钱箱、夜间金库和组合式金库。

栅栏：周界栅栏、钢筋混凝土墙、砖墙和防砸玻璃。

防弹装置：防弹门、防弹玻璃、防弹屏障、防弹盾牌和防弹车辆。

个人防护装置：防刺衣、防暴服、防割手套、防暴头盔和强光手电。

防护车辆：布障车、排爆车、防弹车、巡逻车和通信指挥车。

一、机械防盗锁

（一）结构

大量的入室盗窃和机动车被盗案件，加速了防盗锁产品的技术进步和更新换代。机械门锁主要有三种产品形式：锁身安装在门扇中间的叫做插芯锁，锁身安装在门扇内表面的叫做外装锁，安装在门扇与门鼻之间的锁叫挂锁。机械锁的工作原理是通过钥匙带动一个拨杆做圆周运动，拨杆在运动过程中带动拖板做直线运动。直线运动有一段、二段、三段之分。拖板与锁舌（栓）固定连接，这样锁舌一段一段地伸出或回缩就完成了锁的闭锁与开启功能。拖板上带有若干个凸齿，钥匙转动一圈就会拨动一个凸齿移动一段距离。在锁具处于完全开启状态下，第一个凸齿处于待拨动位置，钥匙转动一圈后，第二个凸齿处于待拨动位置，如此操作下去，便可以产生设计所要求的锁舌伸出长度。拖板的直线运动是在偏心力矩作用下产生的，拖板一定要有一个导向限位板来保障直线运动。传动机构可以增加产生多方向运动的结构，一般为上下、左右方向的运动。锁芯是锁的核心部件，传动机构是在锁芯的控制下动作的，既是一个精密的机械装置，也是一个保密装置。安全要求越高，结构越复杂。锁芯好像是一个密码器，钥匙就是解码器，而机械锁具的技术发展更多的是体现在锁芯的变化和更新上。锁芯的主要结构形式有单排弹子结构、双排弹子结构、十字弹子结构、复合弹子结构、弹子与其他结构结合的互锁结构、非弹子锁芯结构、形状各异的叶片结构等。锁芯的工作原理是：插进正常的钥匙可以使芯轴正常转动；插进不正常的钥匙芯轴不能转动；如果能转动，这种现象叫做互开。弹子锁芯最基本的结构是把上下两排弹子和一组压簧装在芯轴和其轴套组成的装置中，插进正常的钥匙使下排弹子沿着各个锁孔向上动作，上下两排弹子排成一条直线，该直线恰好在芯轴的旋转轨迹上；拔出钥匙时压簧通过上弹子挤压下弹子，使得上弹子恰好挡住芯轴的旋转轨迹。这两种状态分别叫做开启和闭锁状态。插芯式锁芯的结构不同于弹子锁芯，是由一组外形不完全相同的钢片叠加在一起组成的叶片结构，该锁芯有双向开启和单向开启之分。插芯式锁芯的钥匙一般是由高低不等的矩形齿与钥匙柄组合而成的，钥匙插进锁芯转动时，每一个齿对应一个叶片并且吻合，在钥匙齿的挤压下，拨动拖板使锁舌移动。锁的外壳与锁舌传动装置装配在一起，叫做锁身。定位销钉、固定螺钉、弹簧支座、转动轴等零件要与锁外壳连接，连接强度直接影响到锁的启、闭的可靠性。

（二）密钥量

同一种型号的锁能够设计出多少种不同的钥匙数量的总和叫做密钥量。密钥量大，锁芯的结构必然复杂。弹子级差数值越大，密钥量必然降低；弹子级差数值越小，互开率就越高。提高密钥量的途径有：增加锁孔的数量，增加不同长度弹子的数量，增大锁芯直径尺寸，降低弹子直径等。设密钥量为 x，弹子长度为 a，锁孔数量为 n，密钥量的计算公式为：

$$x = a^n$$

从公式中可以看出，增加 a 值或 n 值都可以提高密钥量，增加 n 值就要增加锁孔的数量。在一定的锁芯直径尺寸下，只有增加锁孔的排数，缩小锁孔的孔距，才能有效提高密钥量。但是，不适当地追求高密钥量，也将带来工艺上的难度和开锁可靠性方面的问题。

（三）互开率

同一种型号的锁总会有 N 把不同的钥匙，或者说有 N 个不同的锁芯。从 N 个锁芯中任意取出一个，用它的钥匙开启其他的 $N-1$ 个锁芯，从理论上来说应该是都不被开启，但实际上并非如此。通常以 100 把锁芯作互开率试验，用互开的次数除以总的开启次数就可以计算出互开率，机械防盗锁的互开率要求是小于 0.03%。

（四）弹子级差

不同弹子的长度是在一个基准数值的基础上加上级差值。假设弹子的长度基准值为 2 毫米，弹子级差为 0.5 毫米，如果选定 8 个不同长度的弹子，则尺寸分别为：2 毫米、2.5 毫米、3 毫米、3.5 毫米、4 毫米、4.5 毫米、5 毫米、5.5 毫米。

（五）异形弹子

普通弹子一般是圆柱形，为了防止技术开启，在锁芯结构当中安装了一些形状特别的弹子，具体形状由设计人员决定，其目的是防止工具拨动弹子时，弹子被拨到开启状态。在一个弹子孔中一般有一个异形弹子。不少于 4 个异形弹子意味着至少有 4 个锁孔中安装了异形弹子，防盗机械锁中要求安装不少于 4 个异形弹子。

（六）弹子交换数

弹子交换数是一个不容易理解的概念。密钥量实际是一个理论值，并不能全部适用，大约有 40% 被淘汰。能用的密码编在一个本子上指导生产，习惯上叫做牙花簿。弹子交换数是编码的先决条件，也可以说是密码组合的特性。前面提到的密钥量的计算公式是弹子交换数为1的条件下密码的集合，在这个集合中，任意两个密码在其相对应的位置上要有1个差异存在，这个密码就被认可。同理，在弹子交换数为2的密码集合中，任意两个密码在其相对应的位置上要有2个差异存在，这个密码才被认可。弹子交换数为2的密钥量的计算公式为：

$$x = a^{n-1}$$

（七）锁身

机械防盗锁的锁身应符合以下技术要求：

（1）锁身外壳使用的钢板厚度不小于2毫米。

（2）主锁舌伸出的长度不小于14毫米。

（3）各种弹簧工作寿命不小于6×10^4小时。

（4）钥匙承受3牛顿·米扭矩无变形和损坏。

（5）插芯式主锁舌承受9 800牛顿轴向静压力后回缩量不大于8毫米。

（6）外装式主锁舌承受3 000牛顿轴向静压力后回缩量不大于8毫米。

（7）插芯式、外装式主锁舌承受6 000牛顿侧向静压力时，应使用正常。

（8）锁扣盒承受9 000牛顿静压力时，无明显变形。

（9）锁头上的固定连接孔承受2 940牛顿静拉力后，无脱扣现象。

（10）钥匙拔出静拉力不大于9.8牛顿。

（11）斜舌缩进静压力不大于9.8牛顿。

二、汽车防盗锁

汽车防盗锁有三种典型产品：第一种是方向盘锁，闭锁时方向盘不能转动；第二种是排挡锁，闭锁时不能挂挡；第三种是脚挡锁，闭锁时刹车、离合器、油门踏板踩不下去。这三种锁的共同要求是：锁梁要有一定的硬度，使用钢锯不能锯断锁梁；锁芯有防钻功能，电钻不能钻动锁芯防钻护板；锁有较高的防止技术开启能力。汽车防盗锁安装到位后，尽量让锁芯的朝向与车体地板平行，距离车内的固定物越近越好，但要有不小于100毫米的空间。钥匙的形状不易复制，密钥量和互开率要符合机械防盗锁的要求。

方向盘锁锁梁较长，使用锌铝合金制作，易断裂和变形，闭锁后不容易撑紧，闭锁挡块强度较弱，相对容易被破坏。

排挡锁锁体短小，相对粗壮，与汽车底板用几个螺栓通过连接板固定连接，安装比较麻烦。拆除排挡锁比较困难，锁定排挡有效。锁梁与锁孔的锁定挡块强度是关键，锁芯面向车顶却是一个不利因素。

脚挡锁要放在脚刹踏板、离合器踏板或油门踏板的下面，每一辆车的底板与脚刹踏板或离合器踏板或油门踏板的距离并不规则。对此，脚挡锁要有一定的调节余量，安装与固定有些难度，既要有防止拆卸的功能，又要方便锁定和取下。该锁比排挡锁锁体要大一些，但长度远小于方向盘锁。

汽车驾驶员门锁是汽车出厂时配好的，该锁是成套配件，不易更改，其防盗措施不够到位。其他的三个门锁一般被改成电控锁，包括驾驶员门锁，该电控锁在一个直流小电机带动下动作，其扭矩很小，用手一按就闭锁，用手一拉就开锁，防范能力较低。汽车车窗都有一圈橡皮垫，为破坏开锁提供了条件。汽车报警器在遇到入侵时会发出报警声，并且用电子密码锁定汽车点火线路，使得发动机不启动，但不能阻止入侵者的行动。如果入侵者进入车内，就可以有机会拆除汽车报警器，汽车就有丢失的危险。将驾车的关键部位上锁、增强防破坏能力，是保证车辆安全的重要手段，因此，将汽车报警器和汽车防盗锁有机地结合起来、互相取长补短才是最佳的防盗措施。机械锁不会被电子锁完全代替，它的使用价值和操作的可靠性以及低廉的价格，决定了其将继续发展下去，机电一体化的防盗锁将是最有发展前景的产品之一。

三、门

（一）防盗安全门

防盗安全门有全封闭平开式门、内开或外开门、平开栅栏式内开或外开门、折叠式栅栏门等基本结构形式，前两种是主导产品。全封闭平开式门中又分化出主门和副门结构，还有一种双门结构的防盗门。防破坏能力是防盗安全门的主要技术指标，而不同厂家不同型号的产品结构的薄弱环节有所不同。就其共性而言，有五个方面需要认真考虑：第一是以技术手段开启门锁达到入室盗窃的目的，开启的办法是可配备多种类似的钥匙试开，用开锁工具以技术手法拨开；第二是用暴力手段破坏性开启门锁；第三是用破坏性手段打断门铰链开门；第四是用撬扒手段破坏门；第五是在门扇上开启一个能过人的洞口。还有非常专业的作案手段：利用千斤顶将对面墙作为支撑点挤压门锁锁芯或锁定点；制作专用工具拉拔锁头等。为了对付这些作案手段，要采取有针对性的技术措施来提高门的防护能力。首先要选择好的防盗锁，锁芯插槽和钥匙的形状应比较复杂，增加复制的难度。锁芯的设计要考虑防止技术开启的具体技术措施，多元结构和复合结构可以增加锁芯转动的难度，使一般的技术开启手法失去作用，门锁安装部位要进行防钻防凿的实体保护。锁芯要有护套，护套要与门扇焊接在一起。锁头要与门扇的表面齐平或内缩。锁身的固定连接要与门扇内部的框架相联系。多锁点的拉杆要有较高的强度和刚度，防止因拉杆变形导致开锁困难或增加钥匙承受过大的扭矩。门铰链要选用高强度的固定连接板，承载能力要大于门扇的重量。

质量合格的防盗安全门是在规定的试验工具条件下，破坏开启门扇操作的净工作时间符合规定。按照《防盗安全门通用技术条件》（GB 17565）标准的规定，可以通过以下若干方面对防盗安全门作出综合性评价：錾门框、撬锁定点，打开门所花费的时间；撬、挖锁头，使用专用工具转动锁头，打开门所花费的时间；锁芯应是非单排弹子结构，内有 4 个异形弹子或叶片结构；用安防工程锁具技术开启的时间；锁芯防钻能力；门铰链抵抗 6 000 牛顿挤压的能力；门扇抵抗软冲击的能力；门框钢板厚度；门扇结构；门锁处防护板；锁舌与锁孔配合间隙；门框与门扇活动间隙；门扇与门框搭接宽度；门扇表面平面度；门铰链钢板厚度；表面处理等。

（二）金库门

金库门是20 世纪90 年代初期发展起来的产品，主要是满足银行金库、军火库、炸药库和高度危险品库等的防护需求。金库门在结构强度、锁具配置和锁传动机构等方面的防护要求远远高于防盗安全门。其外形主要是长方形，也有圆形产品，主要结构使用防火焰切割材料制造，外装饰主要使用不锈钢材料，重要部件有锁栓传动机构、重锁机构、门扇和门框、可调门铰链、日闸门、配置机械密码锁、时间锁、指纹锁、电子密码锁、机械专用锁等。锁栓有两种典型结构：一种为整体门，使用大于10毫米的厚钢板制作，其作用范围接近门扇的高度，该结构刚性好、强度高、不易切割；另一种为多点圆柱栓，锁定的方向一般超过两个，多点圆柱栓与滑动托板连接在一起，形成多点圆柱栓整体动作。金库门的开启在使用上基本上是按照银行双人工作制的要求，至少要有两套相互独立的密码，开门时每个人输入各自的密码，密码都正确后门才能开启。定时锁可以控制开门的时间段，不在规定的时间段即使掌握了密码也不能开启库门。指纹锁在金库门上已经开始普遍使用，输入指纹再输入密码，加强了金库管理的安全性。库管人员出入库房的时间、次数被自动存储，提高了管理能力。当金库建在地下室时，要考虑使用防水金库门。在金库内工作时，要关好日闸门，以防止有人突然闯进金库造成威胁。

（三）防尾随门

在银行营业柜台安装使用防尾随门已经是银行营业网点必须采取的防范措施之一。防尾随门是由两个门扇和通道组成的一种全封闭门，当第一个门扇开启之后，必须关闭第一个门扇才能开启第二个门扇。防尾随控制器安装在柜台里面，可以控制两个门扇同时开启或关闭。防尾随门上安装有闭门器、读卡器。闭门器的作用是自动关闭门扇；读卡器是为了识读电子密码，确认个人的开门合法身份。银行营业柜台安装使用的防尾随门必须注意两门之间的通道要有防弹功能。防尾随门在结构上也有一定的强度要求，基本上应达到防盗门的结构强度。

四、保险柜、组合式金库和防盗保险箱

防盗保险柜、箱、组合式金库、提款箱等是日常生活中大量使用的保护财产、机密文件、金银首饰和有价证券等物品的重要装备，也是特种行业中存放剧毒、易燃、易爆和放射性材料的专用设备。

（一）保险柜

按照使用功能的不同，可以分为普通保险柜、防盗保险柜、防火保险柜、枪支弹药保险柜以及磁盘保险柜。现在使用的防盗保险柜一般采用电子密码锁和机械锁的组合锁具。为了达到一定的防盗窃能力，柜体必须要具有一定的强度。在防盗保险柜的国家标准中，规定了一定试验工具的不同净工作时间，对防盗保险柜的锁具、柜体进行破坏性开启柜体试验，试验目的就是考核防盗保险柜的防破坏时间。防盗保险柜上安装的报警装置，多数为本地报警，其效果一般。在防盗保险柜安装报警接口，使其进入报警网络。通过网络连接到本人的手机或报警中心，是防盗保险柜报警系统的发展方向。

普通保险柜俗称铁皮柜，是容易被撬开的一种保险柜。防火保险柜对防盗窃能力的技术要求较低，不能把防火保险柜当作防盗保险柜使用。随着信息技术的高速发展，信息产品的安全日益受到重视，信息产品需要防火、防盗、防水、防磁功能。在火焰燃烧的情况下，柜体内部温度不能大于55 ℃。在外界强磁场的作用下，柜体内部磁感应强度不能大于80高斯。

（二）组合式金库

组合式金库的主要特点是采用装配式结构，其内部容积一般不大于2立方米，组

合式金库难以整体搬运，许多情况下要在现场进行装配。库板的结构强度要与金库门的防破坏能力相适应，特别要考虑库板的防火焰切割能力，使用普通钢板作为库板则需要相当的厚度。美国UL实验室的试验表明：12毫米厚的钢板切割出615平方厘米的洞口只要2分钟，25毫米厚的钢板切割出615平方厘米的洞口只要3分钟。复合材料制造的库板防火焰切割的能力有很大的提高。组合式金库是可拆卸的，拆卸点要在金库内部，关门后则不可能在外部拆卸金库。金库地面要有1米厚的钢筋混凝土，否则，要适当加强组合式金库底板的强度，以防止从地下开洞进入金库。

（三）防盗保险箱

防盗保险箱是一种宾馆和家庭用以保存贵重物品的小型箱体，该产品体积小，具有一定的防盗能力，结构上要求能与墙体或地面固定连接。宾馆使用的防盗保险箱均配置电子锁，适合使用人不断变化的特点，更换密码的操作简单易行。家庭使用防盗保险箱的安装位置十分重要，安放在犯罪分子不便于施展手脚的地方为好，固定装置的强度要高于防盗保险箱的强度，以抵抗防盗保险箱被整体拆卸。

五、防伪加密技术

防伪加密技术是识别真伪、防止假冒的特殊技术，具有识别真伪，为揭露伪造、假冒类犯罪活动提供证据；研制防伪技术为净化市场提供保真的标志；为政府实施防伪行业管理提供技术咨询；沟通防伪信息，为政府主管部门决策服务等特点。

（一）防伪加密技术的类型

按技术水平分：第一类防伪技术，采用了极难仿造的防伪技术；第二类防伪技术，采用了多种学科的防伪技术并经过适当加密处理的综合防伪技术；第三类防伪技术，是在一般的防伪技术基础上经过适当加密处理的技术；第四类防伪技术，一般的防伪技术。

按应用范围分：公众防伪；专业防伪。

按市场分：证件防伪；商品防伪。

（二）实践中使用的防伪技术

1. 纸张防伪技术

制成特种纸张：水印纸、嵌入物、超薄低强度、揭启易碎、纹理纸等。

2. 防伪印刷技术

防伪印刷设计与防伪印制技术。计算机辅助设计、电子雕刻制版、背对、彩虹、隐形、缩微、水印、凹版印刷、花纹对接、接线印刷等。

3. 光学防伪技术

利用散射、反射、透射、吸收、衍射等。如激光全息防伪技术和防伪全息膜、光学薄膜防伪标志、莫尔条纹双卡防伪标志、偏振光学双防伪标志、集成照相防伪标志、图形输出激光防伪标志等。

4. 化学防伪

加入一定条件下可引起化学反应的物质。如热致变色防伪油墨、化学加密防伪油墨、辨认时涂抹相应试剂产生荧光或显示隐藏的图文。

5. 生物学防伪

利用生物本身特有的标志性特点构成防伪技术的核心内容。

6. 磁码防伪技术

用微弱磁性油墨，在商标包装物上印制条形磁码，用非磁性油墨对磁码予以覆盖。采用特制的磁码鉴别器，对隐含条形磁码进行检验。

7. 数码——网络防伪技术

设计一组各不相同的数字码，配上相应的密码，制作成防伪标志附在商品上，采用计算机网络核验产品真伪。

8. 射频识别防伪技术

射频电子标签是未来票证与标签市场的一种终极产品。

9. 核径迹防伪技术

用反应堆或加速器等设备，制作具有大量微孔看不见的随机图案，印制成防伪标志。

10. 多学科防伪

多种学科综合利用。把荧光、光致变色、光磁、光声等多种材料嫁接到其他生物性特征上，作为显示识别的跟踪物。

思考练习

1. 实体防护的作用是什么?
2. 衡量实体防护设备的主要标准是什么?

学习单元十

安全防范系统的集成与网络化

【原理部分】

【知识目标】

了解安全防范系统联动的含义

了解安全防范系统集成的含义

了解安全防范系统的发展方向

【知识内容】

项目一　安全防范系统的集成

安全防范的目的就是维护社会公共安全和预防、制止重大治安事故的发生。在日常生活中，安全防范是为了防止入侵、盗窃、破坏、爆炸等行为事故的发生；一旦发生这些行为，可以及时发现、报警，及时采取制止措施，避免或减少损失；并为追查当事人提供如录像等可靠的现场资料。无论是高楼大厦还是居住小区，无论是机场码头还是文物仓库，安全问题都是必须考虑和妥善解决的重要问题。在人防、实体防范的基础上，采用高科技手段加强安全防范势在必行。我国政府对安全防范工作非常重视，设立了相应的行政职能部门，制定了相应的法律法规，并加强安全防范科研工作，这就使人们对加强防范工作充满信心。

鉴于此，建立一个高效率的安全防范系统迫在眉睫，安全防范系统中一些较新的设计理念和未来的发展态势也值得了解。

一、安全防范系统集成的分类和功能

安全防范系统集成是以计算机技术为基础，以可靠的产品为工具，用以实现某一特定的计算机系统功能组合的工程行为，既为用户的需求和系统建设的总目标提供了全方位的解决方案，又使工程得到实施，还提供了相应的服务与咨询。

通常可将智能建筑系统的总体功能划分为三个层次：设备级集成、系统级集成和经营管理级集成。设备级集成完成系统的硬件资源连接，实现底层设备的联动和各种基本控制功能等；系统级集成完成各子系统内部的集成及各子系统间的互联，实现系统间的数据通信和资源共享，同时在互联的基础上完善功能的协调控制；经营管理级集成是面向用户的高层次功能集成，是在实现系统基本功能的基础上，满足建筑物综合服务管理的需要，使系统的楼宇设备控制管理、信息通信和信息管理等基本功能与

建筑物的经营管理有机地融为一体，最终实现智能建筑的总优化目标。

在智能建筑中，各子系统通过集成连接成为管控一体化的综合自动化系统，达到系统软硬件资源的充分共享和楼宇经营管理的系统集成目标。

（一）**设备级集成**

设备级集成包括物理集成和网络集成。

1. 物理集成

物理集成主要指传输介质和通信通道的集成性考虑和建设。在大楼内部，借助于综合布线系统，使每个子系统的设备都能以标准的模块化方式进行物理连接。系统的各种控制器件之间的通信线路除特定的线路（如一些执行机构的驱动线路，需要承载一定电流）不可替代外，一般都可采用综合布线系统进行连接。网络与通信部分的各个组成部件，无论是模拟通信还是数字通信也都可采用综合布线系统。在大楼外部，借助于信息通信系统的各种交换设备和通信通道，大楼内的网络可以以多种方式与外部公用信息网络进行互联，如图 10－1 所示为建筑智能化系统分层递阶控制结构示意图。

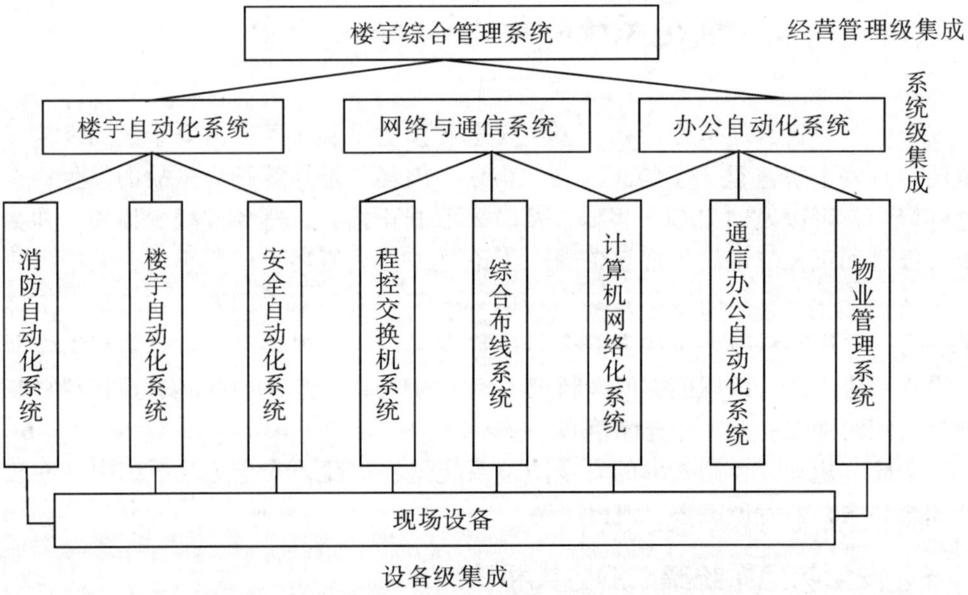

图 10－1　建筑智能化系统分层递阶控制结构示意图

2. 网络集成

网络集成是指计算机网络通信系统的集成，即将不同子系统运行的网络平台连接，并与建筑物内计算机主干网连为一体。按照 ISO/OS 开放系统互联的参考模型标准，为实现各子系统组成的资源网的互联，网络的数据链路层能够互联，系统运行在通用的以太网上，更容易集成，各资源子网的传输层运行一致的网络协议。

（二）**系统级集成**

系统级集成是在完成各子系统设备级集成的基础上将其功能加以综合应用，寻找目标系统的总体优化，进一步做到集中一体化管理。每个子系统都要完成各自的特定功能，在各个子系统内，系统级集成就是指通过网络设备将完成特定功能的子系统，如消防系统、安保系统、车库管理系统等，通过建筑物内的网络连接起来，在网络集成的基础上建立楼宇设备的中央控制系统，对各子系统的监控对象进行协调控制、优化调度，实现对建筑设备的集中监控和管理。建筑设备自动化系统、消防系统、安保系统、车库管理系统、程控交换机系统、卫星通信系统等通常都有较为成熟的产品、技术和厂家的技术支持。对此，系统集成工作承担者的主要工作是技术选择、系统的互联性和对供应商或分包商的技术协调。办公自动化系统的集成主要考虑通用事务型办公自动化系统、物业管理系统的建设及与楼宇管理系统集成的问题。办公自动化系统的开发已经形成了成熟的规划设计方法，存在许多可选择的数据库产品和开发工具，物业管理系统可以结合特定的楼宇设备和物业管理部门的需求进行开发。系统级集成是建筑智能化系统工程的主要内容，承担大量的协调和统筹工作。

（三）经营管理级集成

经营管理级集成就是在系统级集成的基础上完成大楼综合服务管理的功能，实现大楼经营管理的信息化，其实质是楼宇综合管理系统 BMS 的集成，亦即 BMS 与智能建筑 BAS，办公自动化系统 OAS 及通信自动化系统 CAS 的集成。BMS 是整个大楼的综合管理信息系统，完成大楼的管理、经营和综合服务管理功能，是整个大楼的管理中心和信息中心。BMS 从 BA 系统、OA 系统和 CA 系统接收大楼的有关设备、用户、环境方面的相关信息，加以监视、控制、记录、查询、报警，完成系统的综合管理，实现系统一体化集成目标。经营管理级集成是系统集成的核心内容，只有完成经营管理级集成的系统才是真正的智能建筑系统。

（四）信息集成

系统集成是以实现信息采集、传输、交换、处理与利用的集成化为目标，相应发展了实现各种物理集成的“设备集成”互联技术，实现“信息集成”的软件集成技术和数据集成技术。前者解决信息的传输与交换，后者解决信息的采集、存储、处理与利用。一般的系统集成均包括物理集成、信息集成和应用集成三个阶段。由专业厂商提供物理集成的产品和设备，最终用户提出应用集成的要求，系统集成工作承担者则完成对物理、信息和应用之间的集成。可以这样说，信息集成是关键；物理集成是基础；应用集成是目标。

为了实现信息系统的功能，完成物理、信息和应用的集成任务，系统集成工作承担者必须掌握多学科的技术知识，并通过技术综合充分体现系统“集成”的加工特点。因此，系统集成工作承担者必须掌握计算机技术、通信技术、管理科学的基础知识和技能，并且熟悉当时先进成熟的技术、产品及其服务，特别是市场行情和技术发展趋势。此外，系统集成工作承担者还必须在应用领域具备专业知识基础，如在管理信息系统（MIS）、办公自动化系统（OAS）、计算机集成制造系统（CIMS）或智能建筑系统（IBS）等方面有专长，即要求系统集成工作承担者不仅要掌握信息技术，还要深入掌握行业有关专业知识与运作规范，是系统集成服务中的技术综合要求。

信息集成在于使应用系统处理的对象和产品的各种信息元素要实现规范化和体系化，以便于信息采集、存储、处理和利用。例如，开发管理信息系统时，要着重分析、整理出完整规范的管理指标体系，定义各种数据的意义，建立相互之间的联系，包括信息元素的流向、流量和流速等。

信息集成系统的底层主要是由一些子系统或本地数据模式构成，它们来自不同的数据库，具有不同的数据模型、模式结构和查询语言等，通常若要在同一系统中同时运行可能会导致各种冲突。信息集成要识别和强调不同数据模式间的共性和相互关系，提示并清除冗余信息，检测并解决各种数据冲突，把已有的不同数据库模式集成为一个统一的全局数据模型。因此，信息集成的关键在于数据模式的集成。

信息集成的过程一般可分为两步。首先，将各个子系统的本地数据模式转化为与其相等价的本地对象模式；其次，将存在冗余和冲突的本地对象模式集成为统一的全局对象模式。每一个本地数据模式经本地转换器转换对应得到一个本地对象模式。本地对象模式以面向对象的方式构成数据模型，使具有相同数据模型的本地数据模式统一采用同一数据模型表达。例如，为实现数据之间的转换，在计算机集成制造系统（CIMS）中必须将计算机辅助设计（CAD）、计算机辅助工程（CAE）、计算机辅助工艺规范设计（CAPP）等各自的数据按初始图形交换规范（IGES）的格式进行转换，得到统一协调的信息流格式，经数据库管理系统（DBMS）存入工程数据库以便检索利用。数据共享是实现信息集成的主要目标，选择恰当的DBMS，对原始数据的提炼、加工和不断更新，是实现这一目标的重要工作。信息集成从信息资源管理出发，进行统一规划设计建立数据库，使不同部门、不同专业和不同层次的人员在信息资源方面达到高度共享。

信息集成包括多种设备间网络互联的物理集成，异构数据库间数据操作的信息集成，不同部门间的功能集成，多种专业交叉渗透的相关学科的集成以及不同阶段投资的价值集成。其中，物理集成是信息集成的必要基础，功能集成、相关学科集成以及价值集成是信息集成延伸的必然结果。

物理集成解决如何组织信息应用系统的问题。智能建筑应用系统是计算机、自动控制与通信结合的“大系统”，具有功能综合、结构复杂、规模大、相关因素多等特征。但是智能建筑应用系统无论其规模大小、复杂程度如何，都可归结为两部分：支撑环境与应用系统。支撑环境通常包括系统使用的硬件（服务器、工作站、外设、通信线路及网络设备）及系统软件（单机及网络操作系统、数据库管理系统、文件管理系统、集成平台、开发工具及语言等）；应用系统包括专用设备以及面向应用的专用软件关系（如图 10－2 所示）。

由图 10－2 可以看出，应用系统是在集成平台、数据库系统和计算机系统支持下实现的。系统集成是通过计算机网络系统实现计算机系统（以及各种设备）间的互联，在计算机网络系统的支持下，实现数据库系统的互联，形成分布式数据库系统，再支持集成平台，实现应用系统间的集成。由此可见，组织这类系统的关键在于首先必须解决系统各组成部分之间的互联，而互联的实质就是让这些组成部分之间实现通信。因而，图 10－2 信息系统体系结构示意图显示的物理集成的主要技术之一就是计算机网络技术。物理集成的任务主要是进行技术抉择和产品择优，技术抉择的主要工作是确定网络协议集的标准，即确定“网络平台”；产品择优是在统一标准的前提下，选择性价比高的产品和服务上乘的厂商，来具体实现“网络平台”和“通信平台”。此外，物理集成还要解决计算机系统之间的互操作，即建立信息应用系统的运行环境和开发环境。而应用系统的运行环境主要是将不同的硬件设备、操作系统、网络操作系统、数据库管理系统、数据仓库及其系统支撑软件集成为一个系统，形成一个高效、协调运行的应用平台，用户可共享系统软硬件资源。

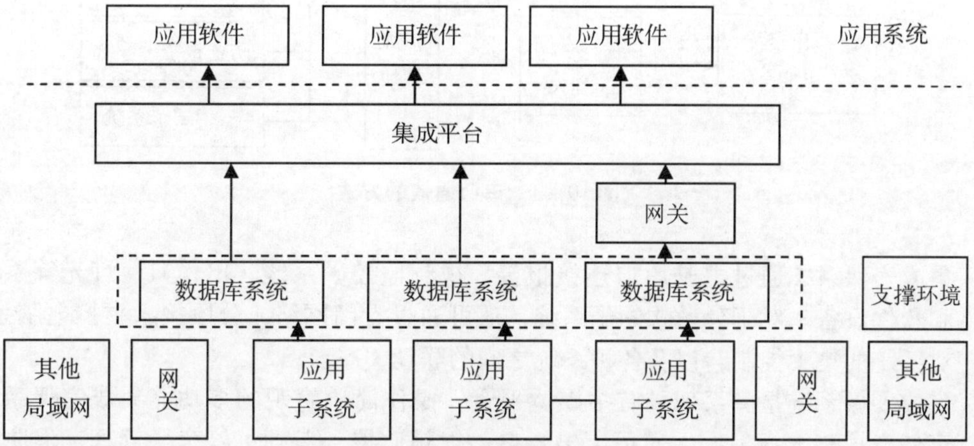

图 10－2　信息系统体系结构示意图

从系统集成的目标来看，主要是实现以下功能：对各类设备子系统进行统一的监测和控制；实现跨子系统的联动，提高各子系统的协调性；实现子系统之间的信息共享；建立应用管理系统，提高管理效率，降低运行成本。如前所述，系统集成不是一套系统、设备、软件，而是一种思想，是一种指导信息系统建设的总体规划、分步实施的方法和策略。因此，系统集成是用户建设一个信息系统的全过程，其中包括人的集成、企业组织的集成、管理和技术的集成以及计算机系统的集成，这是整个系统功能的集成。系统集成不仅仅是计算机硬件平台、软件平台、开发工具和应用系统的集成，还包括相应的咨询、服务和技术支持。系统集成时期的选择是十分重要的，进行系统集成的时期应是企业各职能部门、各组织机构相对稳定的时期，短期不会有大的机构组织调整或变化，否则，系统的集成时期不成熟，因为此时系统集成基层的工作流程与数据流都是不稳定的。

把系统集成起来可以实现统一的管理，降低成本投入，实现更高的效率，故现在的防范系统基本上都采用了系统集成的方法。

二、系统集成的实现

安全防范系统由以下部分组成：视频监控子系统、防盗报警子系统、出入口管理子系统、巡更系统和停车场管理系统等。工作人员一般以视频监控子系统为核心，正常摄取进入该建筑物的人员动态图像，以日常管理、对全楼工作情况的了解、观察为主；在工作人员下班后，以防入侵报警子系统为核心，通过对防入侵探测器的设防，实现对防范区域的控制。安全防范系统在计算机的管理和控制下，实现各项功能的设置、转换、记录及储存，构成一个功能设施完善、具有综合防范能力的安全防范系统。

如果将三个子系统完全由一台电脑进行管理，如果电脑发生故障，那么其管理的子系统之间的通信也会瘫痪。采用各子系统分别由一台电脑进行管理，同时又设计一台上位机做到总体控制和协调。各子系统能够通过这台上位机进行统一管理，系统之间采用了串口通信的方式，从而有效地解决了系统之间反应延时的问题（如图 10－3 所示）。

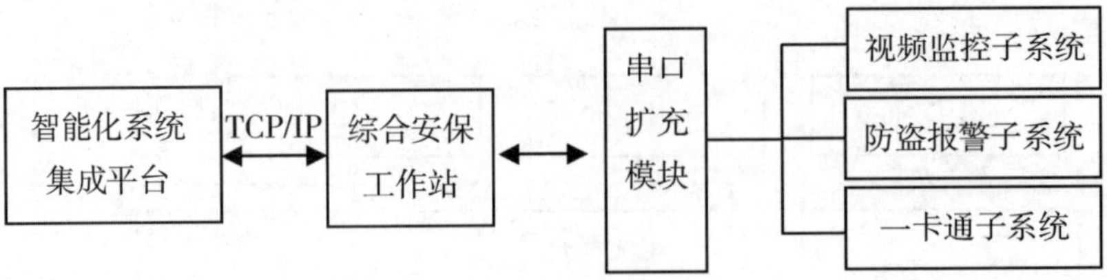

图 10－3　串口通信的方式

集成安保系统通过电脑串口连接报警、视频监控子系统、出入口、灯光等系统的硬件和软件设备。对于分散式的子系统，还可通过专门网络，分段接入主控电脑系统，实现对系统的集中控制，以及各种系统之间的联动关系。

集成安保系统是一系列具有多媒体平台，操作简单直观的多功能集成安保系统软件，可任意扩充选择报警、巡更、出入口、视频监控、考勤、停车场管理、消防监控等功能模块，通过电脑串口连接相应的安保系统设备，在统一的多媒体电脑平台进行集中管理，并可以通过软件实现各个系统之间的联动和协调工作，从而大大减少硬件设备和工程的数量，提高整个系统的自动化程度和管理中心的工作效率。

整个集成安保系统通过报警巡更软件模块、视频监控软件模块和门禁监控软件模块等三大部分组成。

（一）扩充式系统集成

集成系统可以很方便地选择报警、巡更、出入口、考勤、停车场、消防监控等各种类型的软件模块，在一个软件上集成所有的安防系统进行监控，也可以单独作为其中一个系统的专用监控软件。

（二）多媒体操作

语音报警的发生，提醒值班人员注意，从而提高效率。

（三）电子地图、显示板监控界面

集成安保系统内置一个极为灵活的电子地图系统，即“分区图”系统，用户可以利用分区图系统实现任意关系的地图、平面图、示意图、楼层图等地图系统，并且可以自己绘制地图，或将现有的地图资源充分利用，同时分区图系统也支持扫描仪扫描的图形。可以在地图上任意放置各种类型设备的图标，并且图标可以以不同的颜色和动态表示该设备的当前状态。通过显示板监控界面，灵活安排各种设备进行集中监控。无论是通过地图还是显示板方式，都可以直接通过鼠标点击图标的方式来控制各种设备，如对报警系统的布防或撤防操作、系统的摄像机切换、门禁系统电控门的开启以及电子开关控制灯光等。

（四）报警系统

对所有报警点可任意分子系统，任意设置防区类型，用户可分为独立用户和公共区域用户，以便于管理，可以对单个用户或集体进行撤防以及外出布防、留守布防等操作，可单独旁路、禁用防区。

（五）视频监控系统

可以通过鼠标对矩阵系统进行切换，控制云台动作，设置自动切换，群组切换等，还可以对多建筑智能画面处理器进行控制，设置报警点、巡更点、门禁等系统联动摄像机的切换、录像系统的启动、云台预置位等动作。

（六）出入口系统

可设置并记录出入人员的进出时间，控制电控门的开启。可设置读卡器动作时联动视频监控子系统动作，监视受控门，还可设置报警时联动电控门的开启和关闭。

（七）电子开关联动系统

可连接灯光、应急设备、电控门等各种电气设备，通过报警、巡更、视频监控子系统、出入口等系统的状态自动启动，或者通过鼠标操作开关。

（八）宏指令控制

可用一个按键定义一系列的操作，大大提高操作人员的操作效率。

（九）完善的事件记录

集成安保系统具备完善的事件记录系统，系统中发生的各种事件都可以详细地记录下来。如报警记录、系统记录、操作记录和巡更记录等，并且可以对这些记录采用各种方式去观察，可以进行按各种方式排序、分类查询等操作。

由此，我们可以看出安全防范系统的集成加上联动在很大程度提高了工作效率，使得防范体系更加完善。

项目二　安全防范系统的数字化与网络化

安防行业是社会公共安全行业的重要组成部分，经过二十多年的快速发展，我国安防行业已形成了集生产、销售、工程与系统集成、报警运营与中介服务等为一体的新兴国民经济朝阳产业。随着信息化进程的深入和互联网的快速发展，安全防范系统得到了很大的进步和提高，网络化和IT化已经成为必然趋势。安全防范系统的网络化和IT化，就是防范系统中所有的设备和子系统都要在信息层面实现集成，并且所有的子系统都应有良好的协调性和安全性。

未来的安全防范系统，系统结构将会向两个方面发展。一是作为视频监控系统核心的视频矩阵切换控制器由模拟式电子开关向数字式CPU过渡，特别是伴随IT技术的快速进步，最终过渡到多个CPU的并行处理，实现全数字化的切换控制功能，使之有质的提高；二是随着网络的发展和普及，以网络作为安全防范系统的新型载体将是时代的潮流。这将使安全防范的地域概念被彻底打破，随之而来的将是全球化的应用。在介绍网络化安全防范系统之前，有必要了解数字化安防系统。

数字化安防系统是采用现代传感技术、数字信息处理技术、数字通信技术、计算机技术、多媒体技术和网络技术来实现各种安防信息的采集、处理、传输、显示和高度集成的系统。使安防各子系统之间以及安防系统与其他信息系统之间实现网络连接和信息的交换与共享，从而提高安全防范的质量与效率的一种科学性系统。

一、数字化安防的主要特征

随着信息技术的发展和人民生活水平的提高，一体化、联动智能化的安防有了长足的发展，为了适应新技术的发展和数字城市的建设，提出了数字化安防的理念和建设数字化安防的需求。数字化安防和智能安防是紧密联系的，但又存在着区别，其表现在：数字化安防具有智能安防所没有的数字信息化功能。智能安防是建立在智能子系统的基础上，而数字化安防则是以网络为基础，建立在网络构架上的，这是它的一个主要特征。数字化安防将更充分地实现数字信息的采集、处理、传输和显示，在更高水平上来实现信息的集成与共享。

智能化安防是一个小区、一栋大楼内部实现各智能子系统的集成和联动控制，而数字化安防是数字城市的重要部分，是城市数字化建设的一个基础。

数字化安防具有以下四个方面的特征：

（1）数字化安防进一步加强了网络的功能，通过完备的局域网和广域网，可以实现社区机电设备和家庭电器的自动化、智能化和远程监控，还可以实现安防系统的自动化和智能化监控。

（2）数字化安防应用现代数字技术，包括现代传感技术、数字信息处理技术、数字通信技术、计算机技术、多媒体技术和网络技术，加快了信息传输的速度，提高了安防信息采集、传播、处理和显示的功能，增强了安全性。

（3）数字化安防提高了智能安防的水平，实现了安防信息和资源的充分共享，提高了系统的优化程度。

（4）数字化安防是数字城市的基本单元，数字化安防的建设为数字城市的建设创造了条件，为电子政务、电子商务和物流等现代化技术的应用打下了基础。

数字化安防的提出依赖于信息技术的发展和电子设备智能的提高，随着经济和数字通信技术、网络技术等的发展，智能化安防在我国已有了广泛的应用和发展。随着大规模的信息基础建设和电子政务、电子商务和物流技术等的实施，形成了有利于数字化安防建设的良好外部环境。在我国，数字化安防的建设不仅有了坚实的基础，而且已经进入了规范化的发展阶段。

二、数字化安防的实现条件

真正要实现安防的数字化，必须要保证如下三点：

（一）结构化、综合化布线系统

数字化安防的基础是布线，应按照结构化、综合化的布线来布置整个数字化安防系统的线路，综合布线系统应该能满足数字化安防系统下面的要求：

（1）要能实现数字化安防系统与社区各局域网、各计算机以及社区服务中心的数据处理和数据通信业务。

（2）要满足数字化安防系统与外部通信网和国际互联网的联系畅通。

（3）要保证数字化安防系统与其他传输设备的连接，如电话交换设备、音视频、紧急广播和背景音乐设备等。

（二）独立的数字化安防综合管理系统

数字化安防用于小区或者大楼的管理时，因为有一个一体化联动的安防平台，所以，应该有一个单独的数字化安防综合管理系统，这主要是通过综合平台来实现的。综合管理系统按照信息网、监控网和电话电视网从数字化安防的功能角度来进行分析，可作如下理解：

数字化安防社区信息网是综合管理网的一部分，由信息网络的数据库、服务器、通信服务器、显示器和各种网络构建而成。信息网从功能上可以分成内网和外网。数字化安防的内网应当具备下列功能：第一，安防设备网络维护与管理服务、安防的电子公告、社区安防的网络教育、社区安防的网络图书馆和社区网络安防服务；第二，安防监控，远程安防监控包括远程安防的设计、各种数据的设计和调整、智能家居的监控、远程安防的教育和网络安防信息的服务。外网是互联网服务、宽带接入。

对于高档小区或者高档建筑，数字化安防增强型还应该提供3S（地理信息系统GIS，全球定位系统GPS，遥感系统RS）系统。

监控网首先应当有消防系统，还应有安防监控系统。安防监控系统应当提供一体化联动的综合防范功能，这些功能包括水电供应监控、公共照明监控、背景音乐以及广播、一卡通、视频监控、报警、周界防范、停车场管理等这些公共区域的一体化，加上家庭等安全防范系统，这就是监控网。

电话电视网是社区局域网的一部分，通过电话电视网实现社区现代化的电话电视服务。话音通信服务器从功能上来讲有完备的话音通信，另外还有移动通信，特别是在地下室、停车场等要提供完备的接听服务。电视系统从目前来看主要有三大块，第一是有线电视；第二是卫星电视服务；第三是数字化电视。

（三）专业化的物业管理

专业化的物业管理也是保障数字化安防实现的一个重要方面。数字化安防的物业管理项目非常多，数字化安防要求社区有良好的物业管理。目前的安防管理还没有实现专业化的管理，我们一定要建立专业化、企业化的物业管理新思路，这是目前中国加强数字化社区物业管理发展的迫切需要。现在首先要解决三个主要问题：第一是要改变观念，适应数字化安防新的管理观念；第二要建立一套与之相应的行之有效的管理制度；第三要进行管理队伍的建设和人员培训，做到专业化、规模化和企业化。

三、基于以太网的安全防范系统

（一）以太网

以太网是最具代表性的局域网，也是通信领域使用最广泛的局域网。以太网经历了从共享型以太网到交换型以太网的转变，类型和速率也从10兆比/秒发展到100兆比/秒的快速以太网，再到1吉比/秒的千兆以太网，甚至还出现了速率达到10吉比/秒的万兆以太网。以太网的传输线缆也已过渡到UTP和光缆，除有线传输外，还出现了以IEEE802.11标准为代表的无线通信网络，IEEE802.11标准也在升级之中。

安全防范系统的网络化发展同样召唤采用以太网作为统一的平台，以便能方便地连接其他的信息系统和控制系统，实现跨系统的无缝集成。

（二）基于以太网的安全防范系统

基于以太网的安全防范整体解决方案，采用以太网作骨干网，即网络为共享总线拓扑结构，数据传输采用TCP/IP通信协议。TCP/IP独立于特定的计算机软硬件，也独立于特定的网络系统。TCP/IP协议有三个特点：一是开放性，可以把现行的各种局域网互联起来；二是统一了地址规则，这种IP地址与域名系统的唯一性，保证了以太网走向全球；三是高层协议基本标准化，使各种用户可靠而且便利。

（三）基于以太网安全防范系统的组成单元

基于以太网的安全防范整体解决方案中使用了如下各类设备。

1. 网络摄像机

网络摄像机是可直接接入网络的数字化摄像机，包含有 CPU，并由编解码芯片完成对图像及声音的压缩和动态录像的回放。此类摄像机拍摄的图像既可传送给个人电脑，也可以加到 Web 站点的主页上，或者附在电子邮件中发送，故也被称为 Web 摄像机（如图 10－4 所示）。

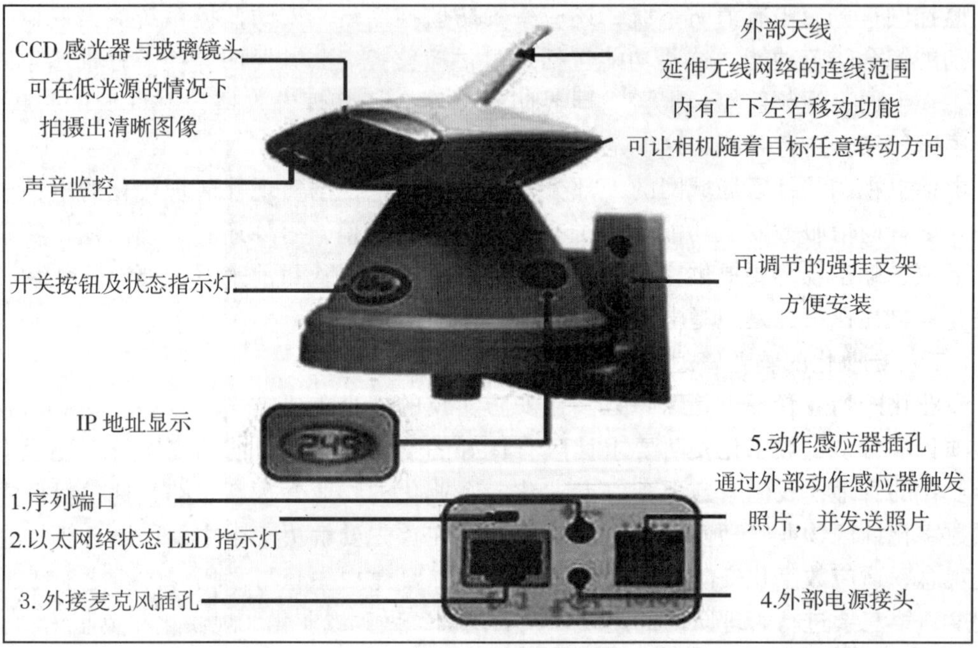

图 10－4　网络摄像机

2. 网络视频服务器

网络视频服务器是通过网络实时传输动态图像和音频数据的设备，也被称为网络视频编解码器。将传统的视频监控子系统中的模拟摄像机或音频信号转换成可传输的数字信号，通过压缩方式在网络上实时传输动态图像和音频数据，之后在网上即可被浏览，网络内的所有计算机都能成为监控终端，不受地域环境的限制。

由于网络视频服务器内嵌 Web 服务器和网络设备，因此不需要再增添其他设备和程序，只要将普通摄像机连接到网络视频服务器就可以入网，这样无论何时何地都可以通过因特网的 Web 浏览器进行远程动态图像和音频数据的实时监控。这意味着在世界上任何有通信线路的地方，用户只要通过一个网络，就能够在他们选择的任何 PC 机上观看到所需的视频图像，连接的网络既可以是局域网或广域网，也可以是通过电话线的拨号网络。而模拟系统则不可能做到远程监控视频图像。数字视频监控系统突破了地域限制，可利用局域网、广域网和互联网提供的远程访问能力实现远程监控。

网络视频服务器有独立的网络地址，可以像路由器一样进行编码、组合、设定路由及存储数据到指定的网络地址存储器。

3. 以太网出入口控制器

这是一个采用 TCP/IP 方式直接连接以太网的出入口及报警主机，以 RS－232/RS－485

传输方式最多连接4个读卡机和4个电磁锁，用以限制该门可进出的人员及可通行的时间范围，达到控制出入口的效果，既可与计算机联机使用，也可脱机工作。出入口控制器本身拥有内存，可记录“可通行人员名单”、“刷卡记录资料”以及各种设定参数，一般可辨识14 000个卡号，储存5 000笔人员进出资料，还可个别设定密码。可与门上安装的门磁控开关相连，这样在门被非法打开时，即可发出报警信号而达到自动报警的功效。

4. 以太网I/O控制器（也可用作网络报警主机）

以太网I/O控制器是一个采用TCP/IP方式直接连接以太网的I/O控制器，最多可接12个数字输入DI及8个数字输出DO。这样就可用作以太网报警主机，DI为报警传感器输入，DO为报警输出。以太网I/O控制器也可供使用者利用网络来操控远程的设备（DO）/状态（DI），另外还可利用其RS-485/RS-232接口来连接具有RS-485/RS-232接口的设备。

5. 以太网音频装置

以太网音频装置，也称为网络语音广播产品，用户通过计算机的麦克风、声卡及软件实时压缩功能，将数字语音传给指定的语音广播服务器。装置具有RS-232接口，可连接电子显示屏或其他各类显示器，显示文字信息。内置的快闪存储器可预存MP3音乐播放，也可接收MP3压缩格式文件，经解压后推动扬声器提供高品质的音乐。

6. TCP/IP与RS-232/RS-485间转换器

这是以太网（TCP/IP）与RS-232/RS-485间相互传输的一种网关（gateway）装置，无论是以太网发送信息到指定的RS-232/RS-485端口，还是RS-232/RS-485端口接收由以太网所传送的信息，皆可由该装置正确地传输，因此是串口到以太网的转换器，这对经由网络来改善RS-232/RS-485的传输距离是非常有帮助的。

7. 客户工作站

客户工作站是操作和管理的终端，有友好的用户界面，通过点击鼠标即可完成操作控制。在每个客户工作站上，用户可控制整个系统内的摄像机，可以执行报警、动态检测、记录控制功能，可具有远程访问网络的管理功能。

8. 网络管理服务器

它是为客户工作站中多重服务器和信息流而设计的，用于对中心数据的管理。在其控制下，LAN用户在访问监控服务器前需先注册，注册包括摄像机的使用限制、控制限制、优先级和信息路由分配等。

四、报警系统的网络化

（一）报警系统网络化的必要条件

安全防范报警系统网络化的必要条件：统一标准的、开放的通信协议和接口。

（1）安全防范报警系统的发展历程：

第一阶段：单一的电子防盗报警装置→电子防盗报警系统→报警联网系统。

第二阶段：防盗报警系统、视频监控系统→防盗报警、视频监控、出入口控制联动管理的综合式安防系统。

第三阶段：防盗报警、视频监控、出入口控制、访客查询、安保巡更、停车场（库）管理、系统综合监控与管理的集成式安防系统→更大的集成系统。

(2) 安全防范报警技术的发展趋势：数字化、网络化、智能化。

(3) 安全防范报警系统网络化的基础：标准的、开放的通信协议与接口——为不同制造厂的产品提供一个通用平台，实现不同报警系统之间的互联、互通、互融、互操作。

(二) 网络体系结构概述

(1) 开放系统互联。

所谓“开放”，是指遵循 OSI 标准，一个系统就可以和位于世界上任何地方的同时又遵循这一标准的其他系统进行通信。

(2) 网络协议。

为进行网络中的数据交换而建立的规则、标准或约定。在 OSI 的范围内，只有各种协议是可以实现的，而一个产品只有和 OSI 的有关协议相一致时方能互联。

(3) 构成网络协议的三要素。

①语法指数据与控制信息的结构或格式；②语义指需要发出何种控制信息，完成何种动作以及作出何种回答；③同步指事件实现顺序的详细说明。

(4) 网络体系的分层结构。

对于复杂的计算机网络协议，其结构最好采用层次式的，即网络协议采用分层次的体系结构，其指导思想是每层实现一种相对独立的功能，以便将难以处理的复杂问题分解为若干个较易处理的更小一些的问题。

网络协议采用分层结构，具有以下优点：

(1) 各层之间是独立的，只需通过层间接口（界面）提供服务。

(2) 灵活性好，当某层发生变化时，只要接口关系保持不变，不影响其他层；层内的内容可以修改，甚至根据需要可取消某层。

(3) 结构上可分割开，各层都可以采用最合适的技术来实现。

(4) 易于实现和维护。

(5) 能促进标准化工作。

计算机网络的各层协议及协议的集合，即网络及其部件所应完成的功能的精确定义。这些功能的具体实现，则由一个遵循这种体系结构的硬件和软件集合来完成。

ISO 7498 -1 开放系统互联（OSI）参数模型为报警系统网络化提供了结构框架。

IEC 60839 -7 报警传输系统串行数据接口的信息格式与协议使报警系统的网络化成为可能。

(三) 报警网络传输协议的信息结构

IEC 60839 -7 系列标准为在报警传输网络中使用“标准”接口的应用层、数据链路层和传输层定义了一套兼容的协议，在没有可替换的现行国际标准满足接口要求的场合，本系列标准被指定使用。

公用数据链路层协议被限制在最大 255 个 8 比特字节以内，以使该长度能保证一个单独 8 比特字节的吞吐量，内置信息可以是数据链路数据或是来自更高层的信息。

五、安全防范的 IT 化发展

IT 这个耳熟能详的名词，已触及我们生活中的众多领域。但是在安全防范系统领域，IT 的介入仍是一个新的探讨热点。以 IT 的主流技术——网络化、数字化、系统集成化和融合多媒体应用等技术为一身的系统已经逐渐渗透到安全防范领域，将安全防范系统中所有的设备和这些子系统在信息层面实现集成也就是实现了IT化，IT对这些子系统的数字化进程起了推动作用。由于传统的每个子系统物理上均独立存在，各个子系统有不同的布线。这种纷乱的系统结构，导致繁杂的设计、实施、管理和维护，是非常不合理的。专业人员希望系统物理结构紧凑一点，布线的种类少一些，工程的施工量小一些，尤其是管理和维护方便些，投资低些，所以IT化是安全防范系统发展的必然趋势。IT技术上的精华可用“复用，网络融合，系统集成，虚拟技术”来概括。复用即承载信息的媒体合用，融合是指网络平台的融合，集成是指功能、数据资源和软件的集成。

现在提出的安全防范系统IT化，打破了以往的系统模式，主要从以下三个方面来体现创新理念：

（一）组网顺序不同

以往我们要建立一个网络，往往是先建立各个子系统，当各个子系统建立起来之后，再根据每个子系统的要求进行网络组建。这样使得网络具有一定的从动性。为了改善这样的状态，我们可以先在一个开放性系统的平台上组建一个网络，然后根据网络下面所有子系统的要求建立相应的应用程序，这样可以使得网络基础设施和局域网上的信息系统、设备系统以及其他系统达到一体化，同时也简化了网络的复杂性。

（二）重要设备都有IP地址，便于管理

这种方法极大地提高了网络管理的效率，把一些重要的设备都设定一个IP地址，当需要使用这个设备的时候只需找到相应的IP地址即可，使得对这些基础设施的维护更加方便，也便于管理。

（三）强电、弱电一体化优化设计

以前大部分的系统设计基本上都是强电系统和弱电系统分开设计的，也就是说各个系统都是独立的，这就在很大的程度上降低了资源的利用率。若采用强电、弱电一体化设计方案，把这两个系统进行优化整合，不但保证了每个系统的质量，而且最大限度地避免了这两个系统单独运行而造成不必要的资源浪费，同时还可以进行资源共享，使网络布线具有更高的灵活性。

要实现IT化，就必须符合开放性的原则。开放性的TCP/IP以太网平台提供了一个优化、简化、方便的服务平台，绝大部分子系统皆可由这个平台来支撑，但开放性的平台给系统的安全性带来了隐患。安全性是牵涉范围很广的一个概念，在此对安全防范系统来说一般主要是指数据的安全性。数据不能被破坏，不可以被随意篡改和丢失而导致系统故障。因此既要防备内、外非法用户的破坏，同时还要防止病毒的攻击。安全性和开放性这对矛盾并不总是相互对立的，可达到新的平衡点，其实质是，在新的发展阶段上如何解决信息安全性问题，如何在开放的环境下保证安全防范系统的安全，在此给出以下三点建议：

（1）不要使用常用的Windows系统，建议改用Linux，Unix或其他专用的嵌入式操作系统。由于Windows系统的防计算机病毒功能比较弱，容易遭病毒袭击。相对来说，Linux，Unix系统的防计算机病毒功能要好得多；同时，需保持操作软件的及时升级更新。

（2）建议某些子系统尽量不直接与外网连接，同时，也要预防内部非法用户的破坏。

(3) 采用虚拟网络技术。物理网络上可以形成很多虚拟网络，物理网络的带宽可以达到100兆、1 000兆，合理分配这些带宽，形成多个相互隔离的虚拟网络，管理视频图像、监控信息等不同子系统的内容，各尽其责。第一个层次是管理层（最高层）；第二个层次是控制层，也可使用以太网来代替传统技术；第三个层次是现场总线网。目前，已有工控以太网产品，如何让各个子系统尽早运用虚拟以太网技术，真正实现优化、简化的系统结构，是业内人士最为关注的。

促进安全防范系统实现IT化，除了考虑安全性外，设计人员吸收新的设计理念也是至关重要的因素。目前，大多数设计人员仍停留在传统的防范系统的设计方式上，忽略了使用者的需求。再加上行业管理的不合理，各个系统由不同行业的专业人员各自设计，制约了网络的融合步伐。相对于保守的设计人员，产品供应商们纷纷生产研发出适合IT化的产品技术。设计人员只需在设计中运用以太网开放技术的概念，供应商们即能提供一系列完整的产品设备。只要安全性问题得到切实的解决，设计人员才能放心使用这个开放的平台，所以，安全防范领域发展的关键还是“安全性和开放性”的统一。开放性更吸引人的是使得系统实现社会化、网络化管理和维护，维护人员能通过局域网对管辖范围内众多的系统进行有效集中化遥控管理和维护。

实现安全防范系统IT化不是一朝一夕就能完成的，业内也有不同的意见，主要还是针对安全性及网络平台融合后各个子系统对整个系统稳定性带来的影响等问题。但都深信只要随着系统产品的成熟和可靠性的提高，对系统进行有效的维护后，这些问题都可得到解决。IT化是安全防范系统发展的必然趋势。虽然业内人士看到了安全防范系统IT化的发展，但是要全面实现公共安全防范系统的IT化，还需要我们各界人士共同的努力，使我国的安全防范系统向着更高效、更完善的方向迈进。

项目三　城市监控报警与应急指挥系统

一、城市监控报警系统

城市监控报警系统建设任务按层次可划分为城市指挥调度、城市管理与行政事务呼叫中心建设，委办局分控中心建设以及街乡分控中心建设三层。

（一）视频网络传输信号

根据城市视频监控网的设计总目标和主干网的建设方案，可以分析出传输网络中的主要任务就是高可靠性、高质量的传输支撑视频监控网的各种模式、各种层面、各种用途和各种规格的通信信号，可将需要传输的应用层以上的通信信号分成以下两类：

1. 视频信号

视频信息是视频监控网存在的基础，没有视频信息的交互与共享，视频监控网的建设几乎是没有意义的。根据整个项目的建设设计方案，视频信息前端采集的主要为模拟信号，传输至建设在各个街乡的监控中心后，仍是以模拟方式进行进一步处理。根据相关的技术规范与标准，应用于我国视频监控的信号制式为PAL制。实时传输要达到每秒24帧的处理要求，基带信号带宽为6兆。

2. 控制信号

控制信号分为两种，一种是监控中心传输至前端监控点位的摄像机等设备，用于实现操作员对上述设备的摄像角度以及镜头远近拉伸动作的控制；另一种是传输在主干网络中的，用于本地或远处操作员从控制软件或控制设备发送给目标主控设备，完成操作指令和数据提取。

上述两种信号是视频监控网中时刻传递在网络各个节点间应用层信息的主题。在此同时，网络中还有代表操作员信息、操作员权限、网络模式命令等应用层信号和链路层及物理层各个网络层面的各种信息不断在网络中传递，信号控制与传输是联网的关键环节。根据城市的视频监控网的技术规划与设计方案，特别提出视频监控网的视频联网方案。

视频信号因为其本身固有的宽带、实时等特性，很长时间以来，视频信号的传输一直是通信领域里不断研究和探索的课题。

近年来，随着计算机和数字多媒体网络技术的不断发展，视频信号的数字处理技术也越来越趋于成熟。当今最为流行的数字视频压缩处理技术标准是 MPEG2、MPEG4 和 H. 264 三种。目前，在安防监控领域广泛应用的数字硬盘录像机，大部分都采用了上述前两种压缩方式，将信号带宽从模拟基带模式的 6 兆赫兹压缩至 1 兆赫兹以下，有效地解决了视频信号带宽大、不易传输和存储的问题，随之的代价就是损失了视频信号的部分信息，清晰度下降，下降幅度随着压缩比例的增大而加大。在远程视频信息数字传输系统中，为了保持视频清晰度可以达到安防监控的使用要求和使用效果，视频信号经过数字压缩后，带宽必须大于 1 兆；用于人像识别取证的视频信息，压缩后带宽必须大于 2 兆。

数字压缩技术的应用使传统视频信号带宽过大的难题得到了一定的缓解，但采用数字视频技术完全取代模拟视频技术的条件还没有最终成熟。结合以太网 TCP/IP 传输的数字视频技术受到网络带宽的吞吐量的限制，超大规模的网络传输的稳定性仍不能完全保证。

设想，如果城市预安装监控点位以 1 900 多个同时上传至主控中心 5% ~10% 的比例计算，共计 100 ~200 路，每路信号带宽为 1 ~2 兆。如此大容量的以太网络实时视频传输任务，目前的以太网建设质量和服务质量仍不能完全保证网络的需求，城市视频监控网对视频网络的可靠性要求是非常高的。在实际使用中，遇到应急指挥等突发事件需要处理时，很有可能会加大系统对局部地区的视频资源的调用需求。如完全依靠数字视频网络传输，则会造成大量的局部突发数据冲击，有可能会使整个网络的应用性能大大下降，造成不可预知的后果。因此，选择独立依靠以太网纯数字化视频传输技术搭建视频网络平台，要认真抓基础工作、精心设计，以达到预期目的。

相比之下，模拟视频信号传输模式，依靠其清晰度高、传输结构简单、处理开销小等应用优势，在大规模视频网络应用中仍旧占据重要地位。结合当今视频光端机和光纤传输技术的优势所在，在城市构建起以模拟视频传输为主体，数字以太网视频传输为辅助的视频网络体系是最佳的设计选择之一。

结合城市视频监控网的特点和客观实际，我们设计出视频监控网的视频网络体系。

整个视频网络分为四部分：

第一部分是各个城乡所建设的辖区内区域性视频监控系统。

第二部分是从街乡分控中心至区政府指挥调度中心以及公安分局、交通支队等分中心之间连接的主干模拟传输网络建设。

第三部分是覆盖城市、传输数字视频与控制指令专用的视频以太网建设。

第四部分是城市视频信息的相互调用与控制，城市视频网络用户的管理与授权时所依靠的控制网络体系的建设。

（二）视频网络的构建

各街乡所建设的辖区内的模拟视频传输系统，主要任务如下：

（1）实现视频源信号的采集与传输。

（2）建立辖区内的监控系统。

（3）与视频监控网视频主干网接口对接，为视频网络平台提供可共享、可调用的高质量视频信息。

（4）与辖区内视频传输网络接口对接，为辖区内的派出所、城管分队提供可共享、可调用的高质量视频信息。

根据街乡分控中心的工作任务，提出相应的建设方案，公共区域内建设的前端采集视频信号均为模拟信号，这些信号是网络内信号的源头，此阶段信号的效果也是网络内各个节点中最好的。为了全力保证源信号的高质量传输，从前端采集点位至分控中心的监控室全部采用单模光纤作为传输介质，将传输损耗减到最小。每个控制点位连接一根电缆，独立占用一条物理通道，并且在光纤网络的主干线上，留出充足的光纤备用余量，为今后系统扩展和升级创造有利条件。

通过光纤传输至控制中心的各路视频信号经过视频分配，分配成两条路径：一路输入到数字存储设备中，作备份处理；另一路输入到监控室模拟矩阵主控设备中，要求被自由调用到电视墙等显示系统输出，还要被自由调用到视频监控网的主干网络的视频接口和辖区内至派出所和城管分队视频传输接口，整个系统可同时显示的视频逻辑通道占全部前端控制点位数的15%左右。

视频信号从分控中心监控室传输至辖区内的派出所、城管分队等用户单位也采用单模光纤作为物理传输介质。各个单位建立规模合适的监控室，采用单模光端机单向传输模拟视频信号，安装一台分控键盘，通过光端机的通道实现。

（三）视频指挥调度系统分析

视频指挥调度系统既要从城市的视频监控点的管理出发，又要从完善城市政府实施社会管理和公共服务的监督职能等多角度出发，才能够最大限度地满足政府的管理需要，实现视讯信息资源共享，最大限度地利用现有相关资源，减少重复建设。

1. *构建应用模式分析*

由于监控点位的汇集点在各个街乡，视频指挥调度一般只涉及跨街乡、跨委办局使用和控制图像，在应急或特殊情况下也涉及视频的调度。城市“多维社管网”的视频监控针对应急指挥、治安防控、城市管理、招商引资和交通管理等方面，构建的应用模式如图 10－5 所示。

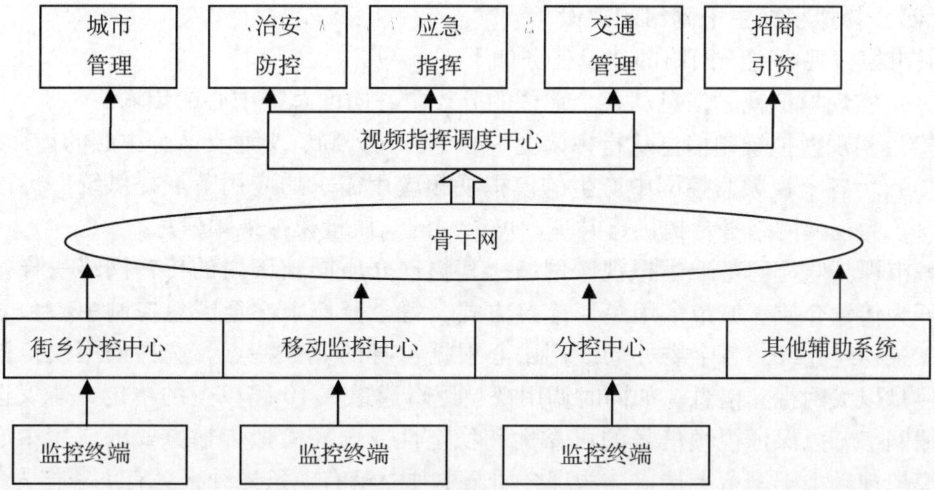

图 10－5　多维社管网治安防控应用模式

2. 控制及应用等级分析

视频指挥调度是保证视频信息有效利用和合理配置的主要环节，视频调度包括对摄像头的控制和对图像的使用两个主要方面。一般情况下，按照视频信息的应用等级自动分配控制和使用的优先权限，在特殊情况下可以在调度中心手动控制各个权限的分配（如图 10－6 所示）。

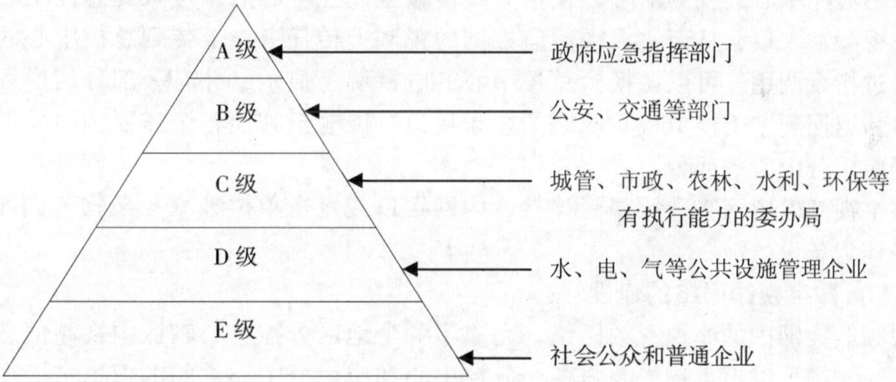

图 10－6　应用等级

按照社会公共管理执行能力划分依次是公安、交通、城管、卫生、质监等；按照事件类型划分依次是应急指挥、治安防范、交通、市政管理、质检监察等。确定优先级之后，监控终端摄像角度调整和控制权就由优先权最高的职能部门掌握，例如，在平时，监控终端摄像角度调整和控制权由公安部门负责，当灾害或突发事件发生时启动应急预案，监控前端的角度和控制权由预案的责任部门负责。

传输至辖区内的各个派出所和城管分队等单位的视频逻辑通道数量根据各个地区自身的情况和客观条件分别规划设计。

（四）模拟视频主干网络的建设

城市模拟视频主干网络的建设任务如下：

（1）实现模拟视频信息从各个地区的分控中心向区总控中心的传输。

（2）实现模拟视频信息从指挥调度中心至公安分局、交通支队分中心的传输。

（3）为各个视频监控网中产生的模拟视频应用需求的应用节点提供统一标准的视频接口，为视频网络平台提供可共享、可调用的高质量模拟视频信息。

城市视频监控网主干模拟视频网络，其物理介质同辖区内的传输网络一样，以单模光纤为传输介质。城市采用星形连接方式，每个分控中心至区总控制中心独立享用至少2条物理光纤。各个委办局应用中心根据自身的业务特点，选择调用模拟视频信息，还是以太网视频信息。如同时调用视频逻辑通道在10路以上的单位，建议选择模拟传输网络，以保证视频信号的可靠性和稳定性，选择模拟传输方式的应用中心，必须和模拟视频主干网留有接口，物理介质至少独立享有1条光纤，另有1条作为备份。

城市内的每个分控中心至总控中心的模拟视频主干网络有1至2芯光纤作为专用视频上传物理通道。根据各个分控中心辖区内视频监控网络的点位数量决定同时上传至总控中心的视频信号的逻辑通道数量。建议同时上传模拟通道数量选取前端点位总数的5%左右，选用高性能的单模多路视频复用光端机作为主干网模拟视频接口的信号收发设备。同时传输逻辑通道低于4路时，可采用模拟视频光端机。同时传输逻辑通道要求高于4路时，应采用数字视频复用光端机，以保证传输质量和传输效果。主干网内的所有视频光端机应采用同一品牌，统一技术参数，统一安装要求，以便于应用与维护。

各个分控中心的视频信号以模拟方式传输至总控中心后，接入到总控中心的超大型矩阵视频输入口，从而完成视频监控网的视频上传任务。上传到总控中心的视频资源，通过指令调用，可以切换到总控中心的电视墙上显示，并有一部分切换到矩阵输出端口，返回到主干模拟视频网络的视频接口，传输至其他各个需要调用模拟信号的委办局应用分中心等部分。

整个视频模拟网络采用星形连接，内网接口或发送单位独享一条物理光纤，应另留一条作为备份。

（五）数字视频网络的建设

视频监控网中的模拟视频网络，完成了各个地区分控中心辖区内视频信息的互相传输，还实现了城市主控中心与各个分控中心和应用分中心之间的模拟主干视频网络的信息传输。在复杂的视频监控网的视频体系中，还有一个与模拟网络相对独立而又必不可少的网络系统，那就是数字视频传输网络。

数字视频网络的建设要贯穿于城市各个多维社管网所涉及的视频应用部门。从各个地区的派出所、城管分队到地区分控中心，再到区总控中心和各个应用分中心。因此，数字传输网不仅是视频网络的组成部分，同时也是整个视频监控网的核心信息干路。该网络的建设是全部视频监控网的重点建设任务之一。

城市的数字视频传输网以城市的千兆以太网为链路基础，通过TCP/IP协议的应用开发，结合组播技术的应用，将模拟视频信号经过统一标准格式的数字压缩发送到以太网中。全网络当中的任意一个节点用户经过授权，都可以自由调用数字视频信息，但由于数字视频技术本身对于网络的应用欠缺，数字视频网络不可以大量、过多地同时在网络中再现应用。因此，必须控制数字视频网络的应用吞吐量。城市视频监控网的体系结构对数字视频网络规定了以下任务：

（1）实现视频源信号数字化采集处理。

（2）实现数字视频流在城市各个网络节点间的传输，为各个分控中心的跨区调用，以及互有数字视频应用需求的委办局应用单位提供支持。

（3）实现全网内的各个用户视频信息的桌面调用。

（4）实现数字视频流在各个节点处的模拟转换和数字存储处理。

（5）与视频监控网各个数字视频应用节点对接，为视频网络平台提供可共享、可调用的高质量视频信息。

根据上述任务要求，制订以下数字视频网络建设方案：

数字视频网络在整个视频监控网、视频网络中起辅助作用。主要完成各个分控中心与其他平级单位之间跨区调用视频资源，还可将视频信息传输到有少量视频资源需求的委办局应用分中心。在实际工作过程中，各个分控中心互相调用视频资源只在发生特殊事件时才产生需求，应用数字视频的委办局应用分中心也是在需要时才发出视频调用请求。数字视频网络的应用事件与应用频率远远小于模拟视频网络系统。在这种应用需求下，建立稳固的数字视频网络，充分发挥其应用灵活、见效迅速的特点，与模拟视频网络相互补充，全力保证城市视频监控网的视频网络体系的稳定性与实用性。

建设城市的数字视频网络，首先应该建设覆盖城市的千兆以太网，奠定数字视频网络结构的物理基础。网络各个节点安装以太网交换机，核心交换机设置在城市政府的视频监控网总控中心内。各个分控中心、委办局应用中心安装二级或三级以太网交换机。各个节点间用双芯千兆光纤连接，形成对接的物理链路，从而构成城市互联互通的网络平台。

位于各个地区的分控中心，本身就拥有模拟视频信号采集点位，故在分控中心内可安装统一规格的视频编码器，连接矩阵的输出端口，通过对矩阵的切换与调用，控制那些逻辑通道的视频信息送入到编码器中被数字化处理。建议采用 MPEG2、MPEG4、H. 264 数字视频压缩标准进行信息处理。压缩后的数字视频信息，根据需要选择 1 兆至 2 兆带宽范围，通过 RJ45 网络接口，与交换机连接，发送至以太网各个节点。

每个地区的分控中心建议安装 2 路数字化视频处理设备，可同时向网络内发送 2 路数字视频信息，全网同时在线的逻辑视频通道约为每路设备具备动态起停功能，根据应用需求的实时变化动态分配设备资源。而没有数字视频应用时，单路设备可以停止编码工作。这样可以大大降低以太网的数据负荷，减少吞吐处理负担。

所有的视频编码设备必须能够通过网络远程管理与维护，并且被分配全网唯一的组播通信地址，这样才能保证设备正常、稳定地工作。

数字视频网络的传输是以太网应用层的功能体现，不会受到物理路由的阶层限制。全网统一管理，统一维护是数字视频网络突出的应用优势。

通过千兆以太网传输的视频信息，可方便地实现桌面调用。总控中心和其他各个网络节点的网络用户，在经过授权后，可以在普通计算机上通过专用软件，实现桌面调用城市远程视频信息，并在权限允许的前提下实现对前端摄像机和云台设备的动作控制，这是模拟系统难以实现的。

网络内的各个中心用户通过总控中心的授权，调用与支配网络内的数字视频资源。总控中心可将以太网中的数字视频信息方便地存储到网络海量存储系统中，从而实现总控中心对重要视频信息的备份存储。

相对于模拟视频传输系统，数字视频网络的应用负担较少，并且非全天候应用。当有数字视频传输需求发生时，管理系统将自动地对用户的身份、权限、需求和许可进行对比分析，作出合理的答应。各个应用单位接收到调用许可后，可通过计算机桌面调用视频信息，还可通过安装视频解码设备，将数字视频信息转化为模拟信号，输入到矩阵、监视器等设备中以备进一步处理应用。

（六）视频网络控制体系的建设

根据上述建设方案，城市的视频网络已经全部建成。此外，还需要一个应用层体系专门对视频监控网内的包括模拟与数字形式传输的各路视频信息作统一的调用切换控制，同时还可对网络用户进行网络用户权限、指令的管理与限制。

二、城市应急指挥系统

应急指挥与辅助决策支持系统的目标，就是配合危机管理的全过程，应用信息技术实现大面积的、跨专业和部门的信息资源、管理资源和通信资源的实时调度，使应急指挥过程更加科学化和可视化。

（一）应急处置流程

按照城市应急指挥预案，归纳城市应急指挥的一般流程（如图 10－7 所示）。

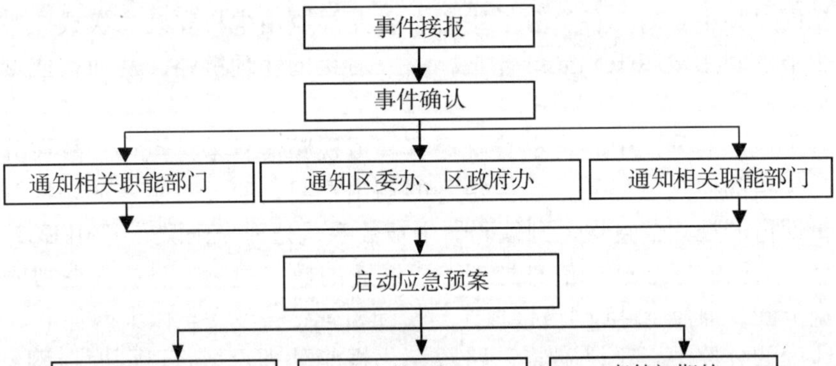

图 10－7　城市应急指挥流程图

（二）组织结构分析

城市突发事件应急委员会是城市突发公共事件协调管理机构。管理协调突发公共事件，管理应急救援专业部门以及其他相关街道（乡镇），按照“统一指挥、分级负责、资源共享、条块结合”的原则开展突发公共事件的应对工作。

例如，某城市应急指挥系统的结构图，如图 10－8 所示。

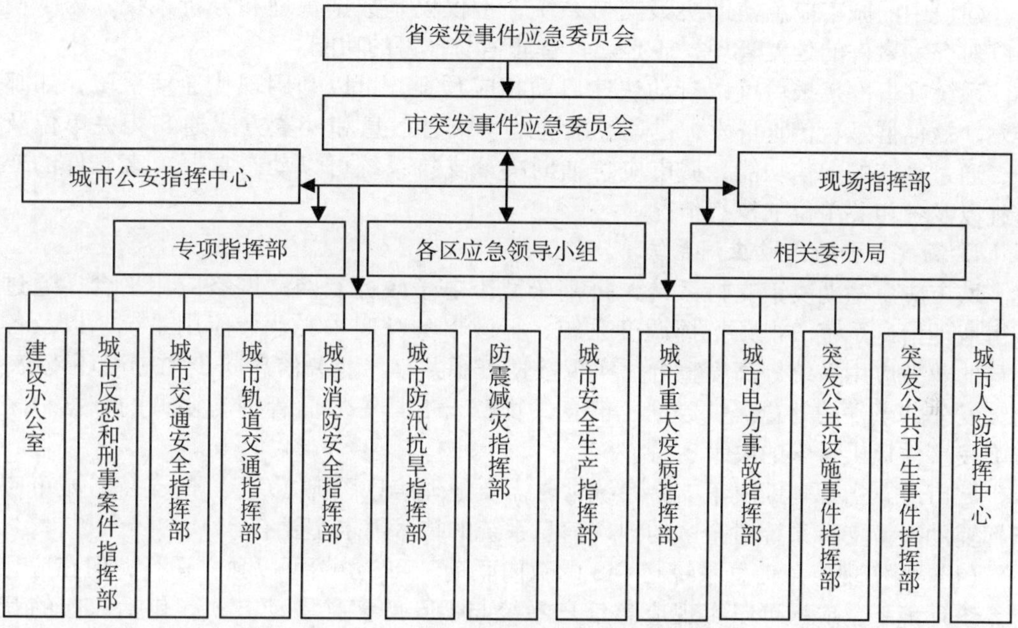

图 10－8　某城市应急组织的结构图

按照属地管理的原则，预测将要发生或已经发生的重大、特大突发公共事件时，须由应急委员会负责与各单位的沟通与协调，人民武装部负责与部队的沟通与协调。

各类突发事件处置牵头部门为主要负责部门，专项预案规定的参与突发公共事件处理的部门是处置部门，财政局、商务局、民政局、宣传部和保险机构是处置各类突发公共事件的保障部门。

部队应急救援任务是在人武部协调下，由人武部制订《组织驻区部队参加地方建设、支援城市抢险救灾工作方案》，明确各类突发事件应急处置的要求、规定和联系方式。

（三）系统应用功能描述

1. 应急数据管理系统

城市应急辅助决策支持系统需要将各种数据进行融合，为各分系统的信息、资源共享提供保障。系统数据来源主要包括各委办局的业务应用系统、城市地理信息系统和其他基础数据系统。

基于城市地理信息系统平台，可以方便地检索、查询和显示数据信息，以及对相关城市事件和部门的信息进行定位和分析。

系统还可以对以往事件的处置过程文档，以及预案的处置法规、案例文档进行统一管理，为应急决策提供经验数据，可作为今后类似事件的参考案例，也可进行灾后评估以及城市或区域的恢复工作。

2. 事件的分析处理系统

城市应急辅助决策支持系统利用先进的视频监控、实时移动定位以及相关的地理信息等为管理决策部门、应急指挥单位提供强大的决策支持。

系统提供相应的分析计算工具，对相关事件和部件的物理参数进行比对和判别，通过预置的数学模型对事件最佳的处置方式、最快的处置方法等进行自动评估。

3. 突发事件通报和通信系统

建设中的城市应急辅助决策支持系统，不仅仅是数据管理和分析系统，为了便于系统对突发事件的处置管理，还必须具备通信与报警的功能。

系统在事件接报后可以自动快速启动相应预案，可以利用现代通信手段，如邮件群发、短信群发、传真群发，迅速、准确地将灾害信息和处置方式通知相关单位及现场，通过系统的通信功能，城市应急辅助决策支持系统可以动态掌握灾害事件的变化过程以及各相关单位的执行情况。

4. 高度整合的集成应用系统

城市应急辅助决策支持系统，是基于城市电子政务专网的网络应用平台，通过对城市地理信息系统、视频指挥调度系统、行政事务呼叫中心业务应用系统，以及各委办局的业务应用系统等高度整合，实现数据资源共享、业务信息同步和应用环境统一，为突发公共事件的处置提供数据、信息、物资、工具等方面管理与协调的依据，为处置突发事件提供科学的决策支持。

城市应急指挥辅助决策支持系统常常需要地理信息系统（GIS）的支持，城市应急指挥辅助决策支持系统对全区的地理信息系统的技术需求主要有：

（1）要实现应急信息系统与GIS的双向联动。GIS虽然可以独立运行，但在应急信息系统环境下，应该可以实现应急信息系统与GIS的多种联动方式，包括双向的互动驱动和基于数据共享的独立操作等。

（2）要实现应急信息系统与GIS的底层整合。GIS系统与应急信息系统应共同遵循一定的数据标准，产生一致的数据，底层实现数据库共享或应用。

（3）GIS系统与其他系统的数据整合。GIS的基础数据来自测绘部门，而应急指挥所需的“活”的应用数据往往来自其他的业务部门，如建设、交通、气象和卫生等，充分利用地理数据，建立与数据源进行同步更新的完整机制，避免产生信息孤岛。

（四）应急辅助决策支持系统

根据上面的需求分析，城市应急指挥辅助决策支持系统从功能设计上包括事件接报、事件处置、决策支持、总结与信息发布等功能（如图10－9所示）。

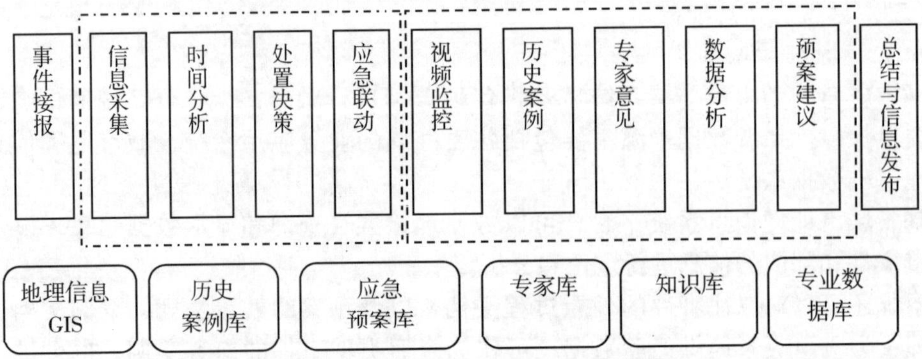

图10－9　应急辅助决策支持系统功能图

（五）应急预案分析

城市突发公共事件总体应急预案是按照突发事件的性质进行分类制定的，结合城市实际，通过编、预案，结合现有突发公共事件组织管理机构、信息资源、管理体系，明确突发事件的等级分类，规范不同等级突发公共事件的相应应急、处置办法，完善预警与监控系统建设，建立统一、规范、科学、高效的突发公共事件防范和处理机制，实现防范系统化、决策科学化、指挥智能化和保障统筹化，进一步增强城市应对突发事件的能力。

（六）应急指挥调度中心建设

城市指挥调度、城市管理与行政事务呼叫中心所涉及的网络主要包括：视频专用传输网、电子政务网和公安专网。其中，视频专用传输网通过视频矩阵与其他网络相互隔离（即所有用户视频操作和相关应用从视频矩阵后端接入），电子政务网与公安专网通过视频矩阵与其他网络相互隔离。从数字集群（或公共通信网）获得的数据将通过一定的安全技术手段传输到电子政务网和公安专网及视频专网。

城市指挥调度、城市管理与行政事务呼叫中心的接报相关应用系统部署在视频专网内，与三心合一的接报系统融为一体。处理与会商、决策相关应用系统部署在视频专网和电子政务网内，分别负责区级日常接报指挥和联动处理指挥。在电子政务网内的公共安全"领导办公室"，共用部署在城市指挥调度、城市管理行政事务呼叫中心的相关视频信息和数据信息及各类决策预案等相关应用系统。

城市管理与行政事务呼叫中心部署的核心应用系统包括：视频指挥调度系统、接报处理计算机辅助调度系统、城市网格化管理系统、地理信息和综合指挥系统、群众事务服务系统、数字录音系统、预案和知识库系统、决策支持系统、数据交换系统、信息发布系统、时钟同步系统、系统管理维护系统、网络安全系统、视频会议系统。其中预案和知识库系统、决策支持系统只对城市指挥调度、城市管理与行政事务呼叫中心和电子政务内的"领导办公室"提供服务，其他应用系统为所有系统用户提供服务。在城市指挥调度、城市管理与行政事务呼叫中心部署的关键环境或支持系统包括：基础网络设备、有线程控通信系统、计算机话务整合和通信消息控制系统、网络管理系统、两台互为备份的小型机和一套存储设备（同时在资源服务中心部署一套存储设备作为灾难备份），以及所有核心应用系统服务器设备。所有上述关键环境或支撑系统都为全系统用户提供服务。

通过无线通信网络技术，实现移动现场指挥系统与城市指挥调度、城市管理与行政事务呼叫中心系统完成语音、视频图像和数据的实时互动与交换。

通过 GPRS/EDGE/CDMA1X 移动公网，无线数字集群专网，结合移动数字终端 PDA 实现全球定位服务以及其他衍生的应用。

借助计算机话务整合技术完成有线程控通信系统与核心计算机业务应用系统的通信集成，以实现通过核心计算机业务应用系统对有线程控通信系统的呼叫、会议、调度等控制。

通过 LAN Side E1 中继接口完成交互语音应答系统，传真受理服务系统与有线程控通信系统的综合业务受理集成，实现基于话务呼叫的场景录音提示、咨询导航、传真接收或发送等。

通过通信消息控制技术，实现接处警计算机辅助调度系统，地理信息和综合指挥系统的客户端状态监控和客户端通信队列控制为城市指挥调度、城市管理与行政事务呼叫中心调度指挥时的资源状态管理、实时交互管理提供有力保障。

通过模拟和数字编、解码技术把各类前端摄像机采集的图像实时传输到城市指挥调度、城市管理与行政事务呼叫中心，实现现场环境监控。同时，城市指挥调度、城市管理与行政事务呼叫中心的视频专网光纤交换机通过光纤与公安网、电子政务网和“领导办公室”的二级交换机连通，为其提供视频服务以及视频显示设备接入服务。

通过 GSM/CDMA 无线接入技术完成短信受理服务系统与城市指挥调度、城市管理与行政事务呼叫中心的城市网格化管理系统及群众事务服务系统集成，实现基于即时消息的报警、指挥调度的现场反馈等。

通过高阻并接方式完成数字录音系统与无线集群通信系统、有线程控通信系统的指挥调度话务录音服务，同时借助计算机话务整合技术实现基于城市指挥调度、城市管理与行政事务呼叫中心系统事件数据的录音关联，录音检索或回放（除部分无线录音外）等。

通过自检、虚拟业务校验、参数化接口封装等技术，集成并实现各类业务流程、各系统间接口、核心硬件设备或操作系统和软件应用运行状态和故障检测的一体化系统管理。

基于数据代理技术，完成数据交换系统与城市指挥调度、城市管理与行政事务呼叫中心核心业务应用系统的数据应用服务，提高分布式、异构数据库查询、索引统计等效率，也降低数据整合的复杂性。

基于 SAN 实现城市指挥调度、城市管理与行政事务呼叫中心核心视频及业务数据库的动态无缝备份。

总体而言，在上述各分系统建设完成后，城市指挥调度、城市管理与行政事务呼叫中心将成为城市立体化多维社管网联动体系的指挥调度中心、数据中心、业务应用中心、城市综合监管中心和业务信息枢纽。

另外，城市资源平台是城市的指挥调度、城市管理与行政事务呼叫中心的数据备份中心，当城市指挥调度、城市管理与行政事务呼叫中心系统数据库系统瘫痪时，将能够及时地利用设在资源平台的备份数据进行恢复，快速恢复应用功能和基础、业务数据支撑。

城市指挥调度、城市管理与行政事务呼叫中心的集成环境不是简单地系统叠加，也不是纯粹的系统接口集成，而是一个涉及从视频指挥调度、网络结构融合、数据资源整合、核心通信与信息系统底层聚合到终端设备应用和操作界面嵌合的复杂系统工程。

鉴于上述考虑，建议城市指挥调度、城市管理与行政事务呼叫中心系统的关键系统采用以下集成概念：

所有涉及城市指挥调度、城市管理与行政事务呼叫中心的核心视频业务流，与各类通信系统或前端设备进行底层操作交互与控制的应用软件系统（包括接处警计算机辅助调度、地理信息和综合指挥、数字视频、数字录音、移动指挥车的移动现场视频指挥应用和移动定位数传的移动接触业务应用）必须基于分布式计算机话务整合和通信消息控制中间件进行集成，并支持 IP 网络运行环境。

根据上述概念进行终端坐席、应用平台、支撑平台和基础网络的整合集成后，将真正实现整合各级视频资源，在各部门现有体系上，构建以城市指挥调度、城市管理与行政事务呼叫中心为核心主体的信息网络，同时充分利用各部门原有的系统和网络环境，在整合现有信息、组织资源的基础上，加强综合管理，建立互联互通、资源共享、统一指挥的立体化多维社管网体系，强调事件处理一体化与集成化管理。当发生相关事件时，承担起综合指挥、分发、协调的职责，统一管理应对所需的人、财、物，科学有序地调动科技、视频、交通、通信、人力资源、物资、财政、经济动员政策等各方面的综合资源。

（七）应急指挥中心应用平台和视频监控的联动

城市的一些单位目前已经建设完成部分专业的视频监控系统或将来可能需要建立其他专业的视频监控系统，主要包括：治安监控、交通监控、消防监控、森林防火监控、防汛监控、人防城市和空域监控、安全生产监控系统及社会资源监控系统等。

当前国内相关视频监控系统主要采用模拟信号进行建设，但为更好地保证前端操作控制、高质量长距离的移动传输、多种不同前端信号的兼容联动控制，建议对现有模拟信号视频监控系统基于编、解码技术进行数字化视频转换，同时对将来可能建设的视频监控系统直接基于编、解码技术进行建设，保证城域范围内各类视频系统的统一和集中控制，同时，基于 IP 基础构架搭建的视频系统，为其他应用平台各系统的接入提供了统一、开放的基础结构。

目前，城市可用的视频传输手段包括微波和光纤链路。因此，建议数字视频系统的中短距固定终端或移动型终端，借助微波基站和中继站完成第一程传输后就近接入光纤链路。基于上述概念完成数字视频及其传输系统的建设后，数字视频系统可以为核心应用平台系统提供以下联动交互控制接口。

交互基于事件的现场动态影像信息，如现场及周边环境图像等（需要数字视频系统能够提供终端的坐标位置、编号、相关视频前端操作控制程序，如云台控制、信号触发和判断、视角切换、状态管理等接口）。

交互基于场景的现场影像分析信息，如结合地理高程和三维环境信息的可视视角分析，结合文本或图形识别数据样本的视像比对判断分析，结合温感或红外热成像的危险环境识别。

交互基于其他前端设备出发的联动信号信息，如根据其他探测设备识别、判断出的警告信号和坐标位置自动控制前端视频设备切换到相应视角进行第一手现场信息采集（需要前端视频设备可以提供相关视频前端操作控制程序，如云台控制、信号触发和判断、视角切换、状态管理等接口）。

从上述三类交互信息可以实现以下应用系统接口：

城市网格化管理及治安管理接处警计算机辅助调度系统可以根据事件类型的需要，对相应事发地周围可用前端视频监控资源进行查询，并触发调用相关数字视频前端设备控制程序，接处警计算机辅助调度系统可以根据前端视频设备的报警信号自动触发生成相关事件，提示受理和处理。

地理信息和综合指挥系统可以根据选定的地理范围或指定的地理位置，对临近区域可用前端视频监控资源进行查询，触发显示相关图标和状态，并选定相关数字视频前端设备控制程序和实时操作，地理信息和综合指挥系统可以根据前端视频设备的报警信号自动触发相关地理位置定为显示，提示受理或处理。

应急预案和知识库系统可以根据不同类型或性质事件的预案预设前端视频设备参考控制规则（如预设的触发条件和信号、预设的视角切换动作、预设的转向巡视范围和预设的监测模式等）。

决策支持系统可以根据事件性质和级别，请求建立现场指挥机制，并接入现场移动视频，同时要求从不同视角同步接入周边固定视频，以便全面、全方位了解现场第一手的、直观的视频信息，以辅助决策及调整后续行动方案。

指挥控制中心系统设计的核心思想，是在信息采集、决策支持、资源管理等指挥控制中心工作基本环节上，强化通用统一业务工作流的概念，为决策支援尽可能详细地收集业务信息，尽可能迅速、合理地调派可用资源实施应急响应和救援。

城市指挥中心系统充分贯彻了公共安全应急指挥系统功能与实现上的设计思想和概念，着力实现了以下几个功能：

1. 强大的信息处理能力

“信息权就意味着指挥权”，对于公共安全应急指挥系统，可以迅速作出合理决策的先决条件是要有能力及时处理各种类型的信息。当紧急事件发生时，往往意味着信息量的爆发，大量数据的并发处理能力、数据保护机制是保证信息安全准确的根本保障，同时融合通信平台，确保指挥控制中心时时刻刻与外界保持通信流畅，通过各种渠道与外界实时交互语音和视频数据以及图像、短信和电子邮件等多媒体信息。

强大的信息处理能力还意味着事件信息在接处警人员、决策人员之间的有效传递和控制。在传统意义上信息传递都是衰减的，但城市软件系统通过信息同步刷新、信息同步共享网关以及良好的系统流程设计，减少信息失真，保证指挥链路的通畅。

强大的信息处理能力意味着对事件信息的全程管理，包括对事件的产生、发展、处理、结束整个过程的监控和管理。城市系统为公共安全应急指挥系统设计了跟踪、事件发展和多媒体信息关联的技术，使接处警人员对于事件的发展一目了然，使事件事后责任处理具有依据。

2. 灵活的辅助决策支持

掌握信息的最终目的是为了实现对事件的“精确指挥”。面对事件，如何在最短的时间里决定采取什么样的指挥措施，发布什么样的处警指令是十分关键的。这就需要建立一个灵活的辅助支持系统，指挥中心的每一项决策都与国家和地方性法律、法规密切相关，同时也可能需要借鉴以往的办案经验和多种方案，以保证指挥控制中心运作与决策的合理性和连续性。

3. 全面的资源管理手段

现代化的指挥控制中心所需要管理的资源，早已不仅限于指挥大厅内部，而是散布在城市的各处。静态显示所有资源的位置（如每个派出所的位置，或是城市内所有消火栓的位置）以及计算出来某个资源前往事发地的最佳路径，这仅仅是最初级的资源管理手段，对于将决策落实为实际行动方案几乎没有太大的价值，更重要的是为公共安全应急指挥系统描述所有受控资源最新的实时状态。例如，当发生恐怖袭击事件时，仅仅知道应急资源的位置是远远不够的，指挥控制中心还需要了解的是有哪些单位是有能力处理恐怖袭击事件的、哪些单位需要撤出等问题。

4. 丰富的系统接口

功能完善的指挥控制中心往往都会涉及复杂的系统集成，公共安全应急指挥系统也不例外。大量子系统的集成和联动将会大大增加系统的复杂性和项目实施难度。各个子系统有必要提供尽可能标准化的接口，增强产品标准化和方案的可扩展性，最大限度地降低项目复杂度和风险并缩短项目实施周期，必然要采用可重用的、开放性的构架来完成。

总而言之，“信息灵敏、资源共享、指挥有力、规范有序”是公共安全应急指挥系统应用软件系统的总体目标。为达到这个目标，应用软件系统总体设计采用面向对象的设计思想，采用软总线技术、插件技术、中间件技术搭建，整个平台由多个独立的业务组件构成，具有业务逻辑的严密性和先进的扩展性，在将来业务发展需要扩充或部分软件需作修改时，可以通过增加或修改单独的组件来完成，不会影响到整个平台和总体构架和流程。

根据公共安全应急指挥系统的要求，核心业务应用软件系统设计的目标如下：

（1）建设成“多维一体”的、以“快速反应、信息共享”为特征的先进公共安全应急指挥中心业务处理平台。城市系统可以完全满足目前公共安全应急指挥系统的接处警要求，完全符合“中心接警、分警种、分级处警、多级联动”，接处警分开的应急业务模式，可以真正做到相关资源信息的共享和统一指挥，而开放式、模块化的构架可以真正满足未来通过二级处警中心完成处警业务的业务模式拓展。

（2）建设成一个包含所有城市应急资源的指挥控制中心的先进业务处理平台。城市系统是在分析了许多城市应急业务的基础上进行的设计，具备良好的拓展性，可以根据客户的要求，随时拓展成一个良好的城市应急指挥控制中心业务平台。

（3）建设一个统一的、性能优良的指挥调度平台。建设成一个具有大量预案，并且可以不断丰富、具备学习能力、智能化运用的先进应急处理预案平台。城市系统已经具备了初步的智能化预案功能和强大的地图预案，并且可以灵活地编辑和产生有效预案。在公共安全指挥系统的建设中，将提供更先进和更符合项目要求的预案系统。

（4）建设成一个具有公共安全信息预测、分析，可以提供辅助决策的先进信息分析平台。应用软件系统是公共安全应急指挥系统的主要业务系统之一，同时应该可以成为对于城市突发公共安全事件、危及公共安全事件发生的预测分析平台，应该具有良好的分析工具对决策者提供辅助决策。

（5）建设成一个关于公共安全应急资源的信息中心。对于一个应急的接处警指挥系统，为了更好地解决危机，保障人民的生命和财产安全，必须可以随时、迅速地掌握多方面的信息，成为一个信息交汇的信息收集和发散中心。

基于上述建设思路和目标，公共安全应急指挥系统的核心业务应用软件系统将包括以下系统：

①计算机话务整合和通信消息控制系统；

②接处警计算机辅助调度系统；

③综合业务受理系统（包括传真受理系统和交互语音应答服务系统等）；

④数字录音系统；

⑤预案和知识库系统；

⑥信息发布系统；

⑦地理信息和综合指挥系统；

⑧数据交换系统；

⑨决策支持系统；

⑩时钟同步系统。

从该业务流程可以归纳出以下立体化应急联动体系以及公共安全应急指挥中心操作概念：

以前端监控监测设备为基础建立城市综合预、报警触发机制，结合人工核实判断，对预、报警的有效性、可能危害程度、类型和级别等进行识别，并根据上述信息按类型和级别向相关指挥中心转接事件触发信号，启动并自动生成突发公共安全事件。

另外，前端监控监测设备需要配合相关指挥中心进行实时、动态现场情况监控、监测，保证公共安全应急指挥系统可以在第一时间采集到正在发生的各类突发公共安全事件的态势信息，为后续处置安排、资源或计划调整、事件状况分析等提供及时、有力的依据。

各专业指挥中心可以直接受理来自公共或内部相关单位的报警呼叫或综合业务请求，如核实采集的信息后判断是否需要公共安全应急指挥中心接管或联动协调，可以按照政府有关公共事件处置的相关规定，通过设在专业指挥中心的远程联动坐席进行相关事件接管或联动操作，也可确定责任辖区和可用资源进行处警调度和现场处置。

在现场处置和状态反馈过程中，如发现事件态势和周边情况可能出现或已经出现重要改变，各专业指挥中心可以按照《城市公共事件总体应急预案》的相关规定，通过远程联动坐席申请公共安全应急指挥中心进行相关事件接管或联动操作，否则继续保持其反馈、跟踪和现场处置活动直至事件结束。

公共安全指挥中心可以直接受理来自公众或内部相关单位的所有Ⅰ级到Ⅳ级事件的警报呼叫或综合业务请求，如核实采集的信息后判断为非公安类Ⅳ级事件，则直接将语音和事件同步转移到相关专业指挥中心的远程联动坐席进行垂直业务体系处理；如核实采集的信息后判断为Ⅰ级事件，则按照《城市公共事件总体应急预案》的相关规定将事件上报到公共安全“应急办公室”远程操作坐席进行决策分析和行动方案支持等操作，并同时安排必要的先期处置；如核实采集的信息后判断为公安Ⅳ级事件，则通过确定责任辖区和可用资源进行处警调度和现场处置；如核实采集的信息后判断为Ⅲ级事件或Ⅱ级事件，则确定联动协调方案后调度或协调相关专业指挥中心和公安本身资源进行现场处置。

在现场处置和状态反馈过程中，如发现事件态势和周边情况可能出现或已经出现重要改变，公共安全应急指挥中心坐席可以按照《城市公共事件总体应急预案》的相关规定通过追加相关联动单位、调派补充现场公安资源等方式进行现场增援或相关处置方案调整；对于部分由于上述重要改变引起严重危害时，也可以按照《城市公共事件总体应急预案》的相关规定申请公共安全“应急办公室”进行事件升级或决策支持操作，否则继续保持其反馈、跟踪和现场处置活动直至事件结束。

公共安全“应急办公室”只受理来自内部相关单位或公共安全应急指挥中心的Ⅰ级事件的报警呼叫或综合业务请求，基于上报核实的信息，并采集来自现场先期处置状况、相关单位的演算、评估等方面数据，通过决策分析，结合预案和知识库支持，制订响应、处置、援救等各类行动方案。同时，通过公共安全“应急办公室”远程操作席和公共安全应急指挥中心指挥坐席或联动坐席调度或协调相关社会资源进行后续处置，并保持反馈、跟踪（并根据实际情况，保持行动方案的必要调整）直至事件结束。

按照《城市公共事件总体应急预案》的相关规定，在必要情况下，启动现场指挥所需的通信与信息渠道保障，有效汇总和上报现场及周边影响因素的各类信息，并基于公共安全应急指挥中心或公共安全“应急办公室”的行动方案和相关指令，进行针对性更强、具有适当的灵活性的现场资源合理部署和临时调派。

按照《城市公共事件总体应急预案》的相关规定，对于重特大事件的处理，在必要的情况下，启动专家支持机制，辅助参与会商的决策领导进行科学的综合形势判断、行为方案评估、影响程度分析等专业领域支持，并基于现场及周边影响因素的各类信息，提出相应的方案调整参考建议等。

在事件处理完毕后，决策领导和相关专家进行处理评估、总结得失，对相关流程进行优化或改善并将其充实或完善到相关的预报警、预案和知识库、决策分析和支持、联动协调、现场指挥等业务机制中，以进一步提高未来对于此类突发公共安全事件处理的方式、方法和流程的效力。

学习单元十一

安全防范评估

【原理部分】

【知识目标】

了解安全防范评估的实施步骤

掌握安全防范评估的方法

熟悉被保护对象的风险评估

【能力目标】

具备阐述效能评估指标体系结构和建立过程的能力

具备运用安全防范评估的方法对不同被保护对象进行风险评估的能力

【知识内容】

项目一　安全防范评估概述

一、安全防范评估的含义

安全防范评估泛指在安全防范活动中所开展的评估工作，安全防范评估工作主要包括两类内容：被保护对象风险评估和安全防范系统效能评估。

被保护对象风险评估是在对被保护对象及其威胁、弱点风险因素信息进行收集、识别与分析的基础上，综合评判给出损失发生的可能性及损失/影响程度的专家观点的过程。被保护对象风险评估在安全防范系统建设或改建、扩建前期进行，风险评估是风险管理的基础，风险评估的目的是查找、预测和分析被保护对象的威胁、弱点以及威胁和弱点的程度，提出合理可行的安全对策措施，指导威胁监控和落实薄弱环节防护，以达到最低损失可能性、最少损失/影响和最优安全投资效益。

安全防范系统效能评估是运用定性的、定量的或定性与定量相结合的方法，借助一定的指标体系，按照一定的标准，综合评判系统满足目标要求程度的过程。安全防范系统效能评估在安全防范系统建设和运用过程中的一些特定环节上进行，是风险管理的手段之一。安全防范系统效能评估的目的，就是通过对系统效能进行适时、客观的评估，实现对系统建设和运用中各个环节的质量优化与监控，使制约系统效能正常发挥的薄弱环节得以及时发现，及时加强，从而保证安全防范系统在建设与运用过程中始终满足系统目标要求，促使其效能得以充分发挥。

一些运用安全防范系统较早的发达国家，在安全防范评估方面的研究与实践已经取得了较好成效。发达国家在安全风险评估方面从理论到实践均形成了比较完善的体系。在系统效能评估方面，美国先后研制出多种防范仿真模型，辅助于以防入侵为目标的安全防范系统的效能评估实践，并在实践中不断对其进行修正和完善；英国和澳大利亚则在以公共场所视频监控为目标的安全防范系统效能评估方面做了大量工作，形成了一套成熟的方法。

在我国加入 WTO 和以缔约国身份加入各国际组织后，国内的许多行业都面临着与国际接轨、履行缔约国责任和义务的课题，相应地，所提供的安全防范已不再单纯是本单位或本部门的事情，不仅要执行国际通行的安保标准，还要在操作程序上符合国际相关规则和标准的要求，对被保护对象进行风险评估以及对安全防范系统进行效能评估，就是其中的重要内容。

二、安全防范系统建设与运用过程中的评估环节

安全防范系统建设与运用过程经历了用户安全需求确定、设计任务书编制、系统设计、工程施工、工程验收、系统运行等若干阶段，其中涉及安全防范评估的环节，如图 11－1 阴影方框部分所示。

（一）系统建设与运用过程中的被保护对象风险评估

被保护对象风险评估是安全防范系统建设和运用过程启动前必不可少的一个环节。风险评估的结果，如果被保护对象的风险是可以接受的，则可以不予增加防护措施；如果风险是不能够容忍的，则需考虑根据风险程度的高低，选择相应防护级别或水平的防护措施。通过这种方式，可以对有限的资金投入进行相对合理的分配。

被保护对象风险评估是确定用户安全需求的重要依据之一。确定用户安全需求的另一重要依据，是用户描述的安全需求。确定用户安全需求时，除了要考虑被保护对象的风险程度外，还需要对用户描述的安全需求进行充分分析和合理采纳。最终确定的安全需求，还必须符合相关的法律、法规和政策标准的规定。我国对一些高风险保护对象制定了有关风险等级的行业标准，如《银行营业场所风险等级和防护级别的规定》（GA 38）、《文物系统博物馆风险等级和防护级别的规定》（GA 27）等。对于风险等级标准适用的工程，需要比照相应的标准执行。有效地规避风险，可以从改变风险损失/影响的性质、风险发生的概率和风险损失/影响的大小三个方面着手，制定多种安全对策，如回避风险、接受风险、减轻风险等。通过对各种备选安全对策的成本效益进行分析，从中选择出经济适用的安全对策，以较好的成本效益来满足所确定的安全需求。

技术防范是一种应用较为广泛的减轻风险的措施，是以人防和物防为基础，通过建设和运用安全技术防范系统来实现的。系统目标确定的正确与否，关系到能在多大程度上降低风险，从而关系到系统的成败。

只有正确地确定系统目标，所建设的系统才可能有效地将被保护对象的风险降低至可接受的程度。

对于由于安全技术防范系统资源状况限制而力所不及的安全问题，必须采用其他风险规避措施予以补足。

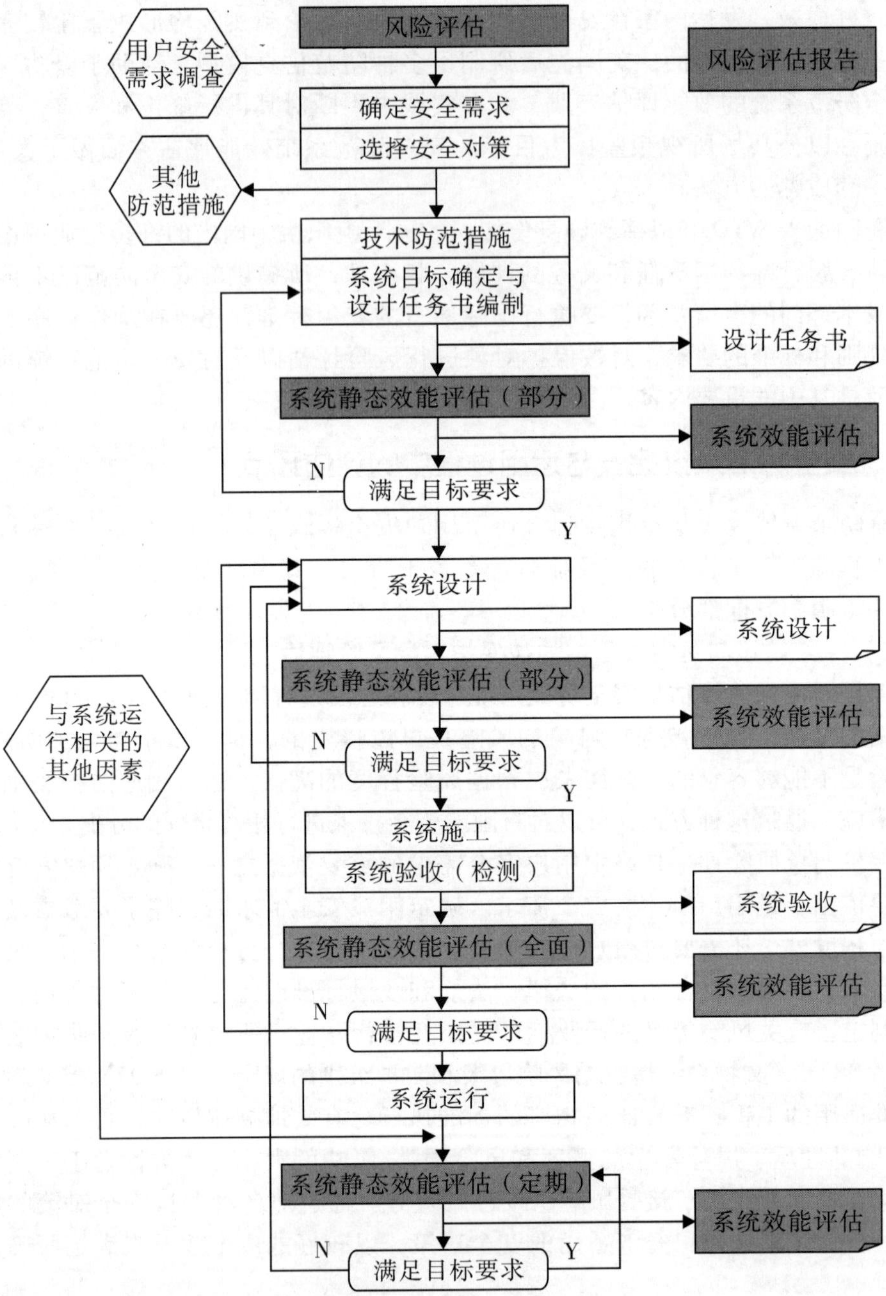

图 11－1　系统建设与运用过程中的评估环节

（二）系统建设与运用过程中的效能评估

系统效能评估在系统建设与运用过程中的一些特定环节适时进行，如设计任务书编制阶段、设计方案编制阶段、工程验收后一段时期内、系统运行阶段等。其中，系统运行过程中的效能评估宜定期进行。

在设计任务书编制阶段以及设计方案编制阶段，应以系统静态效能评估为主；而在系统验收后一段时期内以及系统运行过程中，则应以系统动态效能评估为主。运行状态下系统效能的全面评估，是系统静态效能和动态效能的综合评估结果。

在上述各个环节所进行的系统效能评估都可能是一个循环往复的过程。如在系统设计方案编制阶段，效能评估的结果是系统方案能够实现系统目标的要求，则评估工作完成；否则，则需要查找原因并在相关环节上进行整改，直至达到目标要求为止。

系统效能评估任务归根结底就是通过评估对制约安全防范系统效能正常发挥的薄弱环节进行适时、全面的检查，并给出诊断结论，为整改、维护系统提供科学依据。系统所处的阶段不同，对其评估的侧重点也不相同，所选指标体系与评估方法也会有较大差异。因此，评估前分清状况，明确评估目的，对安全防范系统效能评估的针对性和准确度都是极其重要的。同时，对于系统效能的评估结果一定要有一个全面客观的认识，既要充分肯定其对于系统建设与运用的重要指导作用，又要防止盲目僵化地使用评估数据。要做到这一点，一方面必须要注意对系统效能评估结果进行严格的误差分析，并进行纠错处理，使其能最大限度地反映系统的真实状态；另一方面还要注意评估结果不能脱离系统运用的具体环境，使其真正发挥应有的积极作用。

项目二　被保护对象风险评估

被保护对象风险评估是安全防范领域新兴的一项工作内容，是提高安全防范系统成本或效益的一个必要环节。被保护对象是指由于面临风险而需采用安全防范系统对其进行防护的对象，通常包括由各种边界条件所确定的资产。边界条件包括法律法规要求、地方及行业管理规定、用户单位的要求或希望、物理边界等。

被保护对象面临的风险取决于其由于不良事件的发生而遭受损失的可能性及损失/影响程度。与被保护对象的价值（有形的或无形的）、针对被保护对象的威胁及被保护对象存在的弱点三个风险因素的重合程度有关。风险不同于威胁（或危险），威胁是风险的前提，没有威胁就无所谓的风险。威胁是客观存在、难以改变的，而风险却在很大程度上可以随着人们的意志而改变，也即按照人们的意志可以改变风险，利用弱点引发不良事件的可能性，或一旦发生不良事件，由于防范措施的作用从而改变损失/影响的程度。被保护对象的价值、面临的威胁及存在的弱点三个被防护对象风险因素与风险间的关系（如图 11－2 所示）。

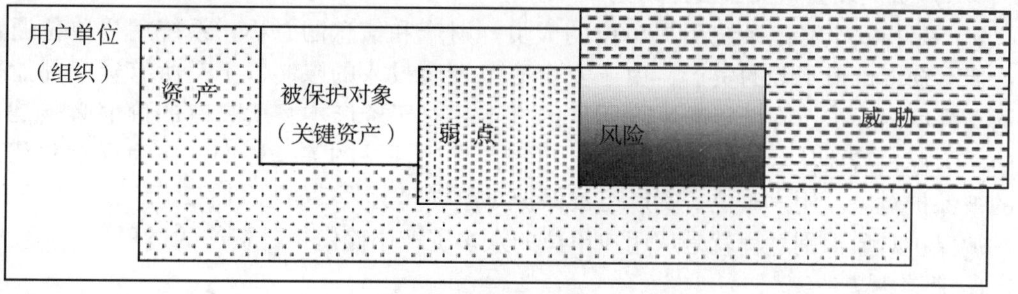

图 11－2　风险因素间的关系示意图

图中显示，风险存在于上述三个因素的重合之处。这三个因素如果不同时存在，就不会有风险；当三个因素都大时，风险较大；采用适当对策减小三者之间的任一因素，都会降低整体风险。为了充分地管理风险，必须尽可能地减少这三个因素的存在。这就需要根据已知的各种信息，通过评估确定每个因素的量级，然后决定如何降低风险程度。

被保护对象风险评估过程包括风险调查与识别、风险分析和风险评估三个阶段（如图 11－3 所示）。

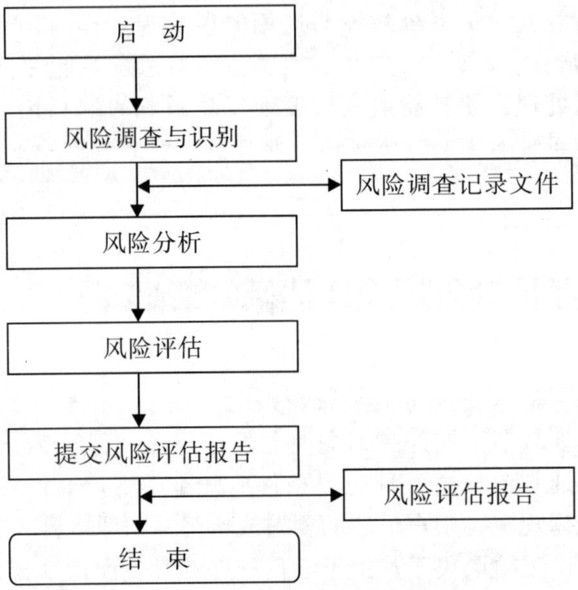

图 11－3　风险评估流程

通过风险调查，获取与被保护对象、威胁和弱点相关的信息并对收集到的信息进行相应分析，在此基础上，识别、分析、评估风险，综合评判给出不良事件发生造成损失的可能性及损失/影响程度的专家观点，最终形成风险评估报告。

一、风险调查与识别

（一）资产调查与关键资产识别

资产是指安全防范系统用户单位的人员、财产和信息的总称，系统用户单位通常都会拥有众多价值不等的资产，由于安全防范资金投入的限制，不是所有资产都能得到同等程度的保护，降低资产风险所需的成本相对于资产本身所具有的价值必须是合理的。为此，需要从众多的资产中确定出需要优先保护的关键资产，作为安全防范系统的被保护对象。用户单位、资产与被保护对象之间的关系如图 11－2 所示。

被保护对象识别过程就是从用户单位的众多资产中确定关键资产的过程。

1. 资产调查

资产调查是风险调查的第一项任务，通过调查，对资产进行识别，确定其中的关键资产，并收集针对资产或同类、相似资产的不良事件。

资产调查的方法包括：

（1）查阅相关资料和信息。如现行安全计划；各部门的文档、财产以及人员的登记表；环境描述文件、专业杂志、广告、管理规定等公开信息。

（2）访谈。资产所有者和使用者、管理者、业务主管、安全主管等相关人员，通常对单位所拥有资产中比较敏感或有价值的部分相当了解，应当和这类人员进行深度访谈，并指导其完成对最为关键资产的识别确认。

（3）现场观察。调查结果记入资产清单，资产清单的栏目应包括资产名称、描述该资产的文件索引号码等内容。资产有多种存在形式，为了便于识别关键资产，在资产清单中，通常将资产按人员、财产、信息、过程分类，其中：①人员。如员工、来访者、合同方人员等。②财产。包括：现钞及贵重金属、文物及艺术品、有价证券等贵重物品；商业敏感、技术敏感、安全敏感等物品；建筑与设施、设备、系统、物资等。③信息。如传递中的信息、存储中的信息、显露中的信息等。④过程。如商业活动、产品实现过程等。

资产的描述文件内容应包括记录资产数量、状态、位置等信息。“清单”是调查结果的索引，资产的特征由用户单位的性质所决定。不同性质的用户单位拥有的资产可能不尽相同甚至有很大差异。

2. 关键资产识别

关键资产是指：

（1）国家法律法规及技术标准要求保护的资产。

（2）地方政策及标准、行业标准认定的资产。

（3）用户单位要求或希望保护的资产。

在进行资产调查并获取资产信息后，需要对资产信息进行分析，对照上述特征识别出关键资产，并将结果记录于关键资产表格内，在关键资产记录表格栏目中，应包括资产名称以及损失/影响模式等内容。

记录表中，关键资产的排序，应按照这些资产对国家安全、社会和谐、企业生存与发展将产生的影响来进行，还要考虑这些资产的损失/影响模式。

3. 资产分布

在进行资产调查与关键资产识别的基础上，在用户单位的平面图（或其他可以显示位置信息的图形）上，对资产包括关键资产的分布加以描述，建立资产分布信息记录，为以后的分析过程提供资料。

4. 针对资产的历史不良事件收集

针对资产的历史不良事件，是指已经发生的过程，并且不良事件针对已经被识别的资产。通常情况下，可通过调阅不良事件处置记录或事件分析报告，询问经历或目击者，查询相关案例信息等方式获得所需信息，并且加以归纳和记录。

在不良事件记录表格的栏目中，应包括不良事件名目、不良事件针对的资产等内容。还可以根据所收集的历史不良事件，确定记录文件的格式，以方便分析，如：

（1）统计和记录同一（类别）资产受不良事件侵害的记录。

（2）统计和记录同一（类别）不良事件所侵害（涉及）的所有资产。

（3）被认定的关键资产受到不良事件侵害记录。

通过收集相关的信息并且建立不同格式的文件，获得特定资产（包括关键资产）被不良事件侵害的规律。

（二）威胁调查与识别

威胁是指任何潜在的可能引起资产损失的迹象、环境或事件，如窃取情报、恐怖活动、内部人员刑事犯罪、外部人员刑事犯罪、突发事件（暴乱、群体性事件）等。这一步骤是要了解针对上节中已经认定为关键资产的威胁。威胁调查与识别包括三个步骤：威胁调查；了解潜在对手；威胁分析与识别。

1. *威胁调查*

采集威胁信息是威胁识别的第一步。在采集威胁信息时，通常需预先列出一个有针对性的潜在威胁清单，并且采用适当的方法采集威胁信息，这些方法包括：

（1）现场小组讨论。邀请同行和单位内中、高层管理人员参加。这些人员不仅了解本部门的情况，而且与其他单位的同行间有广泛的信息交流，可以帮助确定进一步详细追踪调查的领域。

（2）采访现场人员。采访重点是有关单位的任务和功能、计划或项目等领域中的专家。这些人员了解本单位相关业务领域的信息，以及相似领域中其他单位识别威胁的成功经验。

（3）与风险管理专家交流。从风险管理专家所掌握的信息，了解到有关威胁的最新进展以及发展趋势分析等。

（4）查阅文档。如以前的安全调查研究报告、已收集的有关威胁的情报和现有的威胁评估和事件报告，从中获得相关的信息。

所有被采集的威胁信息都需归纳并记录在威胁记录表格中，以便随时检索。在威胁记录表格的栏目中，应包括威胁类型或特征、威胁记录或描述文件索引等。

2. *了解潜在对手*

对手是指有意图并有能力对资产或其所有者实施不利活动的个人、团体、组织或者政府。对资产的威胁来自潜在对手，需要对潜在对手进行识别，对他们的动机、每个感兴趣（意欲攻击）的目标以及可能采取的威胁方式进行调查。

调查的方法包括：

（1）接收来自公安机关的治安和犯罪信息通报。

（2）获取相关的公开信息，如报纸和杂志。

（3）对相似案例的分析与研究。

（4）与安全咨询机构进行信息交换与沟通。

调查结果记入潜在对手一览表，在潜在对手一览表表格栏目中，应包括对手、攻击目标、威胁方式或路径等。

可能的潜在对手包括：

（1）敌对势力。

（2）来自外部的刑事犯罪嫌疑人。

（3）内部的刑事犯罪嫌疑人。

（4）竞争对手或商业间谍。

威胁方式或路径是依据对手而列出的。如果对手是竞争者，感兴趣的是一种即将上市的新产品，这样的对手的威胁方式或路径可能包括诸如人力资源信息、图像、公开资源、数据情报以及垃圾情报等。

3. 威胁分析与识别

根据风险评估对威胁分析的要求，需要对威胁的特征进行提取，并且将收集到的威胁信息进行特征分析。威胁特征包括背景威胁与功能威胁；与时间相关的威胁；与空间相关的威胁。

（1）背景威胁与功能威胁。背景威胁是指与单位特征无关，但与其存在环境相关的一类威胁，如由于单位所处地理位置复杂、人文环境、治安环境不佳等因素而带来的威胁；功能威胁则指与生存环境无关，但与单位性质、业务领域及运作模式相关的一类威胁，如由于银行系统、文博系统业务性质特殊而带来的威胁。

（2）与时间相关的威胁。在调查、收集到的威胁信息中，有一些威胁的产生、影响是与时间因素相关的，在分析时，应考虑这些威胁在时间坐标上的分布。

（3）与空间相关的威胁。对收集到的威胁信息进行分析，找到与单位的物理空间相关的威胁，并且将这些威胁记录在平面图或相关图形文件上。在空间的位置，有可能为必要时进行的威胁路径分析提供信息。

（三）弱点调查与识别

弱点是指可能被对手所利用来得以造成资产损失的薄弱点。弱点可能源于建筑物特点；装备特性；人、装备和建筑的地点、过程、人员行为等。

这一步骤要了解针对上节中已经认定的关键资产所存在的弱点，弱点调查与识别包括以下步骤：弱点调查、弱点分析与识别。

弱点调查是认识弱点的基础，对于单位和资产的弱点，也需要运用适当的方法，进行审慎、周密的调查，并且将所有被识别的弱点归纳和记录。与威胁调查不同，弱点调查更多的是依赖于单位内部的信息和对现场的调研报告文件，可能采用的调查方式包括：

（1）查阅历次安全调查、评估、审计、检查评比记录。

（2）查阅所有的安全事件报告。

（3）对相关人员（包括管理者和现场人员）进行专题访谈。

（4）现有对策减少弱点的有效性。

（5）现场调研。

将通过弱点调查获取的弱点信息，按照弱点存在区域进行归纳，弱点存在区域可能为建筑物特点、财产特性、人、财产和建筑的地点、过程、人员行为等，将结果记入弱点记录表，在弱点记录表栏目中，包括弱点类型和特征、记录或描述文件索引等。

在对已经识别的弱点进行归纳和记录时，需要考虑到有些弱点与单位的管理、资源或其他防范系统的问题相关，并且这些问题不是安全防范系统所能够解决的，这些弱点需要在弱点记录表的备注中特别加以注明。

二、风险分析

根据前述风险的含义，风险分析应从以下两个方面着手，其一，威胁和资产的关系分析，通过分析，判定资产潜在的损失/影响程度；其二，威胁与弱点的关系分析，通过分析，判定资产损失发生的可能性。

（一）威胁与资产的关系分析

1. 涉及的信息

威胁与资产的关系分析路径，是对资产信息和威胁信息的对照情况进行研究，涉及的信息包括：

（1）资产信息。在资产调查与关键资产识别过程中生成的资产清单、关键资产表、资产分布。

（2）针对资产的不良信息。在资产调查与关键资产识别过程中生成的不良事件记录。

（3）威胁信息。威胁的空间分布。

2. 资产信息与针对资产的不良信息关系分析

利用资产信息与针对资产的不良信息对照的方法，了解被调查或记录的资产（包括关键资产）曾受过何种侵害。

3. 威胁分布与资产分布关系分析

利用威胁与资产分布重合对照的方法，了解威胁是否会与资产重合，以及产生重合的威胁或资产是什么。

4. 潜在的损失/影响程度

对于一个单位的特定资产而言，威胁与资产在空间或时间上的重合可能产生潜在的损失。同时，不能忽视或排除资产损失所导致的不良影响，损失影响通常引起资产的间接损失。

既然损失与资产和威胁相关，则损失/影响程度也受以下两项因素的影响：

（1）在相同威胁下，资产的特征决定损失/影响的程度。

（2）不同强度的威胁，会对同一资产造成不同的损失/影响。

相对于上述第（2）项，资产特征比较容易获得和描述。因此，损失/影响程度的描述通常将资产清单、关键资产表，按照优先级顺位规则排序。

关键资产优先级顺位排序采取以下规则：

（1）损失优先顺位排序：

A. 可能的资产损失关系到单位生存和人员生命；

B. 可能的资产损失关系到单位生产与生活秩序；

C. 可能的资产损失关系到单位生产能力与效率；

D. 可能的资产损失为单位一般物质损失。

（2）影响优先顺位排序：

A. 可能的损失影响到国家安危；

B. 可能的损失影响到社会和谐；

C. 可能的损失影响到生存环境；

D. 可能的损失影响到单位的社会形象，如信誉受损等。

损失和影响顺位由 A→D 项优先级顺位降序排列，前项缺位后项顺位前移。

实际中，可依据资产特征来确定采用损失优先顺位排序还是影响优先顺位排序，或采用损失优先顺位排序与影响优先顺位排序综合结果排序。如小型企业安全防范，关键资产以财物为主，可考虑以损失优先顺位排序；大型活动过程安全防范，资产损失影响占据重要位置，可考虑以影响优先顺位排序；而一些重点单位要害部位的安全防范，如银行营业网点、文物博物馆，则需要综合考虑资产损失与损失影响两个方面，需采用损失优先顺位排序与影响优先顺位排序综合结果排序的方法。

按照上述排序，确定损失/影响程度在记录表格中应从左至右增加，并且分别以 L、M、H 表示损失/影响程度的低、中、高程度的评判，在实际操作中，通常根据关键资产的特征，遵循一定的规则进行。

（二）威胁与弱点的关系分析

1. 涉及的信息

威胁与弱点的关系分析路径，是对威胁信息和弱点信息的重合情况进行研究。

2. 威胁与弱点的时间关系分析

威胁与弱点的时间关系分析，旨在了解：

（1）可能在什么时间，威胁经由弱点针对资产。

（2）在应顾及的时间段内，有多少威胁或弱点重合。

3. 威胁与弱点的空间关系分析

威胁与弱点的空间关系分析，旨在了解：

（1）可能在什么位置，威胁经由弱点针对资产。

（2）在应顾及的范围内，有多少威胁或弱点重合。

4. 损失发生的可能性排序

威胁与弱点重合的含义可以理解为：使资产有可能因失去屏障而直接面临威胁，导致损失产生。威胁与弱点在时间、空间上的重合程度，反映了损失的可能性。

确定损失发生可能性的方法，是分别计算与时间相关威胁与弱点的重合项占威胁与弱点之和的均值的比例，及与空间相关威胁与弱点的重合项占威胁与弱点之和的均值的比例，并且在记录表格中按从上至下增加排序，分别以 L、M、H 表示损失可能性的低、中、高。损失发生可能性的低、中、高程度的评判，在实际操作中，通常根据关键资产的特征，遵循一定的规则进行。

三、风险评估

由上述风险分析的结果，获得了相关风险的两个量值：潜在损失/影响程度；损失发生的可能性。

在此基础上，可借助下面的评估矩阵进行风险评估（如图 11－4 所示）。

		潜在损失/影响程度		
损失发生的可能性	风险程度	L	M	H
	L	L	L	M
	M	L	M	H
	H	M	H	H

图 11－4　评估矩阵

评估矩阵中，威胁与资产的L、M、H关系，揭示损失/影响程度；威胁与弱点的L、M、H关系，揭示损失可能性；损失/影响程度与可能性的L、M、H关系，揭示风险程度。

矩阵左上角栏，代表低可能性或低影响程度的风险，这类风险很少会造成损失，即使损失发生，损失/影响程度也较小，所以，该类风险相对不重要；矩阵右上角栏，代表低可能性或高影响程度的风险，这类损失很少发生，不过一旦发生，其损失/影响程度则很大；矩阵左下角栏，代表高可能性或低影响程度的风险，这类情况，损失经常发生，但其损失/影响程度相对较小；矩阵右下角栏，代表高可能性或高影响程度的风险，这类情况，损失经常发生，且损失/影响程度很大。

将风险分析与风险评估的结果归纳并记录于风险评估表。在风险评估表格的栏目中，应包括关键资产名称、潜在威胁、弱点、损失可能性、损失/影响程度、风险程度等。

作为基础知识，图中把风险分成九种类型，风险程度的高、中、低是相对的。

上述矩阵中对风险程度的直观表达，对于风险管理对策选取也很有帮助。风险管理者可以将风险粗略分类，为选择风险管理对策提供参考。例如，位于左上白色区域的三个栏的风险，很少造成损失，即使损失发生，影响程度也较小，不是很有害，这类风险处于可以接受的范围。也就是说，该范畴内的风险，如果其发生损失的可能性与损失/影响程度没有随着时间而改变，除了必要的监视之外，不必花费过多精力来应对。

与白色区域的三个栏比较起来，矩阵的右下重灰色区域的三个栏的风险发生可能性高且损失/影响程度很大。这类高损失可能性、高损失/影响程度的风险很少能逃过管理者的眼睛。即便是很粗心大意的风险管理者，也会对此类风险给予高度关注。

矩阵中余下的部分（浅灰色区域），既有多发但损失/影响程度很小的风险，也有很少引发但一旦发生损失/影响程度很高的风险。对于多发但损失/影响程度很小的风险，应施加控制。对于很少引发但一旦发生损失/影响程度很高的风险，可以投入资金将其转移。介于两者之间情况的区域应视安全投入资金状况决定采用风险控制或风险转移方式。

项目三　安全防范系统效能评估

安全防范系统效能评估是安全防范领域新兴的一项工作内容，也是保证安全防范系统有效性的必要环节。

一、系统效能的定义、度量与指标

（一）系统效能的定义

系统效能的定义目前尚未统一，仅参考有关武器系统效能的定义，认为系统效能是指系统在规定条件下和规定时间内，满足规定目标要求的程度（或完成一组特定任务的能力）。

（二）效能度量

度量是评估的核心任务，效能度量是效能大小的尺度，可用概率或其他物理量来表示。例如，可用探测范围大小、发现概率高低、发现目标时延长短等来度量。系统任务的多样性决定了单项效能度量的多样性，进而影响系统效能度量不尽相同。

（三）效能指标

效能度量的依据是效能指标（准则），如探测要素的效能指标为探测范围（距离、幅面）、发现概率、发现目标时延、识别概率等。

二、效能评估指标体系

选择合适的效能指标体系并对其进行量化，是做好系统效能评估的起点和关键点，也是难点。正确合理地选取指标体系，是成功进行效能评估的必备条件。

（一）效能评估指标体系的层次结构

评估指标体系是各个被评估系统相互关联、相互制约的复杂因素之间关系的层次化、条理化。

评估指标体系最上层的总目标一般比较笼统或抽象，如防入侵盗窃等，不便于量化测算与比较判断。为此，要将总目标分解为各级准则（指标）、子准则，直到相当具体、直观，并可以直接或间接地应用备选方案本身的指标（属性的性能、参数）来表征的层次为止。

在评估指标体系层次结构中，下层准则比上层准则更加明确具体并便于比较判断和测算，可作为达到上层准则的某种手段。下层子准则集合一定要保证上层准则的实现，子准则之间可能一致，亦可能相互矛盾，但要与总目标相协调，并尽量减少冗余。

（二）效能评估指标体系的建立过程

为了使评估指标体系不仅能全面地反映出所要评估的系统的目标要求，所以应尽可能做到科学、合理，而且还要符合实际情况，并基本上能被有关人员和部门所接受，在建立评估指标体系时，通常需要经历一个反复深入的过程（如图 11 –5 所示）。

1. 系统目标分析

系统目标是系统目的的具体化，既是建立系统的根据，又是建立系统评估指标体系的出发点。对安全防范系统的要求和期望通常是多方面的，这些要求和期望需要通过系统的目标反映出来。通过目标分析充分了解建立系统的目的和要求（目标），进而获得系统的目标层次结构——目标集，也是建立评估指标体系层次结构的前提。

2. 系统分析

系统分析就是用系统观点思维推理，对系统内的基本问题在确定或不确定的条件下，探索可能采用的方案，通过分析对比，为达到预期目标而选出最优方案的一种辅助决策方法。系统分析主要包括系统环境分析、系统功能分析、系统结构分析等。在全面采集系统内外部相关信息的基础上，根据系统的目标，分析和定义系统所必须的功能要素和系统要素间的相互联系，以及系统与环境的相互影响。科学的系统分析是全面认识系统，建立客观、合理的评价指标体系的基本保证。

3. 特征属性分析

特征属性分析就是对系统各要素特点进行分析，建立与之相适应的指标，弄清各指标的属性，为构建数学模型、获取评估数据奠定基础。其中，各指标的属性是指每个指标是定性的还是定量的，是静态的还是动态的。定性指标是指用数量不可描述的指标；定量指标是指可以通过分析、计算得到具体数量描述的指标；静态指标是指不随时间、环境条件等因素变化而变化的指标；动态指标是指随时间、场合等条件变化而变化的指标。

4. 指标体系结构确定

效能评估指标体系层次结构在很大程度上受系统层次结构的影响。不同的系统层次结构会带来不同的效能评估指标体系结构形式。根据效能评估指标体系的目的需要，通过分析系统的功能层次、结构层次和逻辑层次可以获得相应的效能评估指标体系结构。

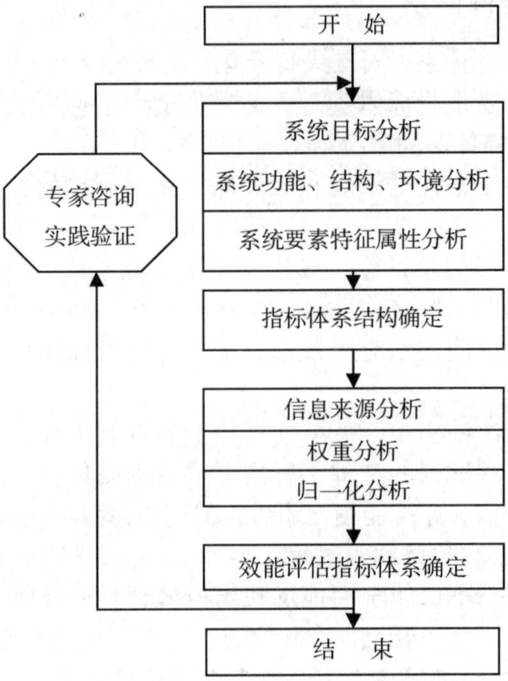

图 11－5 效能评估指标体系建立的过程

5. 信息来源分析

评估指标信息的来源主要通过以下几种途径：系统自身有关数据库、类似系统的有关数据库、演练、试验、模拟、仿真、模型统计分析、专家咨询、主观判断等。

6. 权重分析

效能评估指标体系中各指标在决策中的地位是不同的。通过权重分析，可以得到各个评估指标在综合评估中的地位和影响程度。

7. 归一化分析

归一化是将量纲不同的指标值通过某种方法转化为无量纲的相对值的过程。是指标间相互比较的基础，是进行综合评估的前提。

经过上述过程，所形成的是一个初步的、可供实际操作的效能评估指标体系草案。该指标体系还需要广泛地征求专家、管理部门和有关人员的意见和建议，并在实践中反复验证和修正，直至获得满意的评估指标体系为止。

（三）效能评估指标体系的建立原则

评估指标的选取不仅与具体问题所涉及的专业知识有关，也与所能考察获取的手段有关，难以有固定的模式，但是还是有一些原则可以遵循，建立效能评估指标体系应遵循以下基本原则。

1. 系统性原则

指标体系中的指标应尽可能覆盖评估内容，如果有所遗漏，评估就会出现偏差。在不易做到比较全面时，可以考虑指标的代表性，从中抓住主要因素，既能反映直接效果，又能反映间接效果，从而保证综合评估的全面性和可信度。

2. 简明性原则

一般来说，评估指标数量越多，范围越宽，则系统方案之间的差异越明显，越有利于判断和评估。但同时，确定评估指标的内容和评估指标的重要程度也越困难，量化处理和建模过程也越复杂，因而歪曲系统方案本质特性的可能性也就越大。

因此，在基本满足评估要求和给出决策所需信息的前提下，应尽量减少指标个数，突出主要指标，避免各指标间的相互关联，更要避免将与评估内容无关的指标选进来，使指标体系的选择做到既必要又充分。必要时，还需对指标体系进行简化操作，如合并、删除、添加、替代、重组以及类型转换等。指标体系经简化后，还需检验简化方法是否合理，简化后的评估模型是否可靠。

3. 客观性原则

评估指标的确定应避免加入个人的主观意愿，指标含义尽量明确，并注意参与指标确定人员的权威性、广泛性和代表性，有时还需要广泛征集社会相关人士的意见。

4. 可操作性原则

有些指标虽然很合适，但无法得到，因而不切实可行，缺乏可操作性。从评估工作的实践看，影响系统评估可操作性的一个关键问题是评估指标数据的收集统计工作的可行性。许多评估研究成果之所以停留在理论说明上而无法得到实践的运用和推广，主要原因就在于此。为此，评估指标体系的设计，在运用现有基本方法的同时，还要尽可能考虑从相关部门现行的具有经常性统计基础的指标中遴选，然后按照评估指标体系的总体要求，再进行适当的技术处理，以降低评估工作的成本，方便评估工作能够广泛地、经常性地开展。

（四）效能评估指标的权重

1. 权重的定义

指标的权重即体现在评估时，衡量指标体系内部诸指标在总体中的相对重要程度，应以各指标对总体目标的客观贡献为依据，权重数值的改变可能引起被评估系统优劣顺序的改变。

合理确定权重既是重要的，又是相当困难的，因为它包含评估客体和评估主体的多种因素，这些因素之间的关系又是错综复杂的，通常难以公式化。在给指标赋权时，一般从权的属性考虑权值大小的差别，如指标信息含量多少；指标区分被评估系统性质的能力大小（这种权又称为敏感性权）；指标值的质量如何，也就是数据的可信度的程度差异；指标的相关性大小，从统计的观点看，等等。

2. 确定权的方法

指标体系确立以后，确定各指标权重的方法有多种，但大致可以分为两类：主观赋权法和客观赋权法。

（1）主观赋权法。

这类方法都是利用专家或个人的知识或经验，其依据也是从长期的实践中而来，不是随意设想的，应该说是有客观基础的。但也存在不足之处，主要表现在成员的选择、专家人数的确定、专家在不同的情绪（欢乐、痛苦、忧郁、悲伤、愉快等）控制下对外界客观印象的鉴别的差异，这些因素对于判断结果有较大的影响，因而势必造成在实际应用中，主观赋权法具有较大的局限性和主观随意性。

主观赋权法有重要性排序法、二项系数加权法、模糊区间法、直接给出法等。

（2）客观赋权法。

这类方法是从指标统计性质来考虑，赋权的原始信息应当直接来自样本，处理信息的过程是深入讨论各参数间的相互联系和影响，以及对总体目标的客观贡献为依据。因此，同主观赋权法确定相比，其更具有实用价值。

具有代表性的客观赋权法有灰色关联分析法、因子分析法、多元回归分析法等。然而，客观赋权法也不是尽善尽美的，如在利用因子分析法确定权值时，仅考虑数据自身的结构特性，不能建立各影响指标与总体目标所呈现的复杂非线性映射关系；在利用灰色关联分析法确定权重时，不能建立各影响指标与总体目标间所呈现的复杂非线性映射关系，而且由于关联度受分辨系数等因素影响，具有不唯一性等。因此，在选择采用客观赋权法时也不能忽视这些局限性。

三、效能评估方法

这里介绍几种适用于安全防范系统效能评估的方法。

（一）基本评估方法

按照评估方法的性质分，主要有：

1. 主观评估法

（1）德尔斐法。

在指标选取、权重赋值等评估环节中经常被用到，这里将重点介绍。德尔斐法又称为专家法，其特点在于集中专家的经验与意见，确定各指标权值（或指标），并在不断的反馈和修改中得到比较满意的结果，其基本思想如图 11－6 所示。

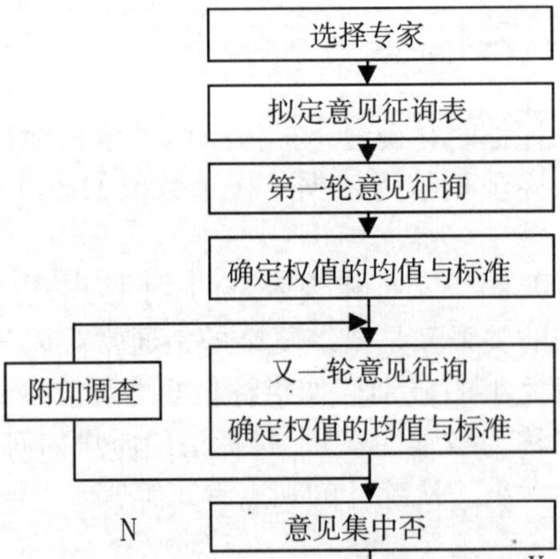

图 11－6 德尔斐法的基本思想

a. 选择专家。这是很重要的一步，选得不好将直接影响到结论的准确性。

b. 拟定意见征询表并发送给各位专家。将待定权值的若干个指标和有关资料以及统一的确定权值的规则发送给选定的各位专家，请他们独立地给出各指标的权值。

c. 回收结果并计算各指标权值的均值与标准差。

d. 将计算的结果及补充资料返还给各位专家，要求所有专家在新的基础上重新确定权值。

e. 重复上述 c 与 d 两个步骤，直至每个指标权值与其均值的离差不超过预先给定的标准为止，也就是各位专家的意见基本趋于一致，此时，各指标权数的均值作为该指标的权数。每位专家在给出最后权数值的同时，标出某一指标权数的信任度，并求出平均信任度。这样，某一指标权值的信任度较高时就可以有较大把握使用，反之，只能暂时使用或设法改进。

为了便于集中智慧，使判断更加准确，在调查——征询意见——汇总分析——反馈——再调查的反复过程中，每位专家应处于互相不知道的隔离状态，每次沟通的意见不透露，只以统计的形式再进行沟通，以防止少数权威人士影响其他专家的意见。一般来说，征询的次数不宜过多，否则，容易使被征询者产生厌倦心理。

（2）层次分析法。

这是一种将数据、专家的意见和分析者的判断有效结合的方法。可以将分析者的思维过程系统化、数学化和模型化，分析思路清楚、所需要的定量数据较少、方法简便、结论明确，适合于复杂问题的决策分析。用层次分析法进行分析时，首先要明确问题，弄清楚问题的范围和提出的要求，了解问题所包含的因素，确定各因素之间的关联关系和隶属度；在此基础上，将问题包含的因素按性质分层次排列，建立层次分析结构模型；对每一层次中各单元（元素）的相对重要性作出判断，通过引入适当的标度进行量化，形成判断矩阵，判断矩阵表示针对上一层次某单元，本层次与之有关单元之间相对重要性的比较；进行层次单排序及其一致性检验及层次总排序及一致性检验，综合得出各方案对总目标的优劣顺序。

2. 客观评估法

（1）加权法。

加权法是目前应用较多的一种方法，一般做法是根据各具体指标在评价总目标中的不同地位，给出或设定其标准权数，同时确定各具体指标的标准值（通常为该指标的统计平均值）。然后比较指标的实际数值与标准值得到级别指标分值，最后汇总指标分值求得加权评估总分。

加权法的最大优点是简便易算，但也存在三个明显的缺点。

第一，不能区分指标的不同性质，会导致计算出的综合指数不尽科学。例如，评估中往往会有一些指标属于状态指标，如环境照度并不是越大越好，也不是越小越好，而是越接近某一标准水平越好，对状态指标加权法容易得出错误的结果。

第二，不能动态地反映发展的变动状况。

第三，忽视了权数作用的区间规定性。严格意义上讲，权数作用的完整区间应该是指标最高值与最低值之间，而不是平均值，也不是整个最高值。加权法计算综合指数时，是将指标数值实际值与标准值进行对比后，再乘上权数，这就忽视了权数的作用区间，会造成评估结果的误差。

（2）主成分分析法。

被评估对象的多个指标构成一个多维空间，被评估对象成为多维空间的样本点。先求出样本的协方差矩阵，然后再求出协方差矩阵的最大特征根和相应的特征向量，从而得到所要的主成分分量。主成分分析法的优点是可以实现降维分析，用少量的主成分反映原始数据的信息。但此种方法仅适用于备选方案较多的场合，一般被评估对象数应大于指标个数的2倍，评估效果才比较理想。

3. 定性与定量相结合的方法

（1）模糊综合评估法。这是以模糊数学为基础，应用模糊关系合成的原理，将一些边界不清，不易定量的因素定量化，进行综合评估的方法。客观事物的不确定性有两大类：一类是事物对象是明确的，但出现的规律有不确定性，如天气晴、雨、雪，这是明确的，但出现规律不确定；另一类是事物对象本身不明确，例如，轻、重、缓、急等这一类程度上的差别没有截然的分界线。后一类对象的不确定性是与分类的不确定性有关，也就是不能准确确认一类对象是否属于某一类，可以是，也可以不是，首先要对集合的概念给以拓展，引入模糊集合的概念，进而引入隶属度——隶属函数这一概念。

（2）灰色系统关联分析评估法。所谓灰色系统是指部分信息已知而部分信息未知的系统，灰色系统理论所要考察和研究的是信息不完备的系统，通过已知信息来研究和预测未知领域从而达到了解整个系统的目的。灰色系统关联分析评估法实质上是一种多因素统计分析方法，以各因素的样本数据为依据，用灰色关联度来描述因素间关系的强弱、大小和次序，主要是分析各个组成因素与整体间关联度的大小，把比较序列看成由被评估事物的各项指标值构成的序列，选最优指标数据和最劣指标作为参考数列，比较各方案与最优和最劣方案的关联程度，来评估各个方案相互之间的优劣。灰色系统理论与概率论、模糊数学一起并称为研究不确定性系统的三种常用方法，具有能够利用“少数据”建模寻求现实规律的良好特性，克服了数据不足或系统周期短的矛盾。

（3）聚类分析法。聚类分析是数值分类学的基本内容，是对统计样本进行定量分类的一种多元统计分析方法。将这种方法用于综合评价，一方面，可以对评价问题给出直接的评价结果；另一方面，也为其他综合评价方法如后续判别分析提供训练样本，形成综合评价的框架结构以便提高综合评价的效果。聚类分析方法又分为系统聚类与动态聚类和有序样品聚类的方法。

上述评估方法各有特点也各有某些局限性，有些只适用于系统评估的某个环节，有些适合其中的几个环节甚至全过程。在充分考虑这些方法的适用范围的情况下，常常是多种方法混合使用，取长补短。例如，用系统性能指标的综合评价值来定义系统能力。首先，要统一指标体系内各性能指标的量纲（归一化）。借助模糊数学的方法，通过建立各项性能指标的隶属函数，很容易就将性能指标映射为［0，1］间的一个数值，称之为隶属度。其次，借助德尔斐法分析各项性能指标的相对重要性，确定权值。最后，可以采用加权法计算各项性能指标的综合评价值，并把其作为系统的能力。

（二）专家评定法

对于某些难以定量描述的指标，采用专家评定法。其一般方法是选取最能反映效能的特征指标，请一些专家“打分”，然后通过对专家意见的处理，得到系统效能。专家评定法的难题之一是如何选择专家，其次是选哪些指标让专家进行评价。专家评定法可能因带有主观性而产生明显的倾向性。

（三）试验统计法

所谓试验统计法是指在规定的现场中或精确模拟的环境中通过演练、试验，观察系统的性能特征，收集数据，评定系统效能。应用的前提是，所获取的统计数据的随机特性可以清楚地用模型表示并相应地加以利用。

这种方法不仅能得到效能指标的评估值，还能显示系统性能、防范规则等因素对效能指标的影响，从而为改进系统性能和防范规则提供了定性分析基础。其结果比较准确，但需要大量系统试验的物质基础，耗费大，需要时间长。

（四）仿真（模拟）法

实质上是以计算机模拟模型来进行防范仿真实验，由实验得到的关于防范进程和结果的数据，可直接或经过数据统计处理后给出效能指标评估值。安全防范系统的防范效能只有在有威胁出现时，以具体防范环境和一定防范力量为背景才能有效评价。防范仿真恰是除实战以外提供这种条件和背景的基本手段，且省时、省费用，对安全防范系统防范效能的评估具有不可替代的重要作用。但需要大量可靠的基础数据和原始资料作依托，要得到完整的资料则有赖于有计划长期大量的数据收集。

四、安全防范系统效能评估的含义、内容、指标和原则

（一）安全防范系统效能评估的含义

安全防范系统效能评估是在全面分析系统建设和应用过程的基础上，通过对安全防范系统进行静态效能评估、动态效能评估，客观衡量安全防范系统满足预期目标与要求程度的过程。

静态效能是系统内在所蕴涵的实现使用目标的能力，反应了系统本身的完备性，这种完备性往往在系统建设中的一定程度上是可以控制的，是系统的静态特性。

动态效能则是系统在防范活动中所呈现的效果，反应了系统在应用环境中，通过人的参与而实现一定防范目标的程度，是系统运用的动态特性，具有一定的随机性。

动态效能是系统的最终效能和根本质量特征。静态效能基本相同的两个系统其使用效能可能会相距甚远，甚至同一个系统在不同的应用环境中的使用效能也可能完全不同。

在应用环境下，影响安全防范系统动态效能发挥的重要因素主要包括：时间因素、空间因素、人员因素和威胁因素等（如季节、气候和天气）；地形地貌、交通状况；系统操作、维护人员、反应力量的素质、指挥者的能力、管理模式（机制）；威胁者的体力、智力、所用的工具等。其中，人员因素是影响安全防范系统动态效能发挥的最为关键的因素之一，各级操作、维护人员的技术水平，运用系统的熟练程度，指挥人员的经验、素质乃至性格，管理者的协调能力和企业安全文化（意识）等都会影响到系统动态效能的发挥。

安全防范系统常态下的动态效能和危机情境下的动态效能具有积累效应或增强效应。通过系统平时的长期运行，不断提高各类人员熟练运用系统的程度，是危机情境下系统动态效能充分发挥的重要途径。

（二）安全防范系统效能评估的内容

安全防范系统效能评估的内容包括安全防范系统静态效能评估和动态效能评估。与对安全防范系统的检测和验收不同，对安全防范系统效能的评估可以广泛地应用于系统规划、系统设计、系统施工、系统运行以及系统改扩建的任何阶段。

系统静态效能评估用来评估安全防范系统满足预期建设目标，如系统的设计目标、功能目标、性能目标；系统的可靠性、维修性、可扩展性等要求的程度。

系统动态效能评估用来评估安全防范系统满足预期使用目标和安全需求，如系统运行的有效性、时效性；技术系统与人防措施、物防设施的有机结合；环境适应性等要求的程度。

在有些情况下，成本效益分析也作为系统效能分析考虑的内容之一，用来考查安全防范系统满足预期经济性目标要求的程度。安全防范系统不直接产生经济效益，但可以通过损失控制以及安全环境的改善等，来间接获得经济效益和社会效益。

安全防范系统是一个结构复杂的人、物、技有机结合的系统，有着自己的运行环境和特定使命，最终服务于防范目标。因此，安全防范系统的效能评估内容，应紧密围绕着防范活动来进行。

（三）安全防范系统效能评估的指标

1. 效能指标的种类

安全防范系统的效能指标是度量安全防范系统效能的定量尺度。由于防范情况的复杂性和防范任务要求的多重性，度量安全防范系统效能的指标常常不可能是单个明确定义的指标，而是一组效能指标，用来分别表示系统功能的各个重要属性或防范活动的多重目的。这组效能指标所构成的有机整体称为系统效能评估的指标体系，恰似综合测量被评估系统效能的尺度集。

效能指标是构成效能评估指标体系的基础，根据指标度量的层次，效能指标通常有如下四种类型。

（1）物理参数。物理参数是物理实体固有的性质和特征，其数值决定实体设施的性能和结构，如重量、厚度、高度、直径、硬度等。

（2）性能指标。性能指标是度量安全防范技术系统行为属性的指标，如灵敏度、传输速率、信噪比等。

（3）单项效能指标。单项效能指标主要用于度量系统中各个组成要素达到特定运用功能要求的程度。如分别用探测概率、反应时间、延迟时间度量系统的探测效能、延迟效能、反应效能等，由于系统的复杂性和任务的多样性，单项效能指标也是多种多样的，构成了系统效能度量的基础。

（4）系统效能指标。这类指标是用来度量系统各部分有机结合实现规定目标要求程度的指标。系统效能又分为静态效能与动态效能。物理参数和性能指标一般与环境无关，属于技术指标的范畴，容易被获得；单项效能指标和系统效能指标则是人、物、技相结合，在应用环境和运行状态下获取，需充分考虑人的因素和环境条件等影响。

2. 效能指标的特点

由于效能含义的复杂性，效能度量不像物理量的度量那样直接。在选择效能指标或定义效能时，一般应考虑以下特点：

（1）随机性。由于防范行动的随机性，效能指标在许多情况下需用具有概率性质的数字特征来表示。例如，当防范行动的目的在于防入侵盗窃时，可取“财产损失的概率”为效能指标。

(2) 多尺度。效能的量度可取多种尺度，不同尺度体现决策者不同的主观价值判断。选择哪种尺度取决于决策者要求的防范行动的目的。因而，同一防范行动，随着目的的不同，可以有不同的效能指标。例如，防入侵盗窃系统，若以抓获入侵盗窃者的概率为效能指标，则效能会很低；但是，若用财产损失的概率来评价，则效能通常会相当高。

(3) 不确定性。某些效能参数由于防范行动目标不明确或与人的行为因素关系密切而难以量化，例如，反映力量指挥行动的效能。这种情况下的效能量度可用定性评价的定量表示法，即选用表示相对效能主观评价的百分数作为效能指标。

(4) 局限性。效能指标可能不包含相应效能特性的全部信息。对防范行动效能起重要影响的许多因素，如人员的责任心和能力等，从根本上讲是难以量化的。因此，在根据效能指标作出类似系统操作方法的选择决定时，必须考虑到效能指标的局限性。

(四) 安全防范系统效能评估的原则

为达到安全防范系统效能评估的预期目的，使之更具科学性和权威性，评估时应遵循以下基本原则。

1. 客观性原则

安全防范系统效能评估是针对运用系统所从事的防范活动进行的。对系统运用效果的评估要从客观实际出发，依据防范目的、防范需要、环境条件、评估目的和系统的特点等来考虑系统对防范过程和结局的影响。评估的指标体系须根据客观统计或在长期防范实践中产生，不能主观臆断，随意设立。

2. 系统性原则

安全防范系统的功能是其各子系统功能结合后的整体功能。因此，对其效能的评估也必须着重从系统整体上考虑。一方面，不能孤立地把评估的衡量标准仅仅局限在其中某一层次或某一局部子系统的防范活动和效益上；另一方面，作为安全防范网络的一个组成部分，某一安全防范系统通常还同更大的安全防范环境发生联系，不仅需要考虑到本级防范活动对下一级防范层次的影响，还应考虑到本级防范活动对上级防范层次的影响。

3. 可行性原则

安全防范系统虽然是由多种子系统构成，具有多种功能的复杂系统，但对安全防范系统效能的评估必须简单易行。如果为求全而使评估过程和评估指标过于复杂化，不但会得不到正确的结论，还可能会陷入误区，产生错误结论，失去评估的意义。为此，对于评估项目、评估标准、评估程序和评估组织形式的确定，都必须从安全防范系统和应用环境的具体实际出发，做到切实可行，对于评估方法的选择也要做到灵活、恰当。

4. 定性和定量相结合原则

定量评估的前提是评估指标可以用数量表示，那些评估指标不容易用数量表示的评估问题，如人的因素、治安环境因素对防范活动的影响等，只能根据经验统计分析和主观判断来解决。对于安全防范系统这样一个“人—机—环境”结合的复杂系统，纯粹的定量评估几乎是不可能的，必须采用定性和定量相结合的方法。指标体系应尽可能量化，一些难以量化而意义重大的指标，可用定性指标来描述。

5. 统一性原则

同类安全防范系统效能的优劣应该是通过统一标准下的鉴别和比较而衡量出来的。如果没有统一的测量单位和统一的评估方法，鉴别、比较也就无从谈起，进行效能评估也将失去意义。

6. 静态和动态相结合原则

评估安全防范系统的效能，包括评估系统的静态效能和动态效能两个方面。系统自身蕴藏的效能可用静态评估，系统运行状态下效能的评估则必须在动态下进行。安全防范系统动态效能是通过其静态效能的发挥体现出来的，对安全防范系统动态效能的分析与评估，必须建立在对安全防范系统静态效能分析与评估的基础上。

在实施安全防范系统效能评估时，除了需要建立科学的评估指标体系外，还需构建适用的评估模型、选择可行的评价方法、确定规范可操作的评估程序，掌握必要的评估技能。此外，还要做好资料的准备和人员的组织，为了保证评估结果具有公正性和权威性，评估人员不仅要熟悉业务，而且还需要具有较强的责任心和良好的职业道德。

思考练习

1. 安全防范评估的含义是什么？
2. 安全防范系统建设和运用过程中有哪些评估环节？
3. 被防护对象风险评估包括哪些过程？评估过程中的每个阶段包含哪些内容？
4. 安全防范系统效能评估的含义、内容、指标和原则是什么？
5. 阐述效能评估指标体系的结构、建立原则和过程。

参考文献

1. 李仲南. 安全防范设计评估师. 北京：中国劳动社会保障出版社，2007
2. 张维成. 安全防范技术. 北京：中国人民公安大学出版社，2002
3. 程双. 安全防范技术基础. 北京：电子工业出版社，2006
4. 黎连业. 安全防范工程设计与施工技术. 北京：中国电力出版社，2008
5. 金文光. 安防系统工程方案设计. 西安：西安电子科技大学出版社，2006
6. 杨磊. 闭路电视监控系统. 北京：机械工业出版社，2003
7. 杨磊. 闭路电视监控设备使用及维修. 北京：机械工业出版社，2006
8. 秦兆海. 智能楼宇安全防范系统. 北京：清华大学出版社，2005